W0289933

Daniela Rorig

Texten können

Das neue Handbuch für Marketer, Texter und Redakteure

Rheinwerk
Computing

Liebe Leserin, lieber Leser,

kennen Sie dieses wohlige Gefühl, wenn Sie einen Text lesen und sich hinterher nicht nur angemessen informiert, sondern auch gut unterhalten fühlen? Sie nicken bei jedem Satz innerlich und denken »Wow, das ist wirklich interessant! Ich muss unbedingt mehr über das Thema erfahren und mir das Produkt, das im Text erwähnt wurde, genauer ansehen …«

Und zack, sind Sie – ohne es gemerkt zu haben – vom Leser zum Kunden geworden. Gute Texte können sowas und wenn sie richtig gut sind, merken wir es nicht einmal. Sie wirken wie echte Magie in einer Welt voller Scharlatane und Trickbetrüger, die Sie mit billigen (oder einfach nur schlechten) Werbetexten überhäufen, in der Hoffnung, dass Sie am Ende das beworbene Produkt kaufen …

Nun stellen Sie sich vor, wie es sich anfühlen muss, solche magischen Texte selbst zu schreiben. Was von außen aussieht, als müsste man eine angeborene Gabe mitbringen, ist in Wirklichkeit ein Zusammenspiel aus geschickter Schreibtechnik, der richtigen Verwendung von Textformeln und ein wenig Menschenkenntnis. Nichts, was die Autorin Daniela Rorig Ihnen nicht beibringen könnte.

Lassen Sie sich mitnehmen auf eine Reise zu den psychologischen Grundlagen guter Texte, lernen Sie, was Ihre Leser motiviert und wie Sie diese Motivation für Ihre Zwecke nutzen können. Ob Firmenporträt, Newsletter, Werbeanzeige, Landingpage, Blog-Post oder Produkttexte: Dieses Buch zeigt Ihnen, wie Sie Ihre Leser richtig ansprechen, um aus einem skeptisch-gelangweilten »Was ist das?« ein begeistertes »Will ich haben!« zu machen.

Abschließend noch ein Wort in eigener Sache: Um die Qualität unserer Bücher zu gewährleisten, stellen wir bei Rheinwerk stets hohe Ansprüche an Autoren und Lektorat. Falls Sie dennoch Anmerkungen oder Vorschläge zu diesem Buch formulieren möchten, so freue ich mich über Ihre Rückmeldung.

Ihr Stephan Matteschek
Lektorat Rheinwerk Computing

stephan.matteschek@rheinwerk-verlag.de
www.rheinwerk-verlag.de
Rheinwerk Verlag · Rheinwerkallee 4 · 53227 Bonn

Wir hoffen, dass Sie Freude an diesem Buch haben und sich Ihre Erwartungen erfüllen. Ihre Anregungen und Kommentare sind uns jederzeit willkommen. Bitte bewerten Sie doch das Buch auf unserer Website unter **www.rheinwerk-verlag.de/feedback**.

An diesem Buch haben viele mitgewirkt, insbesondere:

Lektorat Stephan Mattescheck, Simone Bechtold
Korrektorat Annette Lennartz, Bonn
Herstellung Melanie Zinsler
Sketchnotes im Buch Stephanie Kowalski
Typografie und Layout Vera Brauner
Einbandgestaltung Julia Schuster
Coverbilder iStock: 523255696©portishead1; Shutterstock: 392307268©Lemon Tree Images, 647108527©Billion Photos, 508786612©Ray Bond; Unsplash: Lara Far
Satz III-Satz, Husby
Druck mediaprint solutions, Paderborn

Dieses Buch wurde gesetzt aus der PT Serif (9,5 pt/14 pt) in FrameMaker.
Gedruckt wurde es auf chlorfrei gebleichtem Offsetpapier (90 g/m^2).
Hergestellt in Deutschland.

Das vorliegende Werk ist in all seinen Teilen urheberrechtlich geschützt. Alle Rechte vorbehalten, insbesondere das Recht der Übersetzung, des Vortrags, der Reproduktion, der Vervielfältigung auf fotomechanischen oder anderen Wegen und der Speicherung in elektronischen Medien.

Ungeachtet der Sorgfalt, die auf die Erstellung von Text, Abbildungen und Programmen verwendet wurde, können weder Verlag noch Autor, Herausgeber oder Übersetzer für mögliche Fehler und deren Folgen eine juristische Verantwortung oder irgendeine Haftung übernehmen.

Die in diesem Werk wiedergegebenen Gebrauchsnamen, Handelsnamen, Warenbezeichnungen usw. können auch ohne besondere Kennzeichnung Marken sein und als solche den gesetzlichen Bestimmungen unterliegen.

Bibliografische Information der Deutschen Nationalbibliothek:
Die Deutsche Nationalbibliothek verzeichnet diese Publikation in der Deutschen Nationalbibliografie; detaillierte bibliografische Daten sind im Internet über *http://dnb.d-nb.de* abrufbar.

ISBN 978-3-8362-6836-3

1. Auflage 2020, 1., korrigierter Nachdruck 2020
© Rheinwerk Verlag, Bonn 2020

Informationen zu unserem Verlag und Kontaktmöglichkeiten finden Sie auf unserer Verlagswebsite *www.rheinwerk-verlag.de*. Dort können Sie sich auch umfassend über unser aktuelles Programm informieren und unsere Bücher und E-Books bestellen.

Inhalt

Vorwort

Dieser Text ist für Sie. Für Texterinnen und Texter. Für Redakteurinnen und Redakteure. Für alle, die für Marken, Unternehmen und Produkte schreiben. Und ich möchte, dass Sie alle sich angesprochen fühlen, egal, welchem Geschlecht Sie sich zuordnen – oder eben nicht. Als ich angefangen habe, dieses Buch zu schreiben, habe ich sprachlich alle zu Männern gemacht, im Zeichen der Lesbarkeit und des guten Stils.

Das ist mir aber nicht mehr genug – ich möchte zu einer fairen Sprache beitragen, die aufhört, mindestens die Hälfte der Menschheit zu ignorieren. Das Ergebnis ist sicher kein poliertes Juwel der Gerechtigkeit. Es wird immer wieder Formulierungen geben, die meinen Anspruch nicht erfüllen. Oder die holpern. Aber ich möchte wenigstens versuchen, alle anzusprechen, ohne fette Abzüge auf die B-Note zu riskieren. Sie entscheiden, ob das gelungen ist. Und jetzt viel Freude beim Lesen. Schreiben Sie gut!

Kapitel 1
Das neue Texten: Warum gute Texte für modernes Marketing unverzichtbar sind

Texte liest doch keiner. Die Leute haben keine Zeit für langes Geschwafel. Die berauschen sich auf Instagram, YouTube und Facebook an Bildern und Gefühlen. Ganz anders als wichtige Leute im Unternehmen: Die kaufen auf nackter Faktenbasis, während sie auf Datenblätter und Preislisten starren. Schöne Worte lenken da nur ab.

Warum sollen wir uns groß mit Texten beschäftigen, wenn das neue Webdesign der Kracher ist und ein Bild sowieso mehr sagt als tausend Worte? Praktikant Timo kann doch die Webtexte schreiben – der bastelt uns was aus der alten Imagebroschüre. Den Newsletter nehmen wir von 2016 und tauschen die Veranstaltungsdaten aus. Heraus kommen Kommunikationsmittel, die mit Optik statt mit Inhalt glänzen. Die Texte tun im Bestfall nicht weh, reißen aber keinen vom Hocker, und Markenflair verströmen sie höchstens homöopathisch. Viele Marketingtexte lesen sich so lieblos hingerotzt wie die Pflichtkarte zu Großtante Margaretes 79. Geburtstag. Die Kundschaft in spe ignoriert sie – und wir schließen daraus: Texte wirken nicht.

Ja, öde Texte wirken tatsächlich nicht. Schon, weil keiner sie liest. Aber gute Texte, die werden gelesen und haben auch sonst einiges drauf. Sie sind die Vertriebsmitarbeiter des Monats im Onlinemarketing. Die schärfsten Waffen im Content-Kampf, die Instrumente, die Storys, Inhalte und Markenpersönlichkeit in die Welt und zu den Menschen tragen. Für Unternehmen geht es im Netz nicht mehr um digitale Visitenkarten, sondern um Markenaufbau und Kundengewinnung. Das Mittel der Wahl heißt Content – funkelnde Inhalte und Geschichten, die Probleme lösen und Besucher zu überzeugten Kunden machen.

1.1 Content machen heißt Texte schreiben

Online- und Content Marketing leben vom geschriebenen Wort, von Blogartikeln, die verschlungen werden, von Websites, die mit Persönlichkeit faszinieren, von Landingpages, die zielsicher konvertieren und von Newslettern, die eine bruchsichere Beziehung zum Kunden aufbauen. Sogar das YouTube-Video braucht ein Skript, das Instagram-Bild einen Beschreibungstext und die Infografik eine Textidee.

Storytelling ist kein Hype mehr, sondern Best Practice. Unternehmen haben längst verstanden, dass Kommunikation eine menschliche Basis braucht. Deshalb erzählen sie Geschichten, in denen sie Haltung und Vertrauen transportieren. Irgendjemand muss diese Geschichten schreiben, auch wenn die Darbietung visueller wird. Die Gestaltung gibt Inhalten einen Rahmen, lenkt den Blick, schafft visuelle Wiedererkennbarkeit, Sympathie und Vertrauen. Aber wenn ich keine wertvollen Inhalte habe, brauche ich auch kein schickes Drumherum mit Goldglitzer. Und selbst wenn ein Bild Emotionen weckt, will ich die mit einer Botschaft verbinden. Sonst bringt es der Marke herzlich wenig, die Gefühlsdusche aufzudrehen. Und da wären wir wieder beim Texten. Texten können ist im Marketing wie im Karate einen Schwarzgurt haben. Texten können heißt:

- Marketingtexte schreiben, die Menschen etwas angehen, anstatt an ihnen vorbeizureden
- Die Stimme finden, die bei der Zielgruppe ankommt und die Marke unverwechselbar macht
- Leser sanft von »Kenn ich nicht« zu »Muss ich haben« führen – ohne lautes Verkaufsgebrüll
- schwierige und trockene Themen lesenswert machen
- Content schreiben, der wie ein Leuchtturm aus dem Schrottmeer im Internet ragt
- Geschichten erzählen, die bei den Gefühlen packen und Botschaften im Hirn verankern
- mit Ideen, Witz und Verstand begeistern

Texten ist also eine mächtige Fähigkeit für alle, die für Unternehmen kommunizieren und vermarkten: Texterinnen, Redakteure, Marketerinnen und Content-Macher. Okay, verstanden. Texte sind alles andere als Gemüsedeko in der Kommunikation des Onlinezeitalters. Wenn Sie zufällige Leserinnen und Leser in begeisterte Kundschaft verwandeln wollen, reicht es deshalb nicht, ein paar Infos zusammenzuhacken und mit Werbesülze zu garnieren oder mit Kalauern zu würzen. Wir müssen heute anders schreiben als früher. Weil sich die Art, wie Menschen kaufen, in den letzten 10 Jahren grundlegend verändert hat. Und Texte neue – auch größere – Aufgaben übernehmen.

1.2 Warum Marketing-Blabla nicht mehr wirkt

Leute wollen nicht mehr mit Werbung zugeballert, mit Verkaufsbotschaften vollgedröhnt oder von Bildern mit absurd schönen Menschen verfolgt werden. Sie verschließen die Ohren und singen verzweifelt »Lalalalalala«, wenn wir sie mit Verkaufsgeschrei oder durchsichtigen Verführungstricks überfallen.

Was hat sich geändert? Abbildung 1.1 zeigt den Unterschied zwischen *Outbound Marketing* und *Inbound Marketing*.

Abbildung 1.1 Outbound Marketing versus Inbound Marketing

Die Kundschaft im Onlinezeitalter recherchiert online, was ihr helfen könnte. Sie will sich selbst informieren und entscheiden, was sie braucht. Keiner hat ihr zu diktieren, was sie kaufen soll. Auf Werbung reagiert sie empfindlich. Sie will sich nicht anbrüllen, nötigen, erpressen oder plump anbaggern lassen. Das geht Ihnen nicht anders, oder? Plakat- und Anzeigenkampagnen, sogar TV-Spots sind auf dem Rückgang, weil sie die Menschen bei etwas unterbrechen, was sie lieber machen wollen als sich Werbung anzutun. Klar, das ist nicht der einzige Grund, aber ein wichtiger.

Passend zum Mindset der unabhängigen Konsumentinnen und Konsumenten hat sich *Content Marketing* etabliert. Unternehmen treten als Problemlöser und Wissensvermittler auf, die Kundschaft in spe von Anfang an auf der *Customer Journey* begleiten – vom Erkennen des Problems bis zum ersehnten Klick auf den Kaufen-Button, mit dem eine lange und glückliche Beziehung beginnt. Abbildung 1.2 zeigt den Verlauf einer solchen Kundenreise.

Geniale Idee, oder? Unternehmen müssen die Kundschaft nicht mehr überfallen, sondern warten wie die Spinne im Netz, bis sie von selbst zu ihnen kommt. Deshalb platzt das Internet jetzt aus allen Nähten vor lauter Pro-Tipps und anderen hilfreichen Content-Schnipseln. Surfend kann ich alles lernen – vom Eulen-Eierwärmer-Häkeln bis zur Conversion-Optimierung. Die Digitalisierung hat die Kultur des Kaufens umgekrempelt.

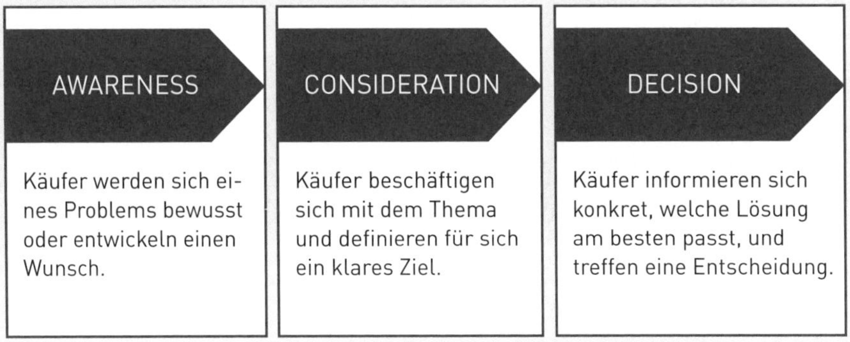

Abbildung 1.2 Customer Journey

Wie locken Sie also mündige Menschen aus der Reserve? Damit die Sache mit der magisch-magnetischen Anziehung klappt, sollten Texte mit der Pull- statt mit der Push-Philosophie harmonieren. Das heißt, Sie schreiben für werbemüde, megamündige Kundinnen und Kunden. Gleichzeitig müssen sich Ihre Content-Schätzchen in einer Sintflut aus Blog-Posts, How-to-Videos und Whitepapers nach oben kämpfen – oder ungelesen untergehen.

Es reicht nicht mehr, hilfreiche Informationen ins Netz zu pumpen. Ruckzuck zusammengeschusterte Me-too-Dinger interessieren niemanden mehr. Zehn oberflächliche Tipps, die ich 500-mal gelesen habe – und nicht mal ein Beispiel zeigen. Das ist spannend wie das Kirchenblatt. Die Frage bleibt dieselbe, die sich die Werbung schon immer gestellt hat: Wie können Sie sich abheben? Mit tieferen Inhalten? Mit nie dagewesenen Ideen? Nein. Die Infos sind alle schon da, und es werden immer mehr. Natürlich müssen unsere Themen relevant sein. Aber herausstechen können wir nur durch die Umsetzung.

Merksatz: Guter Content ist großartig geschrieben.

Einerseits darf der Content nicht nach Werbung riechen, andererseits soll er Faszination versprühen. Wie bekommen Sie das zusammen? Es geht darum, Menschen zu überzeugen – wie eh und je. Doch die Methode hat sich geändert: Sie fallen nicht mit der Tür ins Haus.

Bevor Sie etwas verkaufen, beweisen Sie Persönlichkeit und bauen einen Berg Vertrauen auf. Und diesen Herkulesjob müssen Ihre Texte stemmen. Texte, denen das gelingt, sind:

- informativ und entertaining, nicht verkäuferisch
- echt und charaktervoll, nicht großkotzig
- persönlich und emotional, nicht nüchtern

1.3 Alles Content – oder brauchen wir noch Werbetext?

Hat das Werbetexten, wie wir es kennen, also ausgedient? Brauchen Sie nur noch werbefreien Content, der den gleichen Effekt hat wie eine Herde Einhorn-Babys? Was ist mit sinnlichen Imagetexten und cleveren Headlines? Schreiben Sie keine Verkaufstexte mehr? Zuallererst macht Ihr redaktioneller Content einen guten Eindruck, legt den Grundstein für die Vertrauensbasis und führt die Kundschaft in spe zum Unternehmen. Sie tun sich keinen Gefallen damit, wenn Sie Ihre Blogartikel und Social-Media-Posts mit wilden Werbeattacken verhunzen. Neugierige Surfer sind schneller weg als Sie »Jetzt kaufen« sagen können.

Doch am Ende wollen Sie immer noch Ihre Angebote, Leistungen und Produkte verkaufen. Zum Glück müssen Sie selbst in redaktionellem Content nicht komplett aufs Werben verzichten – Sie können durchatmen. Über einen weiterführenden Link oder einen Hinweis auf ein passendes Angebot freuen sich LeserInnen und Leser, sofern diese Werbung ihnen potenziell hilft. Das geht aber nur gut, wenn der Beitrag selbst keine verschleierte Werbung ist und journalistische Grundsätze einhält.

Welcher Leser lässt sich schon gern etwas vormachen? Eins verbindet Ihre Vielleicht-bald-Kundschaft: Alle haben ein Problem, und sie machen sich schlau, weil sie es lösen wollen. Nennen Sie es meinetwegen Bedarf oder Wunsch. Auf der Suche landen Heike und Max irgendwann bei Ihnen im digitalen Headquarter: auf der Startseite, einer Verkaufsseite, einer Landingpage. Bis hierhin hat sie der lehrreiche, unterhaltsame Content gebracht. Und nicht weiter. Sie haben bewiesen, dass Sie etwas von Ihrem Thema verstehen, wertvolle Informationen vermittelt und Sympathiepunkte gesammelt. Frau Käufer ist uns wohlgesonnen und neugierig. Sie weiß, dass sie eine Lösung braucht. Aber nicht, ob Ihre die richtige ist.

Damit sie zur Kundin wird, fehlt noch ein Schritt, der vielen ach so schwerfällt: das Verkaufen. In unserer digitalen Welt gehört das genauso zur Aufgabe von Marketingtexten wie Kundschaft anzuziehen. Der freundliche (aber bloß nicht schmierige) Verkäufer ist aus Worten und Bildern, nicht aus Fleisch und Blut.

So sehen die Grenzen zwischen PR und Marketing mittlerweile – nun ja – impressionistisch aus. Marketingtext umfasst das ganze Spektrum von redaktionellem Content bis zu modernem Werbetext, der die Leserschaft nicht bevormundet.

Texter, die für Kunden die Customer Journey planen, sind eierlegende Wollmilchsäue, die Kaffee kochen und zum Mond fliegen können.

Sie schreiben quasi journalistische Beiträge, aber genauso die hochkonvertierende Landingpage. Sie informieren, unterhalten und sie verkaufen. Aber wie funktioniert Werbetext, wenn sich keiner etwas aufschwatzen lassen möchte?

1.4 Egotrip zu Ende – Empathie ist gefragt

Marketingtexte sollen verkaufen. Deshalb nennen Sie Vorteile und stellen die guten Eigenschaften der Marke heraus. Unternehmen erzählen auf ihrer Website, was sie können und machen, wie toll sie sind und wie sie Menschen helfen. Sie reden über sich. Es kommt aufs Gleiche heraus, ob sie das blumig oder businessmäßig formulieren: Der Leserschaft ist der Text egal. Weil es für Menschen Wichtigeres gibt als die Avancen irgendeines Unternehmens: ihre eigenen Probleme, Wünsche und Befindlichkeiten. Sie können Ihren Erstgeborenen darauf verwetten, dass Ihre Inhalte für keinen so spannend sind wie für Sie.

Typische Marketingtexte kranken an einem Charakterfehler: Sie sind egozentrisch. Genau dieses Wissen kann uns beim Schreiben helfen. Damit der Text das Publikum etwas angeht, müssen Sie die Perspektive wechseln, den Leuten in den Kopf kriechen. Bevor Sie jetzt gähnen und denken: »Ja, ja, die Kundenbrille aufsetzen, weiß ich doch«, fragen Sie sich: Gehen Ihre Texte wirklich von den Kundinnen und Kunden aus – oder doch vom Unternehmen?

Finden Sie Botschaften, die tief im Inneren der Menschen andocken, mit ihren Problemen, Hürden und Wünschen sympathisieren und ihnen den Weg zeigen? Die ihr Vertrauen zementieren und ihre Begeisterung freisetzen? Haben Sie den Mut, Dinge wegzulassen, die Sie wahnsinnig wichtig finden, die für die Leserschaft aber nicht kriegsentscheidend sind? Oder denken Sie beim Texten eher daran, die Vorzüge und Features eines Angebots lückenlos zu kommunizieren, das Unternehmen von seiner besten Seite zu zeigen, Ihre Philosophie nach außen zu tragen? Ich gebe es zu: Es liegt mir viel näher, im Ego-Modus zu schreiben. Ihnen auch? Dabei interessieren sich Leserinnen und Leser viel eher dafür: Was geht mich das an? Hilft mir das? Verstehen die mich? Das ist der Leserschaft wichtig. Deshalb brauchen Sie als Texterin oder Texter vor allem eins: Empathie. Denken Sie nicht nur an die Leserschaft. Denken Sie wie die Leserschaft. Die Egobrille ist jedoch nicht das einzige Hindernis auf dem Weg zum wirksamen Marketingtext.

1.5 Die Seriositätsfalle – raus aus dem Einheitsbrei

Bei Werbetexten denken Sie an rostige Verkaufstrigger wie »Sichern Sie sich jetzt« oder Möchtegern-Lyrik wie »Mit Liebe zum Detail und höchster Präzision gefertigt«? Verstehe ich. Öde Floskeln wabern überall auf Websites herum. »Kundenzufriedenheit steht bei uns an erster Stelle«, »Unsere starken Leistungen für Ihren Erfolg«, bla, bla, bla. Was das Ganze noch schlimmer macht: Es sind immer die gleichen Formulierungen, kein Funken Originalität. Mal klingt es verkäuferisch, mal verführerisch, oft überzogen – auf jeden Fall haben wir es schon tausendmal gelesen.

Können Sie diesen Marken und Unternehmen einen Vorwurf machen? Die meisten schreiben Standardgrütze, weil sie vermuten, so geht Texten. Anderen sind Selbstbeweihräucherung und Marktschreierei zu peinlich, deshalb sagen sie lieber gar nicht viel und beschränken sich auf Fakten-Stakkato. Menschen erwarten heute mehr als hohles Werbesprech von einem Text, der sie begeistern soll. Aber lieblos hingeworfene Infos machen auch nicht an, oder?

Die Floskelfreundinnen und Faktendrescher (sorry) verbindet der Wunsch, seriös zu wirken. Sie sind schließlich im Business und wollen ernst genommen werden. Man passt sich an. Heraus kommen gesichtslose Texte, die keinerlei Markencharisma ausstrahlen. Klar tun sich Unternehmen keinen Gefallen damit: Allerweltstexte, die von jedem x-beliebigen Unternehmen stammen könnten, taugen höchstens als Gestaltungselement. Sie könnten auch die »Lorem Ipsum«-Platzhalter stehen lassen. Die Leute stempeln sie als Werbung ab, weil alle das Gleiche behaupten, und schalten auf Durchzug. Sie wissen ja längst, wie der Satz weitergeht. Es führt kein Weg daran vorbei: Als Texterinnen und Texter müssen Sie den Stil entwickeln, der zur Marke passt, und Formulierungen abseits des Einheitsbreis finden. Eine Portion Mut und eine Schippe Kreativität machen Ihre Marketingtexte erst attraktiv.

1.6 Die drei Komponenten für wirksame Texte

Können Sie schreiben? Ich dachte lange, ich kann's nicht. Als Juniortexterin in meiner ersten Werbeagentur wusste ich: Ich will geniale, hundertprozentig überzeugende Texte schreiben. Ich habe mich mit jedem Wort gequält und oft über 50 Headlines für eine Anzeige aus dem Hirn gequetscht. Wenn ich meine Arbeit zeigen sollte, ratterte mein Herz wie ein landender Hubschrauber.

Ich hatte Gespür, aber keine Kriterien, nach denen ich meine Texte beurteilen konnte. Mir war nur klar: Texten für Brands und Unternehmen funktioniert nicht nach den Regeln aus dem Deutschunterricht, auch nicht nach denen aus der Journalistenschule. Heute weiß ich: Das geht vielen so, die Marketingtexte schreiben (oder Werbetexte – für mich hat der Begriff nur einen negativen Touch).

Ständig nagen Fragen: Kann man das so sagen? Klingt das werblich? Ist das zu lang oder zu kurz? Zu einfach oder zu verklausuliert? Kommt der Benefit rüber? Passt die Tonalität zum Unternehmen? Bewegt mein Text zum Handeln? Texten ist nicht Mathe: Es gibt kein eindeutiges »Richtig« oder »Falsch«. Schön wär's. Ein organisches Geflecht aus Faktoren bestimmt, ob ein Text funktioniert. Deshalb denken viele, Texte seien Geschmackssache. Sie urteilen nach Bauchgefühl oder fragen spontan den Servicetechniker für die Telefonanlage, wie er die Überschrift findet.

Das wird der Sache nicht gerecht. Manche Texte wirken besser, andere schlechter und viele wie Mundgeruch. Es gibt durchaus Anhaltspunkte, um die Qualität von Marketingtexten zu beurteilen. Drei simple Fragen helfen Ihnen, die Textqualität einzuschätzen:

1. **Muss man den Text lesen?**

   Steigen Leserinnen oder Leser erst gar nicht ein oder vor dem Schluss aus, hat der Text versagt. Damit er etwas bewirken kann, muss er konsumiert werden.

2. **Könnten Wettbewerber den Text klauen?**

   Der Markenname und unternehmensspezifische Details lassen sich einfach austauschen, und keiner würde es merken? Ein sicheres Zeichen, dass der Text zu wenig Markencharakter transportiert.

3. **Überzeugt die Botschaft?**

   Damit ein Text die Leserschaft beeinflussen kann, muss der Inhalt für sie relevant sein. Wenn Ihr Text keine Botschaft hat, brauchen Sie ihn nicht zu schreiben.

An diesen Fragen sehen Sie: Schöne Worte und gute Argumente allein machen keinen effektiven Marketingtext aus. Sie wollen Texte schreiben, die man lesen muss, die Profil zeigen und überzeugen. Damit Ihnen das gelingt, können Sie sich auf drei

Aspekte konzentrieren: wertvolle Inhalte, eine kluge Struktur und den passenden Schreibstil. Abbildung 1.3 zeigt die Hauptfaktoren für wirksame Texte.

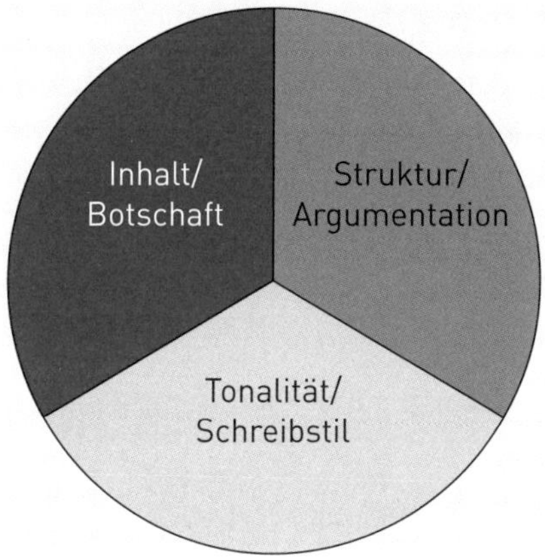

Abbildung 1.3 Die drei Faktoren für Textqualität

Wissen Sie, was Texten mit T-Shirts-Waschen zu tun hat? In einer rosa Barbie-Welt punkten Sie in allen drei Bereichen: Inhalt, Struktur und Schreibstil sind alle auf einem hohen Niveau und passen zur Zielgruppe. Aber Sie können Mankos in einem Bereich auch durch Stärken im anderen ausgleichen. Ich vergleiche das gern mit der Aufgabe, ein T-Shirt sauber zu kriegen: Sie können es heiß waschen, lange waschen oder Sie können viel Seife nehmen. Es wird mit jedem Ansatz sauber. Aber schneller und einfacher geht's, wenn Sie alles optimal kombinieren.

Mit tollem Formulieren ist es also nicht getan. Uff, noch mehr Arbeit? Ich sehe das als Vorteil: Sie können einen wirksamen Text entwickeln, auch wenn Sie sich nie als begnadetes Schreibgenie gesehen haben. Ob ein Marketingtext einen guten Job macht, hängt genauso von den Inhalten und der Struktur ab wie vom Schreibstil. Und selbst den können Sie trainieren.

1.7 Texten lernen

Texten können ist vor allem Einstellungssache, eine Fähigkeit, die Sie erlernen und verbessern können, kein Talent, das in irgendwelche Wiegen gelegt wird. Wollen Sie sich mit dem Texten beschäftigen, experimentieren und akribisch am Ergebnis feilen? Sind Sie bereit, Zeit ins Schreiben zu investieren – und nicht zufrieden, wenn alle

Infos drin sind? Trauen Sie sich, kreativ zu sein, auch wenn Sie damit anecken könnten? Schaffen Sie es, die Perspektive zu wechseln und zu denken wie Ihre Leserschaft? Willkommen in der schreibenden Zunft, Sie haben das Zeug zum Texten – egal, ob Sie in einer Agentur arbeiten, freelancen oder im Unternehmen angestellt sind, ob Texten Ihre Hauptaufgabe ist oder etwas, das Sie nebenbei machen.

Was dürfen Sie von diesem Buch übers Texten erwarten? Es hilft Ihnen, Marketingtexte mit Wumms zu schreiben statt wirkungsloses Werbe-Blablub, Texte, die Kunden anziehen, mitreißen und konvertieren. Damit Sie nicht nur viel lesen, sondern am Ende besser texten, erwartet Sie mehr als schicke Theorie: Sie arbeiten mit Textbeispielen und bekommen Aufgaben:

- Sie erlernen Strategien, wie Sie Texte im Onlinezeitalter konzipieren, und wenden sie an. Sie verstehen, wie Sie mit Worten verkaufen – ohne wie ein Haudrauf zu wirken.
- Sie schaffen sich eine Argumentationsgrundlage, um für Ihre Texte einzustehen.
- Sie eignen sich Techniken an, mit denen Sie bei aller Liebe zum geschliffenen Endprodukt produktiv schreiben.
- Sie arbeiten an Ihrem Stil, damit Ihre Texte zum Lesen zwingen und Markenpheromon verströmen.
- Sie bekommen eine kristallklare Schreibanleitung für nützliche Textbausteine wie Headlines oder Bulletpoints – und für komplette Textformen im Onlinemarketing von Landingpage bis E-Mail-Newsletter.

Lernen Sie alles übers Schreiben? Haha, leider nein. Sie lernen weder, Romane zu schreiben, noch investigativen Journalismus oder Minnesang. Texten können möchte ich eingrenzen auf das weite Feld der Marketingtexte in digitalen Medien – von Content bis Verkaufstext und Facebook-Anzeige. Was Sie übers Texten lernen, können Sie ruhig auf Printmedien in der Markenkommunikation übertragen und hervorkramen, wenn Sie Flyer oder Imagebroschüren texten. Allerdings sind die Beispiele und Anleitungen auf Onlinemedien abgestimmt.

Sind Sie aufgewärmt? Juckt es Sie in den Fingern? Lesen Sie von vorn bis hinten oder holen Sie sich Inspiration für die Marketingtexte, die Ihnen gerade auf den Nägeln brennen. Und vor allem: Hauen Sie Leserinnen und Leser von den Socken. Texten Sie großartig!

Teil I

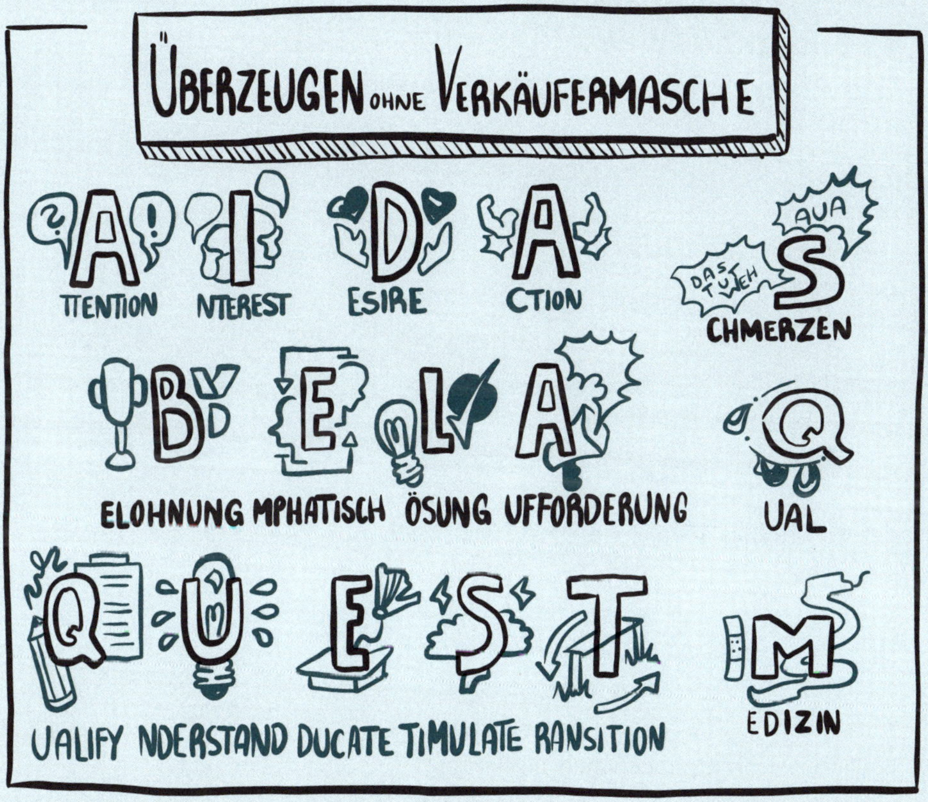

ÜBERZEUGEN OHNE VERKÄUFERMASCHE
A TTENTION
I NTEREST
D ESIRE
A CTION
AUA
DAS TUT WEH
S CHMERZEN
B ELOHNUNG
E MPHATISCH
L ÖSUNG
A UFFORDERUNG
Q UAL
Q UALIFY
U NDERSTAND
E DUCATE
S TIMULATE
T RANSITION
M EDIZIN

Kapitel 2

Verstehen, was Leser motiviert

Warum kaufen Menschen – und warum kaufen sie nicht? Welche Wünsche treiben sie an? Textkonzeption beginnt mit dem Versuch zu verstehen, was Kundinnen und Kunden tief im Innern wollen.

Fangen Sie bei der Leserschaft an, um die geht es Ihnen ja. Bevor Sie einen Marketingtext schreiben, brauchen Sie darauf eine Antwort: Was will meine Kundin wirklich? Was hilft meinem Klienten? Fällt Ihnen etwas auf? Die Frage heißt nicht: Was biete ich?

Ein plakatives Beispiel: Jörg braucht eine neue Hose. Warum kauft er sich nicht die Jeans von kik? Warum greift er zur Levi's, obwohl die ein Vielfaches kostet? Jörg will nicht einfach eine Hose. Sonst würde er lieber Geld sparen, als für ein kleines rotes Stofflabel 95 € mehr zu bezahlen. Jörg kann seine Kaufentscheidung rational begründen: Die Levi's hält viel länger als die kik-Jeans. Ernsthaft? Länger als drei oder vier Billigbuchsen, die er sich für seine Investition kaufen könnte? Nein, warum Jörg die Levi's will, lässt sich nicht an Produktmerkmalen festmachen – auch, wenn er sich das selbst sagt. Er will sich attraktiv fühlen, dabei aber lässig entspannt, bloß nicht gewollt und geschniegelt. Die Levi's gibt ihm das Gefühl, das er sich wünscht.

Emotionen beeinflussen jede Kaufentscheidung, auch wenn sie von logikfesten Wirtschaftsingenieurinnen getroffen werden; die sind nicht nur in ihrer Freizeit Menschen. Also: Finden Sie heraus, was Ihre Kundschaft antreibt. Dann finden Sie auch die Worte, die sie zu Ihnen führen statt zur Konkurrenz – und den Kaufpreis zur Nebensache zurechtstutzen. Wirksame Marketingtexte verkaufen keine Produkte. Sie verkaufen ein besseres Leben.

2.1 Emotionale Benefits – damit der Text Leserinnen und Leser etwas angeht

Unternehmen lieben es, Produktmerkmale – auch Features genannt – zu kommunizieren. Sie zählen fröhlich alles auf, was das Produkt hat oder das Angebot enthält, damit Kundinnen und Kunden erkennen, wie viel Leistung sie für ihr Geld bekommen – frei nach dem Motto: »Wir haben so viel zu bieten«. Sie haben das Problem schon erkannt: Features allein überzeugen nicht, nicht einmal B2B-Kundschaft wie Einkäufer oder Verfahrenstechnikerinnen. Schauen Sie sich ein paar Features an:

- Die Kfz-Versicherung hat eine Deckungssumme von 30.000 €.
- Den Lippenstift gibt es in 18 Farben.
- Der IT-Service schult seine Mitarbeiter 50 Stunden im Jahr.
- Der Gasgrill hat eine lebenslange Garantie auf den Rost.
- Der Angelhaken besitzt eine spezielle, aufwärtsgebogene Form.

Würden Sie aufgrund dieser Infos irgendetwas davon kaufen? Sie denken wahrscheinlich: Kommt auf den Preis an. Gut, was unterscheidet Features und Benefits? Nur zur Auffrischung, falls Sie Marketingprofi sind.

Features versus Benefits

Features sind Produktmerkmale und Fakten. Sie unterstützen Ihr Verkaufsargument.

Benefits geben Kunden Grund zu kaufen, denn sie erklären, wie das Produkt ihr Leben verbessert.

Doch diese wahren Benefits liegen tief vergraben. Um sie zu finden, müssen Sie verstehen, was Ihre Kundschaft wirklich interessiert. Sie wollen ihre Wünsche *lesen*. Darüber, was Menschen motiviert, haben sich schon viele schlaue Leute Gedanken gemacht. Der Psychologe Maslow (1908–1970) zum Beispiel. Seine *Bedürfnispyramide* besteht aus fünf Kategorien, wie Abbildung 2.1 zeigt.

Ebenso hat sich der legendäre Werbetexter Bob Bly intensiv damit beschäftigt, warum Menschen etwas haben wollen.

Maslows Pyramide und Bob Blys Motivatoren können Ihnen einen Startpunkt fürs Brainstorming geben und verschiedene Blickwinkel aufs Thema eröffnen. Ein Haufen möglicher Bedürfnisse im Hinterkopf ist nützliches Gepäck, wenn Sie auf Benefit-Suche gehen.

Um emotionale Benefits zu finden, beantworten Sie sich diese Fragen: Wie will sich der Kunde fühlen? Wie will der Kunde sein? Emotionale Benefits sind Must-have-Gefühle.

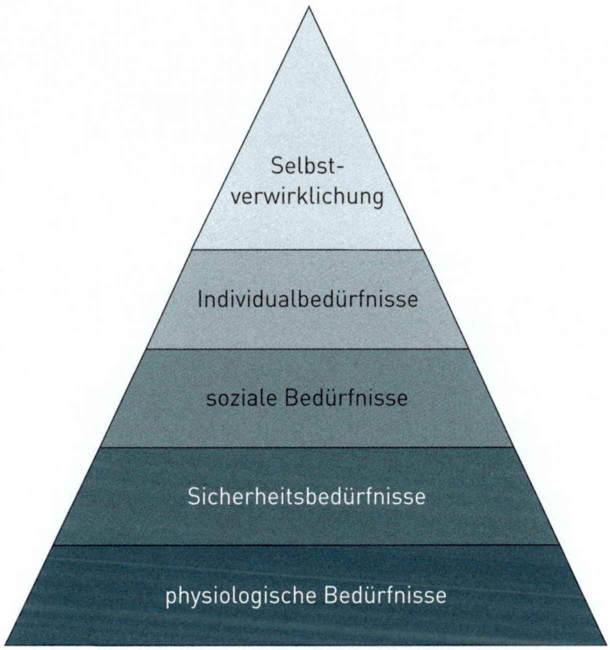

Abbildung 2.1 Die Maslow'sche Bedürfnispyramide. Quelle: Wikipedia

Bob Blys Motivatoren, die Menschen zum Kaufen bewegen

- gemocht werden
- geschätzt werden
- recht haben
- sich wichtig fühlen
- Geld verdienen
- Geld sparen
- Zeit sparen
- sich die Arbeit erleichtern
- sicher sein
- sich gut fühlen
- Bequemlichkeit
- sich abheben
- glücklich sein
- Spaß haben
- Wissen vergrößern
- gesund sein
- Neugier befriedigen
- aus Angst
- aus Gier
- aus Schuldgefühlen

Für mich hat sich die Übersicht in Tabelle 2.1 bewährt. Die drei Kategorien liefern einen prima Überblick über starke emotionale Benefits, die sich Menschen mehr wünschen als irgendwelche Produktmerkmale.

Körperlich	Geistig	Sozial
gesund	schlau	anerkannt
schön	selbstsicher	mächtig
schlank	fähig	bewundert
stark	in Kontrolle	cool
sportlich	effektiv	Vorbild
sicher	kreativ	geliebt
attraktiv	frei	mutig

Tabelle 2.1 Drei Kategorien emotionaler Benefits

Das ist natürlich nur eine pointierte Auswahl aus unserem Gefühlsspektrum. Welchen emotionalen Benefit wollen Ihre Kundinnen und Kunden haben? Das finden Sie heraus, wenn Sie sich die Leistungen des Unternehmens anschauen und daraus mögliche Benefits ableiten. So kommen Sie vom Produkt oder Unternehmen zu den emotionalen Benefits, die Menschen in Wahrheit motivieren.

2.2 Feature – Ergebnis – Benefit: Fakten mit Wünschen verknüpfen

Diese Methode hilft Ihnen, den wahren Benefit zutage zu fördern. Praktischerweise starten Sie bei den Produktmerkmalen (hurrah, die kennen Sie) und tasten sich von dort zu den emotionalen Benefits vor.

Im ersten Schritt sammeln Sie *Features*. Schreiben Sie alle Produktmerkmale auf – das ist Ihre Bestandsaufnahme. Die Liste darf lang sein und sich wiederholen. Es gibt keine Noten. 😉

Im zweiten Schritt schreiben Sie die *Ergebnisse* auf, oder nennen Sie es die *Effekte*. Betrachten Sie dafür jedes Feature einzeln, und fragen Sie sich: Was bewirkt das Feature? Welches Ergebnis erzielt es?

Tabelle 2.2 zeigt den Unterschied zwischen Feature und Benefit – und wie Sie vom einen zum anderen kommen.

Was ist es (Feature)?	Was macht es (Ergebnis)?
Sonnenhut mit 20 cm breiter Krempe	Spendet Schatten.
künstlicher Hechtköder aus Gummi	Fängt nur Hechte und keine anderen Fische.
leistungsstarker Staubsauger mit 2.200 Watt	Entfernt klebende Krümel mühelos.
18 Lippenstiftfarben	Die Trägerin kann den passenden Lippenstift zum Outfit wählen.
Coaching-Stunde mit Businessplan-Vorlagen	Der Businessplan ist schneller fertig.

Tabelle 2.2 Beispiele für Features und dazu passende Benefits

Frage: Sind das schon emotionale Benefits? Antwort: Die Ergebnisse sind wünschenswert und nutzen der Kundschaft. Das macht sie zu Benefits. Ich würde sie jedoch eher als Ergebnisse bezeichnen, weil Sie noch nicht bei den Gefühlen angelangt sind. Da wollen Sie hin!

Im dritten Schritt finden Sie die emotionalen Benefits und klären die Frage: Wie will sich die Kundin oder der Kunde fühlen? Jetzt gehen Sie der Sache auf den Grund. Was passiert in der Gefühlswelt eines Menschen, wenn er das Produkt gekauft, die Leistung in Anspruch genommen oder den Artikel gelesen hat? Seine wahren Ziele sind rein emotional.

Noch mal: Für jedes noch so langweilige Produkt lassen sich diese emotionalen Benefits finden. Sie können Erodierdrähte für die Funkenerosion an Autoteilehersteller verkaufen oder Buchhaltungssoftware an Krankenhäuser. Wenn Sie nicht über den Preis gehen wollen oder der einzige Anbieter weit und breit sind, gewinnen Sie mehr Kunden, wenn Sie Gefühle gepaart mit Fakten vermitteln können.

Wollen Sie alle drei Schritte zusammenbringen?

Tabelle 2.3 zeigt, wie emotionale Benefits zu diesen Features und Ergebnissen aussehen könnten.

Feature (Was ist es?)	Ergebnis (Was macht es?)	Emotionaler Benefit (Wie will sich der Kunde fühlen?)
Staubsauger mit 2.200 Watt	Saugt mühelos hartnäckige, klebrige Krümel auf.	■ Ich bin ein guter Vater, der Haushalt und Beruf unter einen Hut kriegt. ■ Meine Freunde bewundern mich.
Fusselbehälter mit 6 l Volumen	Der Behälter muss selten geleert werden.	■ Ich kann effizient arbeiten und bin schnell fertig. ■ Ich bin entspannt, weil das Saubermachen nicht mehr stresst.
8-m-Kabel	Ich kann auch große Räume saugen, ohne das Kabel umstecken zu müssen.	■ Ich bin schlau, weil ich den richtigen Staubsauger für mein großes Haus gefunden habe.

Tabelle 2.3 Fallbeispiel: Features, Ergebnisse und Benefits

Sie sehen: Sie können aus jedem Feature Ergebnisse und emotionale Benefits ableiten. Schwierig wird es jetzt, wo Sie entscheiden müssen. Für mich ist das auch schrecklich. Mich paralysieren Fragen wie »Im Becher oder in der Waffel?«. Entscheidungsfreude ist eine Eigenschaft, die Ihnen jetzt zugutekommt. Für die meisten Produkte und Leistungen können Sie eine ganze Liste an Features zusammentragen. Wenn Sie dann Ergebnisse und emotionale Benefits zu jedem Feature suchen, haben Sie einen Wust an Möglichkeiten. Dass Sie dabei für verschiedene Features auf gleiche Benefits kommen, ist ganz normal; dieser Umstand hilft Ihnen dabei, die richtigen auszuwählen.

Das machen Sie jetzt. Damit Ihre Kommunikation funktioniert, müssen Sie sich jetzt von vielen Möglichkeiten trennen. Entscheiden Sie sich für einen, maximal zwei emotionale Benefits, die Sie transportieren wollen. Das schmerzt, macht aber die Bahn frei für Texte, die auch emotional überzeugen. Wenn Sie zu viele verschiedene Gefühle transportieren möchten, verläuft Ihre Aussage wie Aquarellfarbe. Wählen Sie einen emotionalen Benefit, der sich aus mehreren Features und Ergebnissen ableiten lässt. So können Sie prüfen, ob der Benefit zum Produkt oder Leistungsportfolio passt.

2.3 Benefits subtil vermitteln

Texte ohne emotionale Benefits sind seelenlose Zombies ohne Zähne. Sie kennen den Benefit, den Sie transportieren wollen. Das ist mehr als eine schöne Erkenntnis. Dieses Gefühl wollen Sie Ihrer Leserschaft vermitteln und dadurch Resonanz erzeugen, Menschen mitnehmen und nicht nur lesen lassen. Jetzt wird's haarig: Wie gelingt Ihnen das? Knallen Sie ihnen den Benefit einfach vor den Latz?

Fühlen Sie sich attraktiv.

Ihre Nachbarn werden Sie beneiden.

Maximiere deine Coolness!

Holzhammersätze wie diese tauchen immer wieder in Marketingtexten auf. Und genau das ist ihre Schwäche. Sie klingen nach Werbung. Ich möchte diesen direkten Ansatz nicht verteufeln – in einem Verkaufstext am Ende der Customer Journey kann Tacheles reden sinnvoll sein. Auf jeden Fall ist es besser, als gar keinen emotionalen Benefit zu kommunizieren.

Eleganter wird der Text aber, wenn Sie subtiler vorgehen. Das heißt: Sie sprechen den emotionalen Benefit nicht aus, vermitteln aber subtil das Gefühl. Der emotionale Benefit schimmert im Text wie ein eingewobener Silberfaden und liefert die gedankliche Grundlage für die Headline. Sie verknüpfen ihn fest mit den rationalen Features und verleihen diesen so eine emotionale Dimension. Wie sieht das in der Praxis aus? In Tabelle 2.4 finden Sie Beispiele, wie Sie emotionale Benefits geschmeidig in der Headline vermitteln.

Um Benefit-Headlines zu entwickeln, helfen Triggerfragen: In welcher Situation hat die Kundin oder der Kunde das gewünschte Gefühl? In welcher Situation wünschen sie sich das Gefühl am meisten?

Die Beispiel-Headlines sollen an dieser Stelle nur zeigen, wie Sie emotionale Benefits mit Fingerspitzengefühl statt mit Holzhammer rüberbringen können. Eine genauere Schreibanleitung für Headlines und bewährte Mechaniken finden Sie in Abschnitt 11.2, »Headlines für Marketingtexte, Blogs und E-Mails«.

Headline	Emotionaler Benefit
Wann hat dir zuletzt eine schöne Unbekannte einen Drink ausgegeben?	sich attraktiv fühlen
So bietest du deinem Chef die Stirn (und lässt ihn deinen wahren Wert erkennen)	sich selbstbewusst und kompetent fühlen
Ihre Enkel werden Mühe haben, mit Ihnen mitzuhalten	sich fit und energiegeladen fühlen
Gibst du dein Bestes im Job und hast trotzdem Angst vor Kündigung?	sein berufliches Schicksal selbst bestimmen
Sie sind die ganze Woche rotiert. Jetzt dürfen Sie entspannen	sich verwöhnen und es sich verdient haben
Wie du in jedem Meeting die Führung übernimmst	sich selbstbewusst und mächtig fühlen
Ist dein Kind emotional intelligent? Finde es mit diesem Test heraus	sich als gute Eltern fühlen
Bring deine Familie zusammen bei einem Wellness-Wochenende im Harz	sich geliebt und zugehörig fühlen

Tabelle 2.4 Headlines, die auf emotionale Benefits abzielen

Besonders stark werden Headlines, Aufzählungen und auch Aussagen im Fließtext, wenn Sie Benefits zusammen mit Features transportieren. Lassen Sie ein Feature niemals alleine dastehen, sonst hat es null emotionale Wirkung. Verbinden Sie es mit einem Benefit, damit es Kundinnen und Kunden etwas angeht. Genauso hilft Ihnen das Feature dabei, den Benefit glaubwürdig zu vermitteln. Es liefert die Begründung, warum die Zielgruppe den Benefit mit Produkt XY genießen kann. Wenn Sie Feature und Benefit in einem Satz verbinden, können Sie genauso vorgehen wie bei den Headlines. Entweder nennen Sie den Benefit explizit, oder Sie deuten ihn nur an. Das Verknüpfen bewerkstelligen Sie mit verbindenden Elementen. Benutzen Sie Konjunktionen und Relativsätze:

Stil und Komfort mit Handtüchern aus watteweicher Baumwolle

Core-Muskel-Workout für einen gesunden Rücken trotz 8 Stunden Schreibtisch am Tag

Vollgepackt mit Rechenübungen, weil du in Mathe eine Eins willst

20 Postfächer inklusive, damit Ihr Team mit einer Lösung wachsen kann

Das Fonds-Sparkonto, das vorsichtige Anleger unabhängig macht

Selbst, wenn Sie die Benefits nicht direkt nennen, können Sie diese durch Ihre Art zu schreiben transportieren. Das ist meine Lieblingsmethode, weil sie komplett unwerblich ist und deshalb auch in Content-Stücken funktioniert. Selbst wenn Sie den Benefit nennen, dann reicht das allein nicht. Der ganze Text sollte das ersehnte Gefühl atmen. Das erreichen Sie, indem Sie Ihre Art zu schreiben auf das Gefühl abstimmen, das Sie vermitteln wollen.

Angenommen, Sie wollen den Benefit vermitteln, Ihrer Kundschaft die Arbeit zu erleichtern. Es geht also um Mühelosigkeit. Diese können Sie demonstrieren, indem Sie einfache, klare Sätze schreiben und keine überkandidelten Wörter verwenden. Das Lesen selbst darf leicht sein. Oder stellen Sie sich vor, Ihr Benefit ist »glücklich sein«. Verwenden Sie positive Formulierungen, schreiben Sie warmherzig und mit einem kleinen Augenzwinkern. Wenn Sie zu unpersönlich oder businesshaft schreiben, machen Sie das Gefühl für die Menschen, die Ihren Text lesen, kaputt. Sie wollen »erfolgreich sein« vermitteln? Schreiben Sie selbstsicher, relativieren Sie bloß nicht. Formulieren Sie direkt und ohne Samthandschuhe.

Überlegen Sie sich, welchen Charakter Ihr Text haben müsste, damit er den Benefit unterstützt. Passen Sie die Tonalität daran an. Das Publikum soll beim Lesen genau das empfinden, was der Inhalt verspricht.

Emotionale Benefits – die Quintessenz

- Der erste Schritt in der Textkonzeption ist die Suche nach emotionalen Benefits.
- Emotionale Benefits sind die Gefühle, die hinter Kaufentscheidungen stehen und Fakten mit Sinn erfüllen. Wir kaufen emotional und begründen rational.
- Lassen Sie deshalb den Benefit mitschwingen, wenn Sie Features kommunizieren.
- Vermitteln Sie Ihren Lesern schon im Text das Gefühl, das Sie haben wollen.
- Texte ohne emotionale Benefits sind seelenlose Zombies ohne Zähne.

Schreibtipps für echte emotionale Benefits

So kommen echte Vorteile rüber, die Leser gefühlsmäßig ansprechen:

- Starten Sie die Textkonzeption mit der Suche nach emotionalen Benefits.
- Stellen Sie die emotionalen Benefits in Ihren Texten nach vorn, und begründen Sie mit Features und Fakten. Wir kaufen emotional und begründen rational.
- Kommunizieren Sie Features niemals allein: Lassen Sie immer den Benefit mitschwingen.
- Vermitteln Sie schon im Text das Gefühl, das Ihre Kundschaft haben will.

Übung zu emotionalen Benefits 1: Versicherung

Schauen Sie sich folgende Anzeige einer Versicherung an. Leiten Sie aus allen genannten Features Ergebnisse und mögliche Benefits ab.

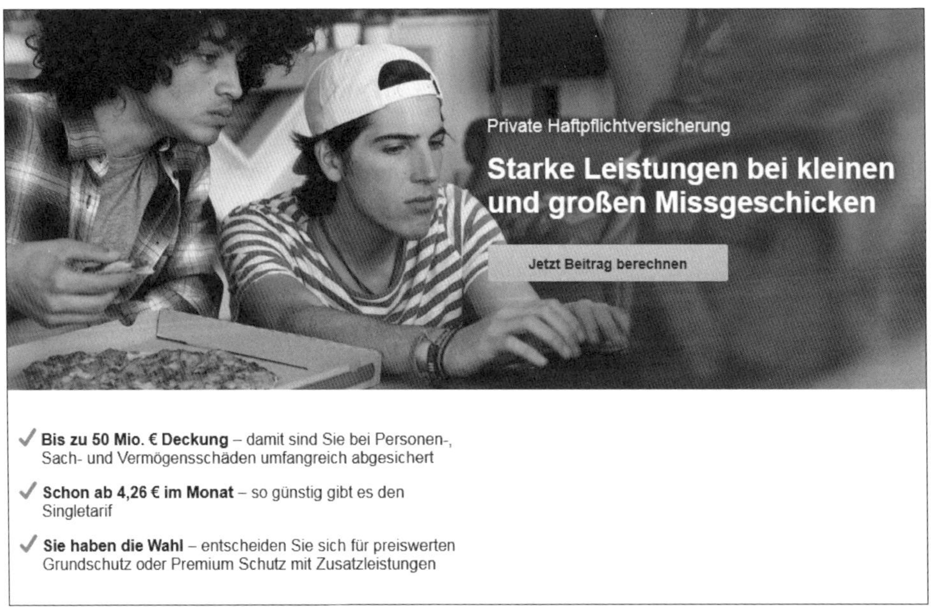

Abbildung 2.2 Anzeige Haftpflichtversicherung

Diese könnten sein:

- Feature: 50 Millionen € Deckung
- Ergebnis: umfassende Absicherung
- Emotionaler Benefit: Ich fühle mich sicher, weil ich auf alles vorbereitet bin.

Übung zu emotionalen Benefits 2: Küche

Schnappen Sie sich Ihr Lieblingsprodukt aus der Küche: Ihre heiß geliebte Salatschleuder, das 5-Gewürze-Pulver – ach, Sie finden schon was. Definieren Sie drei bis fünf Features (Produktmerkmale), leiten Sie passende Ergebnisse und emotionale Benefits daraus ab. Zum Schluss unterstreichen Sie den stärksten Benefit für Sie persönlich. Vervollständigen Sie einfach Tabelle 2.5.

Feature	Ergebnis	Benefit
Beispiel: Turbo-Salatschleuder mit 20 Umdrehungen pro Sekunde	Der Salat wird schnell trocken.	Ich bin entspannt, weil ich stressfrei kochen kann.

Tabelle 2.5 Feature, Ergebnis, Benefit – Tabelle zum Üben

Übung zu emotionalen Benefits 3: Ihr Produkt

Wiederholen Sie die Übung mit einem Produkt oder einer Leistung, die Sie im Unternehmen vermarkten oder über die Sie als Texter schreiben. Formulieren Sie den wichtigsten Benefit als Botschaft für Ihre Leser. Das Gerüst dafür könnte so oder so ähnlich aussehen:

»Sie fühlen sich [BENEFIT], weil Sie mit [FEATURE] [ERGEBNIS] erreichen«.

Behalten Sie diese Botschaft im Hinterkopf. Sie werden sie garantiert brauchen.

Sie halten jetzt das Herzstück Ihrer Texte in Händen. Jetzt fehlt noch der Text drumherum. Wie wär's mit einer Struktur, die Ihnen Gewissheit gibt, wie Sie Ihren Text aufbauen?

Wollen Sie Ihre Leserschaft von »Mir egal« zu »Muss ich haben« bringen? Ich bin ein großer Fan von Textformeln, die Ihnen den inhaltlichen Aufbau erleichtern – und Ihrem Publikum den Weg. Kommen Sie mit?

Kapitel 3
Textformeln – überzeugen mit System

Vor Ihnen türmt sich ein Haufen Infos, die alle wichtig sind. Aber wie bringen Sie all das Ihrer Leserschaft rüber? Sie wollen sie ja nicht überschütten, sondern abholen, mitnehmen und begeistern. Textformeln geben Ihnen ein Gerüst vor, das Ordnung ins Infochaos bringt und Ihnen hilft, Ihre Texte überzeugend aufzubauen.

In Kapitel 2 haben Sie die Kundenbrille aufgesetzt und sich klargemacht, was Ihre Leserinnen und Leser interessiert und was nicht. Sie sind auf ihren Nutzen aus – und wenn dieses Versprechen fehlt oder nicht ankommt, lesen sie gar nicht erst weiter. Aus dieser Überlegung heraus haben Sie emotionale Benefits definiert, die Ihre Texte fürs Publikum wertvoll machen. Aber wie transportieren Sie diese Benefits konsequent in einem längeren Text, damit sie ankommen? Wie fangen Sie einen Text an, der diese Must-have-Gefühle transportieren soll? Wie bauen Sie Ihre Argumentation auf?

Damit Ihre Leserschaft den Nutzen mit Herz und Hirn versteht, sich danach sehnt, wollen Sie sie abholen und Schritt für Schritt überzeugen. Dafür sind *Textformeln* schlichtweg genial. Diese Formeln prägen die Werbetextkultur vor allem im englischen Sprachraum seit Jahrzehnten. Offen gesagt, stand ich ihnen lange kritisch gegenüber. Formel klingt nach Beschiss. Man muss nicht mehr das Gehirn anschalten. Ich nehme die Infos, presse sie in die Backform – und fertig ist der Text. Das erschien mir billig.

Ich konnte mir nur schwer vorstellen, dass am Ende eigenständige Texte dabei herauskommen sollen. Ist doch logisch, dass eine graue Pampe entsteht, wenn ich immer die gleiche Formel anwende – wie der Nachtisch freitags in der Unimensa, in den die Desserts der ganzen Woche eingeflossen sind. Und ja, die Gefahr ist da. Trotzdem benutze ich Textformeln mittlerweile begeistert. Ob die Texte Charakter zeigen, hängt davon ab, wie sie geschrieben sind. Textformeln geben nur das Skelett vor. Schauen Sie sich Menschen an (siehe Abbildung 3.1): Unsere Skelette sehen auf den ersten Blick fast identisch aus, wenn man Größenunterschiede und Piraten außen vorlässt. 😉

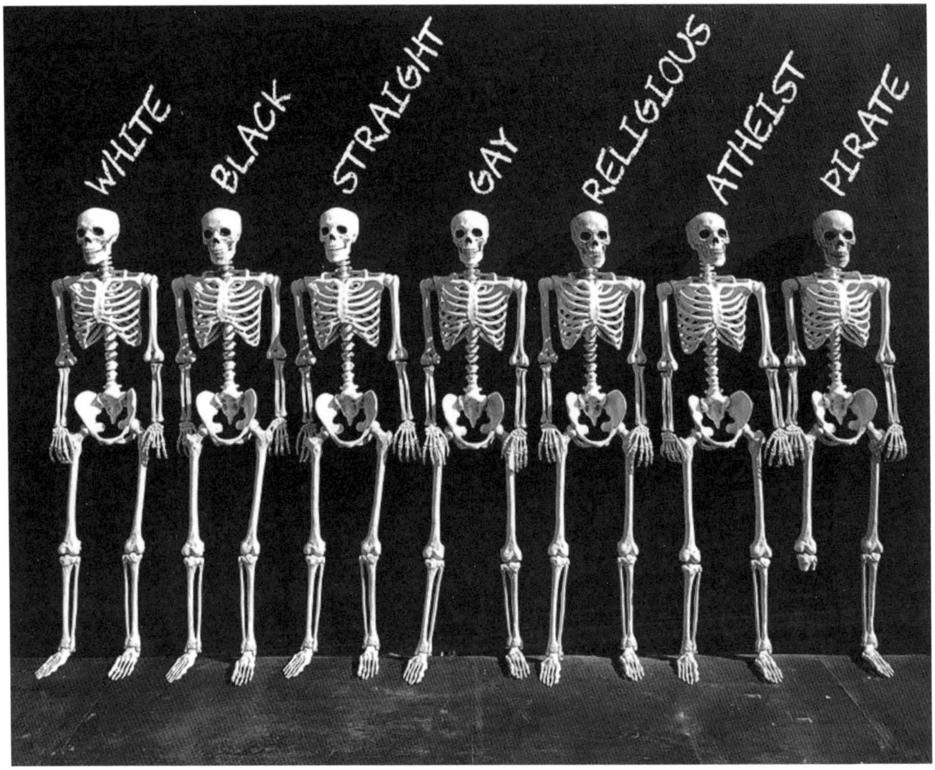

Abbildung 3.1 Aus einem Facebook-Post von @ItSkeleton, basierend auf dem Cartoon eines unbekannten Künstlers

Eine Startseite, eine Verkaufsseite oder einen langen Blogartikel zu schreiben kann wie ein riesiger Brocken wirken. Sie fragen sich natürlich: Was muss rein und in welcher Reihenfolge schreibe ich das alles auf? Mithilfe von Textformeln brechen Sie den großen Brocken in handliche Teile. Und Sie erkennen, wie Sie Ihre Botschaften und Informationen im Text anordnen können. So fällt es Ihnen auch leichter, sich von unnötigen Inhalten zu verabschieden. Textformeln helfen Ihnen nicht nur beim Strukturieren. Sie helfen beim Weglassen.

Sie geben Ihnen einen Fahrplan vor, an dem Sie sich beim Aufbau Ihrer Argumentation orientieren können. Gerade bei Verkaufstexten besteht Ihre Aufgabe darin, Leserinnen und Leser von A nach B zu bringen. Zu Beginn wissen sie vielleicht, dass sie ein Problem haben. Am Ende sollen sie sich sicher sein, was genau sie wollen. Was Textformeln für mich jedoch am wertvollsten macht: Sie bringen mich dazu, mich beim Texten auf Aufbau und Argumentation zu konzentrieren. So umgehe ich die Humpa-Humpa-Falle, in der ich ohne Vorwarnung Werbebotschaften rausposaune. Textformeln können auch Ihnen dabei helfen, eine Verbindung zum Publikum herzustellen und Argumente nachvollziehbar aufzubauen. Sie helfen Kundinnen und Kunden dabei, den Nutzen eines Angebots zu verstehen – indem sie über mehrere Stationen von »Ich suche was« zu »Muss ich haben« führen.

Das ist alles andere als simpel. Nur weil Sie eine Strukturformel haben, ist der Text nicht fertig. Aber Sie haben ein Raster, um Ihre Inhalte geschickt zu kommunizieren. In diesem Kapitel stelle ich Ihnen einige mehr und ein paar weniger bekannte Textformeln vor. Die Recherche war für mich das Schlaraffenland, weil sich Heerscharen von Leuten im Textberuf und Marketing mit dem Thema beschäftigt haben. Alle Textformeln kann ich hier beim besten Willen nicht vorstellen. Viele gleichen sich inhaltlich, schmücken sich aber mit anderen kreativen Namen. Deshalb habe ich die bekanntesten und die aus meiner Sicht geeignetsten für Onlinemedien ausgewählt.

Sie werden sich fragen: Welche Formel nehme ich denn jetzt? Ich kann Ihnen nur raten: Probieren Sie verschiedene aus. Sie können Ihre Inhalte mit jeder davon transportieren – die Formel gibt Ihnen nur eine grobe Struktur. Sie können sogar mit verschiedenen Formeln am Ende ähnliche Texte rausbekommen. Den ultimativen Rahmen für jeden erdenklichen Text liefert keine davon, und das ist gut so. Sie müssen sich nicht auf eine festlegen, sondern wählen einfach die Formel, die sich am besten mit Ihrem Thema, Ihren Lesern und der Textform verträgt. Nicht alle Formeln haben ihre Geniezone in Onlinemedien. AIDA etwa stammt aus einer Zeit, in der Printanzeigen die Stars der Kampagnen waren. Das Internet war noch nicht mal Science-Fiction.

Deshalb brauchen Sie auch neue Textformeln, die zu gängigen Kanälen und Formaten passen. Ob sie in der Praxis funktionieren oder als schön einfache Gedankenmodelle in die Vitrine gehören, hängt auch vom Thema ab und wie Sie mit Ihren Kunden reden wollen. Auch wenn Sie die Textformeln klasse finden: Halten Sie sich nicht sklavisch daran, wagen Sie Ihre eigene Interpretation. Das ist für mich der Unterschied zwischen einem Skelett, das Sie mit Fleisch und Charakter füllen, und einem Korsett, das die Kreativität einschnürt.

Auf geht's, schauen Sie sich die sagenumwobenen Textformeln an. Bestimmt landen einige davon griffbereit in Ihrer Werkzeugkiste und andere im Hinterkopf. Bereiten Sie sich mental darauf vor: Am Ende des Kapitels finden Sie Aufgaben, an denen Sie Ihre Lieblingsformeln testen können.

3.1 Die Textformel BELA

BELA ist die Formel fürs Verkaufen im Onlinezeitalter. Der Name steht für *Belohnung, Empathie, Lösung, Aufforderung* (siehe Abbildung 3.2).

Die Idee passt zur Art und Weise, wie Menschen jetzt kaufen wollen: Sie haben genug davon, sich belatschern oder anschreien zu lassen. Sie wollen selbst Lösungswege finden und entscheiden, welche Marke oder welches Angebot ihnen dabei am besten unter die Arme greift.

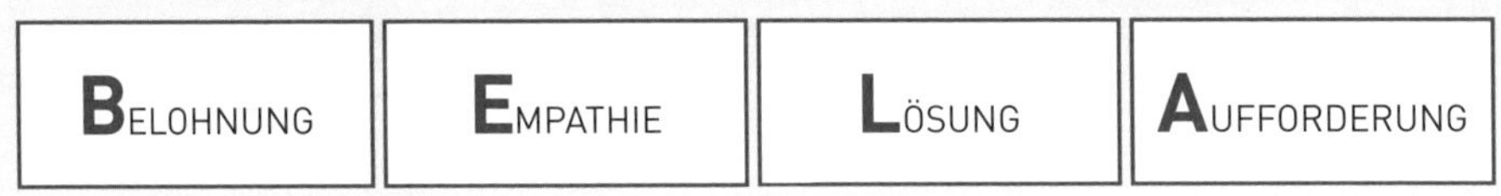

Abbildung 3.2 Die Textformel BELA auf einen Blick

BELA ist kein Theoriegebilde, sondern aus der gängigen Textpraxis heraus entstanden. Die Frage »Wer war zuerst, Henne oder Ei« müssen Sie nicht stellen. Ich habe aktuelle Verkaufstexte analysiert und zwischen offenbar erfolgreichen Exemplaren Parallelen gezogen. Dabei hat sich gezeigt: Viele sind nach einem ähnlichen Muster aufgebaut. Daraus ist BELA entstanden. So, Geheimnis gelüftet.

BELA holt Leserinnen und Leser bei ihren Wünschen ab und führt sie mit aufrichtigem Interesse für ihre Situation, ihre Ziele und Hürden zur Lösung. Wenn BELA-Texte eines schaffen, dann das: Lesern zu vermitteln, dass sie gehört werden.

BELA ist die Textformel mit Ohren.

Im Kern geht es darum: Wie zeige ich Leuten, dass ich sie verstehe? BELA ist ein Vehikel, um Empathie im Text zu transportieren – weil diese Fähigkeit die absolute Voraussetzung ist, wenn Sie online verkaufen wollen, ohne Menschen über den Tisch zu ziehen oder ihnen etwas vorzugaukeln. Wenn Sie das Vermarkten als Prozess sehen, in dem Sie Kundenwünsche verstehen und erfüllen.

BELA eignet sich hervorragend für Startseiten, epische Verkaufsseiten, E-Mail-Kampagnen und Facebook-Anzeigen mit relativ viel Text. Ich verwende sie leicht abgewandelt auch für Blogartikel-Intros. Damit die Formel funktioniert, muss der Text nur eine Voraussetzung erfüllen: Er zielt darauf ab, Leserinnen und Leser zu überzeugen – entweder zum Handeln oder zum Weiterlesen. Zwar können Sie BELA auch für kurze Texte anwenden, aber die Stärke der Formel liegt in der Long Copy.

BELA ist ein cooler Name für Musiker und Golden Retriever. In der Textformel stehen die Buchstaben dazu für die Schritte, die Sie im Text abhandeln, um Leser zu überzeugen. Gehen Sie zunächst die Komponenten durch – damit Sie die Idee der Formel verstehen. Dann schauen Sie sich ein konkretes Praxisbeispiel und weitere Anwendungsmöglichkeiten an.

Belohnung – das große Versprechen

Zu Beginn wollen Sie die Aufmerksamkeit Ihrer Leserschaft erringen. Es ist keine Astrophysik: Versprechen Sie eine Belohnung. Machen Sie den Nutzen klar. Sorgen Sie dafür, dass Ihr Publikum in den Text einsteigt – aber nicht um jeden Preis. Wenn Sie etwas Unrealistisches versprechen oder nur neugierig machen, bekommen Sie vielleicht kurzzeitig, was Sie wollen. Aber sobald Ihre Leserinnen und Leser merken, dass sie nicht kriegen, was sie sich erhofft haben, sind sie weg – und zurecht sauer. Schlechtes Beispiel gefällig? Das wäre ein unrealistisches Versprechen:

[–] *In 3 Monaten von null auf sechsstellig.*

Woher weiß Ihr Publikum, dass Sie seine Zeit nicht verschwenden? Sagen Sie klipp und klar, was drin ist. Überlegen Sie sich, welche Belohnung winkt, wenn man den Text liest oder das Angebot kauft. Und beschreiben Sie diese ganz genau.

Eine Belohnung in Aussicht zu stellen wirkt nicht nur bei Kindern Wunder. Damit das Versprechen motiviert, sollte es begehrlicher sein als ein hartes Gummibärchen mit Ananasgeschmack. Es sollte einen möglichst großen Wunsch erfüllen. Der Grat zwischen einem attraktiven Versprechen und großspuriger Werbung ist schmal. Die Belohnung in der BELA-Formel ist vergleichbar mit dem emotionalen Benefit (siehe Abschnitt 2.1, »Emotionale Benefits – damit der Text Leserinnen und Leser etwas angeht«).

Machen Sie gleich ein möglichst großes Versprechen – aber eines, das Sie hundertprozentig halten können. Zeigen Sie Ihren Leserinnen und Lesern, wie sich ihr Leben verändern kann. So geben Sie ihnen einen Motivationskick zum Weiterlesen. Ganz klar: BELA schreit nach einer Benefit-Headline. Sie wollen weder witzig noch übertrieben mysteriös sein. Hauptsache der Leserschaft wird klar, was sie vom Angebot oder Lesen des Textes hat. Aber Achtung: Stellen Sie nicht einfach die Leistung vor. Die Headline muss sich um den Kundennutzen drehen.

Ich möchte verdeutlichen, wie eine schlechte Headline im Gegensatz zu einer guten aussieht. Diese Headline funktioniert nur semigut, weil sie keinen emotionalen Benefit verspricht:

[–] *Das 6-Wochen-Massageprogramm gegen Blockaden*

Das können Sie ändern, wenn Sie eine Benefit-Headline schreiben und in einer Subline unter der Headline erklären, worum es geht.

[+] *Headline: Fühl dich im Einklang mit deinem Körper*

[+] *Subline: Das 6-Wochen-Massageprogramm, mit dem du Blockaden in Luft auflöst*

In Abschnitt 11.2 über Headlines finden Sie mehrere Formeln für Benefit-Überschriften – und BELA in Aktion sehen Sie gleich. Deshalb fasse ich mich hier kurz. Nach der Headline muss mit den Benefits nicht Schluss sein. Machen Sie die Belohnung noch greifbarer, falls Ihre Textform das hergibt. Konkretisieren Sie den Nutzen noch weiter im Fließtext. Wollen Sie mehr als einen Haupt-Benefit transportieren? Ermöglicht das Angebot Veränderungen in vielerlei Hinsicht, alle gleich wichtig? Wenn es sich anbietet wie auf einer Verkaufsseite, können Sie unter der Überschrift drei Kästen für die wichtigsten Benefits vorsehen (siehe Abbildung 3.3) – oder eine prominente Liste mit Benefit-Bulletpoints einfügen.

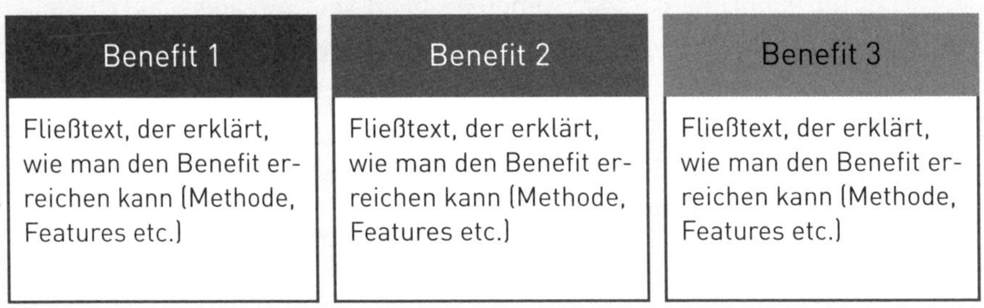

Abbildung 3.3 Benefit-Kästen

Sie haben es geschafft: Ihre Leserinnen und Leser wollen erfahren, wie sie die Belohnung bekommen können. Sie haben die Aufmerksamkeit, also machen Sie was damit.

Empathie – 3 Phasen, um Leute ins Boot zu holen

Bevor Sie irgendwas verkaufen, machen Sie Ihrer Kundschaft begreiflich, dass Sie sie verstehen und sich nicht nur aus Gier und Eigennutz für sie interessieren. Wie zeigen Sie das? Egal, wie hilfreich Ihr Angebot ist: Wenn Sie schreiben, was Sie tun und wie Sie der Zielgruppe helfen, stehen immer noch Sie im Zentrum. Sie denken vielleicht, dass es um die Kundschaft geht – die Lösung ist ja für sie –, aber Sie schreiben leider nicht über die Menschen, an die Sie vermarkten, sondern über Ihr Angebot.

Sie möchten Ihrem Publikum echtes Interesse signalisieren? Dann gibt's textlich nur einen Weg: Schreiben Sie über die Wünsche, Hürden, Probleme und Ängste dieser Menschen. Und zwar nicht schnell schnell, sondern ausführlich.

Der Empathiebeweis darf den Großteil eines Verkaufstextes ausmachen. Wenn Sie den überzeugend hinbekommen, sind Ihre Kundinnen und Kunden ganz bei Ihnen – und bereit, Ihrer Empfehlung zu folgen.

Wir vertrauen Menschen, die uns verstehen. Und wir kaufen von Menschen, die uns verstehen. Also, wie zeigen Sie Empathie? Wie überzeugen Sie Ihre Leserschaft davon, dass Sie sie verstehen? Sich einzufühlen ist ein Prozess. Am besten versetzen Sie sich in Ihr Publikum hinein, wenn Sie sich nacheinander den Themen aus Abbildung 3.4 zuwenden. Aus den Ergebnissen schreiben Sie Ihren Text zusammen.

Abbildung 3.4 Phasen der Empathie: Wunsch/Ziel, Hürde, Problem/Ausgangslage

Die drei Phasen können Sie in beliebiger Reihenfolge abhandeln. Sie setzen damit nur andere emotionale Schwerpunkte: Geht es fürs Publikum primär darum, ein Ziel zu erreichen, ein Problem zu lösen oder bestärkt zu werden? Womit Sie starten, prägt den Ton und die Gesamtwirkung des Textes.

Ich verwende am liebsten die oben gezeigte Reihenfolge, weil eine schillernde Vision einen positiveren Einstieg bedeutet, als auf Problemen herumzureiten oder den Finger in die Wunde zu legen und Unzulänglichkeiten aufzuzeigen. Denkt Aschenputtel lieber daran, wie sie endlos den Herd fegt – oder wie sie in Tüll und Seide mit dem Prinzen durch den Ballsaal bürstet? Aber Achtung: Die Hürde und die missliche Ausgangslage können Sie nicht weglassen, weil Sie die Menschen dort abholen wollen, wo sie sind. Nur das Ziel auszumalen, das Ihre Leserinnen und Leser erreichen wollen, ist zu wenig. Sie wollen beweisen, dass Sie die aktuelle Situation, die Ausgangslage verstehen. Das ist der Schlüssel zur Empathie.

Alternativ können Sie auch mit der Ausgangssituation Ihrer Leserschaft starten. Wie das aussehen kann, sehen Sie in Abbildung 3.5. Es hat auch etwas für sich, mit dem Problem zu beginnen, weil Sie keine Brücke mehr brauchen. Sie beginnen dort, wo Max und Heike jetzt sind. Diese können gleich herausfinden, ob Sie ihre Situation verstehen. Wenn das klar ist, kommen sie gerne mit Ihnen mit. Wer das Problem versteht, kann auch eine Lösung entwickeln.

Abbildung 3.5 Alternative Reihenfolge der Empathiephasen

Schauen Sie sich die Empathiephasen an. Da Sie die Reihenfolge ändern können, ist BELA sehr flexibel. Um das zu demonstrieren, starte ich hier mit der Problemphase; das Praxisbeispiel danach beginnt mit der Wunschphase:

- **Phase 1: Problem**

  Ziehen Sie Ihr Publikum mit seinen Problemen in den Text rein. Gehen Sie sanft auf Tuchfühlung, indem Sie sich vorstellen, in welcher Situation Ihre Zielpersonen stecken. Das darf ganz konkret sein. Denken Sie an echte Kundinnen und Kunden, nicht an eine Zielgruppe oder eine Persona. Beschreiben Sie das Problem, die Angst oder die aktuelle Situation dieser einen Person, ich nenne sie jetzt Heike. Beamen Sie sich in ihren Kopf. Malen Sie die Szene aus wie ein Drehbuchautor. Heike soll sich hier wiederfinden. Natürlich betrifft die genaue Szene, die Sie beschreiben, nicht jeden Käufer. Aber jeder ist in der Lage, das Bild auf seine Situation zu übertragen.

  [+] *Zitterst du vor dem Zahnarztbesuch? Kriegst du schon am Telefon einen Kloß im Bauch, wenn die Arzthelferin einen Termin nennt – und bis dahin sind es noch 2 Monate?*

- **Phase 2: Die Hürde**

  Verstehen Sie die Hürde, die Heike im Weg steht. Was hindert sie daran, ihr Ziel zu erreichen? Warum ist das Problem schwierig zu lösen? Machen Sie Heike klar, dass es okay ist, wenn sie ihr Ziel noch nicht erreicht hat. Sie verstehen das. Sie darf sich nicht mehr für ihr Versagen schämen. Ihr wichtigster Job in der Einleitung: Erteilen Sie Heike Absolution!

Denken Sie mit mir das Beispiel weiter: Vielleicht geht die Zahnarzt-Panik auf eine miese Erfahrung in der Kindheit zurück, die mit »Das tut gar nicht weh« begann, gefolgt von einem bohrenden Schmerz.

- **Phase 3: Das Ziel**

  Erwecken Sie die Vision zum Leben. Das heißt: Beschreiben Sie ganz genau, wie sich das Heikes Leben verändert haben wird. Die Belohnung, die Sie in der Headline gezeigt haben, malen Sie jetzt aus. Was ist, wenn das Problem gelöst und der Wunsch wahr geworden ist? Der Trick ist, dabei nicht zu übertreiben. Im Fall der Patientin, die vor dem Zahnarztbesuch zittert, sollten Sie nicht beschreiben, wie sie sich künftig auf den Termin freut und es kaum erwarten kann. Stattdessen könnten Sie ausmalen, dass Heike noch eine Stunde vor dem Zahnarzttermin konzentriert im Büro arbeitet – ohne in Angstschweiß auszubrechen und Fluchtgedanken zu kultivieren.

So kommen Sie am Ende des Empathie-Teils wieder beim Wunsch Ihrer Leserin oder ihres Lesers an. Das Publikum fühlt sich im Text aufgehoben, weil Sie ihm nicht nur eine schöne Vision vor die Nase halten, sondern auch das Problem verstehen und warum der Wunsch noch nicht längt wahr geworden ist. Sie haben echtes Verständnis bewiesen. Heike denkt sich: »Wer mich so gut versteht, kann mir helfen.« Deshalb ist es jetzt an der Zeit, die Lösung zu präsentieren.

Lösung – der Weg zur Belohnung

Wenn Sie über ein Angebot oder ein Produkt schreiben, denken Sie daran als Erstes. Sie wollen definieren, was es beinhaltet, was es macht und wenn Sie schlau sind auch, was die Kundinnen und Kunden davon haben.

Viele Werbemittel konzentrieren sich ausschließlich auf diesen Teil, und verpassen einiges: vor allem die Chance, eine Verbindung zum Publikum herzustellen, die ungemein beim Verkaufen hilft. Stattdessen überschütten sie die Leute einfach mit Features und Vorteilen, weil die Kundschaft angeblich nur die Fakten wissen will, um sie mit ihren Computerhirnen zu bewerten.

In der BELA-Formel steht die Lösung, um die sich in der Kommunikation so vieles dreht, an dritter Stelle. Weil Leserinnen und Leser erst bereit dafür sind, wenn sie Vertrauen gefasst haben und schon wissen, welche Transformation sie ihnen bringt. Was jetzt noch zur Kaufentscheidung fehlt, sind tatsächlich die harten Fakten. Die Informationen, Zahlen und Daten, um die emotional schon getroffene Entscheidung rational zu begründen.

Deshalb dürfen Sie hier einen Gang runterschalten und ohne großes Brimborium den Inhalt des Angebots präsentieren. Egal, ob Sie mit einer Bulletpoint-Liste, mit Feature-Kästen oder mit Fließtext arbeiten: Bleiben Sie auf dem Boden, und verzichten Sie auf werblich aufgehübschte Formulierungen.

Die Lösung ist für die Ratio. Die fühlt sich viel eher angesprochen, wenn Sie sachlich bleiben. Sagen Sie souverän und ohne Chichi, was der Kunde bekommt – und was er davon hat.

Edle Adjektive blenden auf den ersten Blick, können aber aufgesetzt wirken und als plumpe Werbung durchschaut werden. Ein weiteres No-Go sind Superlative und ernst gemeinte Euphemismen. Auf die können Sie locker verzichten, wenn Sie einfach immer dazusagen, wie das Feature dem Kunden nützt. Erst ein schlechtes Beispiel:

[–] *Edles, schickes, superhippes Functional-Design*

Hier ein gutes Beispiel, das auf den Nutzen fokussiert ist:

[+] *Functional-Design für deinen Stil in deiner Wohnung*

Wenn Sie Zahlen und Detailinformationen anbringen wollen, ist hier der optimale Platz im Text. Wie viele Lektionen umfasst der Kurs, wie dick ist die Schraube und wie ist der Verbundstoff zusammengesetzt? Ihr Publikum hat jetzt eine Entscheidungsgrundlage. Und ich komme zum letzten BELA-Akt.

Aufforderung – der Call-to-Benefit

Wie viele Textformeln endet BELA mit einer Aufforderung. Zum Verkaufstexten gehört eine Handlungsempfehlung. Wir wollen die Leserschaft nicht orientierungslos am Ende des Textes herumstehen und abwandern lassen, sondern aufzeigen, was die Leute als Nächstes tun können. Dabei wäre es aber ein Fehler, militärisch Kommandos zu brüllen. Ihre Leserinnen und Leser möchten selbst bestimmen. Deshalb entwickeln sich Handlungsaufforderungen weg vom werblichen Feldwebelton hin zur freundlichen Empfehlung. Sie wollen schließlich das langsam aufgebaute Vertrauen nicht am Ende mit der Werbekeule zerschmettern.

Gut, wie können Sie zum Handeln auffordern, ohne zu zerren oder zu schubsen? Die eleganteste Möglichkeit, die ich kenne: Fordern Sie gar nicht zum Handeln auf. Ja,

Sie haben richtig gelesen. Aber auffordern dürfen Sie schon. Und zwar dazu, einen Benefit zu bekommen. Das ist ein ozeanweiter Unterschied.

Bei einem klassischen Call-to-Action (CTA) steht das Tun im Vordergrund. Die Besucherin soll jetzt kaufen, hier klicken oder zum Download gelangen. Ein Call-to-Benefit hingegen fokussiert darauf, was der Kunde bekommt. Damit das funktioniert, ist es sinnvoll, die Aufforderung nicht auf einen Button oder Link zu beschränken. Erklären Sie einfach in einem Fließtext, was dieser Kunde tun kann. Am besten beziehen Sie sich auf die Belohnung, mit der Sie zu Beginn gewunken haben. So kommt die Aufforderung sanfter rüber.

[+] *Buch dir hier einen Massagetermin, um deine Blockaden loszuwerden.*

Der Klick danach ist schon fast selbstverständlich. Im Button-Text können Sie sich dann auf den Benefit konzentrieren. Wie wär's mit »Jetzt entspannen« statt »Jetzt buchen«? So steht nicht das schmerzhafte Geldausgeben im Vordergrund, sondern was ich dafür als Gegenleistung erhalte. Noch mehr Tipps und Beispiele für wirkungsvolle Handlungsaufforderungen finden Sie in Abschnitt 11.8, »Klickbare Button- und Linktexte«, in dem sich alles um den Call-to-Action dreht.

Schreibtipps für die BELA-Formel

Hier sehen Sie noch einmal den Ablauf der BELA-Formel auf einen Blick. Nach dieser Struktur schreiben Sie wirksame Verkaufstexte, die nicht schleimig wirken – sondern ehrlich:

- eine große Belohnung in Aussicht stellen
- gründlich Empathie beweisen
- die Lösung sachlich präsentieren
- sanft auffordern, sich den Nutzen zu sichern

Wollen wir uns BELA in Aktion anschauen? Ich zeige anhand einer Verkaufsseite, wie ein Text nach dieser Formel in der Praxis aussehen kann.

Praxisbeispiel: Verkaufsseite nach der BELA-Formel

Mit dieser Verkaufsseite stellt Sandra Holze ihr Überflieger-Programm vor. Der Coaching- und Beratungsmarkt ist voller als der Strand in Bibione. Wer da einen Handtuchzipfel ergattern will, muss seine Personenmarke strahlen lassen und gute Gründe vorlegen: Warum wir und nicht die Gazillionen anderer Anbieter?

Sandra Holze gelingt genau das. Deshalb gehört ihre Verkaufsseite zu den Praxisbeispielen, auf denen die BELA-Formel basiert. Die Seite umfasst viel mehr als die Auszüge, die Sie gleich sehen – zum Beispiel haufenweise Testimonials, die die Aussagen der Autorin unterstützen. Um zu zeigen, wie BELA in einem Marketingtext aussehen kann, habe ich nur Teile herausgezogen, die dazu beitragen.

So sieht die Belohnung aus. Die Headline auf Sandra Holzes Verkaufsseite könnte kaum unaufgeregter sein (siehe Abbildung 3.6):

Bekomm den konkreten Online-Marketing-Fahrplan, mit dem du als Coach, Berater oder Experte dein Business online bringst und deinen Umsatz deutlich steigerst.

Abbildung 3.6 Header auf Sandra Holzes Verkaufsseite

Kein Augenzwinkern, keine Doppeldeutigkeit, nicht mal ein Sprachbild. Aber sie kommuniziert einen klaren Benefit – und zwar für eine definierte Zielgruppe. Als Leserin weiß ich sofort, ob das Angebot für mich ist oder nicht. Fällt Ihnen auf, dass sie einen konkreten Fahrplan verspricht, aber keine Umsatzzahlen nennt? Weil sie die nicht garantieren kann. Aber genau dadurch wird das Versprechen glaubwürdiger als viele andere im Onlinemarketing.

Zurück zu BELA: Die Formel legt nicht fest, wie Sie die Belohnung kommunizieren – nur, dass sie an den Anfang gehört. Das heißt: Sie könnten die Headline auch aufteilen, damit sie sich nicht als Bandwurm übers Banner schlängelt. Etwa so:

- **[+]** *Headline: Bring dein Business online und steigere deinen Umsatz deutlich*
- **[+]** *Subline: Der Online-Marketing-Fahrplan für Coaches, Berater und Experten*

Sandra Holze unterstreicht ihre Benefits mit einem Dreiklang, der zwar keine Aufzählungszeichen hat, aber trotzdem die Funktion einer Bulletpoint-Liste erfüllt (siehe Abbildung 3.7):

[+] *Gewinn die Sicherheit, stets genügend Kunden zu haben.*

[+] *Ziehe Kunden an, mit denen die Arbeit Spaß macht.*

[+] *Genieß die Freiheit, zu arbeiten, wann und wo du willst.*

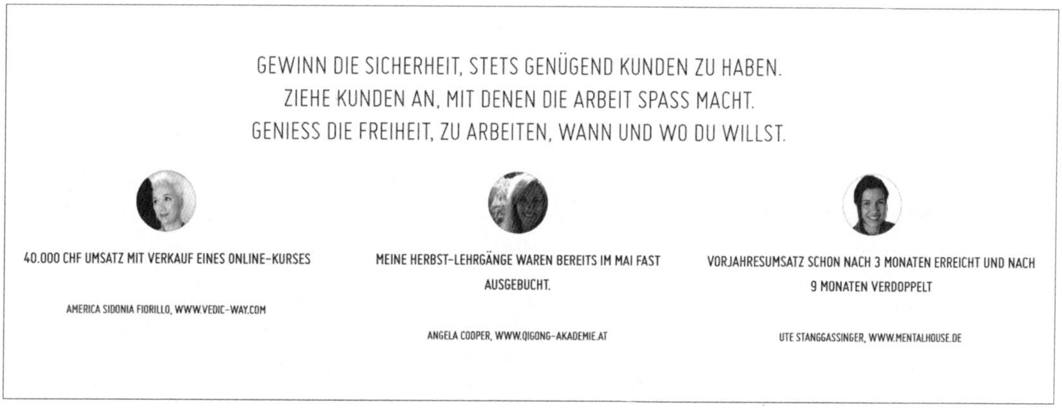

Abbildung 3.7 Benefits-Dreiklang, den Testimonials verstärken

So beweist die Autorin Empathie: Unter der Zwischenüberschrift »So kann deine Zukunft aussehen« beschreibt sie konkret und lebendig die Träume ihrer Kunden. Sie beginnt mit der Vision:

Stell dir vor, du kannst sicher sagen, wie viel Umsatz du dieses Jahr machen wirst. Du hast eine Warteliste für deine Coaching- oder Beratungspraxis und kannst entscheiden, mit wem du arbeitest.

Deine Kunden zahlen ohne mit der Wimper zu zucken Premiumpreise, weil sie wissen, wie gut du bist.

Während du mit deiner Familie in den wohlverdienten Urlaub fährst, kommen Anfragen neuer Kunden rein, weil dein Marketing auch ohne dich läuft.

Dein Marketing fühlt sich gut an, weil du viel Wert lieferst und dabei so bist wie du bist.

Dein Publikum weiß das zu schätzen und schreibt dir regelmäßig, wie toll sie deine Inhalte finden und wie gern sie bei dir kaufen.

Im nächsten Schritt zeigt sie Verständnis dafür, dass der Kunde sein Ziel noch nicht erreicht hat. Unter der Überschrift »Warum du noch nicht am Ziel bist: Sich als Einzelkämpfer ein erfolgreiches Business aufzubauen ist schwer« beschreibt sie die Hürden, die ihren möglichen Kunden den Weg versperren.

Sich ein Business aufzubauen, kann sehr einsam sein. Deine Bekannten, die in Jobs stecken, können deine Sorgen als Selbstständige nicht nachvollziehen. Und noch kleiner wird der Kreis derer, die verstehen, was es bedeutet, sich online ein Business aufzubauen. Mel schreibt: »Du fragst dich jetzt sicher, warum ich dir schreibe, aber ich weiß gerade nicht, mit wem ich darüber reden könnte, da alle meine Freunde und Familie in ›normalen‹ Angestelltenverhältnissen stehen und mit dem Internet nichts am Hut haben (außer E-Mail).«

Hier bereitet sie schon vor, dass ihr Angebot weiter unten auf offene Ohren stößt. Sie beschreibt, wie wenig andere Kurse geholfen haben – aber nennt noch nicht ihren Kurs als Alternative.

Du kaufst Onlinekurse ein, weil du lernen willst, wie es richtig geht. Die meisten Kurse sind jedoch Selbstlernkurse und du bekommst kein Feedback auf deine Arbeit. Du stellst schnell fest, dass du ohne Feedback nicht weiterkommst, weil die angepriesenen Formeln, Vorlagen und Schritte sich nicht immer 100 % auf deine Situation anwenden lassen. Du fühlst dich allein gelassen und gibst auf. Der Onlinekurs vergammelt mit vielen anderen auf deiner Festplatte.

Danach widmet sie sich den Hürden und vermittelt: Es ist ganz natürlich, dass ihre Kunden nicht weiterwissen. Selbst für Neidgefühle zeigt sie Verständnis. Das könnte von oben herab wirken, tut's aber nicht. Denn die Autorin erzählt von ihren eigenen Hürden. Sie war in der gleichen Situation, in der ihre Kunden jetzt sind.

Ich habe auch bei null angefangen und hatte keinen Plan, wie der Weg zum erfolgreichen Business aussieht. Niemand kannte mich online, als ich 2011 meinen Job schmiss, um mich selbstständig zu machen. Ich hatte weder Kontakte noch wusste ich so genau, was ich anbieten wollte.

Ich ging auf Networking-Veranstaltungen, aber mehr als 3 bis 5 neue Kontakte waren so nicht drin. Außerdem hielt ich Gratis-Vorträge in Berlin vor 20 bis 30 Leuten, die sich dann in meine Newsletter-Liste einschrieben. Allerdings fragte ich mich, ob dieser Aufwand für 20 neue E-Mails gerechtfertigt ist (Ist er nicht).

Ich war frustriert darüber, dass ich nicht so schnell vorankam, wie andere in meiner Branche, die sich keck und selbstbewusst präsentierten und scheinbar immer und überall zu sehen waren (Schliefen die auch mal?).

Mein Tiefpunkt war erreicht, als ich mich in einem Vorstellungsgespräch zu einem Halbtagsjob wiederfand. Traute ich mir wirklich nicht zu, als Social-Media-Beraterin genug Geld zu verdienen?

Nun erfahren wir, dass Sandra Holze es dann doch geschafft hat. Damit signalisiert sie: Die Hürden sind keine kilometerhohen Gebirgszüge, sondern überwindbare Hindernisse.

Die Lösung verwirklicht die Vision. Bevor die Autorin ihre Lösung im Detail vorstellt, fasst sie die Ergebnisse zusammen, die ihre Kundschaft erwarten kann.

Du schaffst 50 bis 100 % Umsatzwachstum und gewinnst die Sicherheit, dass kontinuierlich neue Kunden zu dir finden. Du kannst der Angst vor dem Sommerloch adé küssen.

Du verkaufst dich nicht länger unter Wert und gewinnst Kunden, die deine Arbeit wertschätzen. Deine Kunden zahlen gern deine Premium-Preise, weil sie sehen, dass du ihnen Ergebnisse bringst.

Du wirst zur unverwechselbaren Marke, die es deinen Interessenten leicht macht, sich für dich zu entscheiden. Deine Sichtbarkeit als Expertin wächst und du bekommst tolle Kooperationsangebote, die dich noch bekannter machen.

Erst jetzt geht sie ins Detail, weil ihre Leserinnen und Leser sich dann dafür interessieren, wenn sie den Nutzen begriffen haben und sich verstanden fühlen. Bei der Präsentation ihres Kurses beginnt die Marketingexpertin mit allgemeinen Infos wie dieser:

In 7 Modulen lernst du die effektivsten Marketingstrategien. Ich gebe dir nur, was du wirklich brauchst, du musst nicht Hunderte Stunden Videos schauen, um dein Ziel zu erreichen.

Danach stellt sie die Inhalte der einzelnen Module vor. Jedes Feature ist mit einem Benefit verknüpft. Wie hier unter dem Titel »Finde deine unverwechselbare Positionierung und lass Wettbewerber unwichtig werden«:

Du findest heraus, mit welchen Kunden sich die Zusammenarbeit wirklich lohnt.

Du erstellst das Profil deines Wunschkunden, das dir dabei hilft so zielgenau zu kommunizieren, dass deine Kunden von ganz allein zu dir kommen.

Du lernst, die richtigen Fragen zu stellen, und findest heraus, was deine Kunden im tiefsten Inneren wirklich bewegt. Das hilft dir, Angebote und Texte zu erstellen, bei denen dein Kunde denkt, sie wären nur für ihn.

(…)

Zum Schluss kommt die Handlungsaufforderung. Sandra Holze betont auch im Schlussteil den Benefit. Sie schreibt nicht einfach »Jetzt buchen«, sondern erklärt direkt unter dem Aufforderungstext, was das Programm ihren Kundinnen und Kunden bringt – und listet noch einmal alle Bestandteile auf (siehe Abbildung 3.8).

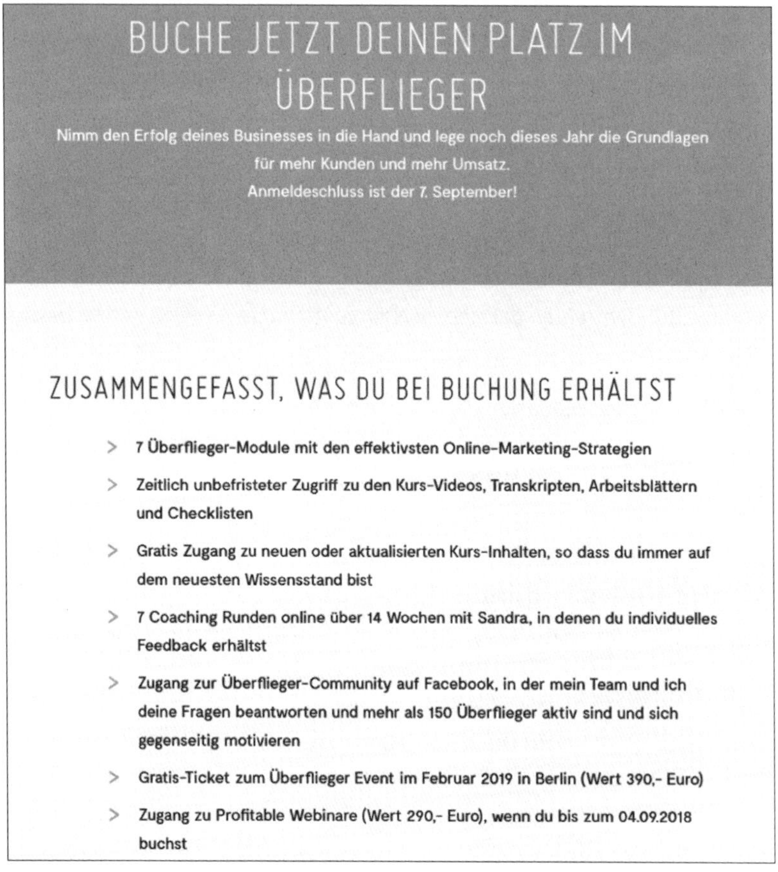

Abbildung 3.8 Der Call-to-Action auf Sandra Holzes Verkaufsseite

Ihre Verkaufsseite ist ein Paradebeispiel für authentischen Marketingtext, der ganz klar die Kundschaft in den Mittelpunkt stellt. Die Textformel BELA kann Ihnen beim Schreiben von einfühlsamen Verkaufstexten wie diesem helfen. Das Prinzip funktioniert genauso in E-Mail-Kampagnen.

Bevor ich zur nächsten Textformel komme, stelle ich noch kurz eine weitere Verwendungsmöglichkeit vor: Mit BELA können Sie Blogartikel-Intros schreiben, die Leser in den Text ziehen.

Blogartikel mit BELA

Ein Blog ist in erster Linie kein werbliches, sondern ein redaktionelles Format. Aber mit dieser Werbetextformel bringen Sie Leserinnen und Leser dazu, Ihren Artikel zu verschlingen. Denn die Zeit investieren sie nur, wenn sie sich etwas davon versprechen. Sie verkaufen kein Produkt, sondern Ihren Artikel als Lesestoff, den Ihr Publikum braucht wie ein Junkie sein Crystal Meth oder wie ich meinen Tee. So funktioniert's: Verwenden Sie BELA nicht im ganzen Artikel, sondern schreiben Sie einfach Ihre Einleitung nach der Textformel.

Die Belohnung kommt in die Blogartikel-Headline. Stellen Sie heraus, was der Leser davon hat, wenn er den Artikel konsumiert.

Wie Sie spannend wie Stephen King schreiben, auch wenn Ihr Thema öde ist.

Empathie zeigen Sie, indem Sie gleich in den ersten Sätzen das Problem des Lesers beschreiben.

Klingen Ihre Texte manchmal langweilig, egal, wie viel Mühe Sie sich geben?

Das dürfen Sie noch ein bisschen auswalzen.

Dann – tadaaa – präsentieren Sie Ihren Artikel als Lösung. Geben Sie einen Ausblick auf die Inhalte, die dem Leser helfen. Formal können Sie mit Fließtext, aber auch mit einer Aufzählung als Bulletpoint-Liste arbeiten. In diesem Teil dürfen Sie schamlos neugierig machen – viel mehr als in der Headline. Also offenbaren Sie noch nicht Ihr ganzes Wissen, machen Sie den Mund wässrig. Lesen Sie in Abschnitt 11.6, »Mit Bulletpoints ins Leserherz treffen«, wie Sie unwiderstehliche Aufzählungen schreiben.

Die Aufforderung kommt zum Schluss der Einleitung, Sie haben sich das gedacht. Schlagen Sie dem Leser vor, den Hauptteil zu lesen, der die begehrten Infos enthält. Schubsen Sie besser nicht zu doll, Sie sind doch charmant, oder? Eine erprobte Methode: Halten Sie den Nutzen noch mal hoch, damit Ihr Leser Ihnen folgt.

Damit Sie spannend wie ein Thriller-Autor schreiben, sollten Sie verstehen, was Leser fesselt.

Bereit für die nächste Textformel? Jetzt kommt ein Klassiker.

3.2 AIDA

Es klingt so einleuchtend: Wir gewinnen die Aufmerksamkeit des Kunden, wecken sein Interesse, entwickeln es zu Verlangen weiter und fordern zum Kaufen auf. *AIDA* steht für *Attention* (Aufmerksamkeit), *Interest* (Interesse), *Desire* (Verlangen) und *Action* (Handlung). Abbildung 3.9 zeigt die einzelnen Phasen. AIDA ist ein dicker Dampfer, der seit Ewigkeiten durch die Marketinglandschaft schippert, genauer gesagt seit 1898 – die Formel soll von Druckerei-Geschäftsführer St. Elmo Lewis stammen, der seinen Außendienstlern einen Gesprächsleitfaden zum Verkaufen an die Hand geben wollte.

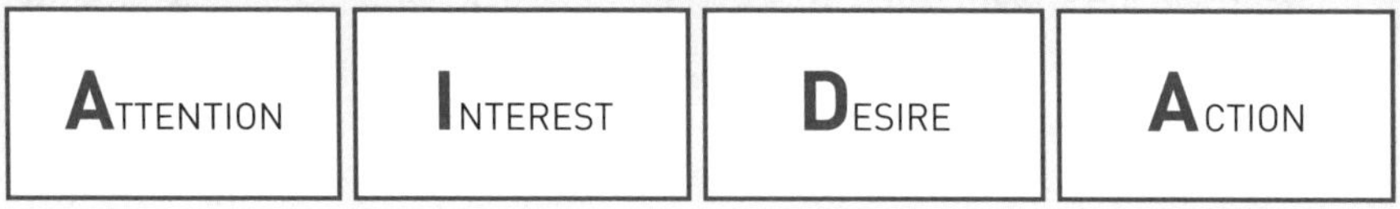

Abbildung 3.9 Die Textformel AIDA – ein Klassiker

In den 1950er und 1960er Jahren wurde AIDA wie zig andere Werbeformeln als geheime Formel der Verführung gehypt. Klar, dass diese Idee heute unserem Bild des mündigen Kunden widerspricht. Aber es gibt noch mehr zu mäkeln.

Haufenweise Kritik[1] musste AIDA einstecken, weil die Formel als Stufenmodell verwendet wurde. Danach erklimmen Konsumenten eine Stufe nach der anderen – je weiter sie fortgeschritten sind, desto eher kaufen sie das Produkt. Sie kraxeln von Gefühl zu intensiverem Gefühl, bis sie am Ende handeln. Das entspreche aber nicht dem heutigen Kenntnisstand, nach dem Kaufprozesse nicht linear ablaufen, sondern auf vielen Faktoren basieren, die sich gegenseitig beeinflussen, so die Kritik.

Meine Meinung: Marketingmodelle sind natürlich simpler als die Wirklichkeit. Die Stufen haben fließende Grenzen, und man kann sie nicht getrennt voneinander betrachten, weil sie sich gegenseitig beeinflussen. Dennoch sind lineare Modelle wieder State of the Art im Onlinemarketing. Die vielgepriesene Customer Journey und Sales Funnels funktionieren nach ähnlichen Prinzipien. Sie brauchen keinen Hang zu Verschwörungstheorien, um Parallelen zu AIDA und Co. zu finden. Über verschiedene Werbemittel hinweg durchläuft der Kunde mehrere Phasen, die ihn zum Kauf führen.

Beispiel: Maria schaut ein Infovideo übers Bierbrauen, gelangt von dort zu einem Craftbeer-Blog, trägt sich in einen Newsletter ein, der sie mit Rezepten zum Nachbrauen in der eigenen Küche versorgt, und bekommt schließlich Equipment für Hobbybrauer angeboten.

1 Siehe bei Wolfgang J. Koschnick, Ein Requiem für AIDA. FOCUS-Jahrbuch 2005.

Die Frage heißt für uns aber: Was taugt AIDA als Textformel? Im Unterschied zu einem Marketingmodell, das eine Abfolge von Werbemitteln und Kommunikationsphasen vorsieht, gibt eine Textformel eine Struktur für einen einzelnen Text vor. Aha, das ist eine ganz andere Anwendung. Und die ist witzigerweise wieder im Sinne des Erfinders: Ein Leitfaden, der durch ein Gespräch führt, ist wie eine Formel, die unseren Texten Struktur gibt.

Okay, können wir nacheinander Gefühle hervorrufen, die am Ende zum ersehnten Klick führen? Emotionen per Knopfdruck – das klingt wie der feuchte Traum eines jeden Marketers. Aber wollen wir überhaupt Menschen gefühlsmäßig manipulieren? Nein. Ich möchte keinesfalls irgendwelche schnellen Gefühlskicks triggern, die das Gehirn überlisten und zu schlecht überlegten Kaufentscheidungen führen. Aber Angebote und Marken emotional vermitteln, damit der Kunde ihren Wert erkennt? Definitiv. Ich würde AIDA weniger als Geheimrezeptur zum Beeinflussen von Menschen sehen, sondern prüfen, ob die einzelnen Elemente ein sinnvolles Gerüst für Onlinemarketing-Texte hergeben. Überlegen Sie, wie die AIDA-Phasen Sie beim Texten unterstützen können. Wie schreiben Sie einen Text, der nacheinander auf Aufmerksamkeit, Interesse, Begehren und Handlung abzielt? Dass die Idee funktioniert, Leserinnen und Leser in Phasen durch einen Text zu führen, haben Sie schon in Abschnitt 3.1, »Die Textformel BELA«, gesehen. Verhelfen Ihnen auch die AIDA-Phasen zu einem überzeugenden und vor allem aufrichtigen Marketingtext?

Nehmen Sie mit mir die einzelnen Elemente unter die Lupe.

Attention – Aufmerksamkeit bekommen

Die Schlacht um Aufmerksamkeit tobt seit Jahren im Netz und eskaliert weiter. Unternehmen rangeln ums Erscheinen in Social-Media-Feeds, um Leserströme, Klicks und Abonnenten. Also klingt es logisch, dass man im ersten Schritt die Aufmerksamkeit bekommen möchte. Oder nicht? Na ja. Wenn ich auf einen Link geklickt habe, der mich zu einem Blogartikel, einer Landingpage oder einer Unternehmensseite führt, bin ich schon aufmerksam und wahrscheinlich neugierig. Jetzt will ich wissen, ob sich das Lesen lohnt. Ich will nicht mehr geködert werden. Ich will Butter bei die Fische: Was ist für mich drin?

Aber wie sieht es bei Social-Media-Posts aus, ob gesponsert oder nicht? Die erscheinen in einem Feed, den der Leser durchscrollt. Wo bleibt er hängen? Hier ist die erste Hürde tatsächlich, wie es uns gelingt, die Aufmerksamkeit zu erhaschen. Das können wir auf verschiedene Arten erreichen: Wir überraschen, machen neugierig, bringen zum Lachen – oder versprechen einen wertvollen Nutzen.

AIDA legt nicht fest, wie Sie die Aufmerksamkeit erringen. Als Texterin oder Texter lohnt es sich aber, sich genau damit auseinanderzusetzen. Für die Menschen auf der anderen Seite macht es einen riesigen Unterschied, ob sie einen Text konsumieren, weil sie einfach nur überrascht oder neugierig sind oder weil sie sich etwas davon versprechen. Nichts gegen aufmerksamkeitsstarke Blinke-Headlines und witzige Pointen. Am besten wirken die nur, wenn sie auch einen Nutzen transportieren oder das Problem aufzeigen. Attention und Nutzen schließen sich nicht aus – allerdings sagt AIDA nichts darüber.

Interest – Interesse wecken

Die Headline hat für Aufmerksamkeit gesorgt, jetzt soll das Interesse geweckt werden. Für mich ist das irgendwie selbstverständlich. Klar will ich mein Publikum für den Text interessieren, sonst kann ich das Schreiben gleich sein lassen. Allerdings: Wenn meine Headline einen großen Nutzen verspricht, dann sind Leserinnen und Leser schon interessiert, oder? Brauche ich dann noch die Attention-Phase?

Aufmerksamkeit allein ist natürlich zu wenig – aber eine Headline mit attraktivem Versprechen weckt auch das Interesse. Deshalb kann man vor allem in kurzen Anzeigen die beiden Phasen Attention und Interest zusammenfassen. Längere Texte bieten Ihnen hingegen die Chance, das Interesse langsam aufzubauen und so eine engere Verbindung zum Publikum herzustellen.

Aber wie mache ich Leuten klar, dass sie mein Text interessieren sollte? AIDA liefert darauf keine Antwort. Also hilft nur interpretieren, wenn wir mit der Formel arbeiten wollen. Ich verstehe Interesse so: Leserinnen und Leser müssen erkennen, dass der Text etwas mit ihnen zu tun hat. Sie wissen das noch nicht – bisher hat er ihnen nur ein paar Sekunden ihres Lebens geschenkt. Jetzt entscheiden sie, ob das eine gute Idee war und sie noch ein Stück vom Zeitkuchen hergeben wollen.

Interesse wecken Sie, wenn Sie Ihrer Leserschaft zeigen, warum sie der Text interessieren sollte. Sie können ihre Probleme beschreiben oder den erfüllten Wunsch ausmalen. Die Interest-Phase erfüllt somit die gleiche Aufgabe wie der Empathie-Teil in der BELA-Formel.

Der Begriff *Interest* definiert nur nicht so genau, wie Sie dem Publikum helfen können, sich für den Text zu interessieren. Dass Sie Interesse wecken wollen, ist logisch. Aber die eigentliche Frage beantwortet AIDA nicht: Wie geht das mit dem Interessewecken? Wenn ich das mit gesundem Texterinnenverstand versuche, komme ich in diesem Teil vielleicht zu einem ähnlichen Ergebnis wie mit der BELA-Formel – ich muss nur einen Gedankenschritt mehr machen. Ich könnte auch eine Geschichte erzählen, mit der sich meine Leserschaft identifizieren kann. Diese Phase ist für alle Marketingtexte relevant – allerdings sollte Ihnen klar sein, was Interesse wecken bedeutet: Menschen begreiflich machen, dass sie der Text etwas angeht.

Desire – Verlangen schaffen

Heike und Max sind interessiert – sie denkt, dass der Text etwas mit ihnen zu tun hat. Nach AIDA wollen Sie dieses milde Interesse in wildes Verlangen verwandeln. Begehren klingt für mich nach platter Verführung. Der Begriff suggeriert, dass wir Leserinnen und Lesern etwas zeigen sollen, das sie haben möchten, und es ihnen schmackhaft machen. Um echtes Verlangen zu erzeugen, reicht oberflächliches Flirten nicht. Es braucht Substanz – also vernünftige Gründe, die auch den Verstand überzeugen.

Die Kundschaft in spe soll hier den Schritt von »Das interessiert mich« zu »Genau das muss ich haben« machen. Wie können Sie diesen Menschen die Hand reichen? Indem Sie den Nutzen erklären und das Ganze belegen. Indem Sie die Vision beschreiben und aufzeigen, wie man sie verwirklicht. Indem Sie Features gepaart mit den passenden Benefits präsentieren. All das können Sie in der Desire-Phase tun, um das anfängliche Interesse zu verstärken. Hier geht es also um Fakten und handfeste Informationen – und das ist nicht unbedingt die erste Assoziation, die uns anspringt, wenn wir Verlangen hören.

Action – Zur Handlung auffordern

Am Ende sind Heike und Max so weit, dass Sie sie zum Handeln auffordern können. Dieser Part ist ein fester Bestandteil von Verkaufstexten. Sie wollen ja etwas von Ihrer Leserschaft, deshalb müssen Sie ihr das mitteilen. Auch hier kommt es auf die Umsetzung an. Nach der AIDA-Formel sind Sie nicht auf einen Satz oder einen Button festgelegt. Sie könnten der Aufforderung einen ganzen Textteil widmen.

Spannend ist die Frage, auf welchen Teil der AIDA-Formel sich der Action-Part beziehen könnte. Da die Formel zu Beginn nur die Aufmerksamkeit möchte, aber nicht unbedingt ein Versprechen gibt, können Sie nicht automatisch einen Bogen zum Anfang schlagen. Die Interest Phase stellt erst einmal eine Verbindung zum Leser her. Erst die Desire-Phase macht die Träume des Lesers lebendig. Im Action-Teil können Sie also prima eine Verbindung dazu herstellen und dazu auffordern, diese Ergebnisse und Benefits zu genießen. Wie Sie einen wirksamen Call-to-Action scheiben, erfahren Sie in Abschnitt 11.8, »Klickbare Button- und Linktexte«.

Brauchen Texterinnen und Texter AIDA?

Sie können auf Basis von AIDA einen Verkaufstext schreiben, keine Frage. Allerdings liegt bei dieser Formel keine Gebrauchsanweisung bei. Sie definiert Phasen, aber wie Sie die gewünschten Resultate erzielen, sagt Ihnen die Formel nicht. Das macht AIDA nebulöser als andere Textformeln.

Abbildung 3.10 Facebook-Anzeige nach AIDA

Sie können sich ganz verschiedene Verkaufstexte anschauen – Produkttexte, Social-Media-Anzeigen, Salespages – und werden AIDA darin wiederfinden. Oder lesen Sie meinetwegen Profile auf Dating-Plattformen. AIDA passt praktisch auf alles. Weil die Formel keinen Weg zeigt, sondern nur das Ziel. In Abbildung 3.10 sehen Sie zum Beispiel eine Facebook-Anzeige, in der Sie AIDA wiederfinden können.

Genau darin liegt die größte Schwäche der Formel: Sie ist vage und gibt keinen Hinweis darauf, wie Sie als Texterin oder Texter die gewünschten Gefühle hervorrufen sollen. Damit AIDA funktioniert, müssen Sie sie interpretieren und praktisch umsetzen können. Andere Textformeln geben Ihnen eine bessere Idee, wie Sie diese in Texte gießen können – selbst wenn die meisten auch nur aus einem Akronym bestehen, in dem jeder Buchstabe für einen Begriff steht.

Irgendwie zeigen alle Textformeln, wie Sie Aufmerksamkeit bekommen, dann Interesse und Verlangen wecken und schließlich zum Handeln auffordern. Nur schlagen andere einen Weg vor, wie das gelingt.

Mein Urteil zum Abschluss: AIDA ist *one size fits all* und deshalb ungenau. Ich erhoffe mir etwas mehr Anleitung von einer Textformel, die meinem Text Struktur geben soll.

3.3 Schmerz, Qual, Medizin – die schnelle Textformel SQM

In Texterkreisen genießt die Formel *SQM* hohes Ansehen. Die englische Variante heißt *PAS*, ausgeschrieben *Problem, Agitation, Solution* – Problem, Steigerung oder Dramatisierung, Lösung. Da diese Begriffe auf Deutsch wenig fassbar sind, habe ich kurzerhand Schmerz, Qual, Medizin daraus gemacht (siehe Abbildung 3.11).

Abbildung 3.11 Die SQM-Formel

Wo können Sie SQM anwenden? SQM funktioniert auf Landingpages, in Verkaufs-E-Mails und Social-Media-Anzeigen. Dazu bringt sie Klicks ohne Ende beim Teilen von Inhalten auf Twitter, Facebook und Pinterest. Das Schöne an SQM: Die Formel ist kurz, aber glasklar. Sie funktioniert in ein paar Zeilen Short Copy genauso gut wie bei längeren Texten. Sie sehen schon: Ich bin ein Fan.

Was macht SQM so nützlich? Die Formel zeigt Textern eine Methode, wie sie Leser in den Mittelpunkt rücken können. Mit SQM kann man nicht unternehmenszentrisch schreiben, ich wüsste beim besten Willen nicht wie. Damit entspricht die Formel der aktuellen Textkultur im Marketing, nach der sich Werbung am Kundenbedürfnis orientiert und nicht am Markenego. Dazu ist SQM schön simpel, aber klar. Im Gegensatz zu AIDA ist SQM viel konkreter – ich weiß auf Anhieb, was ich schreiben könnte.

Zuerst finden Sie den Schmerzpunkt, der dem Leser wehtut. Dann malen Sie das Leid aus und bereiten ihm damit Qualen. Zum Schluss verabreichen Sie die Medizin. Hereinspaziert in den Folterkeller. Ich knöpfe mir für Sie die einzelnen Phasen vor.

Schmerz – wo drückt der Schuh?

Überlegen Sie sich, welches Problem Ihren Leser plagt, für das Sie eine Lösung haben. Aber machen Sie es sich nicht zu einfach. Sie können nicht einfach die Tatsache als Schmerzpunkt verwenden, dass Ihr Publikum das Produkt noch nicht hat. Wenn Ihr

Kunde – nennen wir ihn Hans – eine Biogurke kaufen soll, dann ist der Schmerzpunkt sicher nicht: »Mir fehlt dringend eine Biogurke und das plagt mich so. Deshalb kaufe ich eine.« Das wäre naiv gedacht.

Genau wie bei den emotionalen Benefits müssen Sie sich tiefer reinwühlen, um zum Kern zu kommen. Fehlt Hans wirklich eine Biogurke? Nein. Vielleicht fühlt er sich schuldig, weil er genmanipulierte Gurken kauft, die die Sortenvielfalt kaputtmachen. Oder er hat es satt, Gewächshausgurken zu essen, die genauso fad schmecken wie in Wasser getränktes Styropor. Er sehnt sich nach einem Gefühl, das er aktuell nicht hat: Er möchte sich als umweltbewusstes Vorbild fühlen oder sich selbst etwas Gutes gönnen.

Typische schmerzhafte Texteinstiege:

- [+] *Vor 40 Jahren gab es 152 verschiedene Gurkensorten. Heute sind es noch 17.*
- [+] *Schmecken Ihre Gurken im Salat wie Wasser, nur bissfester?*

Qual – das Messer in der Wunde drehen

Jetzt beschreiben Sie den Schmerz genauer. Führen Sie Hans die Konsequenzen vor Augen, wenn das Problem bestehen bleibt. Die Erwartung ist schlimmer als der Schmerz selbst. Fragen Sie Folterknechte, warum sie die Instrumente zeigen. Sie können beschreiben, wie all die Gurkensorten konzerngezüchteten Arten weichen mussten und wie unsere Gemüselandschaft in ein paar Jahren aussieht, wenn noch mehr Sorten verdrängt werden. Oder Sie beschreiben, wie sich Hans fühlt, wenn er tagelang Rezepte recherchiert, um seine Anna zu bekochen – und dann der Tim-Mälzer-Gurkensalat wie eingeschlafene Füße schmeckt, den Anna hochbeinig kaut und pflichtbewusst lobt.

Nur rühren Sie nicht zu lang mit dem Messer in der Wunde. Bevor es das Publikum nicht mehr aushält, zeigen Sie ihm einen Lichtblick. Nach dem Motto: »Das können Sie vermeiden.« Streuen Sie diese Sonnenstrahlen ruhig auch zwischendurch ein, damit Ihre Leserinnen und Leser wissen: Alles wird gut.

Medizin – das Mittel gegen Schmerz und Qual

Geschafft. Spritze rein, Pflaster drauf. Hier stellen Sie die Lösung vor. In der SQM-Formel wirkt die Medizin am besten, wenn sie als Heilmittel für den Schmerz präsentiert wird. Das heißt, Sie stellen einen Bezug her.

Beschreiben Sie, wie Ihr Angebot den Schmerz heilt. Kurz oder lang, beides funktioniert. Auf einer langen Verkaufsseite können Sie hier Features und Benefits aufdröseln. In einer kurzen Anzeige reicht es, wenn Sie eine Medizin ganz kurz erklären und die Leserschaft auf eine Landingpage leiten. Wichtig: Hier sollten Sie nicht vage bleiben. Machen Sie klar, was die Leute bekommen:

[+] *Biogemüse hat Flecken, aber innere Werte: Es schmeckt nach Gurke, Tomate und Romanasalat – und erhält die Vielfalt auf den Feldern.* Hier probieren.

Inhalte mit SQM teilen

SQM ist mein Favorit fürs Teilen von Artikeln in Social Media. »Lest mal hier. Super Artikel«, ist oft nicht genug, um zum Klick auf den Artikel zu motivieren. Teasern Sie ihre Links einfach ganz kurz nach dem SQM-Prinzip an.

[+] *Langweiliger Job? Du kannst den noch 20 Jahre weitermachen und in Rente gehen. Oder du findest eine Aufgabe, die dir Spaß macht. 5 Tipps zum gut bezahlten Quereinstieg.*

So pointiert können Sie mit SQM auch auf eine Landingpage verweisen. Probieren Sie es aus.

Und jetzt schauen Sie sich die nächste Textformel an.

3.4 Die QUEST-Formel

Kommen Sie ins Schwitzen, wenn Sie einen Verkaufstext schreiben sollen? Vielleicht, weil Sie niemandem was andrehen wollen und verkaufen aufdringlich oder verlogen finden? *QUEST* kann Ihnen diese Angst nehmen. Mit keiner anderen Formel tasten Sie sich derart vorsichtig heran – und das, ohne jemals ans gefürchtete Verkaufen zu denken.

Sie füllen die Phasen mit Inhalt und fragen sich dabei nie: Wie preise ich das an? Diese Oldschool-Formel ist der sanfteste Ansatz für Verkaufstexte, den ich kenne. Wenn Sie mit Samthandschuhen und Babyöl verkaufen wollen, werden Sie QUEST bestimmt mögen.

Dennoch sticht die Textformel zwischen anderen hervor. Das liegt an einem Element, das keine andere Formel beinhaltet. Sie können sicher sein, dass nur Menschen weiterlesen, für die das Angebot gedacht ist. Mit QUEST spielen Sie mit offenen Karten. Das schätzen Ihre Leserinnen und Leser – und Ihnen gibt das nebenbei ein gutes Gefühl. Sie drehen keinem was an, der es nicht braucht.

Der amerikanische Texter Michel Fortin vergleicht die QUEST-Formel mit einem Berg, den Autor und Leser gemeinsam erklimmen.[2] Der Aufstieg kostet am meisten Energie. Ist der höchste Punkt überwunden, bewältigen sie die nächsten Etappen bergab locker. Machen Sie sich bereit. Der Berg ruft.

QUEST könnte man so ins Deutsche übersetzen

Qualify = qualifizieren

Understand = verstehen

Educate = vermitteln

Stimulate = stimulieren

Transition = überleiten

Phase 1: Den Leser qualifizieren

»Unsere Produkte sind für alle, jeder sollte sie haben.« Dieses gierige Konzept kommt nicht gut an. Angenommen, ich will indisch essen: Gehe ich zur Bude, die auch Burger, Döner, Pizza und Sushi auf der Karte stehen hat? Nein, ich gehe zu dem Imbiss, der »Maharadscha« oder »Jewel of India« heißt und nur indische Gerichte anbietet. Menschen wollen wissen, dass ein Angebot für sie ist und nicht für jeden – und sie lieben Spezialisten und Expertinnen, also Anbieter, die etwas besonders gut können. Das glaubt man aber Unternehmen nicht, die einen Bauchladen vor sich hertragen.

Wenn Sie für alle schreiben, schreiben Sie für niemanden.

Deshalb sind Wunschkunden oder Buyer Personas mittlerweile goldene Kälber – ich meine das positiv. Das sind Menschen, die genau das Problem haben, das ein Angebot löst. Bevor Unternehmen sie umtanzen können, müssen sie sich ein klar umrissenes Bild von ihnen schaffen.

2 *https://michelfortin.com/blog/*want-better-copy-go-on-a-quest/

Dass es lukrativ sein kann, sich auf eine kleine Zielgruppe zu konzentrieren, zeigen Geschichten aus der Praxis. Wie diese: Zu den umsatzstärksten Kursanbietern auf der digitalen Plattform Teachable gehörte 2018 ein Anbieter von Marketingkursen für Romanautoren. Die Zielgruppe besteht aus Menschen, die Romane schreiben, Punkt. Wir sprechen von Millionenumsätzen.

QUEST ist zwar nicht neu, liegt aber voll im Marketingtrend: Zu Beginn werden Kundinnen und Kunden qualifiziert. Das heißt: Sie schränken die Zielgruppe »Alle vernunftbegabten Lebewesen im Universum« ein und sagen, an wen sich das Angebot richtet. Damit schließen Sie einen Haufen Menschen von vornherein aus. Bravo: Sie brauchen sich nicht mit Leuten herumschlagen, die mit Ihrem Angebot nichts anfangen können. Sie haben sogar zufriedenere Kunden, weil Sie von vornherein Erwartungen definieren.

Damit überzeugen Sie direkt die Menschen, denen Sie am besten helfen können. Das gelingt Ihnen, weil Sie diesen Zielkunden ein Gefühl der Zugehörigkeit schenken. Sie werden Teil eines exklusiven Zirkels, zu dem nur Romanautorinnen, Liebhaber der südindischen Küche oder hochsensible Scanner-Persönlichkeiten gehören (ich könnte die Liste unendlich weiterführen, das möchte ich Ihnen nur nicht antun) oder Menschen, die Veränderung als Chance begreifen und mutig ausprobieren statt sich an Bekanntem festzuklammern.

Wie gelingt das Qualifizieren in der Praxis? Folgende drei Möglichkeiten bieten sich an:

1. **Formulieren Sie das Angebot für eine Personengruppe**

   [+] *Wie du als Noob bei Minecraft durchstartest*

   [+] *Wandern in den Anden für Sportler ab 40*

   [+] *Onlinemarketing für Tiertrainer*

   Das können Sie in der Headline oder Subline bewerkstelligen und in der Einleitung näher beschreiben. Dabei brauchen Sie sich nicht auf die üblichen Verdächtigen zu versteifen. Warum nicht abseits von Zielgruppen wie Altersklasse, Einkommen, Beruf, Geschlecht oder Interessen selektieren?

2. **Beschreiben Sie die Einstellung, die Kundschaft in spe mitbringen sollte**

   Sie brauchen der Zielgruppe keinen Namen zu geben. Es genügt, wenn Sie ihre Haltung zum Thema umreißen. Leserinnen und Leser können sich so leicht entscheiden: Sehe ich das auch so? Dann will ich dazugehören.

Sie lesen nicht gern am Küchentresen lehnend. Sie wollen es zelebrieren, weil sie am besten in die Geschichte eintauchen können, wenn die Atmosphäre stimmt.

3. **Schließen Sie Kundschaft aus, die Sie nicht wollen**

Es gibt noch einen dritten Weg, um einen Personenkreis zu schaffen, mit dem sich Kunden identifizieren: Gründen Sie die Gruppe der »Nein-Sager«. Beschreiben Sie eine Haltung, die Ihre Zielgruppe niemals unterschreiben würde. Dagegen zu sein kann genauso verbinden wie dazuzugehören.

Viele Gründer und Selbstständige suchen den Trick, um schnell reich zu werden und träumen vom Erfolg über Nacht. Deshalb schauen sie sich alle geheimen Strategien an, die sie im Internet in Gratis-Webinaren finden können – und spielen nebenbei Lotto.

Der einzigartige Fingerabdruck der QUEST-Formel ist genau diese Idee, Leserinnen und Leser zu qualifizieren, bevor sie in den Text einsteigen. Die weiteren Phasen tauchen häufig in Textformeln auf. Deshalb beschreibe ich sie etwas knapper.

Phase 2: Leserinnen und Leser verstehen

Wer das liest, dem ist klar: Das ist genau für mich. Die Leserinnen und Leser kennen zwar noch nicht unbedingt den Benefit, aber sie fühlen sich angesprochen. Nach der QUEST-Formel schreiben Sie immer noch nicht darüber, wie das Angebot der Leserschaft hilft. Zuerst beweisen Sie, dass Sie diese Menschen verstehen. Sie sind mit ihrem Problem vertraut und können sich vorstellen, was sie sich wünschen. Das kapieren die jedoch erst, wenn Sie das in Worte fassen. Beschreiben Sie die Situation Ihrer Leserinnen und Leser, ihre Probleme und ihre Vision von einem besseren Leben.

Welche Schlüsselrolle diesem Teil in Marketingtexten zukommt, erkennen Sie schon daran, dass diese Phase in den meisten Textformeln vorkommt – auch, wenn sie anders heißt. Wie Sie Menschen begreiflich machen können, dass Sie sie verstehen, habe ich in biblischer Länge bei den Textformeln BELA in Abschnitt 3.1 und SQM in Abschnitt 3.3 beschrieben. Genau so funktioniert das auch hier.

Am Ende können Sie ihnen in einer Überleitung den Mund wässrig machen und den Weg anteasern, der zur erfüllten Vision führt.

[+] *Stellen Sie sich vor, Sie könnten einfach ...*

[+] *Was wäre, wenn Sie sich darum nicht mehr kümmern müssten?*

Falls die Unternehmerin oder der Anbieter in einer ähnlichen Situation war wie ihre Wunschkundschaft heute, können Sie hier erzählen, wie Sie die Probleme überwunden und vor allem, was Sie daraus gelernt haben. Oder Sie berichten davon, was Kundinnen und Kunden probiert haben, um der Misere zu entfliehen. Oder Sie beschreiben das grundlegende Prinzip, das hinter dem Angebot steht und das es wirksam macht. Und schon sind Sie auf dem Weg zum Gipfel. Den erreichen Sie in der nächsten Etappe.

Phase 3: Die Lösung vermitteln

Jetzt kommt der Knackpunkt. Sie haben viel Vorarbeit geleistet. Zeit, die Lösung vorstellen. Achtung: Sie machen noch kein Angebot. Preise, genaue Inhalte und Konditionen behalten Sie für sich. Die würden hier das Wesentliche überschatten. Überlassen Sie der Lösung ihren Moment allein auf dem Gipfel – alle sollen sehen, wie sie in der Sonne glänzt. Was können Kunden vom Service oder Produkt erwarten? Welche Features hat es, und welche Vorteile bringt es für die Kundschaft? Auf welchen Ideen, Methoden und Prinzipien basiert die Lösung? Beantworten Sie die W-Fragen: Was ist es? Wer braucht es? Warum brauchen es Menschen? Wie hilft es? Ja, Sie dürfen ohne schlechtes Gewissen über das Produkt schreiben. Ihr Publikum will es wissen.

Wenn Sie bis hier überzeugt haben, kann's nur noch einfacher werden. Zur Lösung gehören nach der QUEST-Formel auch die Beweise. Also: Zeigen Sie Kundenstimmen, Nutzerzahlen, Auszeichnungen. Untermauern Sie Ihre Aussagen mit Fakten. So machen Sie es Lesern einfach, Ihnen zu glauben.

Schließen Sie die Phase ab, indem Sie den Anbieter kurz vorstellen. Warum ist er vertrauenswürdig, wie hat er sein Können unter Beweis gestellt, und warum könnte man ihn mögen? Hier ist kein Platz, um die Unternehmensgeschichte oder die berufliche Vita in aller Breite auszurollen. Ein schneller Zoom auf große Highlights tut's. So bekommt die Leserschaft gleich den Diamanten serviert und muss ihn nicht erst aus einem Infohaufen pressen. Trotzdem lernt sie den Anbieter kennen – und das ist der Sinn der Übung.

Phase 4: Mit einem Angebot stimulieren

Die Leserinnen und Leser kennen den Service oder das Produkt und haben ein zartes Band des Vertrauens zum Anbieter geknüpft. Was fehlt, ist ein konkretes und unwiderstehliches Angebot. Michel Fortin schlägt vor, sich in dieser Phase auf die Benefits zu konzentrieren – und sie wieder mit den Features zu verbinden. Ich bin ganz bei ihm, wenn es um die Benefits geht. Die stehen im Mittelpunkt des Interesses – deshalb ist es schlau, sie mit dem Angebot zu verknüpfen. Allerdings haben Sie in der

Etappe davor die Features bereits aufgezeigt. Deshalb würde ich aufs kleinteilige Wiederholen an dieser Stelle verzichten. Anknüpfen ja, noch mal von vorn aufrollen nein.

Das war erst der Einstieg ins Angebot. Beschreiben Sie, was genau im Angebot enthalten ist. Haben Sie Boni eingeplant, oder bieten Sie Premiumvarianten an? Hier ist die richtige Stelle, um darüber zu sprechen. Auch wenn Sie mit Verkaufsverstärkern arbeiten, können Sie jetzt darüber informieren.

Nur bis 31.1.

begrenzt auf 20 Plätze

Audiotraining im Wert von 60 € für die ersten 50 Kunden

Die Angebotsphase endet mit einer Technik, die Kundinnen und Kunden den Wert des Angebots kristallklar macht. Dahinter steht dieses Prinzip: Menschen fürchten, etwas zu verpassen. Deshalb halten Sie Ihnen vor Augen, wie ihre Welt aussieht, wenn sie das Angebot nicht annehmen. Auf Englisch bezeichnet man diese Angst, etwas zu verpassen, als »Fear of missing out«, kurz: *FOMO*.

Dafür stellen Sie zwei Faktoren gegenüber. Auf der einen Seite steht der Preis, den die Kundschaft für das Angebot zahlt. Auf der anderen Seite der Preis, den die Kundschaft zahlt, wenn sie es nicht annimmt. Sie stellen einen Geldbetrag den Konsequenzen gegenüber, die Ihre Zielpersonen erleiden, wenn sie die Investition scheuen. Ihr Ziel: Ein Nein muss gefühlt mehr kosten als ein Ja zum Angebot. Aber gehen Sie behutsam vor. QUEST funktioniert besser mit Samthandschuhen als mit heißen Zangen. Dieses Beispiel zeigt es:

Sie können natürlich auch später einsteigen. Dann gewinnen Sie in den nächsten 3 Monaten wahrscheinlich genauso viele wie in den letzten 3 Monaten. Oder Sie kommen gleich an Bord und verdreifachen diese Zahl.

Phase 5: Zum Kauf überleiten

Jetzt fehlt nur noch das Abschlussplädoyer. Das interessierte Publikum ist begeistert, also helfen Sie ihm, Kundinnen und Kunden zu werden. Fassen Sie das Angebot noch einmal zusammen. Was ist genau drin, und was kostet es? Am besten schenken Sie Ihrem Publikum in dieser Phase das Gefühl, dass ihm die Leistung oder das Produkt bereits gehört. Denn Menschen geben nicht gern her, was sie besitzen. Die einfachste Methode, mit der Sie diesen »Das ist meins«-Effekt erreichen: Arbeiten Sie mit ansprechenden Personalpronomen.

[+] *Dein Nagellack-Set*

[+] *Ihre Konferenz-Ausstattung*

[–] *Unser Nagellack-Set*

[–] *Nagellack-Set*

Das Gleiche bewirken Sie, wenn Sie den Kauf nur als einen Schritt eines Prozesses darstellen. Menschen wollen Tätigkeiten gern abschließen, die sie begonnen haben. Da sie den Text bis hier gelesen haben, sind sie schon weit gekommen. Der nächste logische Schritt ist das Kaufen. Und dann kommt die Auslieferung.

Zeigen Sie im Text, was Ihre Leserinnen und Leser bereits geschafft haben, wie sie das Produkt kaufen können und wie es danach ausgeliefert wird. Überlegen Sie genau, wie Sie ihnen den Kauf versüßen können – der grundsätzlich eine schmerzhafte Erfahrung darstellt, die sie von ihrem heiß geliebten Geld trennt.

Setzen Sie ein extrastarkes Kunden-Testimonial ans Ende – am besten eins, das nachvollziehbare Ergebnisse zeigt. Geben Sie Garantien, wenn Sie können. Oder offenbaren Sie einen weiteren Bonus, den Sie bis zum Schluss aufgehoben haben.

Sie brauchen Ihren Text nicht mit allen Süßungsmitteln zu garnieren. Suchen Sie sich die aus, die zu ihrem Angebot passen. Wenn Sie bis hierhin alles richtig gemacht haben, werden die passenden Kunden ohnehin kaufen – sofern Sie ihnen keine Hürden in den Weg bauen wie komplizierte Bestellprozesse oder einen Haufen Produktvarianten, aus denen sie wählen sollen.

Wann ist die QUEST-Formel die richtige Wahl? Die Formel ist nichts für Unentschiedene. Sie entfaltet am meisten Wirkung, wenn Sie sich darüber im Klaren sind, wen Sie ansprechen wollen und wen nicht. QUEST verleiht vor allem längeren Verkaufstexten eine überzeugende Struktur, an der sich Texter entlanghangeln können. Da sie inhaltlich recht flexibel ist, können Sie mit diesem Raster im Hinterkopf grundverschiedene Verkaufstexte entwickeln.

Textformeln – die Quintessenz

- Textformeln geben Verkaufstexten Struktur.
- Sie führen Leser Schritt für Schritt zum Kauf.
- Sie helfen Textern, sich auf die Argumentation zu konzentrieren und Werbe-Blabla zu vermeiden.
- Mit ein und derselben Formel können völlig verschiedene Texte entstehen.
- Textformeln darf man interpretieren und anpassen, damit sie nicht zum Korsett werden.

3.5 Übungen zu Textformeln

Die Arbeit mit Textformeln will gelernt sein. Wer textet, hat oft einige Elemente im Kopf, die in den Verkaufstext sollen – aber kein fertiges Raster. Ich habe erlebt, dass Textformeln zunächst unnötig starr erscheinen, aber mit etwas Übung gelungene Texte hervorbringen, weil damit der Textaufbau flutscht und sich Leser überzeugen lassen. Der härteste Teil ist für mich, die beste Textformel für meinen jeweiligen Text auszuwählen. Manchmal hilft da ausprobieren mehr, als lange zu überlegen.

Mit diesen Übungen können Sie Textformeln testen und herausfinden, mit welchen Sie am besten klarkommen.

Übung 1: Verkaufsseite

Nehmen Sie sich ein Produkt oder Angebot aus dem Unternehmen vor, für das Sie aktuell schreiben. Texten Sie eine neue Verkaufsseite nach einer Textformel. Suchen Sie sich dafür die Formel aus, die Ihnen am besten gefällt.

Um zu testen, wie Sie mit einer Formel klarkommen, brauchen Sie noch keine Feinheiten wie Testimonials oder jedes einzelne Feature. Schreiben Sie einfach auf, welche Infos in die jeweiligen Teile der Formel gehören.

Bewerten Sie danach die Formel für sich nach diesen Kriterien:

- Ging Ihnen das Schreiben leicht von der Hand?
- Gefällt Ihnen der Text besser oder schlechter als ohne Formel?
- Passt die Formel zum Angebot?

Übung 2: Verkaufsseite mit anderer Textformel

Suchen Sie sich eine andere Textformel aus, und wiederholen Sie die Übung mit dem Angebot, über das Sie bereits geschrieben haben. Danach können Sie prüfen:

- Welche Formel war für Sie einfacher anzuwenden?
- Welcher Text wird Ihre Kunden eher überzeugen?

Übung 3: Social-Media-Teaser

Schreiben Sie einen knappen Social-Media-Post, der auf den Verkaufstext verweist, den Sie bereits geschrieben haben. Benutzen Sie dafür die SQM-Formel. Ihr Ziel ist es, mögliche Kunden auf das Angebot neugierig zu machen.

Kapitel 4
Storytelling als Würze – Argumente mit Ministorys untermauern

Storys wecken Gefühle, reißen das Publikum mit, geben Marken eine Seele. Das klingt nach einem Wundermittel, das alle Textprobleme löst – und nach überzogenen Erwartungen an Texterinnen und Texter.

Wenn ich von der Macht der Geschichten lese und davon, wie sie die Kultur der Menschheit seit anno Höhlenmalerei prägen, kriege ich Angst. Keine Frage, diese Geschichtenmagie will ich wirken und Texte unwiderstehlich machen. Aber wie bitteschön soll ich in einem Marketingtext Gefühlsekstasen auslösen, der etwas über Unternehmen, die Kundschaft oder die Produkte erzählt?

Vielleicht geht es Ihnen wie mir und Sie werden nicht nebenbei als Drehbuchschreiberin oder Romanautor vergöttert. Dann haben Sie wahrscheinlich Respekt vor dem Geschichtenerzählen. Auf Knopfdruck fallen Ihnen keine perfekt pointierten, superengagierenden Storys ein – die auch noch was mit Ihrem Thema oder Business oder Kunden zu tun haben. Sie hauen nicht mal eben einen oscarreifen Plot raus. Zugleich wissen Sie:

Geschichten sind aus Marketingtexten nicht mehr wegzudenken. Weil sie tatsächlich überzeugen und Vertrauen schaffen können, ohne dabei irgendetwas anzupreisen. Sie haben Glück: Sie können Storytelling längst. Geschichtenerzählen ist kein Magiesystem für Eingeweihte: Sie machen es jeden Tag. Wenn Sie sich abends mit einer Freundin auf ein Bier treffen oder Kollegen in der Kaffeeküche berichten, was Ihre Räubertochter wieder angestellt hat. Wenn Sie auf die Frage »Wie war dein Tag?« etwas vom Parkplatz-Desaster, vom witzigen Kommentar des Fußballtrainers oder vom furchtbarsten Meeting aller Zeit erzählen.

Wie integrieren Sie also Geschichten in Ihre Marketingtexte? Unternehmensgeschichten, About-Seiten und Case Studies bestehen oft komplett aus Storys. Diese können auch länger sein, weil sie den ganzen Text füllen. Aber es gibt noch eine weitere Möglichkeit, mit Storys zu arbeiten – und die stelle ich Ihnen jetzt vor, weil damit der Einstieg ins Storytelling gelingt und weil Sie mit dieser Technik jeden Marketingtext aufwerten können.

Storys lassen sich geschmeidig mit anderen Inhalten kombinieren: etwa in Newslettern oder auf Verkaufsseiten oder sogar in Produkttexten. Sie können den Text mit einer Geschichte beginnen oder auch in der Mitte damit ein Argument untermauern. Sie werden einige bewährte Typen von Ministorys kennenlernen, mit denen das gelingt, und lernen, wie man sie schreibt.

Es ist einfacher, als Sie denken. Sie brauchen nicht gleich ein Epos in tolkienesker Länge zu schreiben – ewig Zeit zum Konsumieren hat nun wirklich keiner. In den allerwenigsten Fällen verlangt Ihr Marketingtext danach, was gern als Storytelling verkauft wird. Sie entwickeln kein mehrstündiges Drama mit Einleitung, Höhepunkt und Finale oder die Heldenreise in sieben Akten. Sie schreiben kein Drehbuch für einen Blockbuster. Meist genügen ganz kurze Geschichten, die aus wenigen Sätzen bestehen.

Denken Sie auch an eine längere Erzählung, wenn Sie Geschichte hören? Haben Sie sich schon einmal gefragt, ob Storytelling nicht zu viel Platz im Text einnimmt und ob Kunden wirklich so viel lesen wollen? Nun ja, in einigen Textformen sind ausführlichere Geschichten gut aufgehoben, sofern sie relevant und interessant erzählt sind. Aber meistens brauchen Sie was Kurzes.

Kennen Sie die Geschichte, die jeden mit nur fünf Worten zum Weinen bringt? Schauen Sie sich mal Abbildung 4.1 an. Die Geschichte soll von Hemingway stammen.

An diesem herzzerreißenden Beispiel sehen Sie, dass selbst eine Headline reicht, um etwas zu erzählen, das Leser berührt. Eine Aussage so knapp und durchschlagend auf den Punkt zu bringen, das erfordert Übung – aber es ist möglich. Viel leichter wird es, wenn Sie Ihre Texte ohne direkte Zeichenvorgabe mit kleinen Storys würzen, die auch humorvoll oder skurril sein dürfen. Als Fundus dienen Ihre eigenen Erfahrungen, was Sie erlebt, gelesen oder erzählt bekommen haben. All diese Storys helfen Ihnen beim Texten, weil sie damit Ihren Inhalten einen menschlichen Aspekt hinzufügen. Leserinnen und Leser finden das sympathisch und dadurch öffnen sie sich schneller Ihren Argumenten. Es wird Ihrem Text jedoch wenig nützen, wenn Sie einfach die erste Geschichte hinschreiben, die Ihnen einfällt. Egal, welche Art Marketingtext Sie schreiben, Ihre Geschichte beginnt immer mit dieser Frage: Welche Story überzeugt mein Publikum?

Abbildung 4.1 Babyschuhe. Foto von Wes Hicks, gefunden auf Unsplash[1]

Geschichten erzählen Sie nicht, um Platz zu füllen oder weil Sie das Volk amüsieren wollen – zumindest nicht nur. Sie wollen damit eine Botschaft transportieren oder ein Argument untermauern und Menschen beim Identifizieren mit der Marke helfen.

Geschichten im Marketingtext sind Vehikel, um Ihre Botschaft rüberzubringen. Trojanische Pferdchen, mit denen Leser schmusen wollen – die aber handfestes Marketing im Bauch haben.

Um eine erzählenswerte Geschichte zu zimmern, brauchen Sie nicht viel. Nur ein paar Zutaten sind ein Muss für eine gute Story. Wann ist es eine Geschichte? Wenn Sie erzählen, wie Sie beim Bäcker Brötchen gekauft haben wie jeden Samstag, dann ist das noch keine Geschichte. Da fehlen zwei wichtige Elemente. Ja, eine Story kommt mit wenig Brimborium aus, aber diese drei Zutaten braucht sie.

1 *https://unsplash.com/photos/yCHR4I2eqFs?utm_source=unsplash&utm_medium=referral&utm_content=creditCopyText*

3 Zutaten, damit es eine Geschichte wird

1. **Der Leser findet sich wieder.**
   Kann er sich mit dem Helden identifizieren? Ist er ihm sympathisch?
2. **Es gibt ein Problem.**
   Steht der Held vor einem Hindernis? Oder hadert er mit sich selbst?
3. **Es passiert etwas.**
   Jede Story braucht eine Handlung, auch wenn sie kurz ist.

Eine Geschichte mit diesen Zutaten zu erzählen, das schaffen Sie auch mit wenigen Sätzen. Und schon haben Sie ein Story-Intro für Ihren Text.

Moment, und wer soll der Held sein? Das ist eine ausgezeichnete Frage. Kollegen oder noch schlimmer Kunden in Superman-Umhänge zu stecken finden Sie albern, oder? Storys, die auf dieser Idee basieren, wirken genauso unrealistisch wie die Comic-Vorlagen. Dann lassen Sie uns den Begriff erweitern. Eine Story braucht einen Helden, weil Leser jemanden brauchen, mit dem sie mitfühlen können. Aber ein Paladin in goldener Rüstung oder eine Superheldin mit Echsenhaut und Laseraugen haben wenig mit ihnen gemeinsam.

Sie brauchen einen Protagonisten, der genauso fehlbar und unvollkommen ist wie Sie und Ihre Kundinnen und Kunden. Jemanden, der heimlich Nutella mit dem Löffel isst oder sich in seinem Job zu Tode langweilt oder falsche Entscheidungen trifft, der aber über sich hinauswachsen und aus Fehlern lernen kann – wie ganz normale Menschen eben.

Zurück zur Frage: Wer ist der Held? Das kommt auf die Geschichte an. Im Unternehmensblog dürfen Sie als Texterin oder Texter durchaus mit einer selbst erlebten Geschichte einleiten, bevor es fachlich wird. Möglich, dass Sie darin selbst der Held sind, weil Sie beschreiben, wie Sie ein Problem überwunden haben. Genauso kann ein Kollege oder eine Kundin der Held sein, um den sich die Geschichte dreht, oder sogar der Hund des Texters.

Sie brauchen eine handelnde Person oder Figur, die Sympathie oder zumindest Verständnis weckt, einen Helden wie Sie und mich, keine überzeichnete Kunstfigur.

Und jetzt erfahren Sie, wie Sie die passende Geschichte für Ihren Text finden. Wissen Sie nicht, wie Sie anfangen sollen oder wie Sie Leser direkt für sich einnehmen? Probieren Sie es mit einer Ministory. Damit schaffen Sie direkt Nähe und holen den Leser ab. Das Besondere daran: Die Story erstreckt sich nicht über den ganzen Text, sondern nur über einen Teil davon. Danach können Sie zu faktischen Informationen oder Marketinginhalten überleiten. Ministorys sind kurz, damit Sie sofort den Bogen zum Problem der Leserinnen und Leser schlagen können.

Gut, wie schreiben Sie diese Ministorys? Sie beginnen wie immer beim Konzept. In zwei Schritten zaubern Sie einen gelungenen Storyeinstieg für Ihre Texte: Erst kommt die Botschaft, dann die Story dazu.

Im ersten Schritt finden Sie Ihre Botschaft. Was wollen Sie sagen? Welche Botschaft soll Ihr Text transportieren? Diese Info brauchen Sie, bevor Sie über die Story nachdenken. Nur, wenn Sie sich darüber im Klaren sind, finden Sie die passende Geschichte dazu.

Wir haben innovative kompakte Autokühler entwickelt.

Jeder kann Sukkulenten züchten, auch wenn du einen schwarzen Daumen hast.

Die Vorurteile gegen Nutzhanf sind ungerechtfertigt.

Sie können schreiben lernen, wenn Sie dranbleiben und an sich arbeiten.

In all diesen Fällen tun Sie sich keinen Gefallen, wenn Sie das einfach hinschreiben. Sie wollen es zeigen, nicht sagen. Romanautoren bekommen dieses Prinzip eingebläut: Show, don't tell.

Auch in Marketingtexten erzählen Sie Geschichten, damit Sie nichts behaupten müssen. Damit das in Ministorys funktioniert, sollten Sie nur eines beachten: Versuchen Sie nicht, zu viel zu sagen. Beschränken Sie sich auf eine einzige Botschaft, die Ihre Geschichte rüberbringen soll. Je mehr Botschaften Sie unterbringen, desto größer die Gefahr, dass die Aussagen verwässern oder sich komplett auflösen.

Die Regel heißt: Nur eine Botschaft pro Story.

Fassen Sie diese Botschaft in einen möglichst kurzen, unverschachtelten Satz. Jetzt haben Sie den Grundgedanken, den Ihre Story transportiert. Denken Sie daran: Sie wollen nicht damit herausplatzen. Ganz am Ende der Story dürfen Sie die Botschaft dann als Fazit oder Lehre hinschreiben.

Am meisten wird sich Ihr Publikum jedoch freuen, wenn Sie es selbst darauf kommen lassen und auf den Zeigefinger ganz verzichten. Aber erst einmal suchen Sie die Story, die Ihre Botschaft vermittelt.

Im zweiten Schritt finden Sie die Story zur Message. Wenn Ihre Botschaft steht, dann suchen Sie im zweiten Schritt nach einer Story, die sie untermauert oder zu ihr hinführt. Denken Sie wie eine Verschwörungstheoretikerin oder wie ein Science-Fiction-Autor, und finden Sie Verbindungen zwischen Ihren Erfahrungen und der Aussage, die Sie untermauern wollen. Es darf naheliegen oder ganz weit hergeholt sein. Hauptsache, Sie finden einen Anknüpfungspunkt.

Falls Ihnen spontan nichts Dolles einfällt, öffnen Sie mit Fragen wie diesen ein paar Schubladen im Gehirn:

- Was ist Ihnen neulich auf dem Weg zur Arbeit passiert?
- Was haben Ihre Kinder oder Kollegen Weises oder Witziges gesagt?
- Welche Geschichten aus der Kindheit erzählen Sie gern in einer lustigen Runde?
- Wenn Sie Ihrem Partner nur ein Erlebnis aus der letzten Woche erzählen dürften, welches wäre das?
- Welche Szene aus Ihrer Lieblingsserie oder einem Roman spiegelt Ihre Message wider?
- Hatten Sie im Beruf oder meinetwegen im Urlaub ein Aha-Erlebnis, das zur Aussage passt?
- Hat Sie ein Mensch oder ein fiktiver Charakter durch Worte oder Taten inspiriert?

Die Geschichten sind da. Als Texterin oder Texter wollen Sie lernen, sie als solche zu erkennen. Sie stecken überall drin, wenn Sie die Storyteller-Brille aufsetzen und damit die feinen Fäden suchen, die abstrakte Aussagen mit dem echten Leben verbinden. Damit Ihnen das spielend gelingt, stelle ich ein paar Typen von Ministorys vor, die Ihre Texte bereichern – als Einstieg oder zwischendrin. Danach können Sie das Erzählen mit ein paar Aufgaben üben.

4.1 Die Anekdote – ein Schwank aus Ihrem Leben

»Erzähl mal einen Schwank aus deinem Leben« – der Spruch war zu meinen Uni-Zeiten ziemlich beliebt. Da gab es Leute, die eine Schote nach der anderen rausgehauen haben, und andere, die lieber lachend im Publikum saßen. Aber alle waren sich einig: Anekdoten sind unterhaltsam. Und selbst wenn die Pointe am Ende nicht der Brüller war, wollten sie doch alle hören. In einer Anekdote schwingt die Erwartung mit, dass am Ende etwas Unerhörtes oder Überraschendes passiert, etwas, über das man sich amüsieren oder aus dem man lernen kann.

Wenn Sie Ihre Erinnerungen als Geschichten betrachten, können Sie auf einmal jede Menge erzählen. Lassen Sie das Erlebte noch einmal Revue passieren – immer mit der Frage im Hinterkopf: »Welches Erlebnis könnte meine Aussage stützen?«

Vielleicht hat ein Redner etwas Passendes auf einer Konferenz gesagt? Oder Sie haben sich in die Nesseln gesetzt? Oder im Kundengespräch kam ein Missverständnis auf? Oder Sie sind ein Problem auf unerwartete Weise losgeworden? Ich möchte Ihnen meinen besten Tipp zum Anekdotenfinden mitgeben: Seien Sie großzügig! Viele bewerten Ihre Erlebnisse schnell als nicht erzählenswert oder belanglos. Dabei stecken auch in banalen Begebenheiten Geschichten, die Erkenntnisse erlebbar machen. Am wichtigsten ist die klare Verbindung zwischen Story und Botschaft.

Erzählen Sie nur, was Ihre Botschaft unterstützt oder zu ihr hinführt. Und vor allem: Erfinden Sie nichts. Wozu Märchen erzählen, wenn Sie das echte Leben als Ideengeber haben?

Ich möchte Ihnen ein paar Beispiele für Anekdoten zeigen:

In ihrem Arbeitslust-Newsletter erzählt Susanne Westphal offen von einem schrägen Gedankenspiel, zu dem sie auf einer Zugfahrt beim Betrachten ihres Gegenübers kam:

»Mir ist da etwas aufgefallen, wollen Sie es hören?«, so ähnlich fange ich an, wenn es mir wichtig erscheint, jemandem ungefragt meine Meinung zu sagen. Denn Feedback, vor allem kritisches, macht selten Freunde. Während ich das hier gerade schreibe, sitze ich im Zug und frage mich, wie ich es fände, wenn mir mein Gegenüber plötzlich sagen würde: »Ganz ehrlich, diese Strickjacke würde ich an Ihrer Stelle nicht tragen. Die macht nicht gerade schlank.« Ich wäre sicherlich nicht begeistert. Schließlich gehen meine Weihnachtspfunde niemanden etwas an.

Von meinen wirklich guten Freunden und von meiner Familie hingegen erwarte ich sogar, dass sie mich darauf hinweisen, wenn sie fänden, dass ich keine gute Zuhörerin mehr wäre oder mich sonst in unangenehmer Weise verändert hätte.

Äußerlich ist rein gar nichts passiert. Innerlich hat sich viel getan: Die Autorin hat sich anhand einer konkreten Situation aus dem Leben eine allgemeine Frage beantwortet. Westphal nutzt die Story, um ihren Ratschlag vorzubereiten. Die Erkenntnis aus der Zugfahrt überträgt sie jetzt auf die Arbeitswelt.

Riecht ein Kollege im Team unangenehm oder kleidet er sich zu sexy (ich habe bewusst mal die männliche Form gewählt, schließlich gibt es das auch unter Männern), ist es wohl eher die Aufgabe der Vorgesetzten, dies im Vieraugengespräch zu äußern und nicht den Teamkollegen zu überlassen. Führungskräfte haben ohnehin eine Sonderrolle und sollten sich abgewöhnt haben, immer von allen gemocht werden zu wollen. Unter Kollegen kann es schon mal das Klima im Team vergiften, wenn man versucht, derartig heikle Themen untereinander zu klären.

Wichtig finde ich, dass sich Kritik nicht aufstauen sollte. Wer sich immer wieder eine Meinungsäußerung verkneift, bis ihm der Kragen platzt, läuft Gefahr, dass er sich dann im Ton vergreift.

Anderes Beispiel:

In der Einleitung zu einem Blogartikel habe ich erzählt, wie ich morgens meine Kinder anschreie, damit sie pünktlich aus dem Haus gehen und keinen Ärger in der Schule bekommen. Und wie wenig Erfolg ich mit dieser Brutalo-Strategie hatte. Mit dieser Anekdote habe ich die Aussage vorbereitet, dass Brüllen auf Verkaufsseiten genauso wenig bringt.

Manchmal bringt die Arbeit im Unternehmen die Anekdoten hervor, man muss sie nur finden. Etwa, wenn der Ingenieur einen schlau gefalteten Tortilla-Wrap isst, aus dem nichts raustropft. Und dann auf die Idee kommt, die Faltmethode für einen ultrakompakten Kühler zu verwenden.

Sie sehen: Es geht darum, Parallelen zwischen Alltag und Botschaft zu ziehen. Das gängige Argument der Storytelling-Skeptiker zieht nicht: »Mein Leben ist nicht so aufregend.« Die Geschichte muss nicht packend oder unglaublich oder zum Heulen sein. Es reicht, wenn sich Leserinnen und Leser wiederfinden oder Ähnliches erlebt haben.

Schreibtipps für Ihre Anekdote

- Schreiben Sie sich Geschichten auf, die Sie erlebt haben – vielleicht können Sie sie eines Tages verwenden.
- Üben Sie, zu assoziieren – welche Geschichte haben Sie erlebt, die Ihre Botschaft unterstreicht?
- Fast jede Alltagsbegebenheit ist eine Anekdote wert.
- Erzählen Sie Geschichten, in denen sich Ihr Publikum wiederfindet.
- Schreiben Sie die Anekdote ein bisschen so, wie Sie sprechen.
- Würzen Sie Ihre Erzählung mit direkter Rede.

4.2 Die Action-Szene – werfen Sie Leute mitten rein

Mit diesem sensationellen Cold Open beginnt die amerikanische Fernsehserie »Breaking Bad«, die Regalmeter an Trophäen abgeräumt hat:

Eine Hose wirbelt durch die Luft und landet im Staub. Ein Mann fährt wie bescheuert in einem Wohnmobil durch die Wüste. Er trägt eine Gasmaske und ist ansonsten fast nackt. Das Wohnmobil schlingert und bleibt im Sand stecken. Er steigt aus, tauscht die Gasmaske gegen seine Brille und sagt immer wieder: »Shit!« Wir hören Sirenen. Der Verzweifelte steigt wieder ins Wohnmobil, quetscht sich zwischen zwei regungslosen Gestalten durch, schnappt sich ein Hemd, ein Handy und eine Waffe. Japsend gelangt er wieder ins Freie. Er nimmt eine kryptische Abschiedsbotschaft für seine Familie auf, die offensichtlich keine Ahnung hat, was vor sich geht. Dann stellt er sich mitten auf die Straße. Das letzte Bild zeigt ihn in Hemd und Unterhose, die Waffe nach vorn gerichtet. Die Sirenen werden lauter.

Als Zuschauer ist man ab Sekunde 1 mitten im Geschehen. Ich werde ohne Vorgeplänkel ins Feuer geworfen. Ich kenne weder die Personen, noch kenne ich die Vorgeschichte, die zu diesem dramatischen Showdown geführt hat. Aber was ich sehe, ist so emotional und absurd, dass ich innerlich brenne. Können Sie sich einen mitreißenderen Einstieg vorstellen? Ich passe.

Diese Idee können Sie in Ihren Texten genauso umsetzen. Beim Einstieg in einen Newsletter oder Blogbeitrag verlangt keiner von Ihnen, dass Sie Ihre Geschichte langsam aufbauen. Starten Sie einfach in der Mitte, dort, wo die Action tobt. So reißen Sie Ihre Leser gleich zu Beginn von den Beinen.

Bevor Sie losschreiben, brauchen Sie auch hier die Botschaft, die Ihre Action-Szene transportieren soll. Wie wär's damit:

Wenn man schreiben lernen will, muss man scheitern können.

Und jetzt überlegen Sie, welche Geschichte diese Aussage beweist oder zu ihr hinführt. Mir fällt dazu ein, wie mein Sohn Radfahren gelernt hat: Sehr lange gar nicht, weil der Herr nie Lust hatte und diese Art der Fortbewegung überbewertet fand. In Wirklichkeit hatte er Angst vor dem Scheitern.

Wenn ich das so erzähle, klingt's nach Amateurpsychologie für Dummies. Als Action-Szene funktioniert die Geschichte besser:

Mit einem Sneaker stand er auf dem Pedal, die weißen Finger mit dem Lenkrad verschraubt. Die Lippen zusammengepresst. Der Blick wie gelähmt. Jetzt ein zarter Tritt, das Rad rollt, der Fuß hopst mit. Stoppt.

»Das ist voll öde«, sagte der Junge mit der blauen Brille, stieg ab und schubste das Rad in die Hecke.

Jetzt kann ich meine Leserinnen und Leser ansprechen und fragen, ob sie auch schon mal Angst vor dem Scheitern hatten und deshalb etwas später oder sogar nie gelernt haben. Oder ich kann erzählen, wie ich selbst texten gelernt habe und mich kaum getraut habe, meine ungeschliffenen Textjuwelen dem Seniortexter zu zeigen.

Eine Action-Szene ist also nichts weiter als eine bestimmte Art, eine Geschichte zu erzählen. Die gleiche Story können Sie auch als Anekdote aufbereiten oder als Beichte. Sie brauchen keinen halsbrecherischen Stunt, bei dem der Agent aus dem Hubschrauber geschubst wird und sich mit dem kleinen Finger an den Kufen fängt, bevor er in die Tiefe stürzt. Sie schreiben Ihre Geschichte einfach als Filmszene.

Der Reiz der Action-Szene: Ihre Leserschaft ist drin. Sie erlebt die Szene mit und macht sich selbst Gedanken über die Bedeutung. Als Texterin oder Texter können Sie später Interpretationshilfen geben, aber während der Film im Kopf läuft, kommentiert nur das Publikum.

Schreibtipps für Ihre Action-Szene

- Beginnen Sie nicht am Anfang, sondern wenn's am spannendsten ist.
- Schreiben Sie wie ein Drehbuchautor: Beschreiben Sie nur, was man sehen und hören kann. Gedanken oder Gefühle scheiden aus.
- Seien Sie wählerisch. Beschreiben Sie nicht alles, sondern nur starke Details.
- Denken Sie in dynamischen Verben statt in starren Adjektiven: »rasen« statt »schnell rennen«, »reindonnern« statt »fest zuschlagen«.
- Action ist schnell. Also schreiben Sie kurze Sätze. Halbsätze genügen.

4.3 Der Dialog – bleiben Sie nah am Menschen

Schauen Sie den Menschen auf den Mund. Dialog ist menschlich und manchmal witzig. Und er holt Leser – schwupps – an den Tisch. Deshalb sollten nicht nur Drehbuchschreiber und Romanautorinnen das Dialogschreiben trainieren. Auch Texter profitieren, wenn sie diese Schreibdisziplin beherrschen. Sie können von Anfang an faszinieren, wenn Sie Ihre Geschichte als Gespräch erzählen.

Leser haben das Gefühl, dass sie die Menschen verstehen, um die es geht. Dialoge sind aus dem Leben gegriffen. Sie brauchen keine Übersetzung oder Beschreibung. Die Leserschaft darf Mäuschen spielen, sie ist dabei. Jetzt könnten Sie pingelig sein und sagen, dass ein Dialog noch keine Geschichte ist. Richtig, aber Dialogschreiben ist eine Kunst für sich, und ich zeige Ihnen ein paar Kniffe, wie Sie Ihre Ministory als Gespräch verpacken.

Dialoge können eine Sogwirkung entwickeln, aber nur, wenn Sie natürlich klingen. Eine Ministory in Dialogform ist wahrscheinlich kurz, vielleicht sogar sehr kurz wie diese hier:

Henry hält mir auf der Freibadwiese den Schuh hin. »Mama, Carl hat in deinen Schuh gepinkelt.«

»Stimmt das, Carl?« Ich durchbohre seinen Bruder mit meinem Blick.

Der verschränkt die Arme. »Aber Henry hat ihn hingehalten.«

Jetzt habe ich eine Einleitung. Und kann erklären, dass die meisten Probleme mehr als eine Ursache haben. Genauso könnten Sie eine Szene aus einem Meeting als Dialog aufbereiten.

»Cheffe sagt, wir sollen Facebook machen. Müller + Eisenstein machen das schon lange.«

»Und wir müssen jeden Mist mitmachen. Was meint er denn: So lustige Sprüche?«

»Kann ich dir nicht sagen. Vielleicht will er Bilder von der Weihnachtsfeier.«

»Also der Bauch vom Olli kommt bestimmt gut an bei unsren Kundinnen.«

So reagierten meine Kollegen auf die neuesten Pläne für Social Media.

Sie könnten stattdessen schreiben, dass Facebook bei Ihnen im Unternehmen zuerst nicht ernst genommen wurde. Der Dialog zeigt es – und ist dabei viel unterhaltsamer.

Ich gebe Ihnen noch ein paar Gedanken zum Dialogschreiben mit: Sprechen wir darüber, wie nah Ihr Gespräch am Mündlichen bleiben sollte. Klingt ein geschriebener Dialog, als würden Sie ein Gespräch aufzeichnen und abschreiben? Nicht ganz. Sie wollen nicht wörtlich aufschreiben, was Menschen sagen. Es wäre ziemlich mühsam, jedes Stottern und jedes Füllwort zu konsumieren – oder einen Dialekt in Lautschrift zu lesen. Nein, Sie verdichten das Gesagte und feilen alles weg, was den Lesefluss stört. Was übrig bleibt, formulieren sie nah am Mündlichen.

Gut, und wie schaffen Sie es, Menschen im Dialog einen einzigartigen Charakter zu verleihen beziehungsweise ihre Persönlichkeit zu zeigen? Sie kennen sicher schlecht geschriebene Romane, in denen alle gleich klingen. Das irritiert auch in einem Marketingtext. Also: Charakterisieren Sie Menschen durch ihre Art zu sprechen. Lassen Sie ruhig Umgangssprache oder ein Wort aus einer Fremdsprache einfließen – es muss nicht der ganze Satz sein. So geben Sie einen Hinweis, woher und aus welchem sozialen Umfeld die Person kommt, und machen klar, wie sie tickt.

Sie fragen sich vielleicht, wie Sie einen Dialog aufschreiben. Erinnern Sie sich noch an den Deutschunterricht, wo Sie gelernt haben, abwechslungsreiche Varianten von »er sagte« und »sie rief« zu finden? Damit das nicht gestelzt und bemüht klingt, sollten Sie das locker angehen. Diese sogenannten Inquit-Formeln wie »Sie sagte«/»er flüsterte«/»hauchte sie«/»schrie er« geben Dialogen einen Rahmen und können klarmachen, wer spricht. Aber überlegen sie, wo eine Einleitung wie diese wirklich nötig ist. Zu viel davon versteinert den Text, vor allem, wenn sie immer an der gleichen Stelle im Satz steht. Wenn Sie eine brauchen, dann fügen Sie die Inquit-Formel mal vor und mal nach der wörtlichen Rede ein.

Sie brauchen auch nicht übermäßig kreativ zu werden. Zu viele verschiedene Variationen wirken unnatürlich und lenken vom Gespräch ab. Im Zweifel sind »sagen« und »antworten« nicht verkehrt, »flöten« und »verlautbaren lassen« meist schon. Mein wichtigster Tipp dazu: Inquit-Formeln und Adjektive vertragen sich nicht. Dass jemand etwas »grimmig sagt« sollte im Dialog selbst rüberkommen. Sie können auch ganz auf die Inquit-Formel verzichten wie im Facebook-Dialog, den Sie gerade gelesen haben. Das ist kein Problem, wenn es sich um ein kurzes Gespräch zwischen zwei Menschen handelt, die Sie gar nicht näher vorstellen wollen. Beginnen Sie einfach eine neue Zeile, wenn jemand anderes redet.

Wollen Sie wörtliche Rede extra elegant einleiten? Statt sie in Inquit-Formeln zu rahmen, können Sie Handlungen beschreiben, die eine sprechende Person ausführt, wie eingangs im Schuhpinkel-Dialog gezeigt.

Sie wissen jetzt alles, um Ihre Ministory als Dialog zu schreiben. Hören Sie gut zu, und probieren Sie es mal.

Schreibtipps für Ihren Dialog

- Schreiben Sie einen natürlichen Dialog, also ganz nah an der gesprochenen Sprache.
- Charakterisieren Sie Menschen durch ihre Art zu sprechen.
- Verwenden Sie Inquit-Formeln locker und abwechslungsreich.
- Wenn Inquit-Formel, dann bitte ohne Adjektiv.
- Umrahmen Sie Ihren Dialog, indem Sie beschreiben, wie Menschen handeln.

4.4 Die Parabel – beweisen Sie Ihr Argument in einer perfekten Welt

Parabel klingt wie etwas Scheußliches aus dem Matheunterricht. Fürs Texten sind Parabeln hingegen ein Traum aus Orangenblüten und Sommerwind. Stellen Sie sich vor, Sie könnten alles beweisen, was Sie behaupten, ohne Statistiken, Studien, Zitate und Case Studies. Das können Sie, und zwar – jetzt kommt's – mit einer *Parabel*.

Eine Parabel funktioniert wie ein Vergleich oder eine Metapher in Geschichtenform. Das Prinzip ist genial: Das Publikum überträgt eine Weisheit von einer Welt auf eine andere. Als Texter dürfen Sie ihm dabei helfen. Ein ziemlich bekannter Typ hatte damit weltbewegende Erfolge. Sie kennen ihn auch, er heißt Jesus. Seine Geschichten, die seit über 2.000 Jahren herumerzählt werden, sind nichts anderes. Vielleicht klingelt es bei Ihnen, wenn Sie das Gleichnis vom verlorenen Schaf hören.

Ein Hirte hat 100 Schafe. Eins davon geht verloren. Er lässt die anderen Schafe zurück und sucht ewig nach dem einen Schäfchen. Als er es findet, freut er sich so sehr, dass er ein riesiges Fest mit allen Freunden und Nachbarn feiert.

Vordergründig ist die Handlung banal. Was interessiert die Menschheit ein Hirte und wie er seinen Job macht? Dahinter steckt eine zweite Bedeutungsebene, und um die geht es natürlich. Eine Parabel will interpretiert werden. Beim Schäfchengleichnis konkurrieren zwei Deutungen: Gott freut sich über die Umkehr eines Sünders noch mehr als über 99 gute Menschen, die ihm sowieso folgen. Oder Gott gibt sich alle Mühe, damit kein Schutzbefohlener verloren geht.

Egal, wie die Deutung ausfällt: Eine Parabel ist eine Geschichte, die eine Lehre vermittelt. Sie hat zwei Ebenen (siehe Abbildung 4.2):

- eine Bildebene, auf der die vordergründige Handlung der Geschichte stattfindet (das Schaf wird gesucht)
- eine Sachebene, die eine übergeordnete Bedeutung transportiert (was will Jesus damit sagen)

Was ist anders, wenn Sie Parabeln im Marketingtext anwenden? Na, der Leser sollte die Bedeutung leicht entschlüsseln können. Deshalb denken Sie sich auch für diese Storyform zuerst die Lehre aus und dann die Geschichte, die sie glaubhaft macht.

Ein Beispiel: Meine Botschaft soll lauten: »Erfolg muss man sich erarbeiten.« Das will ich aber nicht direkt sagen, weil ich nicht lehrerhaft oder großkotzig rüberkommen möchte. Stattdessen erzähle ich eine Parabel und lasse damit meinen Lesern Interpretationsspielraum.

Also überlege ich mir, mit welcher Geschichte ich diese Botschaft beweisen könnte. In welcher Welt/in welcher Situation/in welcher Zeit/in welchem Land/bei welchen Tätigkeiten, Menschen oder Tieren ist die Botschaft völlig logisch und richtig? Ich hab's:

Was passiert, wenn ein Anfänger ins Karate-Dojo kommt und einen braunen Gürtel will? Der Trainer erklärt, dass er den bekommt, wenn er die Prüfungen für den gelben, orangen, grünen und violetten Gurt bestanden hat. Alle fangen mit dem weißen Gürtel an.

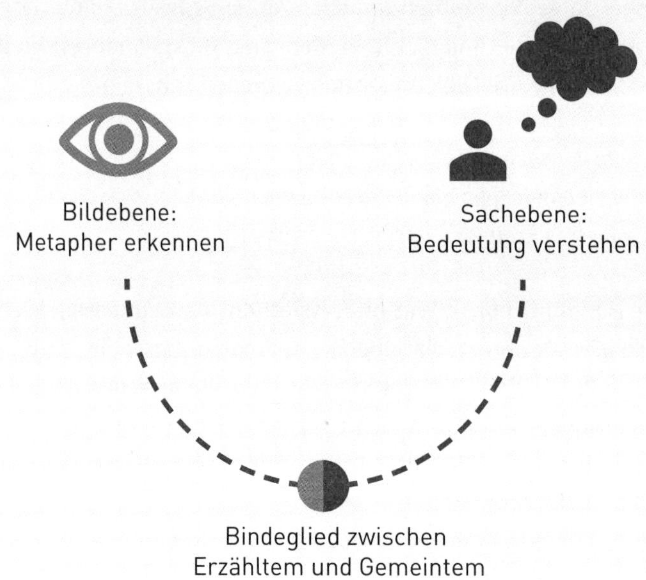

Abbildung 4.2 Die zwei Ebenen einer Parabel

Dass man sich Gurtstufen im Karate erarbeiten muss, leuchtet auch Lesern ein, die mit Kampfsport nichts am Hut haben. In der Karate-Welt ergibt diese Geschichte Sinn. Jeder versteht, dass sich ein Anfänger nicht gleich einen Braun- oder Schwarzgurt umbinden kann. Und dass die dunklen Gurte die hohen sind, dürfte den meisten klar sein.

Die Parabel untermauert die Aussage, ohne sie direkt zu treffen. Ob Sie später eine Interpretation hinterherschießen, können Sie sich überlegen. Für eine starke Parabel brauchen Sie ein wenig Hirnschmalz. Aber wenn die Botschaft hängen bleibt, war es die Mühe wert.

Schreibtipps für Ihre Parabel

- Entwickeln Sie eine klare Botschaft: Halten Sie diese einfach.
- Finden Sie eine Welt, in der Ihre Aussage zweifellos richtig ist. Es sollte eine Welt sein, die Ihre Zielgruppe kennt und vielleicht sogar mag.
- Erzählen Sie eine wahre Geschichte, die die Botschaft beweist. Denken Sie sich nichts aus, sondern suchen Sie eine Parallele.
- Lassen Sie den Leser interpretieren, nicht raten.

4.5 Die Beichte – teilen Sie ein Geheimnis

Beichten haben eine magnetische Anziehungskraft. Menschen erkennen, dass sie nicht alleine dumm sind. Auch andere machen Fehler, scheitern und blamieren sich. Wer sich überwinden muss, um etwas zu erzählen, zeigt sich als Mensch.

Ich habe keine Ahnung von Marketing.

Ich esse heimlich aus dem Nutella-Glas.

Ich habe meinen Beruf gehasst.

Lesern und Kundinnen etwas zu beichten ist nicht leicht, aber dafür bekommen Sie eine Gegenleistung: Das Publikum hört Ihnen gebannt zu und genießt das Flair des Verbotenen. Die *FuckUp-Nights*, auf denen Berufstätige vom Scheitern und Unternehmer vom Pleitegehen erzählen, gibt es in 252 Städten auf der ganzen Welt. So gut kommen diese öffentlichen Beichten an.

Mit einem Geständnis schaffen auch Sie einen attraktiven Einstieg in E-Mails, Blogartikel oder Social-Media-Posts. Die Textform muss nur grundsätzlich Raum für Persönliches bieten. Eine Imagebroschüre eignet sich deshalb weniger gut für eine Beichte als eine Instagram-Story.

Aber Achtung: Die Fremdschämgrenze ist schnell überschritten, wie Abbildung 4.3 zeigt. Als Unternehmerin oder Unternehmer überlegt man sich genau, welche Beichte die Message unterstützt – und was in die Kategorie *TMI* (*too much information*) fällt.

Dass intime Details übers Sexleben und den Toilettengang anderswo besser aufgehoben sind, versteht sich von selbst. Auch einen bedingungslosen Seelenstriptease, der alles enthüllt, verlangt niemand von Ihnen. Wenn Sie eine Verfehlung beichten, ist es ganz allein Ihre Sache, wie tief Sie dabei blicken lassen.

Also beichten Sie nicht irgendwas, sondern was Sie vertreten können und was einen Lerneffekt für Ihre Leser hat. Wenn Sie aus Ihrer Beichte eine Ministory machen, dürfen Sie gern über das Geständnis hinausgehen. Damit Ihre Leser mit Ihnen sympathisieren, müssen sie verstehen, warum Sie die Verfehlung begangen haben oder scheitern mussten. Also beschreiben Sie die Zwickmühle, in der Sie gesteckt haben, oder wie es zu Ihrer Bauchlandung gekommen ist.

Abbildung 4.3 Too much information – zu viel Information. Foto von rawpixel auf Unsplash[2]

Lieber ein Praxisbeispiel? Kommt. So könnten Sie die Beichte, dass Sie Ihren Job gehasst haben, fortsetzen:

> *Ich hatte null Handlungsspielraum und mein Chef hatte keine Ahnung von dem, was ich gemacht habe. Morgens ins Büro zu gehen war für mich die Hölle. Aber ich traute mich nicht zu kündigen.*

Jetzt versteht der Leser, wie Sie sich gefühlt haben und warum es im Job nicht rosig lief. Sobald er den Grund für Ihre Beichte verstanden hat, können Sie einen Bogen zu Ihrer Botschaft schlagen.

2 *https://unsplash.com/photos/11tff4dfKDo?utm_source=unsplash&utm_medium=referral&utm_content=creditCopyText*

Irgendwann habe ich es nicht mehr ausgehalten. Und ich beschloss, das Risiko einzugehen. Anstatt gleich zu kündigen, startete ich nebenbei einen Onlineshop.

Die Botschaft kommt jetzt durch, ohne dass Sie sie explizit aufs Brot schmieren müssen. Ich ziehe für mich aus der Geschichte, dass man schlechte Arbeitsbedingungen auch Schritt für Schritt ändern kann, statt gleich den extremen Weg der Kündigung zu wählen.

Ein anderer Leser würde die Botschaft für sich vielleicht anders formulieren. Solange der gleiche Tenor ankommt, sollten wir uns als Texter darüber freuen. Denn Botschaften, die sich Leser selbst erschließen, kommen immer besser an als welche, die ihnen ungefragt reingedrückt werden.

Schreibtipps für Ihre Beichte

- Fokussieren Sie sich darauf, wie Sie sich gefühlt haben: Die Innensicht ist besonders reizvoll an der Beichte.
- Seien Sie offen, aber nur so persönlich, wie Sie das wollen.
- Überschreiten Sie nicht die Fremdschämgrenze: Intime Details etwa sind tabu im Business.
- Transportieren Sie die Botschaft über die Geschichte, und sprechen Sie sie nicht aus – sonst schleudern Sie Ihre Leserschaft aus Ihrer Erzählung.

4.6 Übungen zu Ministorys

Auch wenn Sie sich nicht für einen Geschichtenerzähler oder eine Story-Queen halten. Probieren Sie aus, ob Sie in wenigen Sätzen eine Ministory erzählen können, die zu Ihrer Botschaft hinführt. Ihre Leser werden sich freuen.

Übung 1: Newsletter-Intro

Stellen Sie sich vor, Sie schreiben einen Newsletter an Ihre Kundinnen und Kunden. Darin kündigen Sie entweder einen neuen Blogartikel an, oder Sie wollen auf ein neues Produkt aufmerksam machen. Lassen Sie sich von diesen Ideen inspirieren:

- Sie bieten einen neuen Workshop an, an dem der Empfänger teilnehmen soll.
- Sie haben ein Produkt-Bundle geschnürt, das sich preislich lohnt.

Und jetzt kommt die eigentliche Aufgabe: Beginnen Sie den Newsletter-Text mit einer Ministory. Entscheiden Sie sich bewusst für eine der vorgestellten Varianten und verpacken Sie die Geschichte als Anekdote, Action-Szene, Dialog, Parabel oder Beichte.

Bevor Sie loslegen, schreiben Sie in einem Satz die Botschaft auf, die Ihr Newsletter transportieren soll. Finden Sie dann eine Geschichte, die Ihre Message besser ausdrückt als wenn Sie diese einfach hinschreiben würden.

Tipp: Die Botschaft ist nicht »Kauf das Produkt« oder »Buchen Sie den Workshop«. Die Botschaft beschreibt, wie das Angebot dem Leser nützt – oder was er dadurch vermeiden kann.

Übung 2: Gleicher Newsletter, andere Ministory

Schreiben Sie den Einstieg noch einmal, und wählen Sie diesmal eine andere Art von Ministory. Staunen Sie darüber, wie Sie mit völlig verschiedenen Geschichten ein und dieselbe Aussage festigen können.

Kapitel 5
Psychologie des Textens – einnehmen, überzeugen und bestärken

Schreiben ist Kopfsache. Gute Texterinnen und Texter wissen genau, was ihre Worte bewirken und warum. Lernen Sie ihre Psychotricks … äh … psychologischen Techniken, damit Ihre Texte Einfluss haben.

Ohooo, *Psychologiiie*. Wenn ich von psychologischen Triggern oder so lese, denke ich sofort: Aha, da will jemand etwas aufmotzen. Als würde ich ein Tipp-Schnitzel mit Trüffel-Parmigiano-Kruste servieren. Ist es Psychologie, wenn Ihre Texte das Denken und Handeln der Leserschaft beeinflussen? Zumindest liefert Psychologie den Grund, aus dem diese Schreibtaktiken funktionieren. Deshalb bleibe ich bei dem Begriff und versuche, dabei nicht rot zu werden.

Zum Abschluss von Teil I, »Überzeugen ohne Verkäufermasche«, möchte ich einige direkt anwendbare Schreibtaktiken vorstellen, mit denen Sie Leserinnen und Leser überzeugen und bestärken. Mir ist wichtig, dass Sie verstehen, warum diese Techniken funktionieren. Denn dann können Sie sie frei und kreativ anwenden, wenn Sie Ihre Leserschaft beeinflussen wollen.

Ui, das klingt nach Superbösewicht. Aber Hand aufs Herz: Wenn Sie von wirksamen Texten sprechen, meinen Sie doch genau das. Warum schreiben Sie Marketingtexte, wenn sie keinen Einfluss auf Leser haben sollen? Eben. Und Sie gehen mit Ihrer Macht ja verantwortungsvoll um. Wollen Sie lernen, wie Sie Ihre Leser mit psychologischen Schreibtechniken einnehmen, überzeugen und in ihrer Entscheidung bestärken? Ja? Ich liebe es, wenn ein Plan funktioniert.

5.1 Schreibtechniken, die einnehmen

Egal, was Sie zu sagen haben: Sie wollen Ihr Publikum zuerst für sich einnehmen. Ihr Text soll instinktiv sympathisch wirken und ein gutes Gefühl vermitteln. So lernen Ihre Leserinnen und Leser, Ihnen zu vertrauen, und empfinden das Lesen als angenehm. Darüber freuen Sie sich, weil Sie ein großes Herz haben. Backspace. Weil Sie etwas bewirken wollen, natürlich! Ihr Text ist zunächst etwas Fremdes, das man wachsam beäugt. Ihre Leserschaft muss sich erst mal entspannen und die Deckung fallen lassen. Dann ist sie aufnahmebereit. Diese Aufnahmebereitschaft ist die Voraussetzung dafür, dass Ihr Text wirkt. Mit diesen Schreibtechniken ziehen Sie Ihr Publikum mühelos auf Ihre Seite.

Positiv denken (alles andere verwirrt das Gehirn)

Sie können die meisten Dinge positiv oder negativ ausdrücken.

[–] *Nach der Massage haben Sie keine Verspannungen mehr.*

[+] *Die Massage entspannt Ihre Muskulatur.*

Psychologen von der Tufts University haben nachgewiesen, dass das Gehirn länger braucht, um Verneinungen zu verarbeiten.[1] Ihre Botschaft kommt also später an, wenn sie negativ formuliert ist. Ist ja klar: Erst lese ich eine Information und muss sie verstehen. Dann zwingt mich die Verneinung dazu, die Hirnwindungen zu verknoten und das Verstandene ins Gegenteil zu kehren.

Wer schnell liest, kann die Verneinung sogar ausblenden – in der Erinnerung ist das »nicht« abhanden gekommen. Das heißt: Bei der Leserschaft kommt das Gegenteil dessen an, was Sie sagen wollten. Menschen sind demnach auf Positives gepolt. Also: Tun Sie dem Lesergehirn diesen Gefallen, und packen Sie Ihre Botschaften in bejahende Sätze.

[–] *Der Trockner ist so leise, dass er Sie nicht von der Arbeit ablenkt.*

[+] *Der Trockner ist so leise, dass Sie hochkonzentriert arbeiten können.*

Verneinungen sind eine Sache, doch eine negative Herangehensweise zeigen Sie auch, wenn Sie negierende Verben verwenden wie »vermeiden«, »unterdrücken« und »verhindern«.

---

1 Psychological Science. Dez. 2008. Nr: 19(12):1213-8. Nieuwland MS and Kuperberg GR. When the truth is not too hard to handle: an event-related potential study on the pragmatics of negation.
Siehe auch: *https://www.ncbi.nlm.nih.gov/pubmed/19121125*

[–] Vermeiden Sie lange Meetings.

[+] Halten Sie Meetings kurz.

Positiv ist leserfreundlich, weil wir alle lieber ja als nein hören – und weil die Botschaft schneller ankommt, wenn wir sie nicht erst umkehren müssen, um den Nutzen zu sehen. Und wenn Sie sich das nächste Mal bei einer negativen Formulierung ertappen, suchen Sie schnell das positive Gegenteil, damit Ihr Leser das nicht muss. Erwischt. Ich meine: Damit Ihr Leser Sie schneller versteht.

Abwechslung reinbringen

Was ist langweiliger, als einen Text zu lesen, durch den sich immer gleiche Formulierungen ziehen? Okay, drei Stunden im Wartezimmer sitzen und an die Wand starren vielleicht. Genau deshalb sind alte SEO-Texte eine Qual: Die Keywords mussten sehr häufig im Text vorkommen, um die gewünschte Keyword-Dichte zu erreichen. Zum Glück ist das heute überholt, und Sie dürfen auch online abwechslungsreich schreiben.

Gut für Sie. Wenn Sie überzeugen wollen, muss Ihr Text erst mal gelesen werden. Mal ganz abgesehen vom Inhalt können Sie die Lesefreude mit einer abwechslungsreichen Wortwahl steigern. Schauen Sie sich diese Formel an:

Die Formel für abwechslungsreiche Sprache

Vielseitigkeitsindex (VI) = Anzahl verschiedener Wörter : Gesamtwortzahl

Je größer der VI, desto interessanter wird der Text.

Aber Achtung: Lassen Sie lange, umständliche Ausdrücke weg. Finden Sie lieber kurze, einfache Synonyme. Bevor Sie in zwei aufeinanderfolgenden Sätzen »Mitarbeiter« schreiben, können Sie den Ausdruck auch mal durch »unsere Leute« ersetzen. Prüfen Sie auch, ob Sie das Wort wirklich wiederholen müssen oder ob es auch ein Pronomen tut. In einem Satz: Bringen Sie Abwechslung rein, und machen Sie's kurz.

»Das bin ich« – Identifikation schaffen

So viele Eindrücke stürmen auf uns ein. Wir können und wollen nicht alles aufnehmen. Deshalb lesen wir mit Filter. Der hat die Aufgabe, möglichst schnell zu trennen zwischen »Das ist für mich« und »Das ist nicht für mich«. Wie können Sie Ihrem Leser möglichst schnell klarmachen, dass Ihr Text für ihn ist? Indem Sie zeigen, dass Sie verstanden haben, wer diese Person ist, oder noch besser, wer sie gerne wäre.

Also: Sprechen Sie Ihr Publikum so an, als wären alle bereits die beste Version ihrer selbst. Sie können Menschen kein größeres Kompliment machen. So sieht das in der Praxis aus:

- [+] *Vielleicht bist du selbst ein kreativer Texter, der gern mit Worten experimentiert.*
- [+] *Manager mit scharfem Geschäftssinn haben es längst erkannt:*
- [+] *Als fürsorgliche Pferdehalterin achten Sie genau darauf, was Sie Ihren Schützlingen füttern.*

Leserinnen und Leser sollen sich denken: Hey, das bin ich! Oder das könnte ich sein. Also geben Sie ihnen Gelegenheit, sich mit Ihrem Text zu identifizieren. Sagen Sie ihnen, wer sie sein könnten.

Gute Fragen stellen

Was machen Fragen? Zwei Dinge, die Ihnen beim Schreiben sehr gelegen kommen. Zum einen stoßen Sie die Denkmaschine Ihrer Leserschaft an. Menschen sind darauf gepolt, Fragen zu beantworten. Egal, ob wir die Antwort parat haben oder nicht: Eine Frage bringt uns dazu, danach zu suchen. Das Ergebnis: Heike und Max sind aufmerksam dabei, wenn sie Ihren Text lesen. Sie konsumieren nicht nur, sondern müssen etwas tun. Sie haben eine Aufgabe. Und wenn Leserinnen und Leser so engagiert sind, können sie sich nicht langweilen. Hinzu kommt: Sich gefragt fühlen streichelt das Ego. Das Publikum fühlt sich wichtig, ist es ja auch. Es bekommt nicht die Meinung einer anderen Person aufgedrückt, sondern es darf sich beteiligen. Aber Vorsicht: Simple rhetorische Fragen, auf die es nur eine Antwort geben kann, sind leicht durchschaubare Stilmittel. Spannender wird's, wenn Sie Fragen stellen, über die man wirklich nachdenken muss.

- [+] *Würden Sie finanzielle Einbußen in Kauf nehmen, wenn Sie dadurch den Klimawandel aufhalten könnten?*
- [+] *Kann eine Beziehung ein Leben lang halten, ohne dass sich Paare verstellen?*
- [+] *Was ist Ihr Ziel: Endlich die 100.000 € knacken oder an einem ganz normalen Arbeitstag mit Laptop am Strand liegen?*

Am Ende geht es darum, Ihre Leserschaft zu involvieren. Denn so entsteht Begeisterung. Stellen Sie sich vor, Sie servieren Ihren Kindern Suppe. Machen die lange Gesichter wie meine, die höchstens Schokoladensuppe essen würden, aber bitte nichts mit ekligem Gemüse? Aber wie sieht es aus, wenn die Kinder das Gemüse selbst ernten und schnippeln dürfen, oder mitentscheiden, welche Sorten verwendet werden? Ich wette, die Suppe schmeckt tausendmal besser. Mindestens.

5.2 Schreibtechniken, die überzeugen

Sie haben schon einige Ansätze kennengelernt, wie Sie ohne Verkäufermasche überzeugen – darunter emotionale Benefits, Textformeln und Storytelling. Hier möchte ich ergänzend dazu eine kleine Auswahl an losgelösten Schreibtechniken zeigen, die schnell Überzeugungskraft in Ihre Marketingtexte bringen.

Den Benefit wirken lassen

Sie wissen, warum Ihre Kundinnen und Kunden kaufen sollten. Aus jedem Produktmerkmal lässt sich ein Benefit ableiten. Wenn Sie all diese Vorteile nennen, begeistert das doch bestimmt. Nein, eben nicht! Schon gar nicht, wenn Sie alles auf einen Haufen werfen. Stellen Sie sich vor, Sie finden einen Piratenschatz. Wie viel Wert hat für Sie eine einzelne Perle inmitten ziselierter Goldketten und Silberdiademe, glänzender Pokale und Kisten voller geschliffener Rubine und Smaragde? Und wie kostbar ist eine Auster an einem einsamen Strand, in der genau die gleiche Perle schimmert? So sieht ein Berg Benefits aus:

[–] *Die CarInsurance deckt alle Gefahren ab, sichert Ihnen den Wiederverkaufswert zu 100 % und bietet eine große Auswahl an verschiedenen Tarifen.*

Hier gehen die Benefits sang- und klanglos unter. Keiner scheint wichtig genug zu sein, dass er besondere Aufmerksamkeit verdient. Ganz anders sieht es aus, wenn Sie einen Benefit zelebrieren:

[+] *Genießen Sie jede Fahrt, denn egal, was passiert: Die CarInsurance deckt alle Gefahren ab, ob Hagelschauer, zerkratzte Türen oder Unfallschäden.*

Geben Sie dem größten Benefit Raum zum Wirken, denn das macht ihn wertvoll. Weitere Benefits können Sie später nennen – aber hüten Sie sich davor, den wichtigsten Kaufgrund unter einem Haufen anderer Vorteile zu begraben.

Vage Behauptungen in konkrete Bedingungen verwandeln

Schauen Sie sich auf Websites um – ja, auch auf Ihrer. Wenn Sie darauf achten, werden Sie feststellen, dass Marketingtexte voller vager Behauptungen stecken. Die klingen oft so oder ähnlich:

[–] *Wir sind erst zufrieden, wenn Sie es sind.*

[–] *Unsere Produkte sind mit höchster Liebe zum Detail gefertigt.*

[–] *Umweltschutz ist uns wichtig.*

Der Leser kann sich nichts darunter vorstellen und tut es als Werbe-Blabla ab. Sie wollen vermitteln, was das genau heißt. Was versteht das Unternehmen unter Kundenfreundlichkeit, wie setzt es Umweltschutz um?

Überzeugen können Sie erst, wenn sich der Leser etwas darunter vorstellen kann. Schöne Worte nützen rein gar nichts.

Also übersetzen Sie abstrakte Behauptungen in Tatsachen. Damit können Ihre Leser etwas anfangen.

[+] *Mobilitätsgarantie: Wir sind innerhalb von 60 Minuten mit Ersatzfahrzeug bei Ihnen.*

[+] *Handgenähte Sitze aus Häuten vom japanischen Tajima-Rind*

[+] *Bioland-Siegel: 100 % pestizidfreie Produktion*

Fragen Sie sich immer: Wie können Sie das belegen? Was tut das Unternehmen genau, um diese Aussage zu rechtfertigen? Das macht Ihren Text greifbar und realistisch.

Weil das Gehirn Begründungen liebt

Sätze klingen einleuchtender, wenn Sie Ihre Aussagen begründen. Ein plakatives Beispiel:

[–] *Können Sie mich bitte vorlassen?*

[+] *Können Sie mich bitte vorlassen, weil ich es eilig habe?*

Das ist eine ziemlich stumpfe Begründung. Wenn man es nicht eilig hat, muss man auch nicht vorgelassen werden. Im Grunde steckt die Begründung schon in der Frage.

Doch selbst diese lahme Erklärung bewirkt etwas, denn jede Begründung ist besser als gar keine. Die liefern Sie, indem Sie Kausalverbindungen schaffen, statt Sätze einfach hintereinander weg zu schreiben. Dabei helfen Ihnen kleine Verbindungswörter: *Konjunktionen*.

Beispiele für Konjunktionen, die Kausalverbindungen schaffen

Diese unscheinbaren Wörtchen haben es in sich, denn sie begründen. Aussagen werden automatisch validiert, es gibt jetzt einen Grund.

- weil
- deshalb
- denn
- genau aus diesem Grund
- darum
- so
- dadurch

Und jetzt stellen Sie sich vor, Sie hätten eine stärkere Begründung auf Lager, die über »Weil das halt so ist« hinausgeht. Ihre Leser wollen das Warum. Verbinden Sie Sätze und Satzteile mit Konjunktionen, weil Sie dadurch Ihre Aussagen validieren.

[–] *Das Bett bietet höchsten Schlafkomfort. Handgefertigte Matratzen passen sich an die Körperform an.*

Die Sätze stehen in keiner Verbindung zueinander. Das Publikum muss arbeiten, um das eine mit dem anderen zusammenzubringen.

[+] *Während andere schlafen, schwebst du durch die Nacht. Weil sich die handgefertigten Matratzen deiner Körperform anpassen.*

Das Sprachbild macht die abstrakte Beschreibung überflüssig. Dazu überzeugt die Aussage durch die verbindende Konjunktion. Bevor Sie jetzt mit der Grammatikpolizei angerast kommen: Halbsätze sind ein Evergreen, wenn's um Stilmittel im Marketingtext geht.

Indirekte Botschaften

Überall predigen Textgurus und Lehrbücher: Schreiben Sie klar und einfach. Das dürfen Sie hinterfragen. Sicher wollen Sie, dass Ihr Leser Sie schnell versteht. Sie wollen keinesfalls kompliziert formulieren. Allerdings wirkt Ihr Text wie eine Hammerfaust, wenn Sie Werbeaussagen direkt ins Gesicht klatschen. Ein Beispiel dafür sehen Sie in Abbildung 5.1.

Abbildung 5.1 Anzeige Casino – direkte Aussage

Das geht charmanter. Vor allem Headlines gewinnen durch indirekte Botschaften. Denn sie involvieren Leserinnen und Leser. Haben Sie den Widerspruch entdeckt? In der zuvor besprochenen Schreibtechnik haben Sie gelernt, wie Sie durch Kausalverbindungen Glaubwürdigkeit schaffen. Dort lassen Sie die Leute nicht arbeiten, sondern servieren die Begründung.

Diese Schreibtechnik hier macht das Gegenteil. Auch das funktioniert, denn Menschen kommen gern selbst auf die Lösung. Hallo, warum würden wir sonst so viele Krimis lesen? So zwingen Sie Leser, die Verbindung selbst herzustellen. Ein Beispiel, wie das funktioniert, sehen Sie in Abbildung 5.2.

Sie müssen schon ein bisschen stutzig machen – damit das Puzzle reizvoll wird. Kryptisch wie Symbolikrätsel aus einem Dan-Brown-Roman sollte es nicht sein, aber interessant genug, um sich eine Sekunde damit zu beschäftigen. Wenn Heike und Max die Pointe schnallen, fühlen sie sich clever – und identifizieren sich leichter mit den Inhalten.

Abbildung 5.2 Anzeige Casino – indirekte Aussage

5.3 Schreibtechniken, die bestärken

Kennen Sie Verkaufsverstärker? Das kann alles sein, was ein ohnehin gutes Angebot noch überzeugender macht.

Diese Verkaufsverstärker kommen häufig zum Einsatz

- Verkaufsverstärker sind schön und gut, solange Sie diese ehrlich einsetzen.
- Verknappung: Nur noch 3 Stück auf Lager
- Dringlichkeit: Das Angebot endet am 21. Mai.
- Sicherheit: 4 Wochen Geld-zurück-Garantie
- Mehrwert: Bonus – 3 exklusive Videotrainings

Wenn ständig nur drei Stück auf Lager sind, ist irgendwann das Vertrauen futsch. Oder wenn am 22. Mai ein ganz ähnliches Angebot startet, direkt nachdem das andere beendet ist. Oder wenn die Geld-zurück-Garantie an harte Bedingungen geknüpft ist. Oder wenn der Bonus alter Schrott ist, den man nicht mehr verkaufen könnte.

Diese Verkaufsverstärker sind Teil der Angebotskonzeption und haben daher nicht direkt was mit dem Texten zu tun – obwohl sie am Ende kommuniziert werden müssen. Doch abseits von Verkaufsverstärkern, um die es hier nicht gehen soll, haben Sie rein textliche Möglichkeiten, Leser in ihrer Entscheidung für ein Angebot zu bestärken. Diese (nennen wir sie Kundenbestärker) können Sie in jeden Verkaufstext einbinden.

Im Prinzip erzielen Sie mit all diesen Texttaktiken den gleichen Effekt: Sie lenken davon ab, dass Sie etwas verkaufen wollen. Keiner findet es gut, wenn er das Gefühl bekommt, ihm wird was angedreht.

Nachteile und Alternativen nennen

Dass Sie Vorteile auf dem Silbertablett mit Glitzerpalme und Schirmchen präsentieren, versteht sich von selbst. Aber was passiert im Kopf des Lesers, wenn Sie auch Nachteile aufzeigen?

Er empfindet Ihre Kommunikation auf einmal nicht mehr als Werbung auf Teufel komm raus. Sie gewinnen Ihre Neutralität zurück, denn Sie beweisen, dass Sie abwägen und verschiedene Blickwinkel einnehmen können. Kurz: Sie wandeln sich vom Verkäufer zum Mentor, der Möglichkeiten aufzeigt.

Wissen Sie, wie Sie diese Technik geschickt einsetzen? Indem Sie Nachteile nennen, die speziell für Ihre Kunden gar keine sind. So können Sie Ihr Produkt noch schärfer positionieren, während Sie die Aufmerksamkeit von Ihrer Verkaufsabsicht weglenken.

[+] *Der Nachteil: Die Infos nützen Ihnen nur etwas, wenn Sie Ihre Hausaufgaben machen und sie umsetzen.*

[+] *Sie werden mindestens 6 Monate brauchen, bis Sie mit dieser Strategie Kunden gewinnen.*

Wenn Sie nicht nur Ihr Angebot präsentieren, sondern auch Alternativen dazu nennen, hat das den gleichen Effekt. Damit geben Sie Ihren Leserinnen und Lesern Gelegenheit, selbst abzuwägen. Allein die Tatsache, dass Sie Alternativen nennen, verschafft Ihnen bei dieser Gegenüberstellung Pluspunkte. Es sagt auch keiner, dass die Alterativen so attraktiv sein müssen wie das, was Sie anbieten.

Diese Möglichkeiten haben Sie, Ihr Unternehmensblog zu betreiben:

- *Sie probieren ein Baukastensystem aus und kämpfen mit langen Ladezeiten.*
- *Sie arbeiten sich selbst in WordPress ein und sind bereit, mindestens alle 4 Wochen selbst ein Update durchzuführen.*
- *Sie holen sich einen WordPress-Spezialisten, der Ihre Website in einem Bruchteil der Zeit professionell aufbaut, sich um alle Updates kümmert und Technikfragen löst.*

Den Pitch verzögern

Das Verkaufen beginnt lange, bevor Sie das Angebot machen. Wenn Sie Kapitel 3 zu den Textformeln gelesen haben, kennen Sie das Prinzip bereits. Lassen Sie sich Zeit. Solange Sie über die Situation und Probleme Ihrer Leser schreiben und sie dabei gut unterhalten, werden sie Ihnen treu bleiben. Wenn Sie mit dem Angebot hinterm Berg halten, können Sie in dieser Zeit das Vertrauen festigen. Sie wollen erreichen, dass Ihre Leser nach dem Angebot lechzen. Sie wissen schon, dass sie es haben wollen, und suchen aufgeregt den »Jetzt kaufen«-Button.

Also, noch mal: Haben Sie Geduld. Erzählen Sie, was Ihre Leserinnen und Leser erreichen können und was sie erwartet, wenn sie kaufen. Lassen Sie sie zappeln. Wenn sie endlich kaufen dürfen, werden sie sich umso mehr darüber freuen – und sich auch nicht mehr fragen, ob sie das wirklich wollen und ob das in den Budgetrahmen passt.

Transparenz gegen Risiko

Was, wenn ich die falsche Entscheidung treffe? Heike und Max wollen die Sicherheit, beim Kaufen keine Fehler zu machen. Sie wollen vorher wissen: Sind das Geld und die Zeit gut investiert? Kaufen tut im wahrsten Wortsinn weh: Wissenschaftler haben herausgefunden, dass beim Geldausgeben die gleichen chemischen Prozesse im Hirn ablaufen wie wenn wir Schmerz empfinden.

Deshalb wollen Sie das Risiko minimieren. Sie können natürlich eine Garantie geben – Geld-zurück oder 14 Tage kostenlos testen. Einen ganz ähnlichen Effekt hat es aber, wenn Sie Ihren Text gläsern schreiben: Vertreiben Sie den Werbenebel, und gewähren Sie Ihrer Leserschaft einen klaren Blick auf das Angebot und auf die Menschen dahinter:

- Zeigen Sie, wie Sie arbeiten: Stellen Sie das Team vor. Sie wissen ja: Der Backstage-Raum ist attraktiver als die Bühne.

- Lassen Sie Ihre Kunden das Produkt, das Sie verkaufen, in Aktion sehen – ja, das geht auch mit einer Dienstleistung. Wie wär's mit einer kurzen, aber aussagekräftigen Case Study?
- Halten Sie die Erwartungen realistisch: Seien Sie absolut ehrlich, wenn Sie beschreiben, was Kunden mit Ihrer Lösung erreichen können und was nicht.
- Sagen Sie, was bei der Entwicklung schiefgegangen ist und wie Sie das Problem gelöst haben.
- Haben Sie den Mut, Ihr Angebot ehrlich zu präsentieren. Denn so festigen Sie das Vertrauen in Sie besser als mit einer verspiegelten Fassade.

Andere sprechen lassen

Sie kennen Ihr Angebot am besten und können vielleicht sogar besser texten als viele Ihrer Kunden. Pech, Eigenlob riecht nun mal nach Eselpisse mit Knoblauch. Deshalb sind Sie auf Bestätigung von außen angewiesen

Sie setzen Siegel und Zertifizierungen in Szene. Und Sie zeigen, wie viele Kunden ein Produkt bereits gekauft haben. Das hilft, doch wenn Sie genauer draufschauen, bleiben diese Beweise doch anonyme Aufkleber mit abstrakten Zahlen. Emotional wirken Sie auf Ihr Publikum ein, wenn Sie Menschen sprechen lassen. Der klassische Weg sind Testimonials – diese müssen Ihre Angebote keinesfalls über den grünen Klee loben, vielmehr sind Ergebnisse interessant und Bedenken, die Kunden vor dem Kauf hatten. Welche Fragen Sie stellen, um wirksame Testimonials zu bekommen, erfahren Sie in Abschnitt 11.7, »Glaubwürdige Testimonials«.

Wie wär's, wenn Sie auch Stimmen aus Ihrem Unternehmen einbinden? Lassen Sie Mitarbeiter zu Wort kommen. Schauen Sie sich einen klassischen Produkttext an:

[–] *In den XC-3014 Saugroboter sind unzählige Stunden Entwicklungsarbeit geflossen. Mit 3.000 Watt Leistung und intelligenten Sensoren reinigt er sämtliche Räume ohne Ihr Zutun.*

So klingt der Text aus Mitarbeitersicht:

[+] *Wir haben 10 Monate lang an intelligenten Sensoren für Robby getüftelt – so heißt der XC-3014 bei uns –, damit er jeden Krümel und Fussel im Haus findet. Auch solche, die festkleben oder in Ecken sitzen. Danach hat er mit 3.000 Watt noch genug Power, um schnell zur Station zu flitzen.*

(Ingo Tesch, Entwicklungsingenieur)

Checkliste psychologische Schreibtechniken

Prüfen Sie nach, ob in Ihren Texten Psychologie steckt. Ein wirksamer Text braucht nicht alle dieser Techniken – aber sie sind durchaus Indikatoren, die anzeigen, wie gut Ihr Geschriebenes funktioniert.

Wie viel Psychologie wenden Sie beim Schreiben an? Checken Sie nach Ihrem auch einen fremden Text, und vergleichen Sie das Ergebnis.

- positive Formulierungen
- abwechslungsreiche Wortwahl
- Identifikation mit dem besseren Selbst
- spannende Fragen
- ein einziger klarer Benefit
- konkrete Aussagen
- Kausalverbindungen
- indirekte Botschaften
- Nachteile und Alternativen
- später Pitch
- Transparenz
- andere Stimmen im Text

Teil II

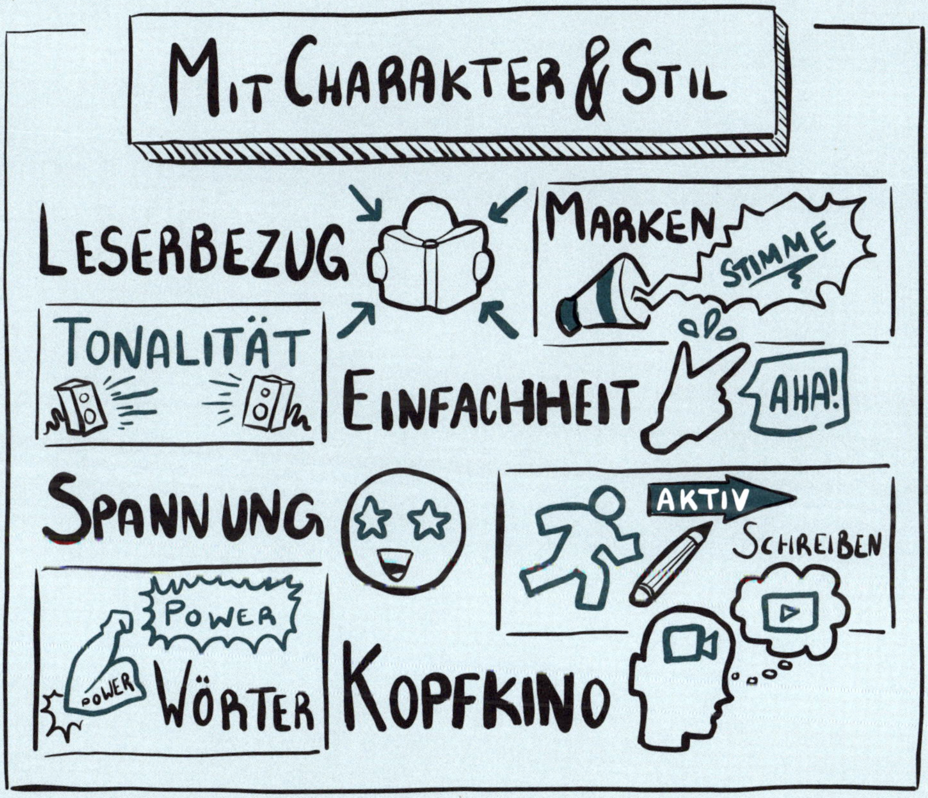

MIT CHARAKTER & STIL
LESERBEZUG
MARKEN
STIMME
TONALITÄT
EINFACHHEIT
AHA!
SPANNUNG
AKTIV
SCHREIBEN
POWER
POWER
WÖRTER
KOPFKINO

Kapitel 6
Die unverwechselbare Markenstimme

Wenn Ihre Konkurrenz Ihre Texte klauen und einfach die Namen austauschen könnte, dann fehlt die Markenstimme. Nur, wenn der Text von Charakter zeugt, arbeitet er für Sie. Finden Sie die Stimme, die Ihre Leserschaft an Sie bindet.

Die Berliner Verkehrsgesellschaft BVG nimmt sich liebend gern selbst auf die Schippe und kokettiert mit Verspätungen und miesem Service. Die Texte beziehen sich oft aufs Tagesgeschehen – wie in Abbildung 6.1. Es handelt sich um einen Tweet mit Bild. Der begleitende Text dazu lautete: Honig im Fahrplan.

Abbildung 6.1 Honig im Fahrplan – Tweet der BVG

Ironisch und lustig können die Berliner. Der Kommunikationsstil ist der Inbegriff der Schnodderigkeit der Hauptstadtbewohner, die diese Kampagne begeistert aufgenommen haben. Was für eine Leistung: Worüber lässt sich besser schimpfen als über den öffentlichen Nahverkehr? Der natürliche Feind des Bürgers hat sich zum Sympathieträger gewandelt. Hut ab.

Bei Samsung Deutschland erklärt ein Teenager im Superheldinnen-Look in einem Video, wie man eine SSD-Karte tauscht. Es beginnt so:

Mann, warum dauert das denn hier wieder so lange?

Hallo, Erde an Notebook! Jetzt reicht's aber endgültig.

Kommt dir das bekannt vor? Systemstarts, die eine halbe Ewigkeit dauern. Laderädchen, die sich stundenlang drehen? Dann hab' ich jetzt was für uns beide.

Viele werden sich lieber was anderes auf YouTube anschauen als ein Technik-Tutorial. Die Charakterstimme macht aus dem How-to-Video ein Imagestück. Das Anschauen macht nicht nur Millennials mehr Spaß als ein Erklärvideo ohne Persönlichkeit. Die Stimme kommt sogar rüber, wenn Sie nur das Skript lesen.

True fruits schlägt immer wieder mit Werbekampagnen über die Stränge – von anzüglich bis fremdenfeindlich. Aber eins macht der Saftladen aus Bonn (ja, die stellen wirklich Saft her) richtig: Auf den Flaschen prangen keine verkäuferischen Werbebotschaften, sondern frech-dreiste Texte, die Leser direkt ansprechen und auf den ersten Blick nichts mit Fruchtsäften zu tun haben. In den Headlines geht's um »Einhornkotze«, »Pipi in die Hose« oder »Blindverkostung«. Abbildung 6.2 zeigt ein ikonisches Beispiel dieser ungewöhnlichen Produkttexte.

All diese Marken setzen auf eine unverwechselbare Stimme, auf eine, die der Wettbewerb sich nicht einfach überstülpen kann. Sie sind mutig und trauen sich, anders zu schreiben. Heißt das, Sie sollen in konservativen Branchen mit Slangwörtern und dreisten Witzen um sich werfen? Aber nein! Ihre Schreibe muss nicht rebellisch sein. Was Sie brauchen, ist eine eigene Stimme, an der man Ihre Marke erkennt, eine Stimme, von der Ihr Publikum nicht genug bekommen kann.

Diese Stimme kann besonders motivierend oder begeistert oder einfühlsam klingen – oder auch kritisch. Ich gebe zu: Ein leichter Weg zur Markenstimme ist, einfach umgangssprachlicher zu schreiben. Aber Sie können Ihrer Stimme auch andere Eigenschaften verleihen als jung und frech. Erst mal müssen Sie sich im Klaren sein, wie Sie klingen wollen. Dann setzen Sie Ihre Markenstimme textlich um. Dafür bekommen Sie gleich eine Anleitung. Ach, sogar zwei! Wissen Sie, dass Sie eine Markenstimme brauchen, ist erst der Anfang. Ich möchte Ihnen zwei Wege vorstellen, wie Sie diese Stimme entwickeln.

Abbildung 6.2 Flaschenrückseite bei true fruits

Sie definieren für sich eine *Writer Persona* – also eine Autorenpersönlichkeit, die Sie im Text zeigen. Oder Sie entwickeln eine Tonalität für Ihren Text – das sind Eigenschaften, die Sie mit Adjektiven beschreiben. Diese beiden Wege können sich ergänzen. Zwar kommen Sie auch nur mit einer der Varianten klar, aber Sie dürfen auch beide kombinieren.

Welche Möglichkeit ist besser? Na, welche Sie besser finden. Als Anhaltspunkt: Mit einer Autorenpersönlichkeit zu arbeiten ist einfacher, wenn ein Kommunikator für die Marke schreibt: Das betrifft Bloggerinnen, Solopreneure und kleine Unternehmen. Aber auch Vertriebsmitarbeiterinnen mit festem Kundenstamm oder Content-Redakteure, die mehr oder weniger im Alleingang das Corporate Blog wuppen.

Große Unternehmen werden wahrscheinlich eher eine Texttonalität definieren, weil meist mehrere Autoren für die Marke schreiben – sogar auf einer Plattform wie Facebook oder im Onlineshop. Andererseits: Da es sich um einen Avatar und keine real existierende Person handelt, können sich auch mehrere Autoren einer Writer Persona verschreiben. Genug theoretisiert. Sie verleihen Ihren Texten jetzt eine Stimme.

6.1 Die Writer Persona – wer möchten Sie fürs Publikum sein?

Was macht Menschen sympathisch? Ein offenes Lächeln, ein Witz zur richtigen Zeit, kleine Schwächen? Ich persönlich finde Unangepasstheit meist sympathisch: dass meine Tochter »Superheld in der Welt« werden will statt Prinzessin oder Tierärztin oder dass meine Freundin im Deutschunterricht eine Tiara trägt und beim Lachen grunzt (sie ist die Lehrerin). Dabei ist klar, dass meine Sympathie für alles Rebellische nicht jedermanns Sache ist. Und dass meine Katzen-Aversion bei etwa der Hälfte der Bevölkerung auf völliges Unverständnis stößt. Die hat aber auch keine Narbe am Hintern als Erinnerung an den Weiße-Katze-auf-weißem-Sofa-Vorfall.

Also freunden Sie sich besser schnell mit dieser Tatsache an: Sie können nicht jedem sympathisch sein. Wenn Sie das in Ihren Texten versuchen, verstecken Sie sich hinter einer lächelnden Maske. Keiner kennt Sie, und deswegen sind Sie allen egal. Trauen Sie sich, jemand zu sein: eine Person, die Ihre Leser einordnen können, mit Stärken und Schwächen, mit einer Meinung, mit Vorlieben und Abneigungen, Hobbys, Eigenarten – und vor allem mit einer Stimme, die diese Person verkörpert.

Sobald Sie etwas von sich zeigen, werden einige Menschen Sie weniger mögen. Sie sind jetzt jemand, den man greifen kann. Sie laden dazu ein, dass man sie beurteilt. Andere werden Sie umso mehr mögen. Weil Sie nicht mehr irgendwer sind, sondern eine Person oder Marke, mit der man sich auseinandersetzen kann. Allein deswegen sind Sie näher bei Ihrem Publikum. Vielleicht denken Sie jetzt: Schön, aber wozu soll ich es mir mit einer Horde Leute verscherzen? Na, weil die Gunst derer, die Sie gut finden, so viel wertvoller ist als die achselzuckende Toleranz aller. Das sind Ihre potenziellen Fans, die Sie empfehlen und von Ihnen kaufen, die sich vor Sie werfen, wenn jemand mit Kritik auf Sie schießt.

Archetypen für die Writer Persona

Wer wollen Sie für Ihre Leser sein? Wie soll Ihr virtuelles Gegenüber Sie wahrnehmen? Welcher Charakter und welche Art zu reden passt zu Ihren Lesern – und zu Ihnen oder der Marke, für die Sie schreiben?

Wenn Sie es sich einfach machen wollen, greifen Sie auf eine *Writer Persona* (einen *Archetypen*) zurück, die diese Persönlichkeit beschreibt. Welches System Sie dafür verwenden, ist im Grunde gleich.

Ein Beispiel: Die US-Amerikanerin Sally Hogshead ist mit ihrem System »How to fascinate« weltberühmt geworden. Sie geht davon aus, dass jeder Mensch die Gabe hat, andere zu faszinieren – nur eben auf seine Weise. Durch einen Test können Teilnehmer zwei faszinierende Eigenschaften für sich ermitteln. Diese werden in einer

Matrix zusammengebracht, aus der sich 49 Persönlichkeitstypen ableiten lassen (siehe Abbildung 6.3). Jeder davon fasziniert anders.

Oder Sie denken sich selbst eine Persönlichkeit aus, mit der Ihre Leser etwas anfangen können:

- Sind Sie die beste Freundin, die ein bisschen mutiger als der Leser ist?
- Sind Sie die sympathische Lehrerin, die für ihr Fach brennt und ihre Schüler mitreißt?
- Sind Sie der rebellische Entertainer, der unbequeme Wahrheiten ausspricht und dabei Humor beweist?
- Sind Sie der ruhige Mentor, der den Leser verständnisvoll an die Hand nimmt?

Archetypen können in der Tat sinnvoll sein. Haben Sie Bedenken und scheuen sich davor, sich einfach eine Persönlichkeit auszudenken? Befürchten Sie, Ihr Text wirkt nicht authentisch, wenn Sie das tun?

Wenn Sie für sich als Personenmarke schreiben, dann sollten Sie sich in der Persönlichkeit, die Sie im Text zum Leben erwecken, wiederfinden. Das heißt nicht, dass Sie 1:1 Ihr privates Selbst in den Text pumpen. Eine Writer Persona zu zeigen ist keine Seelenspiegelung. Ich sehe sie als eine Rolle, in der wir bewusst bestimmte Seiten von uns zeigen.

Eine Writer Persona ist weniger komplex und widersprüchlich als ein echter Mensch. Zumindest stellt sie klar definierte Eigenschaften in den Vordergrund. Dabei gilt es, das gewählte Klischee mit einer eigenen Interpretation zu beleben.

Wenn Sie als Auftragstexterin für eine Marke schreiben – und de facto ein Ghostwriter sind, der sich niemals in der Kommunikation materialisiert – helfen Ihnen Archetypen ebenso, einen Ton im Text zu treffen und zu halten. Wenn Sie in einem Text als Professor daherkommen und im nächsten als Saufkumpel von nebenan, zerstört das Ihre Glaubwürdigkeit schneller als Sie diesen Satz lesen können.

Noch schlimmer wird's, wenn Sie innerhalb eines Textes den Jekyll-Hyde-Switch machen. Stellen Sie sich vor, Sie schreiben eine Info-Mail über steigende Tarife für die Systemadministration eines externen Dienstleisters:

[–] *Wir bedanken uns herzlich für die gute Zusammenarbeit. Wir haben lang daran getüftelt, wie wir Ihnen noch besser helfen können. Uns ist klar: Jeder Ausfall wegen Wartung oder Reparaturen kostet Sie bares Geld und wenn es hart auf hart kommt sogar Kunden.*

Schnappen Sie sich unser smoothes »Ratz-fatz-repariert«-Service Pack im Bundle. Das relaxt Ihr Business. Hier entlang zur Website.

Cheerio, lass krachen.

PRIMARY FASCINATION ADVANTAGE / SECONDARY FASCINATION ADVANTAGE	INNOVATION You change the game with creativity	PASSION You connect with emotion	POWER You lead with command
INNOVATION You change the game with creativity	THE ANARCHY Volatile • Startling Chaotic	THE ROCKSTAR Bold • Artistic Unorthodox	THE MAVERICK LEADER Pioneering • Irreverent Entrepreneurial
PASSION You connect with emotion	THE CATALYST Out-of-the-Box • Social Energizing	THE DRAMA Theatrical • Emotive Sensitive	THE PEOPLE'S CHAMPION Dynamic • Inclusive Engaging
POWER You lead with command	THE CHANGE AGENT Inventive • Untraditional Self-Propelled	THE RINGLEADER Motivating • Spirited Compelling	THE AGGRESSOR Dominant • Overbearing Dogmatic
PRESTIGE You earn respect with higher standards	THE AVANT-GARDE Original • Enterprising Forward-Thinking	THE CONNOISSEUR Insightful • Distinguished In-the-Know	THE VICTOR Respected • Competitive Results-Oriented
TRUST You build loyality with consistency	THE EVOLUTIONARY Curious • Adaptable Open-Minded	THE AUTHENTIC Approachable • Dependable Trustworthy	THE GRAVITAS Dignified • Stable Hardworking
MYSTIQUE You communicate with substance	THE SECRET WEAPON Nimble • Unassuming Independent	THE SUBTLE TOUCH Tactful • Self-Sufficient Mindful	THE VEILED STRENGTH Realistic • Intentional To-the-Point
ALERT You prevent problems with care	THE COMPOSER Strategic • Fine-Tuned Judicious	THE COORDINATOR Constructive • Organized Practical	THE ACE Decisive • Tireless Forthright

Abbildung 6.3 Die 49 Persönlichkeitstypen von Sally Hogshead

SECONDARY FASCINATION ADVANTAGE

PRESTIGE You earn respect with higher standards	TRUST You build loyality with consistency	MYSTIQUE You communicate with substance	ALERT You prevent problems with care
THE TRENDSETTER **Cutting-Edge • Elite Progressive**	THE ARTISAN **Deliberate • Thoughtful Flexible**	THE PROVOCTEUR **Clever • Adept Contemporary**	THE QUICK-START **Prolific • Thorough Diligent**
THE TALENT **Expressive • Stylish Emotionally-Intelligent**	THE BELOVED **Nurturing • Loyal Sincere**	THE INTRIGUE **Discerning • Perceptive Considerate**	THE ORCHESTRATOR **Attentive • Dedicated Efficient**
THE MAESTRO Ambitious • Focused Confident	THE GUARDIAN Prominent • Genuine Sure-Footed	THE MASTERMIND Methodical • Intense Self-Reliant	THE DEFENDER Proactive • Cautionary Strong-Willed
THE IMPERIAL Arrogant • Cold Superior	THE BLUE CHIP Classic • Established Best-In-Class	THE ARCHITECT Skillful • Restrained Polished	THE SCHOLAR Intellectual • Disciplined Systematic
THE DIPLOMAT Levelheaded • Subtle Capable	THE OLD GUARD Predictable • Safe Unmovable	THE ANCHOR Protective • Purposeful Analytical	THE GOOD CITIZEN Principled • Prepared Conscientious
THE ROYAL GUARD Elegant • Astute Discreet	THE WISE OWL Observant • Assured Unruffled	THE DEADBOLT Unemotional • Introverted Concentrated	THE ARCHER On-Target • Reasoned Pragmatic
THE EDITOR-IN-CHIEF Productive • Skilled Detailed	THE MEDIATOR Steadfast • Composed Structured	THE DETECTIVE Clear-Cut • Accurate Meticulous	THE CONTROL FREAK Compulsive • Driven Exacting

Das Beispiel zeigt überspitzt, was passiert, wenn Sie die Writer Persona mitten im Text wechseln. Selbst, wenn der Inhalt einer gewissen Logik folgt, kann der Leser nur den Kopf schütteln. Er versteht die Welt nicht mehr, weil der Autor unzuverlässig ist. Erst präsentiert er sich als einfallsreicher und verständnisvoller Partner, dann als jugendlicher Kumpel. Also: Wenn Sie eine Writer Persona für eine Marke definiert haben, bleiben Sie Ihr treu.

Konsistenz ist der Schlüssel zur glaubwürdigen Writer Persona, die der Leser im Text reden hört.

So verleihen Sie Ihrer Writer Persona einen eigenen Charakter

Anstatt Archetypen zu verwenden, können Sie Ihre Writer Persona von Grund auf entwerfen. Wie ein Romanautor, der seine Figuren entwickelt. Oder – und jetzt kann ich endlich mein nerdiges Hobby in mein Buch übers Texten einbringen – wie ein *Pen-&-Paper*-Rollenspieler[1], der seinen Spielercharakter zusammenstellt. Dafür verwendet er einen Charakterbogen, in den er die Eigenschaften seiner Figur einträgt.

Auch Sie brauchen ein scharfes Bild von Ihrer Writer Persona. Dann können Sie diese im Text lebendig werden lassen. Wer ist sie? Männlich oder weiblich? Wie alt? Hat sie Kinder oder ist sie selbst noch eins? Was sind ihre Stärken und Schwächen? Ihre Wünsche und Ängste? Welche Filme schaut sie, und welche Musik hört sie am liebsten? Womit kennt sie sich gut aus? Welche Charaktereigenschaften prägen sie? Für welche Werte steht sie ein?

Je besser Sie Ihre Writer Persona kennen, desto überzeugender scheint sie im Text durch. Es klingt vielleicht ungewöhnlich, aber die Person zu kennen, die dahintersteckt, verleiht jeder Schreibstimme Realismus und dadurch Überzeugungskraft. Für Ihre Leser macht das den Unterschied aus zwischen »Ich lese was« und »Eine Person spricht mit mir«.

Stellen Sie sich Ihre Writer Persona vor, als würde sie neben Ihnen sitzen und mit Ihnen Kaffee trinken. Jetzt füllen Sie den Fragebogen aus – so ausführlich wie Sie es brauchen, um sich ein Bild von einer Person zu machen. Denken Sie sich gern auch eigene Fragen an Ihre Writer Persona aus. Der Fragebogen ist eine Inspirationsquelle, aber Ihnen fallen sicherlich noch andere Fragen ein, die für Ihre Branche relevant sind.

1 Das Pen-&-Paper-Rollenspiel (engl. für Stift-und-Papier-Rollenspiel) ist ein Spiel, bei dem die Mitwirkenden fiktive Rollen einnehmen und gemeinsam durch Erzählen ein Abenteuer erleben.

Fragebogen Writer Persona

Dieser Fragebogen wird Ihnen helfen, Ihre Writer Persona zu entwickeln und besser kennenzulernen:

- Wie alt ist sie in etwa?
- Welches Geschlecht hat sie?
- Was ist ihr Beruf?
- Wie könnte Sie aussehen?
- Lebt sie in der Stadt oder auf dem Land?
- Ist sie Single oder lebt sie in einer Partnerschaft?
- Hat sie Kinder?
- Welche maximal drei Charaktereigenschaften sind typisch für sie?
- Welche Lieblingswörter oder Formulierungen benutzt sie oft?
- Ein Spruch oder ein Satz, der ihre Persönlichkeit beschreibt?
- Ist sie optimistisch oder pessimistisch?
- Ist sie introvertiert oder extrovertiert?
- Wie könnte man ihren Humor beschreiben?
- Ihre größte Schwäche?
- Ihre größte Stärke?
- Ihre Lebensphilosophie?
- Wo steht sie politisch?
- Wen zitiert sie gerne?
- Wofür setzt sie sich ein?
- Hat sie eine schlechte Angewohnheit?
- Für welches Thema brennt sie?
- Wenn sie ein Tier wäre, wäre sie wahrscheinlich ein/eine ...
- Welche Eigenschaften sind ihr bei anderen wichtig?
- Warum mag sie die Produkte Ihrer Marke?

Herzlichen Glückwunsch, Sie haben Ihre Writer Persona geschaffen. Jetzt ab mit ihr in den Text. Verwenden Sie ihre Lieblingswörter, und setzen Sie ihre prägenden Eigenschaften beim Schreiben in Szene. Wie Sie Eigenschaften durch Ihre Art zu schreiben ausdrücken, erfahren Sie in Abschnitt 6.2, »Die Tonalität – wie Sie Ihre Powerwörter finden«. Doch zunächst lade ich Sie ein, mit Ihrer Writer Persona zu schreiben.

Übung zur Writer Persona 1: Writer Persona testen

Testen Sie, was Ihre Writer Persona kann. Schnappen Sie sich einen Ihrer Marketingtexte, den Sie noch ohne bewusst definierte Markenstimme verfasst haben. Jetzt schreiben Sie den Text noch mal aus der Feder Ihrer Writer Persona. Was hat sich geändert? Hat der Text mehr Persönlichkeit?

Übung zur Writer Persona 2: Writer Persona ausfeilen

Konkretisieren Sie, wie Ihre Writer Persona spricht. Legen Sie eine Liste mit zwei Spalten an:

- Spalte 1: Wörter und Ausdrücke, die Ihre Writer Persona liebt.
- Spalte 2: Wörter und Ausdrücke, die Ihre Writer Persona hasst.

Diese Liste wird Ihnen beim Texten helfen. Sie könnte Teil Ihrer Corporate Language werden, an die sich alle halten, die für Ihre Marke schreiben.

6.2 Die Tonalität – wie Sie Ihre Powerwörter finden

Tonalität hat viel damit zu tun, welche Wörter Sie verwenden. Sicher spielen auch noch andere Aspekte hinein – wie Satzlänge und Leseransprache. Im Grunde geht es aber darum, Formulierungen zu definieren, die typisch für eine Marke sind. Und im Gegenzug Wörter auszuschließen, die nicht passen.

Welche Wörter sollen das sein, fragen Sie sich? Wenn Sie etwas übers Werbetexten lesen, begegnen Ihnen überall Wortlisten mit besonders mächtigen Wörtern, die Leser manipulieren sollen. Klingt das verlockend? Wünschen Sie sich auch eine Liste mit 20 Wörtern der Macht, die Ihren Texten geheime Kräfte schenken? Die Leser manipulieren, damit sie »Ja, ich will alles kaufen!« schreien? Das verstehe ich gut.

Das funktioniert leider nur in Marketingmärchen. Sie finden garantiert einen windigen Textguru, der Ihnen so eine Zauberliste in einer gesponserten Facebook-Anzeige verspricht. Tränen trocknen. Sie finden die Wörter, die Ihren Texten Charakter schenken und die richtigen Kundinnen und Kunden begeistern. Powerwörter sind mächtig, wenn sie zur Marke passen wie Erdbeersoße auf Spaghettieis. Sonst sind sie Werbegesülze, und das schlägt Leser in die Flucht.

Wollen Sie weg von den Floskeln, weil Ihr Text Persönlichkeit versprühen soll – nicht Marketing-Blablub? Definieren Sie Ihre Markentonalität, und finden Sie passende Wörter, die Ihre Marke unterstreichen.

Deshalb wirken Wörter der Macht nicht mehr

David Ogilvy hat 1963 eine Liste der einflussreichsten Wörter herausgebracht. **Neunzehndreiundsechzig.** Lassen Sie sich das auf der Zunge zergehen (siehe Abbildung 6.4). Ogilvy war ein britischer Werbetexter, ein seltenes Genie, der Vater der Werbung. Mein großes Vorbild, wenn es ums Überschriftenfinden geht.

Seine Wortliste mit den 20 einflussreichsten Wörtern wird im Netz rauf und runter zitiert. Dabei passen die wenigsten Powerwörter zum Trend im Marketingtext. Wir schreiben heute anders als vor 44 Jahren. Weil Kunden nicht mehr so kaufen wie damals.

Haben Sie »Mad Men« gesehen? Für Uneingeweihte: Geniale Serie über das Leben und Arbeiten in New Yorker Werbeagenturen in den 1960er Jahren. Die Protagonisten trinken morgens Whiskey, sprechen nur mit Fluppe im Mund und die Frauen-Traumjobs sind Sekretärin und Model.

Abbildung 6.4 Die 20 einflussreichsten Wörter nach David Ogilvy

2019 denken wir anders. Sprechen anders. Leben anders. Wir brauchen andere Wörter. Auch wenn Ogilvy der Werbegott seiner Zeit war. Es geht ums Verkaufen wie eh und je. Doch die Methode hat sich geändert: Verführen Sie noch mit Werbung? Oder überzeugen Sie besser mit Kompetenz und Persönlichkeit? Dahin geht der Trend schon lange. Aber faszinierend schreiben wollen Sie immer noch. Das gelingt aber nur, wenn Ihr Stil Ihren mündigen, werbemüden Kunden da draußen zusagt.

Ich möchte noch einmal aufgreifen, was ich in der Einleitung zu diesem Buch geschrieben habe: Kunden wollen nicht mehr mit Werbung zugeballert werden. Sie recherchieren online, was ihnen helfen könnte. Sie kaufen selbstbestimmt. Unternehmen treten als Problemlöser auf. Wenn Sie auf die Suche nach einer passenden Tonalität gehen, dann kommen Sie an dieser Frage nicht vorbei: Wie schreiben Sie heute effektive Werbetexte?

Damit Werbetext – oder besser Marketingtext – ins Herz und Hirn trifft, brauchen Sie neue *Powerwörter*. Wörter, die zu Ihrer Marke passen. Ihre Powerwörter sind kein Breitbandantibiotikum mehr. Sie wollen für jede Marke definiert werden. Rot steht auch nicht jedem.

Warum? Wir sind alle abgestumpft und erkennen Werbefloskeln wie Geigerzähler Atomkraftwerke. Individuelle Powerwörter verleihen Ihren Texten Wirkung und Persönlichkeit. Sie versprühen Charakter und hauchen Marken Leben ein. Sie singen nicht zu allen, aber zu Ihren Kunden, weil die sich darin wiederfinden.

Was macht ein Powerwort zum Powerwort?

Nicht jedes Wort kann ein Powerwort sein. Lesen Sie, was Powerwörter auszeichnet, damit Sie Ihre eigenen leichter finden. Diese Kriterien treffen auf alle Powerwörter zu:

1. **Wohoo, Powerwörter sind positiv**

   Sie reißen mit, sie inspirieren, sie faszinieren. Negative Wörter blenden wir gerne aus. Menschen hören, was sie hören wollen. *Nur Gutes*.

2. **Überraschung: Powerwörter sind originell**

   Angenommen, Ihr IT-Unternehmen stellt hervorragende Software her. Dann wäre *hervorragend* eben kein Powerwort, weil es – anders als die Bedeutung vermuten lässt – nicht hervorragt. Das ist typisch für die Kategorie Werbesprech. Powerwörter haben Widerhaken. Sie springen Leser an und machen stutzig. Weil er sie nicht in jedem Satz liest oder meist in einem anderen Zusammenhang.

3. **Nicht für Hinz und Kunz: Ihre Powerwörter gehören Ihnen**

   Sie sind Teil Ihrer Marke. Und die hat einen eigenen Charakter. Wahrscheinlich teile ich mit meinem Steuerberater kein einziges Powerwort (obwohl der ein klasse Typ ist). Für den einen hat ein bestimmtes Wort Macht, für den anderen ist es bedeutungslos.

Die Markentonalität als Kompass

Welche Powerwörter kommen für Ihre Marke infrage? Nur solche, die sich nahtlos in die Kommunikation einfügen. Lassen Sie sich nicht von einem hippen Ausdruck verführen, wenn er in Ihrem Text wie ein Fremdkörper wirkt. Haben Sie ein junges Modelabel? Fancy könnte das richtige sein.

Entwickeln Sie Software für Krankenhäuser? Intuitiv vielleicht. Definieren Sie auf jeden Fall Ihre Markentonalität, bevor Sie auf Powerwort-Suche gehen. Die Tonalität beschreibt, wie ein Text wirkt und beim Lesen klingt, welche Stimmung und welchen Charakter er verströmt – allein durch den Schreibstil und die Wortwahl. Sie können die Tonalität mit einem Wust an Adjektiven beschreiben, nur verwässert sie schnell. Deshalb empfehle ich drei bis fünf Adjektive, um die Tonalität zu umreißen. Die folgende Liste dient als Inspiration. Sie können sich genauso gut eigene Adjektive ausdenken.

Welche Eigenschaften prägen die Stimme Ihrer Marke?

Wählen Sie Adjektive, die den Charakter Ihrer Markenstimme beschreiben.

- direkt
- jung
- modern
- traditionell
- seriös
- elegant
- charmant
- humorvoll
- schnörkellos
- kreativ
- neugierig
- leidenschaftlich
- mitreißend
- intelligent
- bodenständig
- visionär
- empathisch
- bescheiden
- inspirierend

Am besten belassen Sie es nicht bei Adjektiven, sondern grenzen die Tonalität noch genauer ein. Je exakter Sie Ihre Tonalität beschreiben, desto einfacher fallen Ihnen später Textentscheidungen. Ich empfehle Ihnen dieses Schema, um die Tonalität noch klarer zu definieren.

Schnappen Sie sich die gewählten Begriffe, und grenzen Sie diese ein. Schauen Sie sich ein Beispiel an.

Meine Markentonalität ist …

… positiv, aber nicht überschwänglich.

… seriös, aber nicht trocken.

… persönlich, aber nicht schwätzerisch.

Die Tonalität steht. Jetzt haben Sie alles, was Sie brauchen, um Ihre Powerwörter zu finden. Hier kommt die Anleitung zum Brainstorming.

Brainstorming – so finden Sie die Powerwörter, die Ihre Marke leuchten lassen

Diese Ansatzpunkte helfen Ihnen, passende Wörter, Begriffe und Ausdrücke zu finden, die Ihre Tonalität transportieren. Mit diesen Tipps kommen Sie auf gute Ideen.

1. **Klauen Sie bei Ihrer Kundschaft**

   Welche positiven Wörter verwenden Ihre Kunden oder Ihre Zielgruppe? Das sind Ihre ersten Powerwörter. Finden die alles grenzgenial, oder bedanken sie sich für Ihre wertvolle Hilfe? Sie können einen Blick auf deren Website werfen (wenn es sich um B2B-Kunden handelt). Aber passen Sie bloß auf, dass Sie keinen *Werbesprech*[2] kopieren. Am besten schauen Sie sich auf ihren Social-Media-Kanälen um. Ob Twitter, Facebook oder Instagram: Hier schreiben Ihre Kunden am ehesten wie sie sprechen. Auch gut: E-Mail-Konversationen durchforsten.

   Ziehen Sie drei bis fünf positive Wörter heraus, die bei Ihren Kunden beliebt sind. Beschränken Sie sich nicht auf Adjektive. Schauen Sie auch nach Substantiven und vor allem Verben.

2. **Finden Sie mindestens drei bessere Wörter für »gut«**

   »Gut«, »herausragend«, »exzellent«. Diese Worte zeigen nur eins: Dass Sie keine Ahnung haben, was Sie sagen wollen. Sie können das besser. Finden Sie die drei Eigenschaften, die Ihre Marke im Kern ausmachen. Diese können, müssen sich aber nicht mit der Tonalität überschneiden.

   visionär

   menschlich

   motivieren

   Finden Sie Variationen und starke Begriffe im gleichen Themenfeld:

   Visionär: Weitblick, zukunftsgeil, Vordenker

   Menschlich: verstehen, zusammen, Nähe

   Motivieren: Kick, pushen, Energie, Superkraft

---

2 *https://www.textmatters.org/blog-1/werbesprech*

Sind welche dabei, die Ihnen gefallen – und die zu Ihrer Tonalität passen? Ab damit auf die Powerwörter-Liste.

3. **Entdecken Sie Ihre starken Verben**

   Diesen Ratschlag haben Sie bestimmt schon hundertmal gehört: Verben sind stärker als Adjektive. Und wie oft haben Sie gehört, wie Sie dieses Wissen konkret anwenden? Hier eine kleine Umsetzungshilfe. Stellen Sie sich diese Fragen: Was tun Sie für Ihre Kundschaft? Was können diese Menschen dann? Nutzen Sie diese Trigger, um Ihre starken Verben zu finden. Und schon haben Sie Powerwörter dazugewonnen. Meine sind: inspirieren und rebellieren.

4. **Gehen Sie vom sehnlichsten Kundenwunsch aus**

   Welchen tiefen, aus einem Problem geborenen Wunsch erfüllen Sie? Aus dieser Erkenntnis gewinnen Sie Powerwörter, die für Ihre potenziellen Kunden wie ein Signalfeuer leuchten. Diese Wörter packen sie bei ihren Sehnsüchten.

   Was haben Heike und Max wirklich davon, wenn sie mit Ihnen arbeiten oder etwas von Ihnen kaufen? Erinnern Sie sich noch an die emotionalen Benefits? Sie wollen dorthin vordringen, wo die tiefsten Wünsche und Schmerzen Ihrer Kundschaft wohnen. Nennen wir sie *Pain Points*. Ich zeige Ihnen ein praktisches Fragespiel, mit dem Sie ihnen näherkommen:

Das Pain-Points-Fragespiel

Sie sind Rhetoriktrainer für unerfahrene Speaker. (Sie sind kein Rhetoriktrainer für unerfahrene Speaker? Bitte einfach mal so tun.)

Was hat Ihr Kunde davon?

Er trainiert seine rhetorischen Fähigkeiten.

Na und, was hat Ihr Kunde davon?

Er kann auf der Bühne hemmungslos frei sprechen.

Na und, was hat Ihr Kunde davon?

Er wird besser und selbstsicherer.

Na und, was hat Ihr Kunde davon?

Er bekommt mehr Anerkennung, Buchungen und Geld.

Kurz: Er wird erfolgreich.

Jetzt sind die Deckschichten weg. In unserem Beispiel hat sich der Wunsch nach Erfolg als tief verborgene Motivation gezeigt. Sie können auch auf andere Pain Points abzielen, selbst wenn Sie Rhetoriktrainer für unerfahrene Speaker sind – also vordergründig die gleiche Zielgruppe ansprechen. Zum Beispiel: Angst überwinden. Dann würden Sie sich an Kundinnen und Kunden wenden, die das Lampenfieber plagt – nicht primär die, die den Durchbruch herbeisehnen.

Das Prinzip: Sprechen Sie konkret die Menschen an, deren Probleme Sie lösen wollen. Die anderen bleiben von selbst weg. Bleibt nur noch die Aufgabe, Powerwörter aus Ihren Benefits zu entwickeln. Ihr Benefit »erfolgreich werden« ist Ihr Startpunkt. Was fällt Ihnen dazu ein? Denken Sie kreuz und quer.

Neue Liga. Übertreffen. Glänzen. Überflieger. Next Level.

Nicht vergessen: Ihre Tonalität ist der Kompass. Prüfen Sie immer, welcher Begriff zur Marke passt.

Übung zur Tonalität 1: Powerwörter brainstormen

Führen Sie die Anleitung zum Brainstorming aus (siehe Abschnitt 6.2 mit der Überschrift »Brainstorming – so finden Sie die Powerwörter, die Ihre Marke leuchten lassen«). Stellen Sie sich aus den Ergebnissen eine Liste mit Powerwörtern zusammen. Sie sind dabei nicht so eingeschränkt wie bei den Adjektiven, die Ihre Tonalität beschreiben. Auf wie viele persönliche Powerwörter kommen Sie? Bekommen Sie 20 zusammen wie David Ogilvy?

Übung zur Tonalität 2: Texte um Powerwörter bereichern

Nehmen Sie einen bestehenden Text und redigieren Sie ihn. Bringen Sie dabei Ihre neu definierten Powerwörter unter, wo sie passen. Stellen Sie einen Unterschied fest? Gehört der Text jetzt Ihnen, weil er Ihre Marke trägt?

Kapitel 7
Was ist ein guter Schreibstil?

Fragen Sie 10 Texterinnen und Texter, was einen guten Schreibstil ausmacht, und Sie werden 20 Meinungen bekommen. Nur eins kann ich Ihnen garantieren: Sie werden keinen Schreibstil finden, der allen gefällt. Wie können Sie Textqualität trotzdem objektiv beurteilen?

Mein Mann und ich lesen beide begeistert Science-Fiction. Ich liebe den poetischen Schreibstil von Dan Simmons, mein Göttergatte schwört auf die nüchtern-realistische Erzählweise von Peter F. Hamilton – beides Bestseller-Autoren. Je nach Textform, Leserschaft und persönlichem Geschmack bekommen verschiedene Arten zu schreiben das Prädikat »Qualität«.

Auch im Marketingtext gibt's gut und gut. Ein enges Regelkorsett nach dem Motto »So geht's, und das dürfen Sie auf keinen Fall« ist deswegen nur mittel-sinnvoll. Sie wollen ja nicht genau gleich schreiben wie Ihre Wettbewerber. Doch bei aller Stiltoleranz können Sie sich fragen, was Sie Ihrer Leserschaft bieten wollen und wie Sie mit Worten begeistern können.

Ist alles guter Stil, was dem Publikum gefällt? Für mich ist das ein ordentlicher Anfang, damit kann ich arbeiten. Dazu habe ich mich auf Twitter umgehört und die Community der Textbegeisterten gefragt: Was ist ein guter Schreibstil? Hier ist eine Auswahl der Antworten, die ich bekommen habe:

»Wenn es beim Schreiben Spaß macht!«

»Wenn es sich leicht liest trotz Inhaltsschwere.«

»Wenn jeder versteht, worum es geht – egal bei welchem Thema.«

»Wenn ich nicht aufhören mag zu lesen.«

»Mut zur einfachen und bildhaften Sprache.«

»Wenn sich Leser abgeholt und inspiriert fühlen, in die Geschichte einzusteigen und zu bleiben. Und am Ende etwas Nützliches, Hilfreiches für sich mitnehmen können. Dann ist für mich ein Text gelungen.«

Die Antworten sind auf den ersten Blick recht unterschiedlich. Aber sie reflektieren einige Kriterien, die einer Horde ganz unterschiedlicher Leserinnen und Leser gefallen dürften.

4 Kriterien für guten Schreibstil im Marketingtext

1. **Leserbezug**
   Marketingtext hat viel mit Beziehungsaufbau zu tun. Ich will meinen Kunden erreichen und mit ihm im Text kommunizieren. Deshalb muss der Text ansprechend sein.
2. **Einfachheit**
   Keiner will sich fragen, was das schon wieder heißen soll. Texte müssen leicht verständlich sein, auch wenn die Inhalte vielschichtig sind.
3. **Spannung**
   Leser brauchen einen Grund zum Weiterlesen, vor allem, weil überall Ablenkungen locken. Deshalb muss ein Marketingtext nicht nur inhaltlich interessant sein, sondern auch spannend geschrieben.
4. **Kopfkino**
   Leser wollen sich etwas vorstellen können. Treten Sie abstrakte Aussagen in die Tonne, und pflanzen Sie Ihren Lesern Bilder in den Kopf. Guter Stil zeigt sich in einer bildhaften und sinnlichen Ausdrucksweise.

In den folgenden Abschnitten entdecken Sie, wie Sie diese Kriterien umsetzen können. Ich verrate Ihnen praktische Tipps, wie Sie ansprechend, einfach, spannend und bildhaft schreiben. So begeistern Sie mit Stil – aber auf Ihre Art.

7.1 Gendersprache – Stilkiller oder heute ein Muss?

»Liebe Fernseherinnen und Fernseher«. So begann die Mike-Krüger-Show die wöchentliche Parodie auf Helmut Kohl. Das war schon 1993 witzig. Ich muss gestehen: Noch vor wenigen Monaten fand auch ich Gendersprache affig. Ich habe mich immer angesprochen gefühlt, wenn andere von Textern reden. Und wenn ich »Kunde« höre, gehöre ich dazu, ist doch klar. Diese Versuche, das generische Maskulinum durch Bandwurmsätze und grausam zerteilte Wörter zu ersetzen, waren für mich der endgültige Stiltod. Wer will so was lesen? Ich verhunze doch nicht meinen Text, indem ich alle anspreche. Sprache setzt die Fähigkeit voraus, zu abstrahieren und auf den Einzelfall zu übertragen. Deshalb sind Rechtstexte so schwer lesbar: Sie sagen alles ganz genau, um Fehlinterpretationen vorzubeugen. Aber Marketingtexte, die kompliziert zu lesen sind, machen was falsch, oder?

Bevor Sie jetzt denken, das wird ein Plädoyer gegen das Gendern: Ich habe meine Meinung geändert. An der öffentlichen Debatte kam ich als Texterin nicht vorbei, und mir ist durch viele Stimmen aus dem Netz klargeworden: Viele Frauen und Menschen, die sich als trans oder divers einordnen, fühlen sich tatsächlich nicht angesprochen. Mein Aha-Moment war die Frage, wen ich vor mir sehe, wenn ich »Chirurg« höre. Es ist ein Mann. Wenn ich also in Texten nur die männliche Form lese, stelle ich mir einen Mann vor, und meine Leserinnen und Leser tun das auch. Da hilft es nicht, eingangs zu versichern, dass wirklich – großes Indianerehrenwort – alle mitgemeint sind. Das generische Maskulinum beeinflusst die Art und Weise, wie meine Leserschaft die Welt sieht. Wenn ich es verwende, mache ich bewusst oder unbewusst alle zu Männern. Mehr als die Hälfte der Menschheit wird unsichtbar. Das nehme ich nicht mehr auf meine Kappe. Ich möchte zu einer gerechteren Sprache beitragen. Aber zugleich bin ich ein Fan von klarem Stil und schöner Sprache. Texte müssen klingen.

Vielleicht sagen Sie jetzt: »Gehen Sie nur weg mit diesem Gendergedöns. Das braucht niemand und das wird sich nicht durchsetzen.« Damit kann ich leben. Aber falls Sie nach Möglichkeiten suchen, wie Sie Ihr ganzes Publikum in Ihren Texten einbeziehen können, dann habe ich etwas für Sie.

Ich habe viel recherchiert, diskutiert und überlegt, wie ich alle ansprechen kann, ohne komplizierten Salat daraus zu machen. Zunächst möchte ich mit einem Mythos aufräumen: Gendersprache macht Texte schwerer lesbar. Das stimmt nicht, und es gibt einen ganzen Haufen Studien, die das belegen.

Sie brauchen keine großen Abstriche bei der Lesbarkeit zu machen, wenn Sie Männer und Frauen ansprechen. Sie können auch ohne Gendern holprig schreiben. Ihr Text liest sich nicht automatisch flüssig, wenn Sie faul das Maskulinum für alle verwenden. Einen angenehmen Text bekommen Sie, wenn Sie an Ihrem Schreibstil feilen. Sicher, Sie können einen Text leicht verschandeln, wenn Sie nach Schema F und ohne Feingefühl gendern. Abschreckende Beispiele gibt's genug. Denken Sie nur an diese Klammerschlachten mit der (die) Mitarbeiter(innen), die für Kund(innen) da sind. Brrr. Aber die können Sie vermeiden. Mal schauen, ob es geschickter geht.

Gängige Ansätze zum Gendern

Beim Stil will ich wenige Kompromisse machen, es muss sich auch gegendert gut lesen. Ich habe haufenweise Vorschläge gefunden, wie Sie vom generischen Maskulinum wegkommen. Da ich Sie nicht mit den ganz schlimmen oder abseitigen Versuchen wie der Klammerschreibweise nerven will, stelle ich hier nur ein paar ausgewählte Möglichkeiten vor. Es gibt noch viel mehr gute kreative Vorschläge, aber ich beschränke mich auf die häufig genutzten:

- **Doppelnennung**

  Sie schreiben erst die weibliche, dann die männliche Bezeichnung auf.

  Liebe Leserinnen und Leser

  Ärztinnen und Ärzte

  Kundinnen und Kunden

  Eine prinzipiell gute Lösung, die den Text nicht zerreißt und auch mündlich funktioniert. Einziger Nachteil: Der Text wird länger. Wenn Sie also wenig Platz haben, ist das etwas suboptimal.

- **Binnen-I**

  Hier ziehen Sie die männliche und die weibliche Form zusammen und schreiben das I groß, mit dem die weibliche Form beginnt.

  Unsere MitarbeiterInnen

  Sie wollen mehr KundInnen überzeugen?

  Das Binnen-I sieht zwar relativ unauffällig aus, lässt sich aber nur eingeschränkt anwenden. Sobald Sie einen direkten Artikel – also der oder die – verwenden wollen, stößt es an seine Grenzen.

- **Gender-Gap und Gender-Sternchen**

  Diese Lösungen zielen darauf ab, Menschen nicht in ein binäres System – also Mann oder Frau – einzuordnen. Sie möchten auch Personen ansprechen, die sich weder dem weiblichen noch männlichen Geschlecht zuordnen. Zwischen der männlichen und weiblichen Form wird ein Unterstrich oder ein Asterisk eingefügt. Mündlich können Sie eine kurze Pause im Wort machen.

  Ein_e Bauarbeiter_in

  *Liebe Besucher*innen*

  Obwohl beide Schreibweisen für mich optisch einen harten Bruch darstellen, bürgern Sie sich in vielen Texten ein, selbst von Behörden. Politisch korrekt sind sie. Ich bräuchte eine Weile, um mich daran zu gewöhnen.

- **Generisches Femininum**

  Bisher wurden Frauen mitgemeint. Kehren wir das einfach mal um und meinen die Männer mit. Einige Blogs und Onlinepublikationen gehen den rebellischen Pfad und sprechen in der weiblichen Form an.

  Liebe Leserinnen

  Sprechen Sie Ihre Kundenberaterin an

  Hm, das generische Femininum wirkt auf mich ein bisschen beleidigt. Nach dem Motto: Was die können, können wir schon lange. Zudem ist es genauso ungerecht, wie nur Männer anzusprechen und Frauen mit zu meinen. Ist die Leserschaft oder das Publikum wirklich hauptsächlich weiblich, dann finde ich es sinnvoll.

Kreative Alternativen zum Gendern

Müssen Sie alle aufzählen, nur weil Sie alle ansprechen wollen? Hier fängt Texten an. Das erfordert ein bisschen mehr Brainpower, als brav alle angesprochenen Personengruppen runterzurattern. Sie haben viele Möglichkeiten, sich geschlechtsneutral auszudrücken. Der Trick ist, sie möglichst abwechslungsreich auszuschöpfen. Ich versuche das, und nach anfänglichen Schwierigkeiten fällt es mir immer leichter.

- **Direkte Ansprache**

  In Marketingtexten lesen Sie oft Formulierungen in der dritten Person, wie »Unsere Kunden genießen erstklassige Unterstützung«. Jetzt haben Sie noch einen Grund, stattdessen die direkte Ansprache zu wählen. »Sie genießen erstklassige Unterstützung« spricht alle an, die sich angesprochen fühlen wollen.

- **Neutrale Personenbezeichnungen**

  Viele Personenbezeichnungen sind schon neutral. Deshalb verwende ich sie liebend gern. Bei diesen Begriffen fühlt sich keiner ausgeschlossen.

  Der Mensch

  Das Mitglied

  Die Eltern

  Die Leute

  Die Person

  Das Publikum

- **Adjektive als Ersatz für die Personenbezeichnung**

  Brauchen Sie eine handelnde Person oder reicht manchmal ein Adjektiv? Ein schönes Beispiel: Ärzte empfehlen, den Blutdruck vor dem Essen zu messen. Stattdessen könnten Sie sagen:

  Die ärztliche Empfehlung lautet, den Blutdruck vor dem Essen zu messen.

- **Vom Verb ausgehen**

  Wenn Sie ein Verb zum Substantiv umwandeln, bekommen Sie im Plural eine geschlechtsneutrale Form:

  Die Studierenden statt Student

  Die Lehrenden statt Lehrer

  Teilnehmende statt Teilnehmer

  In manchen Fällen klingt das schon ganz normal – das mit den Studierenden haben Akademiker mittlerweile gelernt. Andere Versuche wie »die Machenden« klingen noch brutal.

7.2 Ansprechend und aktiv schreiben – trinken Sie mit Ihrem Publikum Tee

Der böse Ritter Berthold hat eine Burg. Auf allen Fahnen steht »Meins«. Drinnen hängen tausend Gemälde, auf denen Berthold zu sehen ist, sonst niemand. Bildunterschrift: ICH. Berthold hat sieben Diener, die ihn zu seinem goldenen Klo-Thron tragen. Berthold hat ein angenehmes Leben. Und eine Schatzkammer voller Gold. Ritter Berthold ist eine typische Prinzessin – und der Anti-Held im Lieblingsbuch meines Dreijährigen.

Alle hassen ihn. Das ist ihm aber egal. Er merkt es nicht mal, weil er mit sich selbst beschäftigt ist. Es geht nur um ihn. Und genau diesen Fehler wollen Sie vermeiden. Wenn Sie für Ihre Kundschaft schreiben, darf es nicht nur um Sie gehen. Klar, das wissen Sie, wenn Sie etwas mit Content oder Onlinemarketing machen.

Deshalb stellen Sie natürlich Ihre Kundinnen und Kunden und deren Bedürfnisse in den Mittelpunkt (das sagt so ziemlich jedes Unternehmen in der bekannten Galaxie). Sie haben ja bereits gelesen, wie Sie Produktvorteile in emotionalen Kundennutzen übersetzen. Erinnern Sie sich noch an Abschnitt 2.1, »Emotionale Benefits – damit der Text Leserinnen und Leser etwas angeht«?

Das ist wichtig, aber es reicht nicht. Natürlich klatschen Sie nicht einfach Produktfeatures hin, sondern erklären, was Ihre Kunden davon haben. Wenn Sie mit Ihren Texten begeistern wollen, brauchen Sie eine Verbindung. Aber wie schaffen Sie die? Sie sitzen allein am Schreibtisch. Sie kramen im Gehirn nach Formulierungen. Sie fragen sich, ob der Satz es trifft und ob Ihre Argumente überzeugen. Ob Ihr Leser Sie mag.

Sie wollen eine Verbindung herstellen. Eine Beziehung aufbauen. Und wie machen Sie das, wenn Sie nicht gerade Texte fürs Onlinemarketing schreiben? Na, Sie führen Gespräche. Nichts verbindet mehr als ein persönliches Gespräch.

Was machen Sie lieber: Mit einer Freundin im Café quatschen oder ein Pamphlet voller abgehobenem Uni- oder Business-Gedöns lesen, mit dem Sie im Grunde nichts zu tun haben? Das war jetzt rhetorisch gefragt. Menschen lassen sich ungern von oben herab etwas erzählen. Aber sie reden gern miteinander. Führen Sie mit Leserinnen und Lesern ein Gespräch. Dann fühlen sie sich einbezogen. Der Text geht sie etwas an. Sie sind ebenbürtige Gesprächspartner, kein einfaches Fußvolk und Empfänger Ihrer Botschaft.

Wenn es Ihnen im Text gelingt, einen Dialog mit Heike und Max zu führen, ist sofort eine emotionale Connection da. Das war im Dialogmarketing der Steinzeit genauso wichtig wie heute in der Online- und Content-Ära. Aber wie soll das gehen? Wie sprechen Sie mit Unbekannten? Sie können Ihrem Publikum nicht in die Augen schauen. Sie können nicht auf die vielen kleinen Hinweise reagieren, die es über seine Mimik gibt, oder seine Antwort abwarten, bevor Sie weiterschreiben.

Ihr Leser oder Ihre Leserin will gesehen werden. Doof, dass Sie kein magisches Auge haben, das Raum und Zeit überbrückt. Aber kein Grund zur Verzweiflung. Stellen Sie sich vor, Sie sitzen Ihrem Leser gegenüber – bei einer Tasse Rotbuschtee, einem Pumpkin Latte Macchiato Chai Grande oder einem Beck's.

Sie sprechen mit einem handelnden und denkenden Wesen, keiner Attrappe. Versuchen Sie vorauszuahnen, wie Ihr Leser auf eine Aussage reagieren wird. Zeigen Sie Interesse. Um eine natürliche Konversation im Text zu führen, ist ein dialogorientierter Schreibstil eine prima Hilfe. Ich verrate Ihnen, mit welchen textlichen Mitteln Sie Ihrem Leser begreiflich machen, dass Sie ihn verstehen – und über Ihr Ego hinausschauen.

Pingpong – führen Sie einen Dialog

Sie wissen ja: Ein guter Marketingtext stellt eine Verbindung zwischen Kundschaft und Unternehmen her. Beide sollten dabei ebenbürtige Partner sein, die gegenseitig etwas füreinander tun können. Die Kundin ist nicht die Königin und das Unternehmen ist nicht der Diener. Wer will schon von einem Duckmäuser kaufen? Oder von einem Großkotz?

Also sprechen Sie das Publikum an. Und erzählen Sie zwischendurch etwas von sich. Wechseln Sie zwischen der Ich-/Wir-Perspektive und der Sie-/Du-Ansprache. Sie können den Perspektivenwechsel nutzen, um eine Verbindung zu Leserinnen und Lesern herzustellen. Abwechslung macht jeden Text dynamischer. Und dieses besondere Mittel verbindet das Kunden-Du mit dem Unternehmens-Ich. Hauptsache Sie flüchten sich nicht in langweilige Neutralität. Seien Sie nicht die Schweiz.

[–] *Viele Unternehmen stehen vor der Herausforderung, den digitalen Wandel zu bewältigen und ihr Marketing neu zu gestalten.*

[+] *Können Sie das Wort »digitaler Wandel« nicht mehr hören, weil Ihr Unternehmen seit 5 Jahren mit dem Webseiten-Relaunch kämpft und der Vertrieb Facebook als Kinderkram abtut?*

So könnten Sie die Wir-Perspektive reinbringen:

[+] *Bei uns haben Facebook-Anzeigen am Anfang gar nicht funktioniert. Wir haben ein paar tausend Euro verschleudert, bis wir gelernt haben, wie's richtig geht.*

Ein Dialog verläuft in beide Richtungen. Spielen Sie Pingpong, und erzählen Sie mal etwas von sich oder dem Unternehmen, für das Sie schreiben. Dann sprechen Sie wieder die Leser an.

Sprechen Sie Ihren Text

Schreiben Sie, als würden Sie sprechen – nur als hätten Sie alle Zeit der Welt, sich zu überlegen, was Sie sagen wollen. Ein guter Marketingtext liest sich nicht, als wäre er geschrieben. Er liest sich, als würde eine Person mit Ihnen sprechen. Heißt das, Sie können einfach etwas erzählen, das mit einer Recording-Software aufnehmen und abtippen? Lieber nicht. Das würde sich fürchterlich lesen. Wenn Sie keine professionelle TED-Talkerin oder zumindest ein Improtheater-Schauspieler sind, brechen Sie wahrscheinlich Sätze ab und benutzen Füllwörter, weil Sie Zeit brauchen, Ihre Gedanken auszuformulieren. Von den Trilliarden von Ähs und Hms will ich erst gar nicht anfangen.

Allerdings ist es eine prima Idee, den Text mit Elementen aus der gesprochenen Sprache aufzupeppen. So wird er lebendig und persönlich. Sie dürfen mutig sein. Vielleicht haben Sie Respekt vor dem geschriebenen Wort und befürchten, dass Sie was Falsches schreiben könnten. Deshalb drücken Sie sich gern korrekt aus. Hm, Ihren Texten merkt man diese Vorsicht an. So viel Zeit, alles richtig zu machen, haben Sie im mündlichen Dialog gar nicht. Drücken Sie sich ruhig mal so aus, als würden Sie mit Ihrem Gegenüber sprechen. Als Leitlinie: Überlegen Sie sich, was im direkten Gespräch mit Ihrer Kundschaft angemessen wäre. Würden Sie sagen:

»Die Maßnahme ist meiner Erfahrung nach höchst effektiv.«

Oder eher was Saloppes wie:

»Das hat bei uns im Unternehmen bombenmäßig reingeknallt.«

Wie setzen Sie das praktisch um? Mit diesen Tricks schreiben Sie mehr wie Sie reden:

- Streuen Sie umgangssprachliche Ausdrücke ein. Gerade bei trockenen Themen rockt das. Halten Sie sich aber an Ausdrücke, die Sie vor Kunden auch mündlich verwenden würden. Wie locker Sie schreiben dürfen, hängt von Ihrem Publikum ab, klar.
- Schieben Sie Ausrufe ein, wie Sie das im Gespräch tun würden: *Hey. Wow. Autsch. Echt? Wahnsinn. Toll. Hilfe. Holla. Pah.*
- Würzen Sie Ihren Text mit Soundeffekten. Damit erweitern Sie Ihr Geschriebenes um eine akustische Dimension: *Katsching. Psst. Ratsch. Bzzzzz. Bämm.*
- Ziehen Sie schriftlich Wörter zusammen, wie Sie es mündlich automatisch tun: Schreiben Sie nicht: »*Was gibt es Neues?*«, sondern: »*Was gibt's Neues?*«

Und jetzt kommt das Beste: Streichen Sie alles, was Sie nur schreiben und nicht sagen würden. Das sind Papierwörter – weil sie nur auf Papier existieren (siehe Kasten).

Papierwörter, die Sie streichen können

Diese Wörter existieren quasi allein in der Schriftsprache. Wenn Sie natürlich schreiben wollen, lassen Sie Ausdrücke weg, die nur auf dem Papier existieren.

- diesbezüglich
- anlässlich
- im Rahmen von
- hinsichtlich
- diejenige, welche
- darüber hinaus

- demzufolge
- sowie
- sowohl als auch
- sogleich
- unter Berücksichtigung von

Schlagen Sie Brücken zur Leserschaft

Brecht hat es geliebt. In Marvel-Comics wie Deadpool ist das Stilmittel Dauergast (siehe Abbildung 7.1). Und auch Sie können in Ihren Texten so einen Dialog simulieren: Durchbrechen Sie die vierte Wand. Oder besser: Bauen Sie erst gar keine auf. Beziehen Sie den Leser gleich mit ein.

Abbildung 7.1 Deadpool von Marvel Comics

Seien Sie sich beim Schreiben immer Ihres Gegenübers bewusst. Und sprechen Sie diesen Menschen so an, als säße er neben Ihnen. Nehmen Sie ihn mit, damit er bei Ihnen bleibt. Das erreichen Sie leicht: Schreiben Sie nicht einfach Ihren Stiefel runter. Unterbrechen Sie Ihren Text regelmäßig, und bitten Sie Ihre Leserinnen und Leser, Ihnen zu folgen. Stellen Sie eine Verbindung her. Diese Textbrücken helfen Ihnen, das Publikum zum nächsten Absatz mitzunehmen:

Hättest du das gedacht?

Aber wie halten Sie den Keilriemen geschmeidig?

Okay, wie soll das gehen?

Welche Brücken fallen Ihnen ein? Wie finden Sie den Draht zu den Menschen, die Ihre Texte lesen? Stellen Sie Fragen. Oder experimentieren Sie mit Aufforderungen und Aussagen:

Du bist dran.

Jetzt sind Sie gefragt.

Das überrascht dich vielleicht.

Das lässt sich auf Ihre Situation übertragen.

Ihre Entscheidung:

Werden Sie persönlich

Sie wollen eine Verbindung zu Ihren Leserinnen und Lesern schaffen. Dann ist es nur fair, wenn Sie auch etwas von sich zeigen. Sie sind ein Gesprächspartner. Da können Sie schlecht komplett dicht machen. Wer redet schon mit einem Niemand – oder einer brillant-weißen Wand?

Aber Moment. Was ist mit »Es geht um die Leserschaft«? Die muss etwas von Ihnen erfahren, weil die persönliche Beziehung wichtiger ist als alles andere. Und wenn Sie anonym bleiben, können Sie die nicht aufbauen. Ihr Text darf nicht von irgendjemandem geschrieben sein. Darüber haben Sie schon gelesen, als es um die Writer Persona ging (siehe Abschnitt 6.1).

Es geht nicht um Sie. Aber Sie wollen sich auch nicht verstecken. Erzählen Sie im Text kleine Anekdoten. Kultivieren Sie eigene Metaphern und Ausdrücke. Einer meiner liebsten E-Mail-Gurus aus den USA, Ben Settle, benutzt zum Beispiel ständig die Ausdrücke *Fluffpreneuers* (für Unternehmer, die viel Chichi statt guter Inhalte bieten) und *Flakebook*, wenn er über soziale Medien lästert.

Lassen Sie Ihren Charakter – oder den Ihrer Writer Persona – durchscheinen. Schreiben Sie, wie sie ist: rebellisch, leidenschaftlich, lustig. Bauen Sie diese Dialogmethoden in Ihre Texte ein. Sie werden sehen: Es wird ein Gespräch daraus.

Übung für einen ansprechenden, aktiven Schreibstil 1: Aus neutral wird persönlich

Schnappen Sie sich einen Marketingtext aus Ihrem Unternehmen, der in der neutralen dritten Person formuliert ist, zum Beispiel die Firmengeschichte oder die Einleitung in der Imagebroschüre. Jetzt übertragen Sie den Text in die direkte Ansprache.

Übung für einen ansprechenden, aktiven Schreibstil 2: Passiv in aktiv verwandeln

Wandeln Sie jede passive Formulierung in eine aktive um. Am Ende darf das Passiv nicht mehr im Text vorkommen.

7.3 Einfach schreiben und warum es nicht reicht, etwas wegzulassen

Einfach ist besser als clever. Diese Empfehlung dröhnt unisono aus der Werbetexter-Community, die sich sonst auf gar nichts einigen kann. Sollen Sie so schreiben als würden Sie Ihrem Kindergartenkind erklären, wie man Bügelperlenbilder macht? Ihre Leserinnen und Leser sind aus dem Sandkastenalter raus. Wollen die noch etwas im Schwierigkeitsgrad von Bibi und Tina lesen? Warum dürfen Sie nicht zeigen, dass Sie schlau sind und elaboriert formulieren können?

Wenn Sie eine geisteswissenschaftliche Abhandlung über Caravaggio und das Licht schreiben, wollen Sie sich vielleicht mit kunstvoll konstruierten Bandwurmsätzen und flamboyanten Elfenbeinturm-Vokabeln hervortun. Probieren Sie das mal in einem Marketingtext. Das wirkt wie eine Spinne auf dem Kopfkissen – außer Sie schreiben nur für Kunsthistoriker mit Forschungsschwerpunkt römische Barockmalerei, oder exklusiv für Arachnologen.

Indem Sie einfach schreiben, machen Sie Ihre Inhalte zugänglich. Wozu eine Barriere zwischen Text und Leserhirn aufbauen? Sie wollen Ihre Worte direkt in den Kopf beamen. Ihre Leser sollen nur nicht überlegen müssen, was Sie meinen. Die Leserschaft soll sich auf den Inhalt konzentrieren – und nicht darauf, Sätze zu entschlüsseln.

Komplexe Gedanken in einfache Worte zu fassen ist eine würdige Aufgabe für Superhirne. Eine Pressemitteilung über einen neuen Kühler zu schustern ist für Anfänger. Eine Stufe schwieriger wird's, wenn Sie nur einen Tweet mit 280 Zeichen haben. Dann müssen Sie sich entscheiden. Oder nehmen Sie noch mehr Zeichen weg:

Was glauben Sie, wie viele Stunden ein Texter über einen Markenclaim nachdenkt? Und am Ende stehen da drei Wörter.

Wie machen Sie es der Leser-Community einfach? Sie kennen die üblichen Ratschläge: kurze Sätze. Kurze Wörter. Kein Geschwurbel. Das ist ein guter Anfang. Aber Sie wollen Meisterin im Vereinfachen oder Chef-Erklärbär werden. Dafür brauchen Sie ein tieferes Verständnis, wie Ihnen das gelingt. Sie können aus zwei Richtungen kommen: Entweder formulieren Sie einfacher, oder Sie strukturieren Ihre Inhalte vernünftig. Beides macht Ihren Text einfacher zu lesen.

Schauen Sie sich Strategien an, um Ihre Formulierungen zu vereinfachen. Danach arbeiten Sie an der Struktur.

Halten Sie Wörter kurz

Wohnungsbesichtigungstermin, Fleischereifachverkäufer, Immatrikulationsbescheinigung – in vielen anderen Sprachen funktioniert das nicht. Aber das Deutsche liebt zusammengesetzte Frankensteinwörter. Substantive können Sie einfach zusammenflanschen – fertig ist das grammatikalisch korrekte Wort. Diese Wortungetüme sind abscheuliche Monster, die Leser verjagen. Also gehen Sie mit der Machete auf sie los und tilgen sie aus Ihrem Text. Lassen Sie nur ab und zu ein besonders prächtiges Wortungetüm drin, um Abwechslung in den Text zu bringen. Alle anderen Wörter kriegen Sie so kurz und klein.

Beginnen Sie damit, dass Sie kürzere Wörter finden. Sie haben ja Auswahl. Überlegen Sie, ob Sie ein kürzeres Wort kennen, das hier auch passen könnte. Es muss kein Synonym sein, aber in Ihrem Satz den gleichen Zweck erfüllen. Suchen Sie nach Wörtern, die es noch genauer beschreiben. Kreieren Sie etwas? Nein, sagen Sie konkret, was Sie machen: Sie malen ein Aquarell und backen eine Hochzeitstorte. Tabelle 7.1 führt Sie aus dem Dschungel in den lichten Wald, von da ab finden Sie den Weg, oder?

Langes Wort	Kurzes Wort
überlegen	denken
Herausforderung	Aufgabe
Zielsetzung	Ziel
transportieren	tragen/fahren/schleppen/wuchten
kreieren	malen/zeichnen/backen/kochen

Tabelle 7.1 Ersetzen Sie unnötig lange Worte durch kurze, knackige und treffende Alternativen.

Eine weitere Technik: Gehen Sie gegen Nominalmonster vor. Verben wurden nicht geboren, um ein trauriges Dasein als verkappte Substantive zu führen. Der berüchtigte Nominalstil ist der Grund, aus dem ich Jura nach dem Grundstudium geknickt habe. Es soll ja Menschen geben, die Kaufverträge und Gesetzestexte lesen können, ohne beim zweiten Absatz einzuschlafen. Ich gehöre nicht dazu. Und wenn Sie Ihren Lesern etwas Gutes tun wollen, dann verabschieden Sie sich von Ung(etüm)-Wörtern, weil Substantivierungen so hölzern klingen wie der Schwarzwald. Weg mit Erstellung, Ernennung und Anpassung.

Um diese engen Verwandten der Ung-Wörter machen Sie auch einen Bogen: Wörter, die auf -heit oder -keit enden, waren mal Adjektive. Schönheit, Geschwätzigkeit und Fröhlichkeit lassen Ihren Text erstarren. Ersetzen Sie die Substantivierung am besten durch ein Verb, und bauen Sie den Satz entsprechend um. Wie Sie die Ung-Formulierungen verschönern, zeigt Tabelle 7.2.

Mit Substantivierung	Mit starkem Verb
Aufgrund einer längeren Krankheit ist er in seiner Berufsausübung eingeschränkt.	Da er seit Längerem krank ist, arbeitet er nur 10 Stunden pro Woche.
Wir übernehmen die professionelle Texterstellung.	Wir schreiben professionelle Texte.
Die Einreichung der Unterlagen ist bis 20. Dezember zulässig.	Reichen Sie die Unterlagen bitte bis 20. Dezember ein.
Die technische Realisierbarkeit muss geprüft werden, bevor wir den Startschuss fürs Projekt geben können.	Vor dem Startschuss wollen wir prüfen, ob sich das Projekt technisch umsetzen lässt.

Tabelle 7.2 Ung-Formulierungen zu ersetzen tut nicht weh und liest sich schöner als ihre Beibehaltung.

Prüfen Sie nicht nur einzelne Wörter, ob sie zu lang sind. Achten Sie darauf, in wie vielen Wörtern Sie Ihre Botschaft verbreiten. Wenn sich ein kürzerer Ausdruck anbietet, nehmen Sie den, Tabelle 7.3 macht's vor. Mit wenigen Wörtern mehr zu sagen ist eleganter. Keiner kann Leute leiden, die ihnen eine Kante ans Knie labern. Setzt bei Ihnen auch der Fluchtreflex ein? Sie haben sich die Aufmerksamkeit erkämpft. Zerstören Sie sie nicht mit Gelaber.

Langer Ausdruck	Kurzer Ausdruck
sich für das Finale qualifizieren	das Finale erreichen
hinsichtlich der Medienpräsenz beraten	zur Medienpräsenz beraten
den Sieg erringen	gewinnen

Tabelle 7.3 Schlanke Eleganz schlägt aufgeblasenen Schwurbel.

Zerhacken Sie lange zusammengesetzte Wörter wie in Tabelle 7.4, auch wenn dadurch der Ausdruck länger wird. Das macht Ihren Text lesbarer – und das hat Prio eins.

Zusammengesetztes Wort	Einzelne Wörter
Hochzeitsplanungstreffen	Treffen zur Hochzeitsplanung
Anzeigendruckvorlage	Druckvorlage für die Anzeige
Kompetenzteamleiterin	Leiterin des Kompetenzteams

Tabelle 7.4 So teilen Sie zusammengesetzte Wörter in lesbare Häppchen.

Schachtelsätze entpacken

Glauben Sie das? Lange Sätze können leicht zu lesen sein. Sogar Dreijährige verstehen sie. Hemingway hatte eine Vorliebe für Rum und diese simplen Bandwurmsätze:

> *»Hudson trank einen weiteren eisgekühlten Daiquiri und als er das schwere, von einer kristallinen Schicht umrundete Glas anhob, betrachtete er den klaren Teil unter dem Frappé, der ihn an das Meer erinnerte.«*[1]

Der Satz kommt ohne Einschübe aus: Der Relativsatz hängt am Ende dran. Da jeder Haupt- und Nebensatz einen in sich abgeschlossenen Gedanken enthält, kann ich entspannt lesen, ohne mir den Satzanfang vergegenwärtigen zu müssen.

1 Ernest Hemingway: Inseln im Strom, Rowohlt, Reinbek bei Hamburg 1999.

Damit Ihr Text einfach zu lesen ist, müssen Sie keine Stakkato-Sätze rausfeuern. Längere Sätze können es Lesern durchaus angenehm machen. Nur entpacken Sie bitte Schachtelsätze, weil die unnötig verwirren:

[–] *Die Begutachtung der Bausubstanz des Herrenhauses, das 1953 von den Architekten Stein und Beißer – beide wurden mit dem Architekturpreis »Goldener Plan« ausgezeichnet – erbaut wurde, ergab gravierende Mängel, die vor dem anstehenden Verkauf im Rahmen eines Restaurationsprojekts behoben werden sollen.*

[+] *Die Bausubstanz des Herrenhauses weist gravierende Mängel auf. Das stellte ein Gutachten fest. Das Gebäude wurde 1953 von den Architekten Stein und Beißer erbaut, die beide mit dem Architekturpreis »Goldener Plan« ausgezeichnet wurden. Vor dem Verkauf wird das Gebäude restauriert, um die Mängel zu beseitigen.*

Der Trick: Versuchen Sie nicht, alles auf einmal zu sagen. Finden Sie die wichtigste Info im Schachtelsatz und stellen Sie sie an den Anfang. Dann schenken Sie jedem Gedanken seinen eigenen Satz.

Streichen Sie Adjektive, wo Sie können

Die meisten Adjektive sind Winterspeck, der wegkann. Ein Haufen Adjektive beschwert Ihren Text. Beim Schreiben verlocken diese beschreibenden Wörtchen, weil sie vermeintlich Emotionen auslösen und Leser verführen. Sie wollen einen packenden Werbetext schreiben und zeigen, dass es um ein ganz besonderes Produkt geht? Ich habe es früher mit den Adjektiven übertrieben. Herausgekommen sind plumpe Wortkombinationen wie innovatives Verfahren, exzellenter Service und hervorragend geschulte Mitarbeiter.

Reicht noch nicht? Wenn ich es besonders gut machen wollte, habe ich diese schwammigen Adjektive auch noch aneinandergereiht. Dann hieß es »Die hochmoderne, durchdachte Technologie«.

Tja, unnütze Adjektive fallen mir und Ihnen wahrscheinlich schneller ein als ein aussagekräftiges Verb. Wenn Sie einen lahmen Satz geschrieben haben, kann ihn kein reingequetschtes Adjektiv retten. Schneiden Sie den Schwabbel lieber weg.

Und so werden Sie ihn los: Brechen Sie als Erstes bekannte Adjektiv-Substantiv-Kombos auf. Wenn Sie die Kombination aus Adjektiv und Substantiv schon oft gelesen haben, lassen Sie sie weg. Buntes Programm, fortschrittliche Technologie, starke Leistung kennen Ihre Leser. Wenn eine Wortkombination keine Überraschung bietet, trainieren Sie Ihr Publikum darauf, schlampig zu lesen. Ihre Leser wissen ja bereits, was kommt. Wenn Sie ein Adjektiv verwenden wollen: Finden Sie eins, das nicht als ständiger Begleiter Ihres Substantivs bekannt ist.

[–] *schwierige Aufgabe*

[+] *haarige Aufgabe*

Als Nächstes ersetzen Sie starre Adjektive durch geschmeidige. Wenn Sie schon Adjektive verwenden müssen, dann wählen Sie sinnliche. Das sind Wörter, die unsere Wahrnehmung mit Auge, Ohr, Nase, Mund und Fingern beschreiben.

[+] *geschmeidiges Verfahren, spritziger Service, blitzgescheite Mitarbeiter*

Die meisten Adjektive stinken, aber mehrere hintereinander sind Brechmittel. Wenn Sie Adjektive als Aufzählung aneinanderreihen, wirkt das meist wie unsicheres Herumstochern. Offenbar fällt Ihnen kein passendes Wort ein und Sie kreisen vorsichtig ein, was Sie sagen wollen. Das Problem: Ihre Leser wollen Ihnen nicht beim Grübeln zuschauen. Also entscheiden Sie sich für ein passendes Wort, anstatt die Zeit Ihres Publikums zu verschwenden.

[–] *edles, stilvolles Design*

[+] *edles Design*

[+] *stilvolles Design*

Impliziert das Verb schon das Adjektiv? Dann schneiden Sie es raus. Als Faustregel können Sie sich merken: Lassen Sie nur Adjektive drin, die dem Satz eine neue Bedeutung verleihen. Alle anderen blähen nur auf.

Schauen Sie sich diesen Satz an:

Die F&E-Olympiade prämiert jedes Jahr herausragende Arbeiten in der Forschung und Entwicklung.

Dass herausragende und keine unterirdischen Arbeiten prämiert werden, ist klar. Falls schlechte Arbeiten oder besonders umweltfreundliche Arbeiten prämiert würden, dann wäre ein klärendes Adjektiv angebracht. Sonst nicht.

Verwenden Sie Füllwörter sparsam wie Speisesalz

Überall tönt es aus den Schreibratgebern: Füllwörter sind böse. Streichen Sie alles radikal, was Sie nicht brauchen. Ich bin da toleranter. Sicher: Ballast erstickt Ihren Text in Belanglosigkeiten. Ihr Leser soll nicht Gazillionen von Blähwörtern herausfiltern müssen, bis er die Infonuggets zu Gesicht bekommt. Andererseits: Wenn wir reden, verwenden wir viel mehr Füllwörter als beim Schreiben, weil wir dadurch Zeit zum Formulieren gewinnen. Die meisten denken keine kompletten Sätze fertig, bevor sie anfangen zu reden. Im Umkehrschluss heißt das: Füllwörter können dabei helfen, Texte natürlich klingen zu lassen. Mehr als würden wir reden.

Lassen Sie Füllwörter weg, kommt der Text schneller auf den Punkt. Bleiben sie drin, klingt der Text eher wie gesprochen. Finden Sie also eine Dosis, die beides schafft, und entspannen Sie sich: Radikal streichen können Sie immer noch.

Auch können Füllwörter Ihrem Text Nuancen verleihen, eine Aussage betonen oder eine Prise Humor einstreuen. Sie können Sätze inhaltlich verändern. Deshalb mein Tipp: Würzen Sie Ihre Texte sparsam mit Füllwörtern, die meisten werden Sie nicht vermissen. Behalten Sie die drin, die einen neuen Aspekt hinzufügen.

Manchmal bin ich entsetzt, wenn ich im Bus Teenagern zuhöre.

»Manchmal« ist ein Füllwort. Mit ihm ginge das Augenzwinkern verloren. Es macht die Aussage weniger absolut. Der Autor wirkt nachsichtiger.

Klassische Werbetexter finden sie überflüssig. Dabei kann SEO-Optimierung Ihnen durchaus mehr Leser bescheren.

Hier verdeutlicht das Füllwort »durchaus« den Gegensatz zwischen gängiger Meinung und Realität. Es ist also mehr als Füllstoff. Im Kasten finden Sie ein paar beliebte Füllwörter: Bitte wohldosiert verwenden.

Füllwörter zum Streichen und Würzen

anscheinend, ausnahmslos, augenscheinlich, ausdrücklich, bei Weitem, besonders, bestenfalls, bestimmt, dementsprechend, echt, eigentlich, einfach, einigermaßen, einmal, endlich, erheblich, etwa, etwas, exakt, fast, folgendermaßen, fortwährend, fraglos, freilich, ganz, gar, gewiss, ganz und gar, gelegentlich, genau, gerade, geradezu, wie gesagt, gewissermaßen, gewöhnlich, gleich, grundsätzlich, gänzlich, halt, hier und da, ich glaube, ich sage mal, im Prinzip, immer, in Wahrheit, in aller Deutlichkeit, in der Regel, in diesem Zusammenhang, in gewisser Weise, infolgedessen, inzwischen, irgend, irgendwann, irgendwie, irgendwo, ja, jede, kaum, keinesfalls, keineswegs, letzten Endes, letztendlich, mal, man könnte sagen, manchmal, maßgeblich, mehrere, meist, meistenteils, mutmaßlich, möglicherweise, nachhaltig, natürlich, nicht wahr, nichtsdestotrotz, nichtsdestoweniger, normalerweise, nun, nur, offenbar, oft, ohne Umschweife, ohne Zweifel, plötzlich, praktisch, regelrecht, relativ, ruhig, schon, sehr, selbstredend, seltsamerweise, sicher, sicherlich, sogar, sogleich, sonst, sozusagen, streng, unbedingt, ungefähr, ursprünglich, vergleichsweise, vielfach, vielleicht, völlig, vollkommen, wahrscheinlich, weitgehend, wenige, wenigstens, wieder, wieder einmal, wirklich, wohl, ziemlich, zugegeben, zweifellos, zweifelsohne, überhaupt, übrigens

Spüren Sie Doppelmopplungen auf

In längeren Texten wiederholen Sie Aussagen, um sie zu verankern. Dagegen spricht rein gar nichts. Nicht zu verwechseln mit Doppelmopplungen, oder nennen Sie es *Tautologien*. Die verwandeln Ihren Text in eine Wüste der Langeweile, und Sie wissen nicht mal, warum der Ihnen staubtrocken vorkommt. Doppelmopplungen sind hinterhältig: Sie verstecken sich in vielen Texten, und die meisten sind nicht so einfach zu erkennen wie ein schwarzer Rappen vor einer weißen Kalkwand. Sie sagen etwas, das schon im Text steckt. Das ist wie wenn Sie beim Kuchenbacken ein Ei fallen lassen und Ihr Sohn sagt: »Dir ist was runtergefallen.« Er sagt das nur, um Sie zu ärgern. Aber diesen Effekt wollen Sie bei Ihren Lesern vermeiden, richtig?

Sie dürfen Ihrer Leserin und Ihrem Leser etwas zutrauen. Alles haarklein ausformulieren können ja Fachanwälte für Vertragsrecht. Die werden auch nicht dafür bezahlt, dass Leute ihre Texte begeistert lesen.

Finden Sie die Doppelmopplung?

Tag der offenen Tür im Autohaus am Lutteranger

Wir möchten Sie herzlich in unsere Niederlassung einladen. Ein buntes Programm mit Sektempfang erwartet Sie. Wenn Sie Lust haben, machen Sie spontan eine Probefahrt in einem unserer attraktiven Autos.

Klar, oder? Weil ich in der Überschrift »Autohaus« sage, brauche ich die »Niederlassung« nicht. Und die attraktiven Autos kann ich mir auch sparen. Dass keine Probefahrt im Bobschlitten oder in der Seifenkiste gemeint ist, erschließt sich aus dem Zusammenhang. Besser: eine Automarke mit Modell nennen, denn das wäre eine neue Information, die ich nicht aus der Headline ziehen kann.

Mit dieser Strategie spüren Sie Doppelmopplungen auf: Lesen Sie Ihren Text komplett, damit Sie alle Inhalte präsent haben. Fragen Sie sich bei jedem Ausdruck, ob er sich aus dem Zusammenhang ergibt oder nicht. Streichen Sie, was Sie nicht explizit sagen müssen. Das macht Ihre Schreibe spritzig wie Kaktuslimonade.

Aufzählungen im Fließtext sind Schlaftabletten.

Aufzählungen machen müde. Und wer schläft, liest nicht. Sie kommen zustande, wenn Sie alle Möglichkeiten nennen wollen oder bloß niemanden ausschließen. Weil Sie höflich und korrekt sein wollen, nennen Sie jede Erbse beim Namen. Die Intention ehrt Sie, doch der Text wird so zäh wie Kloßteig von gestern. Soll ich Ihnen ein Beispiel zeigen?

[–] *Ob kurzfristig, für einen längeren Zeitraum, ob bei personellen Engpässen in der Urlaubszeit oder bei Krankheitsausfällen – wir stellen Ihnen innerhalb kürzester Zeit das Pflegepersonal zusammen, das Ihre Teams voller Engagement unterstützt. Kompetent, motiviert und zuverlässig. Ganz gleich, ob Sie Personal in der Altenpflege, Krankenpflege, Behindertenpflege oder zur Betreuung von Menschen mit Demenz suchen.*

Merken Sie was? Die Aufzählungen ziehen den Text in die Länge. Was können Sie dagegen tun?

Zeigen Sie lieber einen Schnappschuss. Sie brauchen keinen stundenlangen Diavortrag. Ein lebendiger Schnappschuss brennt sich deutlicher ein als 100 Fotos vom gleichen Strand. Beschreiben Sie ein typisches Szenario, anstatt Möglichkeiten aneinanderzureihen. Finden Sie ein starkes Bild, das die Situation auf den Punkt bringt. Ein Meister des prägnanten Ausdrucks war Ernest Hemingway, der sein Leben lang vergeblich nach dem einen wahren Satz suchte: Wie die Türken 1922 Griechen aus Smyrna vertrieben, beschreibt er nicht mit einer Aufzählung von blutrünstigen Schandtaten. Er berichtet lapidar von einer Szene, die alles sagt:

»Als sie [die Griechen] evakuiert wurden, hatten sie noch all ihre Lasttiere, die sie nicht mitnehmen konnten, und so brachen sie ihnen einfach die Vorderbeine und schubsten sie in das flache Wasser.«

Sie können das auch. Konzentrieren Sie sich darauf, eine Aussage zu finden, die Ihre ellenlange Aufzählung überflüssig macht. Wie wär's damit?

[+] *Der Dienstplan für die Ferienzeit sieht aus wie ein Schachbrett mit zu vielen weißen Feldern.*

Alternativ können Sie einen Oberbegriff verwenden, wenn Sie eine Litanei abspulen wollen. Statt ein Bataillon von Pflegeberufen aufzuzählen, fassen Sie die unter Pflegepersonal zusammen und vertrauen Sie darauf, dass sich die Kinderkrankenschwester und der Altenpfleger angesprochen fühlen. Bevor Sie sich in Aufzählungen ergehen, brechen Sie lieber mit dem Gebot des konkreten Schreibens – und das sage ich, obwohl das für mich das einzig wahre Evangelium ist. Wenn Sie schon etwas Grenzlangweiliges sagen müssen, dann schnell raus damit. Sie haben keine Wörter zu verschwenden.

Aufzählungen von Personengruppen finde ich besonders grausam. Beim Lesen überspringe ich sie automatisch. Trotzdem verstehe ich, warum sie manchmal nötig sind. Sie wollen klarmachen, für wen das Angebot gedacht ist, und bestimmte Leute ansprechen. Es gibt einen Trick, mit dem Sie diese Personengruppen unterhaltsam einbeziehen: Verwandeln Sie die dröge Aufzählung in ein charmantes Who's who. Sprechen Sie nicht alle Maler an, sondern picken Sie sich einen heraus, und geben Sie ihm einen Namen. In Ihrem Text steht er stellvertretend für die ganze Berufsgruppe. Auch wenn Sie sein Äußeres nicht beschreiben, hat er für den Leser ein Gesicht, weil er einen Namen hat.

Maler Aurich

Oma Hilde

Frau Raubein aus der 3b

Dr. Künzels vom Vertrieb

PR-Queen Simone

Der große Nachteil an Oberbegriffen: Sie sind so unspezifisch, dass kein Bild hochpoppt, wenn Sie sie hören. Ein Allradantrieb für jedes Wetter. Was sehen Sie jetzt? Sonne, Schnee, Graupel, Nieselregen? Sie wollen nicht alle Wetterlagen aufzählen, um die Leserfantasie anzuregen. Weil es genügt, wenn Sie die Eckpunkte nennen – die weiße Mitte füllt sich von selbst.

Lesen Sie mal:

*W*nn S** d** V*k*l* w*gl*ss*n *nd n*r d** K*ns*n*nt*n h*nschr**b*n, k*nn*n S** d*n T*xt tr*tzd*m l*s*n.*

Ihr Gehirn schließt die Lücken. Solange Sie einen Rahmen vorgeben, kann Ihr Leser sich den Rest denken. Wenn Sie vieles oder viele einschließen wollen, stellen Sie Extreme gegenüber. Ihre Leserinnen und Leser kapieren schon, dass Sie damit eine Klammer schaffen, die alles dazwischen umfasst.

Der Allradantrieb für Wüstensand und Polarschnee

Streber und Schwänzer

Gipfelstürmer und Strandnixen

Hipster und Punks

Noobs und alte Hasen

Verbinden Sie Sätze mit Textscharnieren

Einfach schreiben heißt: Der Text erreicht sein Ziel auf dem schnellsten Weg. Der Leser soll sich nicht fragen, wie das zusammenhängt. Sie haben schon erfahren, dass unser Gehirn Begründungen liebt (siehe Abschnitt 5.2 mit der Überschrift »Weil das Gehirn Begründungen liebt«).

Doch eine Begründung ist nur eine mögliche Verbindung zwischen zwei Sätzen. Wichtig ist, dass eine Aussage zur nächsten führt. So kann der Leser die Argumentation nachvollziehen. Deshalb wollen Sie Ihre Sätze miteinander verdrahten, und zwar schnell. Sicher, Sie können zwei Sätze einfach aneinanderreihen. So etwa:

Pflanzenzüchter brauchen 20 Jahre, um eine neue Sorte zur Marktreife zu bringen. Für Forschung und Entwicklung bedarf es langwieriger Feldstudien.

Da die Sätze in kausalem Zusammenhang stehen, könnten Sie diesen ausformulieren:

Pflanzenzüchter brauchen 20 Jahre, um eine neue Sorte zur Marktreife zu bringen. Das liegt daran, dass es für die Forschung und Entwicklung langwieriger Feldstudien bedarf.

Die Kausalkette ist geschlossen, aber die Konstruktion dauert lang. »Das liegt daran, dass« können Sie durch ein Textscharnier ersetzen.

Textscharniere öffnen einen direkten Zugang zum nächsten Satz und Doppelpunkte sind die Schrauben.

So stellen Sie eine Verbindung mit Textscharnier her.

Der Grund: Für Forschung und Entwicklung bedarf es langwieriger Feldstudien.

Textscharniere wecken Neugier. Ihre Leser wollen die Tür aufstoßen und wissen, wie es nach dem Doppelpunkt weitergeht.

Beispiele für Textscharniere

- Das Problem:
- Die Lösung:
- Denn:
- Der Trick ist:
- Das heißt:
- Also:
- Für Marketer bedeutet das:
- Der einzige Nachteil:
- Auf der anderen Seite:

Schreiben Sie mutig

Haben Sie Respekt vor dem geschriebenen Wort, weil getippt wie in Stein gemeißelt ist? Befürchten Sie, sich angreifbar zu machen, wenn Sie etwas nicht hyperkorrekt formulieren? Verständlich, Sie schreiben wahrscheinlich einen Fachtext und wollen Kompetenz beweisen. Deshalb halten Sie sich mit eindeutigen Aussagen zurück. Wie empfinden Sie diesen Satz?

[–] *Unter Umständen kann dieser vorgestellte Faktor dazu führen, dass die Unzufriedenheit der Mitarbeiter wächst.*

Das klingt nicht gerade selbstbewusst, oder? Wenn Sie unentschieden formulieren, wirkt der Inhalt weniger glaubwürdig. Ihre Leser kapieren instinktiv, dass Sie nicht zu Ihren Aussagen stehen, wenn Sie mit hochgehaltenem Disclaimer schreiben. »Könnte«, »möchte« und »würde« schaffen keine Tatsachen, nur Möglichkeiten. Was ist stärker? Der Konjunktiv ist Ihr Feind. Besiegen Sie ihn mit mutigen Aussagen.

Sagen Sie nicht: »Wie könnten Ihnen helfen.« Sagen Sie: »Wir helfen ihnen.« Schreiben Sie im Indikativ, und stehen Sie zu Ihren Aussagen.

Relativieren hat den gleichen Effekt wie sich zu rechtfertigen: Es schwächt Ihre Aussage. Warum sollte ich jemandem vertrauen, der sich nicht sicher ist? Diesem

Misstrauen entgehen Sie so: Treffen Sie eine klare Aussage. Falls inhaltlich nötig, schränken Sie sie in einem späteren Satz ein.

[+] *Das führt zu wachsender Unzufriedenheit unter den Mitarbeitern. Manchmal spielen auch andere Faktoren mit hinein.*

Einschränkungen, auf die Sie verzichten können

Diese Formulierungen zeigen, dass Sie sich nicht festlegen wollen. Lassen Sie sie einfach weg.

- möglicherweise
- gegebenenfalls
- falls zutreffend
- eventuell
- könnte unter bestimmten Umständen
- Würden sich darüber freuen, wenn ...
- Wir möchten Sie herzlich einladen

Bewältigen Sie Komplexität mit dem Häppchenprinzip

Einfach schreiben ist mehr als eine Stilfrage. Ein klarer Schreibstil erleichtert das Lesen. Doch wie dröseln Sie ein vielschichtiges Thema einfach in einem Blogartikel, einem E-Book oder einer Pressemitteilung auf? Sie können Ihr ganzes Wissen nehmen und es auf einen Haufen schütten. Das ist dann ein Haufen Wissen – aber wahrscheinlich einer, der sich nur mühsam erklimmen lässt. Warum? Weil es an Ordnung fehlt. Überschütten Sie Ihre Leser nicht mit losen Details. Je komplexer ein Text, desto mehr Struktur braucht er.

Ich habe einen besseren Vorschlag: Machen Sie es wie ich, wenn ich Gäste zum Kaffee habe. Meinen Schokokuchen schneide ich erst in große Stücke, dann mache ich winzige Quadrate daraus. Die sind schneller weg, als ich Kuchen sagen kann. Wenn ich große Stücke mache, halten sich alle nach ein paar vorsichtigen Bissen den Bauch und können nicht mehr.

Übertragen Sie die Kuchenstück-Idee auf Ihre Texte. Schneiden Sie Ihr Thema in mühelos konsumierbare Stücke. Strukturieren Sie mit Zwischenüberschriften, und gestalten Sie die Teile einheitlich.

Sie beginnen mit einer Hauptüberschrift und einer Einleitung. Danach folgt eine Zwischenüberschrift. Jeden Textteil mit Zwischenüberschrift gestalten Sie nach dem gleichen Schema.

So strukturieren Sie Ihre Texte einheitlich:

- Beginnen Sie jeden Teil mit einer Zwischenüberschrift.
- Sagen Sie in einem einleitenden Satz, worum es in diesem Teil geht.
- Am Ende des Teils steht eine kurze Zusammenfassung – auch, wenn es nur ein Satz ist.
- Eine Überleitung führt zum nächsten Teil.

Der Leser muss jederzeit wissen, wo er sich im Text befindet und – noch viel wichtiger – auf welche Info er sich gleich freuen kann. So bleibt das Lesen ein Genuss.

Sich zu trennen hat was Befreiendes

Wenn ich mir Textbriefings von Kunden anschaue, bekomme ich immer wieder Zustände. Ich werde mit einem Haufen Links auf Intranetartikel, zig Produktseiten und einem Ordner mit Pressemitteilungen ab 1999 bombardiert. Und ich kann unmöglich entscheiden, was wichtig ist und was nicht. Wenn ich versuchen würde, all das im Text unterzubringen, wäre das der Untergang. Diese Informationswut ist zum Teil einfach Faulheit – der Texter kann sich da ruhig durchwühlen, wozu bezahle ich den? Noch öfter spricht daraus die Begeisterung fürs eigene Unternehmen. Das ist alles so toll, was wir machen. Das muss alles rein.

Egal, ob Sie das Textbriefing schreiben oder danach arbeiten sollen, bitte fragen Sie sich: Welche Aussagen und Angaben brauchen Sie wirklich, um die Botschaft rüberzubringen? Auch, wenn Sie vom Thema begeistert sind. Das Publikum will nicht so viel darüber wissen wie Sie. Menschen interessiert nur, wie Sie ihnen helfen können. Verabschieden Sie sich von dem Gedanken, dass Sie alles sagen müssen. Nur dann wird's einfach.

Zum Schreiben brauchen Sie den Mut, Dinge wegzulassen, sich fürs Wesentliche zu entscheiden und Spotlights zu setzen.

Ist jedes Detail wichtig? Wie tief müssen Sie gehen? Trennen Sie sich von allem, was Ihren Leserinnen und Lesern nicht hilft. Aber lassen Sie Sprachbilder und Beispiele drin.

Checkliste: Schreibtipps für knackige Texte

Auf einen Blick: Beherzigen Sie diese Tipps, und erleichtern Sie dadurch das Lesen.

- Halten Sie Ihre Wörter kurz und Ihre Formulierungen knapp.
- Entpacken Sie Schachtelsätze.
- Streichen Sie Adjektive, wo Sie können.
- Verwenden Sie Füllwörter sparsam wie Speisesalz.
- Spüren Sie Doppelmopplungen auf.
- Vermeiden Sie ellenlange Aufzählungen im Fließtext.
- Verbinden Sie Sätze und Argumente.
- Schreiben Sie mutig, und treffen Sie klare Aussagen.
- Bewältigen Sie Komplexität mit dem Häppchenprinzip.
- Schmeißen Sie unnötige Infos über Bord, und setzen Sie Spotlights aufs Wesentliche.

Übung zum Einfachschreiben 1: Unternehmenstext vereinfachen

Vereinfachen Sie den folgenden Text aus einer Unternehmensdarstellung:

Wir bieten Ihnen individuelle Unternehmensberatung und Unterstützung bei der Optimierung der betrieblichen Abläufe Ihres Unternehmens an. Profitieren Sie von umfassendem Know-how, langjähriger Erfahrung und solider Planung und Umsetzung von Optimierungsverfahren, was Ihnen sowohl mittelfristig wie langfristig deutliche Wettbewerbsvorteile sichern kann.

Sie stellen sich die Frage, ob wir bei genau Ihrer Problemstellung weiterhelfen können? Kontaktieren Sie uns, um es gemeinsam herauszufinden. Wir versprechen Ihnen nicht »das Blaue vom Himmel«, sondern eine seriöse, fundiert-fachmännische Unternehmensberatung, die im Einklang mit Ihren Unternehmenswerten steht und dabei weder die Kunden, die Mitarbeiter noch die Unternehmensführung und die Unternehmenseigner außer Acht lässt.

Übung zum Einfachschreiben 2: Kindertest

Schauen Sie sich eine technische Produktseite an – das kann Ihre eigene sein oder die eines x-beliebigen Unternehmens. Jetzt schreiben Sie den Text so um, dass Ihr achtjähriges Kind den Inhalt versteht. Machen Sie danach den Test, und fragen Sie ein Kind, ob es den Text versteht.

7.4 Spannend schreiben – was Sie von Krimis lernen können

Da draußen locken Videos: *7 wahnsinnige Sachen, die nur Chinesen machen.* Und Clickbait-Lines: *So wirst du nie im Leben Influencer.* Bing, wieder eine WhatsApp-Nachricht in der Kinder-Handballgruppe. Wie kann da ein fundierter, vielleicht sogar längerer Text die Aufmerksamkeit halten? Indem Sie das Publikum mit einfachen Formulierungen einlullen? Indem Sie sich extrem kurzfassen, weil alle Wichtigeres zu tun haben, als Ihr Geschreibsel zu lesen? Oder indem Sie die Quintessenz gleich in die Headline und den ersten Absatz stopfen, weil der Text ja eh keinen interessiert?

Nein. Schreiben Sie spannend!

Trauen Sie Ihren Texten was zu. Schreiben Sie nicht für Lesemuffel, die ohnehin keine Lust haben. Schreiben Sie für alle, die Sie mit Worten packen können. Bauen Sie Argumente auf, lassen Sie dem Drama seinen Lauf, spannen Sie auf die Folter. Ihr Job ist es, Leser auf glühenden Kohlen zu fesseln – nicht Leuten, die zu faul zum Lesen sind, Trauben der Weisheit in den Mund zu werfen.

Ich höre schon die Einwände: »Ja, aber wir schreiben ja Fachtexte, nicht ›Friedhof der Kuscheltiere‹. Unsere Leser wollen sich schnell informieren, nicht aufreiben.« Nein. Was sie wollen, ist einen Grund zum Weiterlesen.

Infos allein sind nichts mehr wert. Wie Sie die Infos vermitteln, darauf kommt es an. Deshalb lesen Sie jetzt, wie Sie spannend schreiben. Warum sollten sich die Methoden für mehr Spannung im Text nur für Thriller-Autoren eignen? Die machen auch Ihre Marketingtexte zum begehrten Lesefutter. Sie kommen damit sicher nicht auf Platz 1 der Spiegel-Bestsellerliste, aber Sie sammeln mehr Fans, die Ihren Content lesen und teilen.

Machen Sie ein Drama draus

Jede Geschichte braucht einen Konflikt. Das wissen Sie spätestens, seit Sie in Kapitel 4 Ministorys kennengelernt haben. Diesen Gedanken können Sie auf alles übertragen, was Sie schreiben: Blog-Posts, Verkaufsseiten oder Social-Media-Storys. Ein Konflikt macht Ihren Text interessant – egal, ob Sie eine Geschichte erzählen oder Informationen vermitteln.

Wann wird ein Drama draus? Wenn ein Konflikt ungelöst ist, wenn der Leser nicht weiß, was als Nächstes passiert. Wenn er etwas erwartet, aber nicht ganz sicher ist, ob es eintritt. Wenn er die Antwort auf eine Frage erahnt, aber nicht kennt. Drama entsteht, wenn das Publikum sich Hoffnungen macht, aber in der Schwebe hängt.

Ich habe neulich eine geniale Definition gelesen:

Drama ist die Spannung zwischen Erwartung und Unsicherheit.

Übertragen Sie das mal auf Ihren Marketingtext oder Ihr Content-Stück. Sie können Drama einbauen, indem Sie diese Fragen beantworten:

- Wo ist das Problem, und warum ist es noch nicht gelöst?
- Was spricht gegen eine empfohlene Handlung?
- Wem schadet es?
- Was denken die einen, und was denken die anderen?
- Was will der Leser? Was hat er stattdessen?

In jedem Thema steckt ein Drama, wenn Sie danach suchen. Indem Sie es zuspitzen, vermeiden Sie allgemeine Aussagen, die Ihnen sonst leicht in die Einleitung rutschen.

[–] *Zufriedene Mitarbeiter sind das A und O.*

Sie könnten Ihren Blogartikel so anfangen, aber wo bleibt das Drama? Übersetzen Sie Ihre Aussage in eine Situation, die es deutlich macht. Wie sieht das aus, wenn eine Mitarbeiterin nicht zufrieden ist?

[+] *Tanja verdient 4.900 € brutto und würde montags am liebsten gar nicht aufstehen.*

Oder knöpfen Sie sich diesen Klassiker vor, den habe ich garantiert schon hundertmal gelesen:

[–] *Die Digitalisierung ist in vielen Unternehmen noch nicht angekommen.*

Zeigen Sie, wie das praktisch aussieht. Dabei können Ihnen Zahlen und Fakten helfen, wenn Sie welche parat haben.

[+] *64 Prozent der deutschen Unternehmen drucken E-Mails aus – im Mittelstand sind es 82 Prozent. Wie können sie sich ins digitale Zeitalter retten?*

Ihre Leserinnen und Leser sollen keine unbeteiligten Zuschauer bleiben. Ziehen Sie sie zwischen die Fronten!

3 Tipps für Drama im Fachtext

Mit diesen Tipps setzen Sie einen Konflikt gekonnt ein und ziehen Leser in den Text:

- Bauen Sie den Konflikt gleich im ersten Satz auf.
- Beschreiben sie ihn so konkret wie möglich: Zahlen, Beispiele, Bilder im Kopf.
- Schüren Sie die Erwartungen des Lesers, also lassen Sie sich mit der Auflösung Zeit.

Lassen Sie Ihre Leserinnen und Leser zittern

Im Deutschunterricht habe ich gelernt: »Liefere die wichtigste Information gleich zu Beginn.« So gings bei der Tageszeitung weiter. Der Leser soll möglichst schnell die Info bekommen, die er sucht. So muss er den Artikel nicht bis zum Ende lesen. Wenn Sie einen Text schreiben, der Ihnen beim Vermarkten hilft, haben Sie ganz andere Ziele. Sie wollen erreichen, dass Ihr Leser bis unten liest und dann Ihrer Handlungsaufforderung folgt. Je länger er auf einer Webseite verweilt, desto positiver wertet Google das. Er signalisiert damit, dass die Lektüre es wert ist, sich damit zu beschäftigen. Sie wollen die Leserin und den Leser auf Ihrer Seite halten. Warum arbeiten Sie darauf hin, dass sie schnell pappsatt wieder abziehen? Denken Sie lieber daran, wie Sie Ihre Leser an den Text ketten können.

Warum sollte jemand weiterlesen, wenn er gleich am Anfang alles kriegt, was er will?

Wenn meine Kinder aufräumen, gebe ich ihnen auch keinen Lolli, sobald sie das erste Playmo-Männchen in die Kiste werfen. Reizvoller wird Ihr Text, wenn Sie zur Information hinführen. Verstehen Sie mich nicht falsch: Ziehen Sie ihn nicht in die Länge wie einen Hubba-Bubba. Aber spannen Sie den Bogen, bevor Sie Ihre Weisheit auf die Menschheit loslassen. Dann kommt sie mit Schmackes an. Mit diesen Techniken erzeugen Sie Spannung und machen Lust aufs Weiterlesen:

- **Trommelwirbel**

  Im Zirkus ist es der Trommelwirbel, bei Hofe sind es die Fanfaren, die eine wichtige Funktion erfüllen, damit der Auftritt gelingt. Sie kündigen ein Spektakel an. Sie stimmen die Menge ein, fordern Aufmerksamkeit. Wenn der Klang ertönt, wissen alle: Jetzt kommt der Salto Mortale. Jetzt betritt die Königin den Saal. Die letzten Sekunden vor dem großen Moment quatscht keiner mehr mit dem Nachbarn. Alle versuchen, einen Blick zu erhaschen. Diese Konzentration erreichen Sie nicht, wenn Sie ohne Vorwarnung loslegen. Der Tigerbändiger legt den Kopf ins Raubtiermaul, während sich das Publikum noch über die Clownsnummer austauscht? Das wäre verschenkt. Spannung will aufgebaut werden.

Also platzen Sie nicht mit Ihrer Information heraus. Erklären Sie zuerst den Wert, den sie für den Leser hat. Stichwort: Benefit.

Eine Einsicht hat mir mehr geholfen als alle Bücher, die ich zum Thema gelesen habe.

Diese Methode programmiert Ihr Mindset auf Erfolg.

Wir haben lange nach einer einfachen Möglichkeit gesucht, alle Kundendaten zentral zu verwalten.

- **Foreshadowing**

Wenn Sie im Film ein Blatt in eine Pfütze segeln sehen und die Kamera verharrt, bis es ein Stiefel zermalmt. Dann könnte das auf ein drohendes Unheil hinweisen oder darauf, dass der Protagonist in Gefahr ist. Werfen Sie einen Blick in eine unheilschwangere Zukunft? Genau das können Sie auch im Text machen, um Ihr Publikum zu involvieren. Pflanzen Sie ihnen eine Vorahnung ein. Schon sind Ihre Leserinnen und Leser engagiert dabei. Sie wollen prüfen, ob ihre Theorie stimmt. Oder herausfinden, wie es dazu kommen wird, dass sich die Vorahnung erfüllt. Foreshadowing können Sie direkt einsetzen und die Zukunft als unausweichlich darstellen:

Hätten wir in der Kanzlei damals gewusst, welches üble Nachspiel dieser kleine Fehler hatte.

Diese Idee sollte das Start-up innerhalb von 3 Monaten in die Insolvenz treiben.

Oder Sie verwenden die Technik subtiler, deuten sanft an, dass etwas Unerwartetes oder Unerwünschtes passiert:

Halt mal kurz mein Bier.

Was konnte bei dieser minutiös geplanten Kampagne schon schiefgehen?

- **Cliffhanger**

  Thriller-Autoren wissen es: Wenn der Absatz fertiggelesen ist, springt der Leser am ehesten ab. Er hat etwas abgeschlossen und kann theoretisch eine Pause machen. Die wollen Sie ihm nicht gönnen, denn so schnell kommt er bestimmt nicht zu Ihrem Marketingtext zurück, wenn er ihn erst einmal weggelegt hat. Also geben Sie Ihrem Publikum einen Grund zum Weiterlesen, indem Sie das nächste Thema bereits am Ende eines Absatzes andeuten.

  Machen sie klar, was es noch zu lernen gibt. Sobald Sie den Leser so weit haben, dass er etwas unbedingt wissen will, stürzt er sich begeistert auf den neuen Absatz. Ihm muss nur klar sein, warum es sich lohnt, etwas Neues anzufangen, nachdem er gerade etwas abgeschlossen hat.

  Ein einfacher Trick: Beginnen Sie einen neuen Absatz, wenn es gerade spannend ist – nicht, wenn Sie mit dem Thema fertig sind. So sehen Cliffhanger in der Praxis aus:

  Dieses Argument haben Sie vermutlich noch nicht gehört.

  Doch es gibt eine Lösung, um dieses Problem einfach loszuwerden.

  Das traf uns wie der Schlag.

Jetzt wissen Sie, wie Sie Erwartungen wecken und das Vergnügen dadurch umso größer machen. Ich habe noch eine Methode für Sie auf Lager, mit der Sie Spannung erzeugen.

Regen Sie zum Denken an

Hier kommt ein Widerspruch. Oder auch nicht. Sie haben sich bereits damit beschäftigt, wie Sie es Lesern einfach machen, damit sie Ihren Text leicht konsumieren können. Doch einfach schreiben heißt nicht, alles detailverliebt auszuformulieren und keinen Spielraum für Interpretation mehr zu lassen. Denn: Vorgekautes Wissen ist laaangweilig. Auf Englisch bekommen Leute, die Offensichtliches sagen, den wenig schmeichelhaften Titel »Captain Obvious«. Ihre Leser schätzen es, wenn sie mitdenken dürfen. Sie wollen ihre eigenen Schlüsse ziehen. Was ich mir selbst erschlossen habe, ist immer einleuchtender. Deshalb machen Krimis mehr Spaß, bei denen der Leser alle Teile des Puzzles hat und nicht warten muss, bis der superschlaue Detektiv auf der letzten Seite die bisher verschwiegenen Hundehaare auf dem Kissen erwähnt.

Auch bei Fachartikeln gilt: 2 + 2 ist spannender als 4. Nehmen Sie die Botschaft nicht vorweg: Wetten, Ihre Leser kommen selbst drauf, wenn sie ein paar Fakten dazu auf dem Schirm haben? Sie dürfen Ihr Publikum hinführen, aber ein Aha-Effekt knallt besser, wenn die Eingebung von selbst kommt. Befürchten Sie, Ihre Botschaft kommt nicht klar rüber? Kein Thema: Fassen Sie den Clou ganz am Ende in einer Punchline zusammen, die es in sich hat. Hauptsache Ihre Leser sind Ihnen einen Schritt voraus. Sie sind Watson, der am Ende die richtige Schlussfolgerung bestätigt.

Angenommen, Sie wollen sagen, dass Content-Distribution ein unterschätzter Erfolgsfaktor für Fachblogs ist. Ihre Botschaft wird interessanter, wenn Sie Ihre Leser zum Denken anregen. Das gelingt Ihnen, wenn Sie im Text die Frage klären, wie Leser auf einen Blogartikel gelangen und woher sie wissen, wenn ein neuer Artikel publiziert wurde. Sobald dem Leser klar ist, dass er sich darüber Gedanken machen muss, wie neue Inhalte zum Publikum gelangen, können Sie diese Erkenntnis zusammenfassen.

Halten Sie das Publikum auf den Beinen

Als ich angefangen habe, »Game of Thrones« zu lesen, fand ich die Lektüre ganz okay, aber nicht anbetungswürdig. Das änderte sich, als der Hauptcharakter Ned Stark (Achtung, Spoiler) mitten im ersten Band starb. Kopf ab, keine magische Wiederauferstehung. Aus. Vorbei. Ich konnte es nicht fassen, nie hätte ich damit gerechnet. Das hat mir den Boden unter den Füßen weggezogen, weil die Regeln, die ich als gesetzt angenommen hatte, offenbar für diesen Roman nicht galten. Das war, als hätte ich einen Eimer kaltes Wasser ins Gesicht bekommen. Ich habe viel wachsamer gelesen, oft mit angehaltenem Atem. Weil ich wusste: Alles kann passieren. Nichts ist sicher.

Sie sind wahrscheinlich nicht George R. R. Martin (und falls doch, fühle ich mich geehrt), aber Sie können die Leserinnen und Leser Ihrer Marketingtexte genauso auf Trab halten. Bedenken Sie: Wenn sich alles rund liest, ist es viel schwerer, die Aufmerksamkeit zu fesseln. Ihr Text tut nicht weh und plätschert schön dahin. Damit die Augen hängen bleiben, wollen Sie Stolpersteine einbauen.

Dieser Satz hat fünf Wörter. Fünf-Wort-Sätze sind okay. Aber viele hintereinander sind monoton. Schau mal, was da passiert. Der Text wird zunehmend langweilig.

Es ist so einfach, dass es wie ein billiger Trick klingt. Aber damit bringen Sie das Adrenalin zum Fließen. Und der Leser merkt es nicht mal. Er will nur unbedingt weiterlesen. Es ist eine reine Formalität, aber sie zieht in den Bann. Automatisch.

Lassen Sie Ihren Text eben nicht eintönig dahinfließen, sondern überraschen Sie den Leser mit einem wilden Rhythmus. Unterbrechen Sie den Fluss und beweisen Sie:

Alles ist möglich. Der Text geht nicht zwingend so weiter, wie man denkt. So machen Sie den Lesefluss nervenaufreibend:

- Wechseln Sie zwischen kurzen und langen Sätzen – ich meine nicht streng alternierend. Sondern streuen Sie hin und wieder sehr kurze oder sehr lange Sätze ein.
- Variieren Sie die Absatzlänge. Achten Sie bei Onlinetexten nur darauf, dass sich Ihre Absätze auf maximal sechs Zeilen beschränken. Denn was in einem Word-Dokument sechs Zeilen sind, können auf dem Smartphone doppelt so viele sein. Trauen Sie sich, und schreiben Sie manchmal nur ein einziges Wort in den Absatz.
- Unterbrechen Sie das Plätschern durch Doppelpunkte und Gedankenstriche. Die reißen Ihre Leser aus Träumereien und fokussieren ihre Aufmerksamkeit auf die nächsten Worte. Also: Setzen Sie dieses Mittel direkt vor einem wichtigen Satz ein, der bei Ihren Lesern ankommen soll.

Reinzoomen und rauszoomen

Wer lässt sich schon gerne was von einem einfallslosen Lehrer sagen, der von vorn bis hinten alles durchkaut und sich in scheinbar unwichtigen Details verliert? Aber ohne Erklären geht's ja nicht. Wenn Sie Texte für Content- und Onlinemarketing schreiben, stellen Sie Sachverhalte dar und vermitteln Wissen. Also ich schalte ab oder springe zum Ende, wenn's mir zu langweilig wird. Das ist immer dann, wenn ich den Sinn einer Info nicht erkennen kann. Ich lese doch nichts über irgendwelche Details, wenn ich nicht weiß, warum.

Wo bin ich, und was soll das überhaupt? Diese Frage soll sich Ihre Leserschaft nicht stellen. Sie wollen die Reise spannend und aufschlussreich gestalten, aber der Leser soll dabei die Orientierung behalten. Auch wenn Ihr Thema mehrere Unterpunkte umfasst, Feinheiten erklärt oder verschiedene Blickwinkel gezeigt werden sollen.

Wäre es nicht genial, wenn Sie eine Technik hätten, mit der Sie das Interesse hochhalten und trotzdem Details erklären können? Sehen Sie den Erklärprozess wie eine Kamerafahrt. Sie starten mit einer Helikopteraufnahme von weit weg. Zeigen Sie den großen Zusammenhang, was auf dem Spiel steht. Wenn Sie später Details beleuchten, lässt sich Ihr Publikum eher darauf ein. Alle wissen, warum diese kleinteilige Info wichtig ist.

Stellen Sie sich vor, Sie schreiben über das Bienensterben. Bevor Sie alles haarklein erklären, muss dem Leser klar sein: Ohne Bienen stirbt die Landwirtschaft und Menschen verhungern. Die vielen kleinen Faktoren, die zum Bienensterben führen, interessieren erst dann, wenn der Leser merkt: Oh, das betrifft ja mich. Ah, sogar alle Menschen.

Dann machen Sie einen Cut und springen ran. Als würden Sie in einem Film zu einer Nahaufnahme schneiden. Jetzt beleuchten Sie ein Detail, bleiben ganz nah am Objekt. Erzählen Sie von einem Landwirt, der Pflanzenschutzmittel verwendet. Wusch. Zoomen Sie wieder schnell raus, und zeigen Sie das große Bild: Wie hängt der Einsatz von Pflanzenschutzmitteln mit dem Bienensterben zusammen? Auf diese Weise bleibt den Lesern präsent, warum sie sich mit einem Detail beschäftigen sollen, weil sie das ganze Bild vor Augen haben und den Zusammenhang erkennen.

Wenn die Nahaufnahme für sich schon packend ist, können Sie auch damit starten. Eine kurze Geschichte, die einer einzigen Person folgt, zum Beispiel. Dann springen Sie überraschend weg aus der Szene und zeigen das ganze Bild. Das ist der andere Weg zum Wow.

Wichtig ist, dass Sie möglichst selten aus der mittleren Distanz erzählen. Das wären in unserem Beispiel allgemeine Infos, wie es zum Bienensterben kommt – ohne konkrete Geschichte oder Bezugsperson. Die Zoomtechnik hilft Ihnen dabei, komplexe Themen spannend zu erzählen. Behalten Sie sie im Werkzeugkoffer.

Schreiben Sie bewegend

Warum schreiben Sie? Sie können mir nicht antworten, deshalb rate ich: Sie wollen den Leser nicht dort stehen lassen, wo er ist. Sie wollen ihn gedanklich von A nach B bringen. Ihn mitreißen und begeistern. Frage: Glauben Sie, dass etwas Statisches eine Aktion auslösen kann? Ein Text, der seine Leserin und seinen Leser mitnimmt, muss bewegen.

Schon wieder eine Fähigkeit, die Sie sich von Romanautoren abschauen können: Schreiben Sie nicht starr, sondern dynamisch. Statische Verben bewegen nichts und niemanden. Sie sind tot.

[–] *Es gibt*

[–] *Es sind*

[–] *Es haben*

[–] *Es befinden sich*

Also schauen Sie nach Verben der Bewegung, die etwas verändern. So bringen Sie Ihre Texte in Schwung und reißen Leser mit.

Dieser Auszug aus »Das Parfum« von Patrick Süßkind ballt zwölf Verben der Bewegung in sieben Zeilen – ich hätte auch sagen können »enthält«, aber das wäre statisch.

[+] *»Mitten in der Nacht erwachte das Haus in der Rue Droite zu emsigem Leben. In der Küche flammten die Feuer auf, durch die Gänge huschten die aufgeregten Mägde, treppauf, treppab eilte der Diener, in den Kellergewölben klapperten die Schlüssel des Lagerverwalters, im Hof leuchteten Fackeln, Knechte liefen um die Pferde, andere zerrten die Maultiere aus den Ställen, es wurde gezäumt, gesattelt, gerannt und geladen [...]«*

Dynamische Verben bewegen etwas. Wo sie auftauchen, kommt Veränderung ins Spiel. Noch ein Beispiel:

[–] *Sind deine Texte voller Floskeln?*

[+] *Schleichen sich Floskeln in deine Texte?*

Formulieren Sie bewegend, damit Ihre Leser Ihnen enthusiastisch folgen.

Checkliste: Schreibtipps für spannende Texte

- Ihr Text beginnt mit einem Konflikt oder einem Drama.
- Sie bringen Spannung in den Text mit Cliffhangern, Foreshadowing oder Trommelwirbel.
- Sie lassen Ihre Leserschaft selbst auf wichtige Botschaften kommen – Sie führen nur hin, sagen aber nicht alles.
- Sie schreiben mit abwechslungsreichem Beat und halten Ihr Publikum auf Trab.
- Sie wechseln die Perspektive wie eine Drohnenkamera: Mal ganz weit weg, mal ganz nah dran.
- Sie schreiben bewegend mit dynamischen Verben.

Übung zum Spannendschreiben 1: Ein spannendes Angebot

Sie haben ein neues Angebot entwickelt und möchten Ihre Leserinnen und Leser per E-Mail darüber informieren. Schreiben Sie einen spannenden Text, der Ihr Angebot erst im letzten Satz enthüllt. Wenden Sie dabei mindestens drei der gezeigten Schreibtechniken an.

Übung zum Spannendschreiben 2: Dynamische Webtexte

Schnappen Sie sich einen Text von Ihrer Website. Ersetzen Sie alle statischen Verben (sein, haben, stehen, ...) durch dynamische Verben, die eine Bewegung zeigen. Dann bringen Sie mit Absätzen und abwechselnder Satzlänge Rhythmus in den Text.

7.5 Malen mit Worten

Floskeln fallen uns als Erstes ein. Schleichen sich manchmal Floskeln in Ihre Texte? Knallen Ihre Formulierungen nicht? Das ist normal. Sie lernen durch Wiederholung. Und wenn Sie etwas häufig gehört haben, können Sie es schneller abrufen als etwas Kreatives, das Sie sich erst ausdenken müssen.

Aber: Diese Standardformulierungen nerven. Genau wie mich die Elternsprüche als Kind genervt haben, die ich mir gefühlte 30.000 Mal anhören durfte: Ordnung ist das halbe Leben. Wer einmal lügt, dem glaubt man nicht. Ohne Fleiß kein Preis. Je öfter ich eine Formulierung höre, desto bedeutungsloser wird sie. Ich lese auf Autopilot.

Was passiert, wenn sich in Ihrem Text alte Kamellen tummeln? Der Leser ist genervt. Er scannt und sucht etwas, an dem der Blick hängen bleibt. Wenn er lernt, dass Sie nichts Neues erzählen, haben Sie verloren. Selbst wenn Sie spannende Inhalte haben: Sobald Sie diese in Floskeln verpacken, hört die Faszination auf. Das Problem:

Floskeln haben keine Widerhaken. Sie machen Texte so glatt, dass der Inhalt unsichtbar wird.

Der zweite Minuspunkt: Wenn Sie bekannte Formulierungen wiederholen, könnte der Text von jedem sein. Sie verwässern Ihre Persönlichkeit. Ihr Text könnte von jeder anderen Marke stammen. Er arbeitet nicht für Sie.

Woran erkennen Sie Blablub im Marketingtext?

Wenn auf einen Ausdruck oder Satz gleich mehrere der folgenden Kriterien zutreffen, können Sie sich sicher sein: Das ist Blablub, das Sie loswerden wollen.

1. **Es fällt Ihnen zuerst ein**

   Haben Sie die Formulierung schon tausendmal in Marketingtexten gelesen? Raus damit.

   [–] *maßgeschneidert auf Ihre Bedürfnisse*

   [–] *Wir sind erst zufrieden, wenn Sie es sind.*

- [–] *Der Kunde ist bei uns König.*
- [–] *bestens ausgebildete Mitarbeiter*

2. **Es entsteht kein Bild im Kopf**

   Ist der Begriff abstrakt und können Sie sich nichts Genaues darunter vorstellen?

   - [–] *Exzellenzoffensive*
   - [–] *Synergien schaffen*
   - [–] *ganzheitliches Management*

3. **Superlative und Steigerungen**

   Übertreiben Sie es gern, und loben Sie alles in den höchsten Tönen? Das glaubt Ihnen kein Mensch. Understatement ist viel wirksamer.

   - [–] *mit größter Sorgfalt entwickelt*
   - [–] *der weltbeste Motor*
   - [–] *äußerst/extrem/überaus/sehr ... langlebig/robust/wirksam*

4. **Gelernte Adjektiv-Substantiv-Kombos**

   Böse Falle: Manche Wörter finden immer wieder zusammen. Der Ausdruck, der so entsteht, sagt irgendwann gar nichts mehr.

   - [–] *innovatives Verfahren*
   - [–] *kundenfreundlicher Service*
   - [–] *nutzerfreundliche Bedienung*

5. **Es klingt plump verkäuferisch**

   Klar wollen Sie verkaufen, aber die reißerische Brutalo-Nummer wirkt nicht mehr.

   - [–] *nur so lange der Vorrat reicht*
   - [–] *jetzt Angebot sichern und profitieren*
   - [–] *Holen Sie das Beste für sich raus.*
   - [–] *Da ist mehr für Sie drin.*

6. **Banale Allgemeinplätze**

Verwenden Sie die Formulierung standardmäßig, und sagt sie nichts Neues?

[–] *Es ist wieder so weit.*

[–] *Für Rückfragen stehen wir Ihnen gern zur Verfügung.*

[–] *Der Frühling ist da.*

Was Sie gegen Floskeln tun können

Was Blablub ist, wissen Sie. Gehen Sie mit mir den nächsten Schritt, und erfahren Sie, wie Sie diese Floskeln loswerden. Viele können Sie weglassen, ersatzlos streichen. Ihre Texte werden so kürzer, aber das schadet nicht. Banale Allgemeinplätze können weg. Genau wie die meisten belanglosen Adjektive.

Was schreiben Sie stattdessen? Hören Sie auf, Worthülsen zu verteilen und fangen Sie an, mit Worten zu malen. Ihr Leser will vor seinem inneren Auge Bilder sehen. Es sollen sich ganze Welten auftun. Mit Sprachbildern verlocken Sie zum Weiterlesen. Sie geben Ihrem Text Widerhaken, die die Augen festhalten. Okay, das klingt jetzt eklig. Aber das war Wortmalerei.

Damit machen Sie Ihren Schreibstil so einzigartig wie Ihr Google-Passwort. Ihre Marke wird in Ihren Texten lebendig. Ich komme bei meinem Lieblingsthema gern ins Schwärmen. Aber ich möchte Sie auch warnen: Verwenden Sie Sprachbilder gezielt. Wenn Sie's übertreiben, wirkt Ihre Sprache selbstverliebt. Entscheiden Sie selbst, wie viel Farbenpracht Ihr Stil verträgt.

Bilder sind das Wundermittel gegen leere Abstraktionen. Wie verwandeln Sie graue Floskeln in farbenprächtige Bilder? Schauen Sie sich im Atelier um, und entdecken Sie Ihre Palette an sprachlichen Möglichkeiten.

Vergleichen Sie plakativ

Was machen Sie mit glanzlosen Adjektiven und trüben Verben? Sie können sagen: »Sie ist sehr schön.« Oder Sie sagen: »Sie ist die Allerschönste.« In der Grundschule ist so was akzeptabel. Aber ein Bild entsteht nicht, oder? Schön ist abstrakt, und eine Steigerung macht's nicht besser. Also noch mehr vom abstrakten Begriff, den man sich nicht vorstellen kann.

Aber wie wär's, wenn Sie ihr wenig aussagekräftiges Adjektiv mit einem Vergleich aufmotzen? Vergleichen Sie es mit etwas Konkretem, das man sich vorstellen kann. So können Sie auf Steigerungen und Superlative verzichten.

[+] *Sie ist schön wie eine Elfenkönigin.*

[+] *Er ist schön wie Adonis.*

[+] *Sie ist schöner als Helena von Troja.*

[+] *Sein Lächeln ist schön wie der Sonnenaufgang.*

Die Mechanik ist immer gleich: Gehen Sie von einem Adjektiv oder einem Verb aus, das noch kein Bild triggert. Dann suchen Sie einen Gegenstand, einen Ort, ein Tier oder eine Person, die das absolut verkörpert. Wer oder was ist der Inbegriff dessen? Finden Sie ein konkretes Beispiel, das den abstrakten Begriff veranschaulicht.

Dann verbinden Sie beides – mit »wie«, wenn Sie einen Vergleich zeigen möchten, und mit »als«, wenn es eine Steigerung werden soll (siehe Abbildung 7.2).

Abbildung 7.2 Vergleichen mit konkretem Beispiel

Schauen Sie sich noch ein paar Beispiele an. Diese sollen Sie dazu inspirieren, selbst auf interessante Vergleiche zu kommen. Haben Sie ein paar prägnante Vergleiche gefunden, können Sie die gern häufiger in Ihrer Kommunikation verwenden.

Vergleiche mit Adjektiv

So klingen Vergleiche mit Adjektiv:

- *breit wie der Amazonas*
- *mächtig wie Cäsar*
- *dumm wie Bohnenstroh/weißes Toastbrot*
- *schlau wie Einstein*
- *glücklich wie ein Fisch im Wasser*
- *fromm wie der Papst*

Oder Sie gehen von einem Verb aus. Indem Sie treffende Vergleiche ziehen, verstärken Sie die Wirkung, ohne ein gefürchtetes Adverb zu benutzen.

Vergleiche mit Verb

So klingen Vergleiche, die von einem Verb ausgehen:

- *Das knallt wie Glühwein mit Rum.*
- *Sie liebt ihren Mann wie Gollum den Ring.*
- *Er springt wie ein Flummi.*

Wie kommen Sie auf gute Vergleiche? Falls Sie sich für kein kreatives Genie halten und Ihnen die sprühenden Vergleiche kaum unter Druck am Rechner einfallen: Das ist nicht schlimm. Damit Sie Ideen produzieren können, brauchen Sie einen Funken, der das Feuerwerk zündet. Den können Sie einfach selbst entfachen.

Gehen Sie Ihren Text durch, und schnappen Sie sich ein langweiliges Adjektiv, das Sie aufpolieren wollen. Um die Technik zu demonstrieren, nehme ich mal das Wörtchen »einfach«, das kommt in Marketing- und Blogtexten ständig vor. Dann fragen Sie sich:

- Was ist besonders einfach?
- Wer ist besonders einfach?
- Wo ist es besonders einfach?
- Welches Tier ist besonders einfach?

Jetzt wird gebrainstormt. Ihnen fällt garantiert noch mehr ein:

einfach wie das 1×1

einfach wie Tütensuppe kochen

einfach wie ein Kinderspiel

Je konkreter Ihr Vergleich, desto lebendiger, witziger und reizvoller wird er. »Ein Kinderspiel« ist noch zu allgemein. Fragen Sie einfach weiter: Was für ein Kinderspiel? Probieren Sie verschiedene Varianten aus:

einfach wie Mau-Mau

einfach wie Blinde Kuh

einfach wie LEGO

einfach wie ein Steckpuzzle für Zweijährige

Mir gefällt das Steckpuzzle am besten, weil ich ein zweijähriges Mädchen sehe, das damit spielt. Mein Kopfkino zeigt also nicht nur ein Spielzeug, sondern gleich eine Szene.

Mit der gleichen Technik bekämpfen Sie auch längere Floskeln. Suchen Sie sich eine plumpe Adjektiv-Substantiv-Kombo, die Sie ersetzen wollen. Zum Beispiel: »nutzerfreundliche Bedienung«.

Nutzerfreundlich ist lang, unsexy und in Kombination mit Bedienung eine ausgelutschte Floskel. Sie brauchen erst mal ein einfacheres Wort, damit Sie die Idee mit einem Vergleich transportieren können. Es muss kein direktes Synonym sein, aber den Kern der Aussage im jeweiligen Kontext beschreiben. Was heißt nutzerfreundlich? Wenn es um eine Software geht, könnten Sie in diesem Zusammenhang vielleicht »intuitiv« sagen.

Jetzt stellen Sie wieder die Fragen, die Sie bereits aus dem vorherigen Beispiel kennen: Was ist intuitiv? Was lernt man intuitiv? Wer ist intuitiv? Ich komme spontan auf diese Antworten:

intuitiv wie Atmen

intuitiv wie mein Sohn auf dem Smartphone wischt

intuitiv wie Fahrradfahren

Damit Sie das meiste aus Ihren Vergleichen herausholen, geben Sie einem bekannten Vergleich einen neuen Dreh. Ich kenne einen Haufen Vergleiche, die ich immer wieder höre. Verwenden würde ich sie nicht, weil die Formulierung vielleicht mal spannend war, sich aber durch ständigen Gebrauch zur Floskel gewandelt hat. Gerade aus diesen schal gewordenen Vergleichen können Sie neue entwickeln, die charmanter sind als die Ursprungsversion. Feilen Sie an Ihrem Vergleich, indem Sie noch konkreter werden. Schnappen Sie sich dafür einen Vergleich, den Sie bereits kennen. Zu vielen häufigen Adjektiven und Verben gibt es schon welche. Dann beschreiben Sie ihn noch genauer. Wenn es ein allgemeiner Vergleich ist, finden Sie ein spezifisches Beispiel. Geben Sie sich nicht mit »Dumm wie Brot« zufrieden. Fragen Sie sich: Dumm wie welches Brot genau? Vielleicht wie Vollkornbrot oder Pariser Kipferl oder Roggen-Misch-Vitalbrot?

In Tabelle 7.5 zeige Ihnen ein paar Beispiele, wie Sie bekannte Vergleiche aufmotzen können – indem Sie konkret werden.

Bekannter Vergleich	Konkreter Vergleich
dumm wie Brot	dumm wie weißes Toastbrot
eilen wie der Wind	eilen wie ein Tropen-Hurrikan
stark wie ein Bär	stark wie ein kanadischer Grizzly
lächeln wie ein Engel	lächeln wie die Grinsekatze auf Opium

Tabelle 7.5 Bekannte Vergleiche als Startpunkt für konkrete Vergleiche

Mit humorvoll übertriebenen Vergleichen vermeiden Sie werbliche Steigerungen und Superlative. Sie transportieren die Aussage mit einem Augenzwinkern. Und sie wirken umso besser, wenn Sie dabei ins Extrem gehen. Ich zitiere aus meiner Facebook-Gruppe: *Texte kürzen fühlt sich für mich an als würde ich einen Freund verstümmeln.*

Das ist ein starker Vergleich, weil er komplett überzogen ist. Dem Leser ist klar, dass es eine humorvolle Übertreibung ist. Das funktioniert nur, wenn Sie in die Vollen gehen, statt halbherzige Kompromisse zu machen. Ihre Leser verstehen, dass Sie das nicht wörtlich meinen. Der Vergleich ist ein Stilmittel, das Ihre Aussage unterstreicht und Ihren Worten Wumms gibt. Je realistischer Ihr Vergleich klingt, desto eher nehmen Leser ihn für bare Münze. Also übertreiben Sie ungeniert.

Wie wär's damit?

auffallen wie eine Dragqueen in Flamingo-Heels auf dem Waldorf-Elternabend

gefährlich wie ein Seiltanz über den Grand Canyon mit verbundenen Augen

mächtig wie Trump und Zuckerberg zusammen

Schreiben Sie in Bildern – bunte Metaphern

Metapher ist griechisch und bedeutet, etwas von einem Ort zum anderen tragen. Mit dieser Technik übertragen Sie Attribute, die Sie einer Sache, einem Ort oder einem Wesen zuschreiben, auf etwas anderes. Angenommen, Sie wollen ausdrücken, dass Sie furchtbar viel zu tun haben.

Tja, das ist schwach. Wie viel ist viel? Wie sieht viel aus? Sie können jetzt viele Worte machen, um zu zeigen, wie viel das ist: Sie haben irre viel zu tun, auf dem Schreibtisch stapeln sich Unterlagen, der Posteingang ist voll und ständig klingelt das Telefon.

Der Witz ist: Eine Metapher fasst all das in einem Bild zusammen. Was Sie sonst lang beschreiben müssten, ersetzen Sie durch ein sprachliches Foto. Das ist oft sogar kürzer als die abstrakte Beschreibung. Sie malen Bilder, um Ihre Ideen zu transportieren – nur mit Worten.

Zurück zur vielen Arbeit. Welches Bild beschreibt das? Vielleicht ein großer Haufen? Einer, der so hoch ist wie ein Berg? Und schon haben Sie eine Metapher geschaffen:

ein Berg Arbeit

Sie suchen genau wie bei Vergleichen den Inbegriff dessen, was Sie sagen wollen. Ein Sprachbild für Ihre abstrakte Aussage. Aber Sie verknüpfen das Bild nicht mit »wie« oder »als«. Es muss für sich stehen können.

Schnappen Sie sich zuerst Ihre abstrakte Aussage, für die Sie eine Metapher finden wollen. Das kann auch ein ganzer Satz sein. Dann stellen Sie Verbindungen her mit:

- Büchern, Filmen und Genres
- Märchen und Historischem
- Menschen und Persönlichkeiten
- Tieren und der Natur
- Orten und Sehenswürdigkeiten
- Gegenständen, Konzepten und Berufen

Wichtig ist, dass Ihr Bild klare Attribute hat, also eindeutige Eigenschaften. Diese Eigenschaften übertragen Sie, indem Sie den Begriff in einem anderen Kontext verwenden. Der Finanzpapst hat nichts mit der Kirche zu tun, aber seine Worte könnten trotzdem heilig sein. Die Beispiele für Textmetaphern in Tabelle 7.6 machen es deutlich.

Abstrakte Aussage	**Metapher**
Meine Kehle ich trocken, ich habe Durst.	Ich habe die Wüste Gobi im Hals.
lesenswerte Artikel im Internet finden	Goldnuggets im Content-Strom finden
Finanzexperte	der Finanzpapst
erfolgreichstes Produkt	Zugpferd der Marke
idyllischer Urlaubsort	Urlaubsparadies

Tabelle 7.6 Abstrakte Formulierung versus Metapher

Abstrakte Aussage	Metapher
etwas tun, das einem schwerfällt	Den inneren Schweinehund überwinden
Sie beschützt ihre Kinder.	Für ihre Kinder ist sie die Feuerwehr.

Tabelle 7.6 Abstrakte Formulierung versus Metapher (Forts.)

Fehlt Ihnen die Inspiration? Lassen Sie die Gedanken fliegen und schreiben Sie ungeniert alles hin, was Ihnen einfällt. Versuchen Sie es mit einem ABC-Brainstorming.

ABC-Brainstorming ...

Legen Sie sich einen Zettel mit dem Alphabet hin und gehen Sie jeden Buchstaben einzeln durch. Fällt Ihnen ein passender Begriff mit diesem Anfangsbuchstaben ein? Falls nicht, gehen Sie zum nächsten Buchstaben. So können Sie jedes Thema getrennt beackern (Natur, Orte, Gegenstände, Konzepte etc.).

Seien Sie kreativ, aber übertreiben Sie es mit der Bildsprache nicht. Sie wollen Ihre Leser nicht verwirren. Das passiert, wenn Sie wild mit Metaphern um sich werfen und immer neue Bildwelten öffnen.

[–] *Leinen los zum Raketenstart ins Herzensbusiness?*

Da frage ich mich: Ja was denn nun? Soll ich mich auf Seefahrt oder Raumfahrt einstellen – und was hat das Herz damit zu tun?

Mischen Sie nie Metaphern aus verschiedenen Welten.

Lassen Sie lieber ein paar Sätze Abstand, bevor Sie eine neue Metaphernwelt aufmachen. Wenn Sie über den Text verteilt mehrere Begriffe aus einer Welt verwenden, bleiben Sie am besten dabei. Dann arbeiten Sie mit einer Dachmetapher. Und das ist die nächste Technik, die Ihren Texten Leuchtkraft schenkt.

Erschaffen Sie eine Welt – so schreiben Sie mit Dachmetapher

Sie wurden gerade zum Schöpfer befördert. Nutzen Sie Ihre Macht weise. Metaphern können Welten eröffnen. Eine Dachmetapher ist wie eine Mottoparty. Sie legen sich vor dem Schreiben auf eine Welt fest, in der Sie den Text schreiben. Alle Sprachbilder, die Sie benutzen, holen Sie aus dieser Welt. Sie können in einem festgesteckten Rahmen kreativ werden – und Sie werden sehen: Das triggert mehr Ideen, als wenn Sie ohne Vorgabe schreiben. Leser schätzen Dachmetaphern, weil sie ihnen einen neuen Zugang zu einem Thema eröffnen – fernab von ausgetrampelten Textpfaden. Neben Informationen kommt auch eine Stimmung rüber, die von der Dachmetapher ausgeht. Angenommen, Ihre Dachmetapher ist Raumfahrt – dann schwingen auf jeden Fall Pioniergeist und Entdeckerdrang mit. Wenn Ihre Dachmetapher Medizin ist, transportieren Sie automatisch Kompetenz und Fürsorglichkeit. Überlegen Sie deshalb, ob das Flair Ihrer Dachmetapher zu Ihrer Marke passt.

Bevor Sie erfahren, wie Sie Dachmetaphern entwickeln und umsetzen, schauen Sie sich ein Textbeispiel an (siehe Abbildung 7.3).

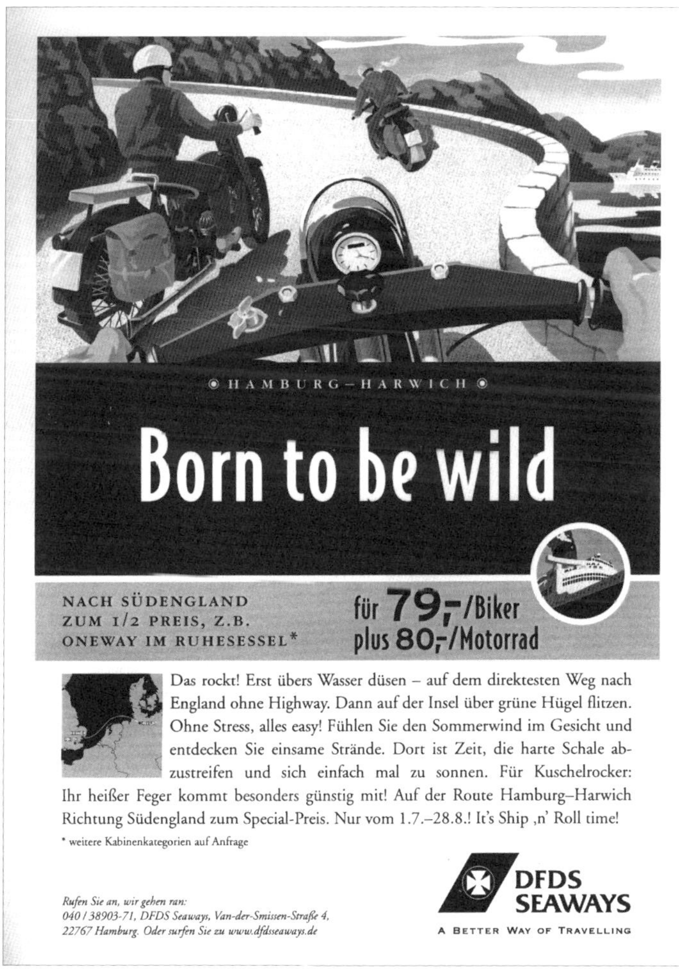

Abbildung 7.3 Anzeige von DFDS Seaways mit Dachmetapher

Die Anzeige entführt Leserinnen und Leser in die Welt des Motorradfahrens. Die passt hier thematisch, weil sie Motorradfahrer anspricht, die mit ihrem Gefährt Urlaub in England machen wollen. Die Dachmetapher ist ziemlich dick aufgetragen – das Beispiel ist keine Anleitung zum Nachmachen, sondern eine plakative Demonstration, wie eine Dachmetapher funktioniert.

Zur Erklärung: Ihr Thema muss inhaltlich nichts mit der Dachmetapher zu tun haben. Verwenden Sie Begriffe aus der Seefahrt, um Finanzdienstleistungen zu beschreiben oder Begriffe rund ums Kochen, wenn Sie einen Unternehmensauftritt für eine Werbeagentur texten. Damit Ihr Text rund klingt, sollten Sie sich an diese Regel halten: Bleiben Sie in Ihrer Metaphernwelt. Sobald Sie bildliche Ausdrücke aus anderen Themenfeldern einbringen, stolpert der Leser, und Sie fallen auf die Nase.

Dachmetaphern brauchen ein geübtes Händchen. Wenn Sie eine neue Metaphernwelt über ein Thema stülpen, wirkt der Text schnell gekünstelt und werblich. Dafür sehe ich zwei Hauptgründe: Die Dachmetapher kommt unvermittelt. In der Headline gibt's keinen Hinweis auf eine Bildwelt und im Fließtext schießt aus dem Nichts die Dachmetapher hervor. Die Leserschaft fühlt sich überfahren und fragt sich, was das soll. Oder der Texter übertreibt es von Anfang an: In jeder Formulierung wird eine andere Facette der Metapher gedroschen. Das muss nicht sein, Sie können die Dachmetapher mit Fingerspitzengefühl entfalten (siehe Abbildung 7.4).

Abbildung 7.4 Worte wie Perlen auf eine Kette fädeln.
Foto von Alexander Krivitskiy (Unsplash).

Fädeln Sie Worte wie Perlen auf eine Kette. Und am Ende schließen Sie den Kreis.

Führen Sie Ihre Dachmetapher in der Headline ein – weiter unten ist es zu spät, dann hat der Kreis keinen Anfang. Im Fließtext weben Sie weitere Wörter aus der etablierten Begriffswelt ein. Dann sprenkeln Sie Ihren Text mit Ausdrücken aus der Welt – nicht zu viel, sonst wirkt es gewollt. Schön rund wird es, wenn Ihr Schlusssatz wieder Bezug auf den ersten Satz oder die Headline nimmt.

Headline: Großer Auftritt garantiert

Schlusssatz: Der Applaus gehört Ihnen.

Sobald der Leser in der Welt angelangt ist, verknüpft er damit alles, was er liest. Angenommen, Sie haben sich für Zirkus als Dachmetapher entschieden. Sie bezeichnen Ihr Team im Text als »Truppe«. In diesem Kontext denkt kein Mensch an die Bundeswehr. Die Bezeichnung ist eindeutig, weil Sie im ganzen Text mit der Zirkusmetapher spielen.

Damit Sie aus einem großen Pool an Begriffen schöpfen können, wählen Sie ein breites Thema mit einer reichen Wortwelt als Dachmetapher. Die Welt und die Vokabeln, die Sie daraus verwenden, sollten Ihren Lesern ein Begriff sein. Schreiben Sie für Spieleentwickler oder andere computeraffine Zielgruppen? Dann könnten Sie da Thema Computer und Informatik als Welt benutzen und Festplatte, Prozessoren, Clouds und Megabytes in neuem Kontext verwenden. Für Grundschüler oder Apotheker vielleicht weniger geeignet. Machen Sie sich Gedanken darüber, ob Ihre Leser mit der Metaphernwelt etwas anfangen können. Vielleicht finden sie Zirkus doof oder Schifffahrt lahm oder haben keine Ahnung vom Stricken – Star Wars hingegen begeistert sie.

Wählen Sie ein breites Thema mit riesiger Wortwelt als Dachmetapher. So haben Sie eine Pipeline voller Ideen. Ist Ihre Welt zu klein, gehen Ihnen schneller die Begriffe aus – logisch. Ich zeige Ihnen ein paar Beispiele für beliebte Metaphernwelten und Formulierungen, die sie lebendig machen.

Garten

- wachsen und gedeihen
- Knospen treiben
- hegen und pflegen

- säen, gießen, ernten
- Früchte tragen
- Dürrezeit
- auf fruchtbaren Boden fallen

Schifffahrt

- Leinen los und Anker lichten
- das Steuer in der Hand halten
- den Kurs bestimmen
- ins Boot holen
- durch tückische Gewässer navigieren
- an einem Strang ziehen
- Probleme umschiffen

Kochen

- Rezept entwickeln
- Zutaten zusammenstellen
- heiß servieren
- würzen
- kochen, backen, rühren
- abwechslungsreiches Menü
- schmecken

Auto

- Gas geben
- gut geöltes Getriebe
- mit angezogener Handbremse fahren
- einen Gang hochschalten
- ein Projekt auf die Straße bringen
- die Abfahrt verpassen
- auf die Bremse treten

Bauen

- ein Fundament gießen
- auf festem Grund bauen
- Stein auf Stein setzen
- Mörtel für die Kundenbeziehung
- ein Gerüst fürs Projekt
- sich die Hände dreckig machen
- etwas aufbauen

Medizin

- Ambulanz
- auf Herz und Nieren prüfen
- Prozesse durchleuchten
- Medizin verabreichen
- erfolgreich operieren
- Ärzteteam

Reisen

- Entdeckungsreise
- Dschungel an Möglichkeiten
- sich durchschlagen
- Kompass
- Fahrplan
- etwas im Gepäck haben
- Wegmarken

Dachmetaphern haben Sie jetzt auf dem Schirm. Ich persönlich mag an ihnen, dass sie ein Ideenfeuerwerk zünden, sobald ich mich auf eine Metaphernwelt festlege. Gerade, wenn Sie über trockene Themen schreiben, lockern Bildwelten Ihre Texte auf und bewahren Sie davor, Worthülsen zu verteilen.

Werden Sie Wortschmied

Alles, was Sie über Ihr Thema sagen, klingt schal? Sie hauen immer wieder die gleichen Formulierungen raus und Ihre Leser haben genug von den staubigen Begriffen?

Wenn nur rostige Klingen an Ihrer Wand hängen, schmieden Sie sich eine neue. Dafür brauchen Sie einen Schlag Hirnschmalz, aber dafür bekommen Sie die Chance, mit Ihrer Marke Begriffe zu prägen. Erfinden Sie Ihre Wörter selbst. Sprachwissenschaftler nennen Wortschöpfungen *Neologismen*, und das Deutsche macht es Erfindern neuer Begriffe einfach. Diese Methoden helfen Ihnen, neue Wörter als Ersatz für alte Kamellen zu entwickeln. So kommen Sie auf Wortschöpfungen.

- **Wörter zusammenkleben**

  Auf Deutsch funktioniert das ohne komplizierte Regeln oder Verbindungswörter. Kleben Sie Substantive aneinander. Und schon haben Sie ein neues Wort.

  Laserkanonenstrahl

  Glücksmomentgarant

  Wunschkundenaktion

  Gefrierbrand

  Wird das Wort zu lang, können Sie das Konstrukt mit Bindestrichen leichter lesbar machen:

  Wunschkunden-Challenge

- **Wörter zusammenziehen**

  Stufe zwei. Kombinieren Sie zwei Wörter, indem Sie beim ersten das Ende und beim zweiten den Anfang weglassen. Damit das funktioniert, müssen sich die Ausgangswörter aus dem Zusammenhang ergeben. Eine generische Endung wie -ung oder -keit ist kein guter Bestandteil eines zusammengezogenen Wortes.

  Breakfast + Lunch = Brunch

  Information + Entertainment = Infotainment

- **Die Wortart wechseln**

  Ein prima Ansatz für Wortschöpfungen ist, ein bekanntes Wort in eine andere Wortart zu übertragen. Sie haben verschiedene Möglichkeiten:

  Aus Substantiv wird Adjektiv

  Verwenden Sie das Substantiv einfach als Adjektiv:

  Die Methode ist oldschool.

  Die Veranstaltung ist bombe.

Oder hängen Sie eine Adjektivendung hinten dran:

hammermäßig

amateurhaft

Oder kombinieren Sie ein Substantiv mit einem ganzen Adjektiv:

affengeil

sauschwierig

Aus Substantiv wird Verb

Was mit Adjektiven klappt, funktioniert mit Verben erst recht. Leiten Sie aus einem Substantiv einfache eine Handlung ab. Sie können dafür auch eine bekannte Person heranziehen.

netflixen

hartzen

empathisieren

Aus Verb wird Substantiv

Andersherum geht's auch. Sie können ein Verb als Startpunkt nehmen und eine Substantivendung dranhängen. Aber Achtung: Damit erschaffen Sie einen bösen Frankenstein, denn Substantivierungen lassen Ihre Texte steif klingen. Ausnahmen wie diese bestätigen die Regel:

Entschleunigung

Schreiben Sie für alle Sinne

Mit dem Verstand können Sie verstehen, das heißt Eindrücke verarbeiten und sie mit Sinn füllen. Aber davor nehmen Sie alles mit Sinnesorganen wahr. Sie ertasten, wie sich ein Material anfühlt, hören, wie ein Geräusch klingt. Sie sehen, riechen und schmecken.

Ist es dann clever, nur für den Verstand zu schreiben? Warum sprechen Sie nicht alle Sinne an? Damit hauchen Sie Ihren Texten Leben ein. Ihre Leser erfassen ihn nicht nur mit dem Kopf, sie spüren etwas. Okay, das klingt esoterisch. Aber es wirkt.

Verwenden Sie Wörter, die Sie sonst benutzen, um Sinneserfahrungen zu beschreiben. Hier kommen einige Beispiele für sinnliche Begriffe.

Sinnliche Wörter

- **Hören:** laut, leise, harmonisch, schrill, schreien, flüstern, säuseln, trompeten
- **Sehen:** glänzend, funkelnd, eintönig, tiefschwarz, erblicken, einbrennen, vernebeln, sich abheben
- **Riechen:** duftend, erdig, blumig, schal, staubig, schnuppern, stinken
- **Schmecken:** bitter, extrascharf, fruchtig, versüßen, versalzen
- **Fühlen:** sanft, pudrig, geschmeidig, streicheln, brennen, hauchen, wehen

Der Trick ist, Sinneswörter in einem neuen Zusammenhang zu verwenden. Übertragen Sie die Formulierungen in einen neuen Kontext:

Ein geschmeidiger Ablauf

Eine bittere Erfahrung

Erfolg schnuppern

Und Bämm: Beim Lesen fühle, schmecke und rieche ich etwas, anstatt nur zu denken. Also erfüllen Sie Ihre Texte mit Sinnlichkeit, damit sie das pralle Leben versprühen.

So, Sie haben sich einen Werkzeugkasten gepackt, um an Ihrem Schreibstil zu arbeiten. Sie werden nicht jeden Schraubenzieher für jeden Text brauchen. Ich rate Ihnen: Schreiben Sie erst mal. Feinschleifen können Sie zum Schluss. Wie Sie dabei effektiv vorgehen, erfahren Sie in Kapitel 10.

Bevor Sie zu Schreibtechniken kommen, möchte ich Ihnen noch das humorvolle Schreiben nahebringen.

Übung zur Wortmalerei 1: Vergleiche finden

Finden Sie zu jedem dieser Wörter ein bis drei spannende Vergleiche:

- flexibel
- stark
- innovativ
- wertvoll
- erfolgreich
- schnell

Übung zur Wortmalerei 2: Blablub-Liste

Starten Sie Ihre Liste, in der Sie Ihr Werbe-Blablub sammeln. So identifizieren Sie die Formulierungen, die Sie vermeiden wollen. Schreiben Sie eine Liste mit mindestens zehn Ausdrücken, die in die Kategorie Werbesprech fallen.

Übung zur Wortmalerei 3: Blablub in Bilder verwandeln

Suchen Sie sich drei langweilige Ausdrücke aus Ihrer Blablub-Liste und drücken Sie den Inhalt mit einem Vergleich oder einer Metapher aus.

Übung zur Wortmalerei 4: Metaphern prägen

Formulieren Sie die folgenden abstrakten Sätze bildhaft. Verwenden Sie Metaphern, um Bilder in den Kopf zu pflanzen.

- Das Unternehmen hat wirtschaftliche Probleme.
- Meine Freundin geht ins Fitnessstudio.
- Ich habe Angst vor Spinnen.
- Content muss einzigartig sein.
- Unsere Verfahren sind umweltfreundlich.

Beispiel:

Ich habe viel zu tun.

Metaphern: Auf meinem Schreibtisch türmen sich Aufgaben. / Mich überrollt eine Lawine. / Ich ersticke in Arbeit.

Kapitel 8
Witzig schreiben und dabei seriös wirken

Humor war lange in Businesstexten verpönt, weil Seriosität das oberste Gebot ist. Doch die verträgt sich durchaus mit Charme und Witz. Denn steife Texte will heute keiner mehr lesen.

Eine Gruppe Touristen unterhält sich im Hyde Park mit einem älteren Paar aus der Gegend über die schönen Blumen. Die silbergraue Dame wird gefragt, ob sie schon einmal die Queen getroffen hat.

»Nein, ich noch nie, aber er«, und deutet auf ihren Begleiter.

Die alte Dame ist keine Geringere als Queen Elisabeth von England, die ohne Tiara und Designerkostüm durch London flaniert – inkognito, sozusagen. Sogar die Queen macht Witze, der lebende Inbegriff von majestätischer Würde und Status.

Deutsche Unternehmen hingegen wollen ihren Auftritt keinesfalls mit Humor beflecken. Gelacht wird bei Karoline Kebekus und im Keller. Aber bloß nicht in der Unternehmenskommunikation, zumindest nicht in Content-Stücken fürs Marketing.

In diesem Kapitel gebe ich Ihnen Tipps, wie Sie humorvoll schreiben, ohne sich zum Horst zu machen. Sie erfahren, welche Untiefen Sie umschiffen sollten, wenn Sie lustig in die Tasten hauen. Aber zuerst frage ich mich, woher die Humorlosigkeit in unseren Marketingtexten kommt, und zeige, warum wir raus aus dem Sauertopf müssen.

Raten Sie mal, welches Adjektiv mit Abstand am häufigsten genannt wird, wenn ich in mittelständischen und kleinen Unternehmen nach der Markentonalität frage? Genau, seriös. Dieses knappe Wörtchen hat die güldene Aureole einer Raffael-Madonna. Für Unternehmen steht es für fachliches Können, Moral und Tradition, für den ehrbaren Kaufmann, dessen Handschlag als bindender Vertrag gilt.

Seriös ist der Inbegriff deutscher Bodenständigkeit. Kein anderes Attribut beschreibt unsere Geschäftsethik und Businesskultur besser. Seriös ist ein sexy Selbstbild. Bis hierhin gehe ich d'accord. Aber die Interpretation ist so daneben wie Ozzy Osbourne auf dem Opernball.

Wenn ich die Texte auf den Webseiten und Blogs dieser seriösen Unternehmen lese, bekomme ich den Eindruck: Seriös heißt distanziert, nichtssagend, pompös. Ein schriftsprachliches Korsett, mottenzerfressen und vergilbt, so eng, dass kein Platz bleibt für Umgangssprache, Augenzwinkern und sympathische Storys. Eine seelenlose Uniform, die den Blick auf den Charakter versperrt. Kein Ausdruck von Kompetenz und Autorität, eher von Angst, von Panik, sich zum Affen zu machen – oder (das wäre der Weltuntergang) unseriös zu wirken.

Sobald ein Wörtchen von der Norm abweicht, bekommen Entscheider weiche Knie: Kann man das so schreiben? Bleiben wir lieber bei Zahlen, bekannten Ausdrücken à la »Traditionsunternehmen«, »lückenlose Wertschöpfungskette« und »Ihr kompetenter Partner«. Schreiben wir in der neutralen dritten Person, die keinen anspricht. Kommentar aus dem Off: Und keinen juckt. Machen wir es so wie alle anderen. Das ist nicht seriös. Das ist albern.

Warum ignorieren viele schriftlich, was beim persönlichen Kontakt zum guten Ton gehört? Wir witzeln mit der Arzthelferin. Wir ziehen beim Smalltalk vor dem Meeting unseren Orientierungssinn durch den Kakao oder die Deutsche Bahn. Weil Humor verbindet. Die »Lost in Translation«-Autorin Eva Hoffman drückt es poetischer aus:

»Ein Schimmer Humor zeigt deutlicher als alles andere, dass sich hinter einem fremden Gesicht ein Mitmensch verbirgt.«

Wer zusammen lacht, versteht sich. Wir erkennen uns gegenseitig als Menschen. Und darum geht's Ihnen auch, wenn Sie texten. Sie wollen nicht zeigen, wie wichtig Sie sind, sondern, dass Sie Ihre Kunden verstehen. Sie wollen Nähe schaffen, keine kühle Distanz. Sie wollen nicht belehren, sondern sich mit Lesern und Kunden austauschen.

Die natürlichste und menschlichste Methode, um textlich mit Leserinnen und Lesern in Kontakt zu kommen, ist Humor. Das ist keine billige Glasur, die den Unterhaltungswert auf Kosten der Seriosität steigert. Witz macht den Unterschied zwischen einem distanzierten Infohaufen und einem Text, der Menschen etwas angeht.

Seriös und witzig passen zusammen wie Netflix und Chips.

Warum soll ich Businesslektüre trocken runterwürgen? B2B-Kundinnen und -Kunden sind nicht bloß in der Freizeit Menschen. Sie gehören vielleicht dazu. Was verzeihen Sie eher: einen verunglückten Kalauer oder altbackenes Nominalstil-Geschwafel? Und Sie lernen lieber was dazu, wenn Sie dabei lachen dürfen, oder nicht?

Alle haben die Nase voll von mittelgeilen Texten, Versetzung ungefährdet. Informativ, kein Problem. Kreativ, bitte was? Das allein wäre Grund genug, witziger zu schreiben. Aber es gibt noch ein besseres Argument, das den distinguierten Freunden der Seriosität gefallen wird: Humor lässt Sie kompetenter wirken als George-Clooney-Schläfen, Intellektuellenbrille und gestärktes Oxford-Hemd. Wenn Sie ihn gekonnt einsetzen, versteht sich.

Dann nämlich erkennt das Publikum: Sie beherrschen Ihren Stoff so virtuos, dass es leicht wirkt. Wie unsere englischsprachigen Content-Kollegen. Von denen können wir uns eine Menge abschauen. Nicht die großkotzigen Versprechungen, aber die gängige Kombo aus grundsoliden Inhalten und lockerer Sprache. Also, liebe Unternehmerinnen, Experten, Marketerinnen, Content-Macher: Raus aus dem Sauertopf.

Wir brauchen mehr Humor im Content. Ernsthaft: Warum sollten Sie sich die Chance nehmen, auch emotional zu überzeugen? Zwinkern Sie Ihrer Leserschaft zu. Jede Branche verträgt eine Portion Humor. Besonders im B2B sollten wir uns darauf besinnen, dass wir es mit Menschen zu tun haben. Geschäftsführer sind häufig Kommunikatoren und keine Zahlenschubser.

Der Humor einer Steuerprüfer-Kanzlei liest sich bestimmt anders als der eines Partydeko-Vertriebs, der lustige Hüte verkauft. Ich möchte Sie ermutigen, Ihren Markenwitz zu finden. Dann werden Ihre Texte so viel mehr als Informationslieferanten. Sie versprühen Charakter und schweißen Unternehmen und Kundschaft zusammen. Denn hochseriöses Marketing braucht eine menschliche Grundlage.

8.1 Was ist witzig und was ist peinlich?

Humor ist wie Chili: Er facht die Lesefreude an, aber zu viel tut weh. Trotzdem mache ich mich dafür stark. Unternehmen müssen generell mutiger schreiben, wenn sie nicht im Content-Gedöns ihrer Branchenkollegen untergehen wollen. *Velocity Partner* ist die fähigste Content-Agentur, die ich kenne (mit Sitz in England, *of course*) – und die ziehen sprachlich ungeniert vom Leder.

Sind sie deswegen unseriös? Rein rhetorisch gefragt. Wie gelingt es Ihnen also, witzig zu sein und dabei Corporate statt Comedy zu schreiben? Schreiben Sie so humorvoll, dreist, charmant, kreativ, wie es Ihre Tonalität erlaubt (und seriös allein ist keine Tonalität). Siehe dazu auch Kapitel 6, »Die unverwechselbare Markenstimme«.

Aber je witziger Sie schreiben, desto tiefgehender und fachlich kugelsicher sollten auch Ihre Inhalte sein. Humor ist ein Kontrastmittel, das nur gepaart mit guten Inhalten funktioniert. Das können Sie sich merken:

Wenn der Humor flach ist, muss das Niveau hoch sein.

Grenzen gibt's auch, aber die kennt Ihr gesunder Menschenverstand: Lassen Sie politische Ansichten, religiöse Überzeugungen und Proktologen-Besuche außen vor. Letztere fallen in die Kategorie »zu viel Information«. Es muss nicht alles 100 % politisch korrekt sein, aber diskriminieren kommt nicht gut.

Noch eine Bitte: Entspannen Sie sich. Sie brauchen nicht krampfhaft witzig zu schreiben. Das nervt schriftlich genauso wie im persönlichen Gespräch. Vorschlag: Fällt Ihnen spontan etwas Lustiges ein? Prima, schreiben Sie es hin, und hinterfragen Sie nicht zu viel, ob Ihre Leser das auch verstehen. Wenn die Muse Ihnen den Kuss verweigert, zermartern Sie sich nicht das Gehirn, ob Sie noch einen draufsetzen können.

Falls Sie sich jetzt wundern, wie Sie Witz in Ihre Texte bringen können: Lesen Sie weiter, denn ich gebe Ihnen bierernste und anwendbare Tipps fürs witzige Schreiben.

8.2 Mehr Blabla – Soundeffekte

Anspruchsvolle Themen wollen sachlich richtig und in epischer Breite darstellt werden. Gepresste Informationen führen aber schnell zum Hirn-Overload. Ich kann keine Wikipedia-Artikel lesen, beim besten Willen nicht. Einen Haufen Informationen aufzunehmen ist harte Arbeit. Ich brauche zwischendrin eine Belohnung. Sonst macht mir der Konsum einfach keinen Spaß. Dass ich da in guter Gesellschaft bin, beweisen Serienproduzenten. Wenn die Handlung besonders dicht und spannend ist, sorgt ein Charakter für Lacher: der schusselige Kumpel, der Hund oder der allseits verhasste Jar Jar Binks aus Star Wars.

Aus dem gleichen Grund wollen Sie die inhaltliche Dichte auflockern. Diese – tamtaratta-tam, jetzt kommt's – Technik macht Ihre Texte *fluffiger*. Streuen Sie Soundeffekte ein, und erinnern Sie Ihre Leser daran, dass Sie ein lebendes, atmendes Wesen sind. Soundeffekte erweitern Ihre Texte um eine akustische Dimension. Sie haben ohne Ende Humorpotenzial. Die Asterix-Comics habe ich früher hauptsächlich wegen der Lautmalerei gehört, ich meine gelesen. Aufgeschriebene Geräusche helfen Leserinnen und Lesern, Ihren Text zu erleben.

In England, wo Humor nun wirklich zum guten Ton gehört, lesen Sie eine Art von Soundeffekten selbst in wissenschaftlichen Papers. Ist Ihnen diese Formulierung schon mal untergekommen? *Yada-yada-yada*. Übersetzen könnte man das mit »und so weiter, und so fort«. In Wahrheit ist es ein Sound-Effekt, der zeigt, wie es sich anhört, wenn Ihnen jemand etwas Bekanntes erzählt. Oder wenn Sie Ihr Gegenüber betrachten, anstatt ihm zu lauschen. Dann hören Sie nur noch bla, bla, bla, weil Sie nicht verarbeiten, was Sie hören. Sie wollen Beispiele, aye:

Soundeffekte im Text

So können Sie Geräusche in Ihre Texte einbinden. Damit beweisen Sie Humor und holen Ihre Leser näher ran. Echter geht's nicht.

- *Ts-ts-ts. Diese Technik würden wir nicht empfehlen.*
- *Puh, gerade noch rechtzeitig geschafft.*
- *Katsching, wir haben die Retoure für Sie eingebucht.*
- *Pah, wen interessiert das?*
- *Autsch, das tut weh.*
- *Uff, das ist eine schwere Entscheidung.*
- *Und dann – krawumm – verlieren Sie aus heiterem Himmel Ihren Job.*
- *Der Plan ist aufgegangen, hehe.*

Denken Sie wie ein Comiczeichner, der auch transportieren will, was der Leser hören soll. Sie brauchen das natürlich nicht im ganzen Text zu machen. Aber streuen Sie hier und da einen Soundeffekt ein, wenn es sich anbietet.

8.3 Auf die Kacke hauen, aber richtig – die stilvolle Übertreibung

Superlative sind so was von out. Wer heute noch schreibt »mit höchster Präzision gefertigt«, lebt in der Vergangenheit. Aufgeblasenes Werbegeschwalle bringt nichts mehr. Es mieft und hat sooo einen Bart. Wenn mein Sohn sagt, er sei der Größte und Stärkste, dann lache ich wohlwollend. Wenn ein Unternehmen das macht, ärgere ich mich. Es stimmt in beiden Fällen nicht, aber ein Unternehmen müsste es besser wissen als mein Kindergartenkind. Das klingt, als hätten die es nötig, Leuten einen vom Pferd zu erzählen.

Nicht weinen. Übertreiben dürfen Sie trotzdem, und zwar humorvoll. Die stilvolle Übertreibung ist mein Lieblingswerkzeug, wenn ich Witz einstreuen will. Beigebracht haben mir das meine Kinder. Gespräche zwischen meinen Jungs laufen oft so ab:

»Oh Mann, das dauert ja noch zehntausend Jahre.«

»Nein, eine Trilliarde«

»Nein, eine Milliontrilliardeunendlichtausend, hohoho«.

Sie überbieten sich mit megalomanischen Übertreibungen und finden es saukomisch. Diese Idee können Sie sich zunutze machen. Übertreiben Sie maßlos. Damit das Stilmittel ankommt, wollen Sie es auf die Spitze treiben, die die Grenzen des Universums durchbricht. Die stilvolle Übertreibung funktioniert nur, wenn sie komplett überzogen ist. Trauen Sie sich was, dann wird Ihren Lesern klar, dass Sie einen Witz machen. Wenn Sie zögerlich übertreiben, denkt man, Sie meinen das so. Schauen Sie sich die ganzen selbstverliebten Werbebotschaften an, die leider ernst gemeint sind. Übertreiben ist nur witzig, wenn Sie in die Vollen gehen.

Denken Sie in großen Dimensionen: nicht Taschenmesser, sondern Todesstern.

Tabelle 8.1 zeigt, wie Sie trockene Formulierungen mit einer stilvollen Übertreibung aufpeppen.

Standardformulierung	Humorvolle Übertreibung
Ich habe eine Niederlage erlitten.	*Das war mein Armageddon.* *Ein Waterloo.* *Die Zombie-Apokalypse könnte nicht schlimmer sein.* *Mein Traum wurde zerschmettert wie ein Eiswürfel im Mixer.*
Wir sind zufrieden mit dem Ergebnis.	*Wir machen Freudensprünge.* *Wir tanzen Zumba um den Schreibtisch.* *Wir platzen vor Stolz.*

Tabelle 8.1 Wenn es sich anbietet, können Sie gerne etwas die Sau rauslassen.

Standardformulierung	Humorvolle Übertreibung
Wir stehen vor einer großen Aufgabe.	*Wir stehen vor einem Mount Everest.* *Unser Problem reicht von hier bis zum Mars.* *Atlas würde zusammenbrechen.*

Tabelle 8.1 Wenn es sich anbietet, können Sie gerne etwas die Sau rauslassen. (Forts.)

8.4 Ungewöhnliche Wörter

Sie kennen einen Sack voll witziger Wörter. Die wenigsten davon schaffen es in Ihre Texte, weil Sie nur einen kleinen Teil Ihres Wortschatzes mit dem Label »Marketingtext« für ebensolche benutzen. Dabei reicht es oft schon, ein charmantes Wörtchen für einen gängigen Ausdruck zu finden, um Ihre Leser zum Schmunzeln zu bringen.

Einen riesigen Fundus liefern altmodische Wörter, die nicht mehr so häufig gebraucht werden. Viele davon sind reinste Onomatopoesie – schon der Klang gibt Aufschluss über ihre Bedeutung. Warum sollten wir diese alten Wörter hintenüberfallen lassen? Verleihen Sie Ihren Texten Witz und Flair, indem Sie alte Wörter einstreuen. Weil wir sie nicht ständig hören, fallen Sie auf – und lustig sind sie auch:

ulkig

beknackt

Mumpitz

wunderprächtig

drollig

flugs

knastern

Mummenschanz

verballhornen

Ungewöhnliche Wörter erhalten Sie auch, wenn Sie all die Anglizismen, die Sie verwenden, hinterfragen. Mir fällt auf: Englische Ausdrücke sind verpönt, Schreibratgeber empfehlen standardmäßig, besser ein deutsches Wort zu verwenden. Aber sie sind überall. Dass die Experten schimpfen, interessiert keinen. Ich sehe das entspannt. Manchmal ist das englische Wort einfach schicker – und vielleicht passt es zur Tonalität. Wenn ich im persönlichen Gespräch das englische Wort verwende, dann darf ich das auch, wenn ich schreibe.

Geht es Ihnen auch so, dass Sie bei Geschäft eher an den Toilettengang denken als ans Business?

Aber wenn Sie ein Wort suchen, das ein Lächeln auf die Lippen hext, dann übersetzen Sie die gängigen Anglizismen, und seien Sie dabei gehässig. Wie wär's damit:

Facebook = Fratzenbuch

Jetlag = Zeitzonenkater

Laptop = Klapprechner

Chief of Marketing = Werbehäuptling

Tipp: Machen Sie sich eine Liste mit kuriosen Wörtern, die Sie bei Gelegenheit einstreuen können.

8.5 Reim dich oder ich schlag dich

[–] *Willst du viel, spül mit Pril.*

[–] *Haribo macht Kinder froh und Erwachsene ebenso.*

[–] *Innen gut, außen mit Hut.*

Wenn ich diese Asbach-uralt-Werbesprüche lese, höre ich im Hintergrund ein Tätätätä-tätääää. Die haben echt was von peinlichen Büttenreden. Deshalb sind sie heute in der Werbung auch out. Andererseits muss ich so einen Spruch nur einmal hören und werde ihn mein Leben lang nicht mehr los. Reime sind für mich wie Enterhakenkanonen. Einmal abgeschossen krallen sie sich im Gedächtnis fest. Die können also was. Aber wie reimen Sie ohne Helau und Alaaf? Wenn sich's reimt, ist es nicht automatisch witzig. Auf diese brutalen Schenkelklopfer können Sie verzichten.

Ich verrate Ihnen einen Trick: Betrachten Sie den Reim nicht als zweizeiliges Gedicht oder klassischen Werbespruch. Reimen Sie mal im Fließtext, am besten keine ganzen Sätze, sondern nur einzelne Wörter. Das wirkt dezenter.

[+] *fieser Teaser*

[+] *echt schlecht*

[+] *locker vom Hocker*

[+] *fix ist nix*

[+] *Maid mit Schneid*

[+] *Zeit für Streit*

Oder beschränken Sie sich auf ein Wort, das einen Reim enthält.

[+] *Wortlord (cooler Name für einen Texter, oder?)*

[+] *Sofortkomfort*

[+] *Schreibleid*

Mir fallen ständig Reime ein, aber ich verwende sie spärlich. Probieren Sie's mal in Ihren Texten. Und wenn's Ihnen zu viel wird mit der Witzigkeit, dann schalten Sie einen Gang runter.

8.6 Billiger Buchstabentrick – Alliterationen

Die Methode ist nicht der verschwundene Schatz der Templer, zugegeben. Aber sie ist wahnsinnig wirksam. Super smart. Schön charmant.

Sie verstehen, worauf ich hinauswill: Bilden Sie Ausdrücke, deren Bestandteile mit dem gleichen Laut beginnen. Damit beweisen Sie sanft Humor, falls Sie den Holzhammer verabscheuen und Reime nicht zu Ihnen singen. Alliterationen haben einen ähnlichen Effekt: Sie sind eingängig.

Claims und Slogans arbeiten gern mit Alliterationen. Ich sag nur: »Geiz ist geil.« Und was Saturn kann, können Sie schon lange. Setzen Sie einen Begriff aus zwei Wörtern mit dem gleichen Anfangslaut zusammen:

Bullshit-Bingo

Dramaduell

Marketingmuffel

Dorfdepp

Oder stecken Sie einen Rahmen:

von Pontius zu Pilatus

vom Kaffee am Morgen bis zum Korn am Abend

ob Penner oder Primaballerina

von Portugal nach Patagonien

Alliterationen peppen jeden noch so sachlichen Text auf. Mir helfen Sie sogar beim Brainstorming, weil mir schneller Wörter einfallen, wenn ich schon einen Anfangsbuchstaben parat habe.

8.7 Sagen Sie's mit Star Trek – Popkultur-Referenzen

Warum wollen Sie Ihre Texte mit Humor würzen? Exakt. Sie wollen zeigen, dass Sie kein namenloser Autor sind, der in irgendeinem Unternehmen arbeitet. Sie sind ein Experte für Content Marketing, der Peppa Wutz und Feuerwehrmann Sam kennt, weil er einen dreijährigen Sohn hat, oder eine PR-Frau, die von »Altered Carbon« bis »The Expanse« und »Star Trek Discovery« alles suchtet, was mit Science-Fiction zu tun hat.

Fällt Ihnen ein Zitat aus Ihrer Lieblingsserie ein, das Sie in Ihren Text einbinden könnten? Oder finden Sie eine Parallele zu einem Plot, einem Songtext oder einer Promi-Story? Stricken Sie daraus eine Metapher oder Ministory.

Trauen Sie sich, Bezug zum Privatvergnügen herzustellen. Ihre Leserinnen und Leser haben auch ein Leben. Und sie wollen sich schlau fühlen, weil sie Ihre Anspielung verstanden haben. Fordern Sie Ihr Publikum, sonst sind Ihre Texte witzlos.

8.8 Vorsicht mit Ironie

Neulich an einem ganz normalen Schultag. Viertel vor acht, die Hälfte der Kinder noch im Schlafanzug, Brote im Anfangsstadium. Ich stürze ins Zimmer meines Neunjährigen:

»Henry, hast du alles gepackt, was du heute für die Schule brauchst?«

Er: »Klar. Ne, Moment: Ich soll noch Muffins mitbringen.«

Ich kriege einen halben Nervenzusammenbruch. Er lacht und sagt: »Mama, das war Ironie.« Ich bin stolz auf ihn und sehr erleichtert. Aber warum habe ich nicht kapiert, dass er einen Witz macht? Er hat seine Muffin-Nummer mit todernster Miene vorgetragen, die Stimme aufrichtig. Und ganz abwegig ist es nicht, dass meinen Kindern vor dem ersten Gong furchtbar wichtige Dinge einfallen. Mein Sohn hat mir keinen Hinweis darauf gegeben, dass seine Aussage nicht stimmt. Keine übertriebene Begeisterung, kein überfreudiges Lachen. Ihm ist es nicht gelungen, mich zur Komplizin zu machen, die versteht, was er in Wirklichkeit meint. Oder ich war zu gestresst, um die Signale zu deuten.

Erwachsene kommen normalerweise ganz passabel mit Ironie durch den Tag. Sie sagen schon mal mit einem wissenden Lächeln: »Joa, ist klar«, und das Gegenüber versteht sofort, dass das keine Zustimmung war. Genau wie die Kollegen in der Mittagspause, die Lobeshymnen auf die neue innovationspreisverdächtige Idee des Chefs singen und in Wirklichkeit darüber ablästern. Ironie hat einen festen Platz in der mündlichen Kommunikation. Wir sagen bewusst das Gegenteil dessen, was wir zum Ausdruck bringen wollen. Wir lügen nicht, sondern holen unser Gegenüber mit unter die Decke und helfen ihm, zu verstehen, was wir in Wirklichkeit meinen. Damit das gelingt, übertreiben wir und lassen uns dabei von Mimik und Tonfall helfen. Sie wissen, wie eine ironietriefende Stimme klingt.

Diesen Herkules-Aufwand betreiben wir, um harte Aussagen abzumildern und Kritik freundlicher zu formulieren. Oder aber, um uns zu rechtfertigen. So entsteht eine humorvolle Distanz zwischen dem Gesagten und Gemeinten.

Die Gänsefußkrücke

Schriftlich klappt das längst nicht so gut. Woher sollen Ihre Leserinnen und Leser wissen, ob Sie etwas ernst meinen oder genau das Gegenteil davon? Sie sehen nicht, wie Sie beim Sprechen gucken, und hören die Ironie in Ihrer Stimme nicht. Deshalb haben Texterinnen und Texter seit Urzeiten versucht, die Ironie auf Krücken in den Text zu hieven. Herausgekommen sind furchtbare Texte voller Gänsefüßchen, die Doppeldeutigkeiten, ironische Aussagen, Metaphern oder Wörter, die es doch nicht ganz treffen, kennzeichnen.

[–] *Ein »magisches« Erlebnis erwartet Sie.*

Hier stehen die Anführungszeichen für eine Metapher. Das Erlebnis hat sicher nichts mit dem zu tun, was die Schüler in Hogwarts lernen.

[–] *Sie können uns einen »klitzekleinen« Gefallen tun.*

Wahrscheinlich will der Texter sagen, dass die Bitte an die Leserschaft doch eine große ist. Die Anführungszeichen spielen es herunter. Das ist eine Form von wohlwollender Ironie.

[–] *Die Konkurrenz hat eine »Glanzleistung« abgeliefert, als das Produkt zurückgerufen werden musste.*

So ganz direkt will die Texterin offenbar nicht sagen, dass jemand Mist gebaut hat. Die Anführungszeichen sollen zeigen, dass es sich um das Gegenteil einer Glanzleistung handelt.

Ich kapiere, welche Absicht hinter den Gänsefüßchen steckt: Sie sollen es dem Leser erleichtern, Witze und Ironie im Text ausfindig zu machen. Trotzdem empfinde ich sie als schlechten Stil.

Kennen Sie Leute, die mit den Händen Anführungszeichen in der Luft machen, um anzuzeigen, dass sie etwas ironisch meinen? Nervig, oder? Ihre Leserschaft versteht das auch so. Und wenn Sie für eine Zielgruppe schreiben, der Sie das nicht zutrauen, dann lassen Sie die Ironie lieber ganz raus.

Bleiben mit Gänsefüßchen markierte Wörter, die es noch nicht treffen, aber auch nicht ironisch gemeint sind oder als Metapher taugen. Damit brüllen Sie: »Ich bin unsicher, ich weiß nicht, wie ich das sagen soll!« Mein Tipp: Seien Sie eben mal unlustig, wenn Ihnen nichts Kreatives einfällt. Benutzen Sie lieber einen Standardbegriff als eine Gänsefußkrücke.

Ach, Ironie ist doch ein Kinderspiel

Sie haben aus der Überschrift herausgelesen, dass Ironie doch nicht ganz einfach umzusetzen ist. Das macht Hoffnung, oder? Ironisch geht auch schriftlich, ich zeig's Ihnen gleich. Die Schwierigkeitsstufe ist nur höher als von Angesicht zu Angesicht. Aber sollten Sie deshalb darauf verzichten? Nicht unbedingt. Die Methode ist mündlich so populär, dass wir uns zumindest überlegen können, wie wir sie in Schriftform bringen.

In sozialen Medien haben Sie Emojis im Koffer, mit denen Sie Ironie kennzeichnen können. Allerdings können zu viele davon unseriös wirken. Wie Sie Emojis geschickt einsetzen, lesen Sie, wenn es um Texte für soziale Medien geht (siehe Kapitel 15, »Social-Media-Content«).

Ich zeige Ihnen elegantere Möglichkeiten: Verwenden Sie Ironie in einem Kontext, der klarmacht, wie es gemeint ist.

[+] *Diesen Traumurlaub mit Lebensmittelvergiftung und Kakerlaken im Hotel werden Sie so schnell nicht vergessen.*

Dass der Urlaub eher in die Kategorie Horrorreise fällt, ergibt sich, wenn man den ganzen Satz liest. Oder Sie formulieren so überspitzt, dass es nicht ernst gemeint sein kann:

[+] *In 7 Tagen zur Million. Schalten Sie ein paar Facebook-Anzeigen, geben Sie ein Webinar, und sprechen Sie mit ein paar Dummen am Telefon. Die werden sich darum streiten, wer Ihnen zuerst all sein Erspartes überweisen darf. Mit meiner streng gehüteten Strategie, die jetzt enthüllt wurde. Dafür müssen Sie nur mein Supercoaching kaufen. Exklusiv, noch 30 Minuten lang für 10.000 €, danach 30.000 €.*

Hier baut der Texter Ironie auf, indem er mit Erwartungen spielt und ein unrealistisches Szenario ausmalt. Er parodiert Marketingberater und übertreibt dabei so heftig, dass ich mich kringeln könnte.

Puh, Sie brauchen Ironie nicht rigoros aus Ihren Texten zu verbannen. Ihr Humor darf bleiben. Achten Sie nur darauf, dass Sie einen Rahmen dafür schaffen, der Ihren Leserinnen und Lesern hilft, die Ironie richtig einzuordnen.

Sie wissen jetzt, wie Sie Humor in Ihre Texte bekommen. Weiter geht's mit Schreibtechniken, damit Ihnen das Texten leicht von der Hand geht.

8.9 Übungen zu witzigem Schreiben

Moment, so schnell kommen Sie mir nicht davon. Humorvoll schreiben gelingt Ihnen besser, wenn Sie es trainieren. Ich fordere Sie heraus, Ihre Vorsicht über Bord zu werfen und Ihre Texte mit Witz und Charme zu adeln. Lassen Sie sich von den folgenden Übungen inspirieren.

Übung 1: Witziger Fachartikel

Schnappen Sie sich Ihren letzten Fachartikel. Überarbeiten Sie den Text mit der Maßgabe: Das Publikum soll mindestens dreimal schmunzeln. Opfern Sie dabei nicht den Informationsgehalt und die inhaltliche Tiefe. Wenden Sie mindestens drei der gezeigten Strategien an.

Übung 2: Humorvolle Headlines

Schreiben Sie die Headlines auf Ihrer Website humorvoll um. Verwenden Sie Alliterationen, Anspielungen, Vergleiche und (wenn das Ihr Ding ist) auch mal einen Reim. Verstehen Sie es als Fingerübung – Sie brauchen die witzigen Lines nicht zu verwenden, aber vielleicht stellen Sie fest, dass sie besser ankommen.

Fragen Sie spaßeshalber mal Kolleginnen und Kollegen, welche Variante ihnen besser gefällt.

Teil III

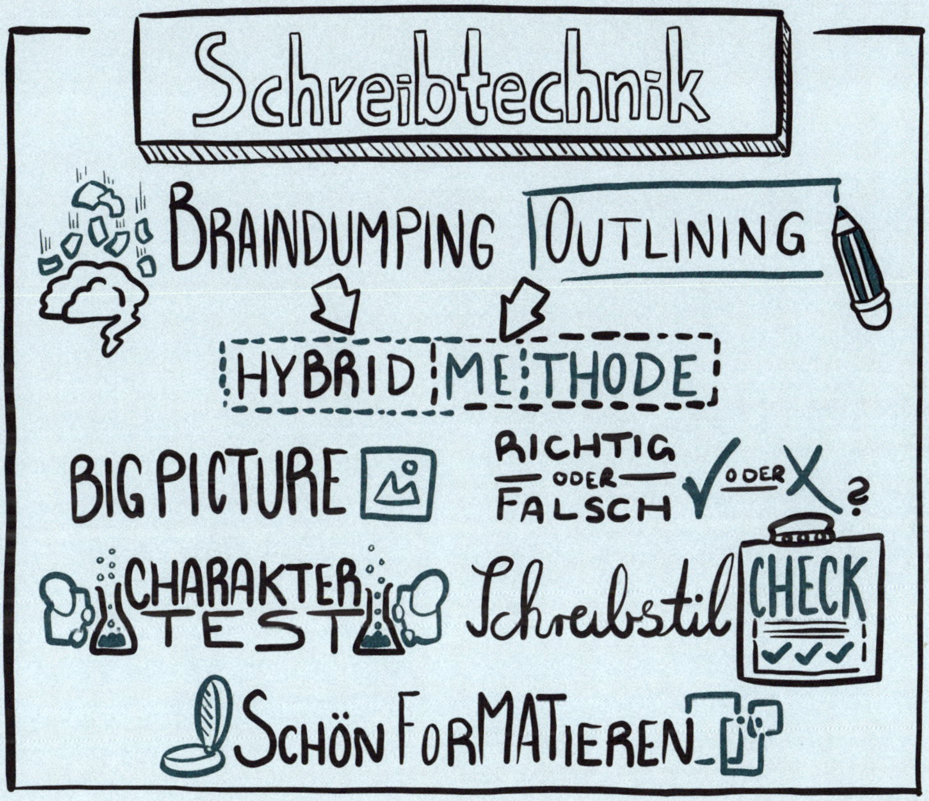

Schreibtechnik
BRAINDUMPING
OUTLINING
HYBRID METHODE
BIG PICTURE
RICHTIG ODER FALSCH
ODER
?
CHARAKTER TEST
Schreibstil
CHECK
SCHÖN FORMATIEREN

Kapitel 9
Ins Schreiben kommen

Sie kennen Ihr Thema und wissen zumindest grob, worüber Sie schreiben wollen. Aber wie fangen Sie mit dem Schreiben an? Sie sitzen am Rechner und der Cursor blinkt Ihnen erwartungsvoll entgegen.

Für mich ist der schönste Moment beim Schreiben, wenn ich fertig bin. Und der zweitschönste, wenn ich irgendwann im Fluss bin und noch Stunden weiterschreiben könnte. Der Moment, den ich am wenigsten mag, ist der Anfang. Wenn mir Ideen im Kopf herumwabern oder ich vor einem vagen Briefing sitze. Wenn noch kein Wort die weiße Fläche befleckt. Das ist wie in einem Schneesturm zu stehen, in dem ich nur Schemen sehe. Kein gutes Gefühl.

Quälen Sie sich auch, wenn Sie mit dem Schreiben anfangen? Dann fragen Sie sich einmal, warum das so ist. Muss der Anfang ungemütlich sein? Sollte es kein Grund zur Freude sein, endlich Ideen in Worte zu fassen? Wenn Sie nicht gleich ins Schreiben kommen, kann das an verschiedenen Faktoren liegen oder – uff – an mehreren:

1. **Sie wissen nicht genug**

   Ihr Briefing ist so unvollständig und vage, dass Sie nur allgemeines Blabla schreiben können. Sie kennen die Benefits nicht oder Ihnen fehlt einfach inhaltliches Fleisch. Wenn Sie einen Marketingtext für einen Auftraggeber schreiben: Fragen Sie nach. Entgegen der häufigen Annahme können Texter aus Nichts kein Gold erschaffen. Sogar Alchemisten brauchen dafür ein Ausgangsmaterial. Wenn Sie in Eigenregie einen Blogartikel schreiben, munitionieren Sie sich mit Infos, bevor Sie loslegen. Recherchieren Sie, was das Zeug hält. Sie müssen nicht alles verwenden, aber viel zu wissen, schadet nicht. Ich fühle mich sicherer, wenn ich mich sorgfältig schlau gemacht habe. Dann habe ich wenigstens Inhalte, die ich verwenden kann.

2. **Sie sind kein Experte**

   Der Klassiker: Sie glauben nicht, dass Sie der Experte sind, Sie fühlen sich wie ein Hochstapler und halten sich nicht für kompetent genug, um über das Thema zu schreiben. Dieses Problem müssen Sie als Texter loswerden. Schnell. Wie wollen Sie sonst Broschüren über Tunnelbau schreiben, wenn Sie kein Ingenieur sind? Oder Krankenhäusern Medizingeräte vorstellen, wenn all Ihr Fachwissen von Netdoktor stammt? Ich durfte als Werbetexterin Autoelektronik für Ingenieure erklären. Ich habe Kunstgeschichte studiert und keinerlei technisches Verständnis – wie mein Zeugnis vom Ferienjob in einer Kühlerbaufirma bestätigt. Man könnte also sagen, dass ich nicht qualifiziert war, diesen Text zu schreiben. Was habe ich gemacht? Ich habe mir die PowerPoint-Präsentation reingezogen, die ich als Briefing bekommen hatte. Danach habe ich meinen Ansprechpartner so lange interviewt, bis ich den Zweck des Textes verstanden hatte. Es ging viel weniger um technische Details als darum, Vorteile zu kommunizieren. Die musste ich schon mit technischen Features begründen, aber die habe ich genau erfragt. Sobald mein Ansprechpartner sich in Details verlor, habe ich ihn gebeten, die Relevanz für den Benefit zu erklären. Der Kunde war glücklich, und der Text kam bei der Zielgruppe an.

Sie brauchen kein Experte auf dem Gebiet zu sein, über das Sie texten. Wenn Sie Marketingtexte schreiben, müssen Sie wissen, wie Sie Argumente aufbauen, Vorteile transportieren und mit Ihren Lesern sprechen. Dann sind Sie qualifiziert. Der Ingenieur, der fachlich top Bescheid weiß, kann das wahrscheinlich nicht auf Ihrem Level. Fürs Fachliche brauchen Sie einen Faktenchecker, den Sie fragen können und der Ihre Texte auf inhaltliche Fehler prüft.

3. **Sie sind nicht als Texterin oder Texter zur Welt gekommen**

   Sie sind kein geborener Wortmensch, Ihre Talente liegen anderswo. Ihre Texte sind fachlich einwandfrei, aber Sie tun sich mit dem Formulieren schwer. Sie glauben, dass nur Leute Ihre Texte lesen würden, die sich brennend für das Thema interessieren. Sie würden gern mit Worten jonglieren, finden Ihre Formulierungen aber fade. Sie kramen nach würzigen Wörtern, Ihnen fällt aber nicht viel ein. Sie fahren sich fest und doktern ewig an einem Satz herum. Sie brauchen Strategien, damit Sie erst gar nicht stecken bleiben. Wichtig ist, dass Sie schreiben, auch wenn's noch nicht schön klingt. Keiner bringt gleich perfekte Sätze zu Papier – auch Texter nicht. Sie sollten mal lesen, was ich für einen Murks schreibe, bevor ich irgendwas veröffentliche. Lassen Sie sich bloß nicht vom Schreiben abhalten. Sie brauchen kein Texter zu sein, um Gedanken in Worte zu fassen.

Was auch immer Ihren Schreibfluss blockiert: Dass auf Knopfdruck keine feurigen Texte aus Ihren Fingern schießen, ist doch logisch. Glauben Sie, dass Michelangelo die Decke der Sixtinischen Kapelle beim ersten Anlauf mit ideal proportionierten Figuren bevölkert hat? Nein, er hat geplant, skizziert, probiert, geändert. Weil ein Schaffensprozess nicht links oben anfängt und rechts unten aufhört. Das gilt für Deckengemälde genauso wie für Texte.

Was Sie brauchen, ist ein klarer Prozess, den Sie immer wieder anwenden können, der Ihre Worte zum Fließen bringt – ganz entspannt ab der ersten Minute.

Ich möchte Ihnen zwei Methoden vorstellen, die Ihnen helfen, ins Schreiben zu kommen. Besonders hilfreich sind sie bei längeren Texten wie Blogartikeln, Whitepapers, E-Books. Für klassische Marketingtexte eignen sich Textformeln, um schnell loszuschreiben (siehe Kapitel 3, »Textformeln – überzeugen mit System«).

Wenn Sie aber mit einer freieren Struktur arbeiten wollen und Texte schreiben, die in die Kategorie werbefreier Content fallen, erleichtern Ihnen diese Methoden den schweren Anfang – und helfen Ihnen, bis zum Ende effizient zu schreiben. Welche für Sie besser passt, finden Sie heraus, indem Sie beide ausprobieren. Oder Sie kreieren sich Ihren persönlichen Mix, wie ich das gerne mache.

Die Methoden heißen *Outlining* und *Braindumping*. Beide helfen Ihnen, schnell ins Schreiben zu kommen. Sie legen nicht mit dem Anspruch los, dass gleich ein fertiger Text dasteht. Auf beiden Pfaden nähern Sie sich Schritt für Schritt Ihrem Endprodukt.

Outlining und Braindumping

Was unterscheidet die beiden Schreibmethoden?

1. **Outlining:** Erst strukturieren, dann schreiben
   Sie legen im ersten Schritt eine Textstruktur fest, die Sie im zweiten Schritt mit Inhalt füllen.
2. **Braindumping:** Erst schreiben, dann strukturieren
   Sie entleeren Ihr Gehirn und schreiben, ohne groß nachzudenken, alles auf, was Ihnen zum Thema einfällt. Erst danach bringen Sie die Inhalte in Form.

Für mich spielen beide Methoden zusammen. Ich starte mit Outlining und mache mit gezieltem Braindumping weiter. Ich möchte keins von beidem missen, halte mich aber an diesen Ablauf. Aus diesem Grund: Wenn die Outline steht, können Sie Ihr Wissen gezielter hervorholen. Deshalb erkläre ich die beiden Methoden in dieser Reihenfolge – und dann, wie Sie beide zusammen verwenden können. Kommen Sie mit in den Schreibfluss.

9.1 Outlining – von Anfang an strukturiert schreiben

Gehören Sie zu den Selbstsaboteuren? Dann sind Sie in guter Gesellschaft: Sie lesen gerade vom gefährlichsten dieser Sorte im bekannten Universum. Ich vermassle mir oft den Spaß am Schreiben, indem ich mir Fragen wie diese stelle: Ist die Argumentation logisch? Macht das Lesen Spaß? Habe ich an alles gedacht? Versteht man das?

Trifft es die Formulierung? Schreibfluss kommt bei mir nicht von selbst. Deshalb starte ich bei längeren Texten prinzipiell mit einer Outline. In der Konzeptionsphase gelingt es mir, Formulierungen hintanzustellen. Ich schreibe ja einen Plan, wie ich den Text aufbauen will, nicht den Text selbst. Das nimmt viel Druck raus.

Was bringt es Ihnen, eine Textstruktur gleich zu Beginn festzulegen? Outlining hat unschlagbare Vorteile:

- Sie haben einen roten Faden, der Ihre Gedanken leitet.
- Ihr Text hat von Anfang an einen starken inhaltlichen Zusammenhalt.
- Die Inhalte bauen logisch aufeinander auf.
- Sie vergessen nichts Wichtiges, weil Sie die Struktur auf Sinn und Vollständigkeit hin prüfen können.
- Sie überladen Ihren Text nicht, weil die Struktur Ihnen hilft, bei den relevanten Themen zu bleiben.
- Sie sparen Zeit beim eigentlichen Schreiben, weil die Struktur Inhalte vorgibt – so müssen Sie viel weniger ausprobieren.
- In den Zwischenüberschriften können Sie gleich eine zusammenhängende Geschichte erzählen, die Leser auch beim Überfliegen erfassen können

Okay, und wo ist der Haken? Perfektionisten denken beim Outlining lange nach, bevor sie ins Schreiben kommen – ich spreche aus bitterer Erfahrung. Aber selbst das können Sie vermeiden. Ich zeige Ihnen, wie Sie ohne viel Rumprobieren eine Outline als Arbeitsbasis skizzieren. Betrachten Sie die Outline als Umriss, den Sie später ausfüllen können. Wenn Sie eine Kontur haben, können Sie sich den Rest des Textes vorstellen. Genau wie Sie in Abbildung 9.1 eindeutig einen Mann erkennen:

Abbildung 9.1 Outlining – erst Kontur, dann Inhalt

Schritt-für-Schritt Anleitung zum Outlining

Ich gehe davon aus, dass Sie schon ein Thema für Ihren Text haben. Dieses haben Sie zumindest in einer Arbeits-Headline umrissen. Die schnappen Sie sich jetzt. Ganz am Rande: Wenn Sie erst mehr übers Headline-Schreiben lesen wollen, springen Sie zu Abschnitt 11.2, »Headlines für Marketingtexte, Blogs und E-Mails«.

Wenn Ihre Headline etwas taugt, steckt darin zumindest implizit das Versprechen, das Ihr Text erfüllen soll. Und jetzt machen Sie sich Gedanken darüber, was Sie schreiben sollten, um die Erwartungen Ihrer Leser zu erfüllen. Eine Outline besteht typischerweise aus einer Liste von Zwischenüberschriften. Ich kann Ihnen nur empfehlen: Halten Sie die Outline simpel, und bleiben Sie strikt bei der Sache. Wer viel von seinem Fachgebiet versteht, dem fällt viel dazu ein.

Leserinnen und Leser wollen nicht alles wissen, was Sie wissen, sondern nur, was ihnen weiterhilft. Also: Beschränken Sie sich aufs Wesentliche.

Dazu gehört auch: Verkünsteln Sie sich nicht mit komplexen Strukturen, die stören höchstens. In die Outline gehört nur, was Sie unbedingt brauchen, um Ihr Versprechen an den Leser zu erfüllen. Sie versprechen sechs Tipps gegen Heuschnupfen? Dann ist die Outline: Tipp 1: Tee trinken, Tipp 2: Augentropfen, Tipp 3: Nach dem Regen rausgehen (ich erspare Ihnen und mir den Rest der Aufzählung). Weitere klassische Muster, nach denen Sie Blogartikel aufbauen können, finden Sie auch in Abschnitt 1.3, »Alles Content – oder brauchen wir noch Werbetext?«.

Damit Sie schneller ins Tun kommen, gehen Sie am besten unbefangen an die Sache ran. Immer dran denken: Sie meißeln nichts in Stein und verschwenden keine Tinte. Die Backspace-Taste ist Ihr Freund.

1. **Ungeordnete Themenliste**

   Überlegen Sie, welche Themen Sie genau behandeln wollen, und schreiben Sie Ihre Ideen als ungeordnete Liste auf. Es geht nicht darum, eine Formulierung zu finden, die später so stehen bleibt. Sie brechen nur die Inhalte herunter, über die Sie schreiben wollen. Machen Sie sich einfach ein paar Stichpunkte, die Sie untereinanderschreiben.

   Damit's nicht so abstrakt bleibt, zeige ich das anhand eines Blogartikels. Das Thema heißt: »Wie du deinem Pferd die Angst vor dem Satteln nimmst.«

Stichpunkte für die Outline:

Anzeichen von Aversionen gegen das Satteln bei Pferden

Ursachen und Gründe

Präventive Maßnahmen

Wie man Pferde mit Sattelangst umtrainieren kann

2. **Zwischenüberschriften aus Stichpunkten**

   Wenn Sie ein paar Stichpunkte haben, versuchen Sie gleich, Zwischenüberschriften zu formulieren. An denen können Sie später natürlich noch feilen, damit sie das Weiterlesen schmackhaft machen. Für den Anfang tun Sie so, als wäre jede Zwischenüberschrift eine Headline, die für sich steht. Sagen Sie Ihrer Leserschaft, was sie im folgenden Abschnitt erwartet, aber verraten Sie nicht alles. Eine Überschrift ist keine Inhaltsangabe, sondern ein Appetithappen.

   So sehen die Stichpunkte aus, nachdem ich sie in Zwischenüberschriften verwandelt habe:

   Aufblähen, schlagen, tänzeln – so zeigen Pferde ihre Aversion gegen das Satteln

   Ursachen und Gründe, warum Pferde das Satteln als unangenehm empfinden können

   Was Reiter tun können, um das Satteln angenehmer zu gestalten

   Ist Sattelangst heilbar? Was, wenn das Pferd schon wegrennt, sobald es den Sattel sieht?

3. **Stichpunkte konkretisieren**

   Jetzt konkretisieren Sie die Inhalte in Ihrer Outline, indem Sie das Themengerüst mit Inhalten unterfüttern. Fügen Sie unter jeder Zwischenüberschrift Stichpunkte ein, die Ihre Fließtextinhalte festlegen. Schreiben sie auf, was Ihnen wichtig erscheint, und hadern Sie nicht lange. Sie überarbeiten Ihre Stichpunkte noch, bevor Sie losschreiben. Wenn Sie einen Artikel über ein komplexes Thema schreiben, können Sie sich überlegen, ob Sie eine weitere Überschriftenebene einfügen. Auf diese Weise können Sie mit Struktur in die Tiefe gehen. Für die meisten Blogartikel dürfte Ihnen jedoch eine Zwischenüberschriftenebene reichen. Wenn ich die Textinhalte als Stichpunkte hinzufüge, sieht das so aus – hier exemplarisch unter ein paar Zwischenüberschriften gezeigt:

Aufblähen, schlagen, tänzeln – so zeigen Pferde ihre Aversion gegen das Satteln

Ursachen und Gründe, warum Pferde das Satteln als unangenehm empfinden können: schlechte Erfahrungen, Magenprobleme/Blähungen, schlecht sitzender Sattel, zu schnelles Gurten

Was Reiter tun können, um das Satteln angenehmer zu gestalten: eine positive Atmosphäre schaffen, gutes Verhalten direkt belohnen, kein Hauruckverfahren beim Gurtanziehen, Geduld beweisen, den Sattel mal schnell wieder abnehmen

Ist Sattelangst heilbar? Was, wenn das Pferd schon wegrennt, sobald es den Sattel sieht: die sanfte Konfrontationsmethode

4. **Outline überarbeiten**

   Legen Sie zuerst die Reihenfolge Ihrer Überschriften fest. Vielleicht haben Sie auch schon ins Schwarze getroffen und können alles so lassen, wie es ist. Glückwunsch. Bauen Ihre Überschriften sinnvoll aufeinander auf? Kommen die Ursachen vor den Lösungen? Nach diesen Kriterien können Sie die Abfolge Ihrer Artikelthemen festlegen:

   Kriterien 1: Starten Sie mit dem wichtigsten, relevantesten, spannendsten Thema oder Tipp für den Leser

   Kriterien 2: Erklären Sie einen Vorgang? Fangen Sie vorne an, und hören Sie hinten auf. Beginnen Sie bei den Zutaten, nicht bei der Glasur.

   Kriterien 3: Wenn Sie Thesen gegenüberstellen: Geben Sie einen Überblick. Erst dann beschreiben Sie These 1 genauer, danach These 2 etc.

   Jetzt schauen Sie kritisch über Ihre Outline. Ganz wichtig: Haben Sie dabei die Headline im Hinterkopf. Erfüllt Ihre Outline das Versprechen in der Überschrift?

   Ein kleines Negativbeispiel: In der Headline werden fünf Tipps zum Umgang mit Obdachlosen angekündigt. In den Zwischenüberschriften stecken aber Fragen wie »Wie viel Geld ist angemessen?« oder »Kann ich Essen spenden oder muss ich Geld geben?« Auch wenn die Antworten auf die Fragen nützliche Tipps enthalten, wundere ich mich als Leser kurz. Ich habe Tipps erwartet, werde aber mit Fragen konfrontiert.

Wenn Sie Ihre Zwischenüberschriften hintereinanderweg lesen, achten Sie darauf:

- Fehlt noch ein Aspekt, um das Versprechen in der Headline zu erfüllen? Rein damit.

- Wiederholen sich Inhalte, auch wenn sich die Zwischenüberschriften unterscheiden? Und tschüss.
- Zahlt jede Zwischenüberschrift in das Versprechen der Headline ein? Wenn nicht: Raus damit.

Chapeau, Ihre Outline ist fertig. Sie sind bereit, loszuschreiben. Heißt das, Sie dürfen an der Outline nicht mehr rütteln? Vieles ergibt sich beim Schreiben. Ihnen wird auffallen, dass sich Aussagen zwar in der Formulierung unterscheiden, aber inhaltlich wiederholen. Dass Sie doch Teile zusammenfassen können oder etwas ergänzen wollen, weil Ihre Argumentation sonst Lücken hat. Ihre Outline ist kein starres Gerüst, sondern ein weiches organisches Gebilde. Sie dürfen sie jederzeit ändern und erweitern. Das gehört zum kreativen Prozess.

Und jetzt lernen Sie das Braindumping kennen, bei dem Sie erst losschreiben und dann Pläne schmieden.

9.2 Hemmungslos schreiben mit der Braindumping-Technik

Die zweite Methode, die mir beim Losschreiben hilft, ist das Gegenteil von Outlining. Nach dem Motto »Erst schießen, dann Fragen stellen« fangen Sie ohne großes Tamtam an. Sie entwickeln keinen Plan, Sie machen einfach mal.

Woher kommt Braindumping?

Der Begriff *Braindumping* setzt sich aus zwei Wörtern zusammen.

Brain = Gehirn

to dump = wegwerfen/abladen

Das Wörterbuch spuckt zu »dump« und »Dumping« eine Ladung Bedeutungen aus, doch diese beiden treffen es in dem Zusammenhang am besten. Mit Braindumping laden Sie ab, was im Gehirn ist.

Wenn ich das so lese, dann klingt das für mich wenig professionell. Unüberlegt. So als würde mich das ohne Ende Zeit kosten. Wenn ich ins Blaue reineinschreibe, muss ich vielleicht noch mal von vorn anfangen, weil ich vieles nicht bedacht habe oder weil ich dann am Thema vorbeischieße.

Andererseits: Dauert es wirklich länger, nach dem Schreiben wieder Teile zu löschen, umzustellen und zu ergänzen, wenn das Texten ohne Geruckel und Gehader fließt? Für manche ist es leichter, mit etwas zu arbeiten, das schon da ist. Ich verstehe das: Alles ist besser als vor einem weißen Blatt zu brüten. Und hemmungslos schreiben zu können ist eine unglaubliche Erfahrung – vor allem für Texter wie mich, die damit kämpfen, in den Fluss zu kommen. Weil das Schreiben ein ewiger Kampf gegen den inneren Kritiker ist. Ich jauchze immer, wenn meine Kritikerin ihren Mund hält und mich konzentriert schreiben lässt. Mit der Braindumping-Technik erreichen Sie genau das:

- Sie kommen schnell in den Schreibfluss.
- Sie zapfen Ihren Wissensschatz an und werden feststellen, dass Sie mehr über das Thema wissen, als Sie dachten.
- Sie knebeln Ihren inneren Kritiker und schreiben mit Freude.

Sie kippen den Inhalt Ihres Gehirns aus wie ein Kipplaster seine Ladung Kies. In Ihrem Kopf schwirren so viele Gedanken und Wissensfetzen herum. Der erste Schritt zum tollen Text ist, sie da rauszubekommen.

Abbildung 9.2 Braindumping – werfen Sie Ihre Gedanken auf einen Haufen.

Stellen Sie sich vor, Sie werfen Ihre Gedanken sichtbar auf einen Haufen – wie die kleinen Köpfe in Abbildung 9.2. Dann haben Sie eine Grundlage, auf der Sie arbeiten können.

Ob das bei Ihnen funktioniert? Versuch macht klug. Ich zeige Ihnen nun vier Schritte, mit denen Sie das Braindumping effizient beim Schreiben einsetzen.

Schritt-für-Schritt-Anleitung zum Braindumping

Wenn Sie mit Braindumping starten, sollte Ihnen klar sein: Sie schreiben längst keinen fertigen Text. Sie werden später definitiv löschen, umstellen, ergänzen und umformulieren. Aber zuerst lassen Sie alles raus, was Ihnen zum Thema im Kopf herumschwirrt, was Sie wissen oder was Sie dazu recherchiert haben. Diese Idee hilft Ihnen, entspannt ins Schreiben zu kommen.

Aber Entspannung auf Knopfruck funktioniert bei den Wenigsten. Suchen Sie sich einen Ort, an dem Sie diese finden können. Arbeiten Sie gern auf dem Balkon, und genießen Sie die Geräuschkulisse draußen? Oder mögen Sie am liebsten einen aufgeräumten Schreibtisch und weiße Wände? Gehen Sie dorthin, wo Sie Ruhe zum Arbeiten finden. Falls Sie das im Büro ausprobieren wollen: Machen Sie Ihren Kollegen klar, dass sie nur stören dürfen, wenn das Gebäude in Flammen steht. Schalten Sie alles aus, was bimmeln und summen kann.

Ich bin ein wandelndes Klischee und mache mir gern einen Tee, bevor ich mich ins Schreiben vertiefe. Wahrscheinlich prokrastiniere ich nur, aber der Tee hilft mir dabei, mich aufs Arbeiten zu freuen. Bereit?

1. **15 Minuten Sprint**

   Braindumping funktioniert ohne Ablenkungen am besten. Stellen Sie sich einen Timer auf 15 Minuten. Ja, wirklich nur 15 Minuten. Das ist eine überschaubare Zeitspanne, in der Sie sich komplett dem Schreiben widmen können – ohne schnell Pipi machen zu gehen, Mails zu checken oder noch was zu trinken zu holen. Die richtige Dauer für den Schreibsprint hängt davon ab, wie lange Sie sich aufs Schreiben konzentrieren können, ohne sich unterbrechen zu lassen oder gedanklich abzuschweifen. Bei den meisten Menschen liegt diese Zeit im Bereich von 10 bis 30 Minuten.

   Testen Sie sich. Starten Sie mit dem vorgeschlagenen 15-Minuten-Sprint. Sind Ihre Gedanken zum Schluss gewandert, und mussten Sie länger nachdenken, bevor Ihnen die nächsten Sätze in den Sinn gekommen sind? Dann fahren Sie mit 10-Minuten-Sprints besser. Waren Sie nach 15 Minuten erst richtig drin, und wollten Sie unbedingt noch weiterschreiben? Dann ist vielleicht ein 20- oder 30-Minuten-Sprint Ihr Ding.

Schreiben Sie zuerst das Thema Ihres Textes hin. Wenn Sie schon eine Headline haben, nehmen Sie diese. Wenn nicht, geht's auch ohne, tüfteln Sie nicht lange. Ihre Aufgabe ist, im ersten Sprint möglichst viel runterzuschreiben, was Ihnen zum Thema Ihres Textes einfällt. Schreiben Sie – und wenn Sie erst mal mit »Lalala« beginnen. Hauptsache, Sie bringen sich dazu, loszulegen. Ihr innerer Perfektionist hat Sendepause.

Sie brauchen keine schön ausformulierten Sätze. Die Reihenfolge Ihrer Inhalte ist vollkommen egal. Wichtig ist, dass Sie sich aufs Thema konzentrieren und viel dazu schreiben. Einzige Maxime: in kurzer Zeit viel aufs Papier bringen. Sie werden staunen, wie so eine knappe Deadline motiviert.

2. **Pause machen**

   Die Zeit ist abgelaufen, und jetzt ist wirklich Schluss, auch wenn Sie gerade im Flow sind. Hören Sie erst mal auf zu schreiben. Laufen Sie um den Block, quatschen Sie mit Kollegen in der Küche oder erledigen Sie eine andere Aufgabe. Sie wollen gedanklich von Ihrem Text wegkommen. Eine physische Distanz zu Ihrem Schreibplatz hilft. Also, nichts wie weg. Nach der Pause entscheiden Sie, ob Sie gleich mit der zweiten Sprintrunde weitermachen oder eine Nacht drüber schlafen. Beides ist fein.

3. **Noch mal 15 Minuten Sprint**

   Zum Start der Sprintrunde, also bevor Sie den Timer stellen: Lesen Sie, was Sie während des ersten Sprints geschrieben haben. Ihren inneren Kritiker halten Sie dabei schön geknebelt. Die Übung dient nur dazu, dass Sie auf dem Zettel haben, was schon da ist. Und dann machen Sie da weiter, wo Sie aufgehört haben. Wahrscheinlich haben Sie nach den ersten 15 Minuten noch keine komplette Rohfassung geschafft. Falls doch: Fügen Sie Inhalte hinzu, wo es noch zu dünn ist. Wenn Sie keine konkreten Zahlen und Fakten parat haben, dann arbeiten Sie zunächst mit Platzhaltern. Markieren Sie Textstellen, zu denen Sie noch Fakten recherchieren wollen. Ziel dieses Sprints ist es, eine Rohfassung fertigzubekommen. Details können Sie später beim Feintuning anpassen. Sie wollen ein Beispiel für gelungene Gartenbaukunst nennen, Sie haben aber noch kein passendes? Schreiben Sie einfach: »Hier Beispiel einfügen«. Sie wollen sich nicht an einzelnen Textpassagen aufhalten, sondern erst mal einen kompletten Text schreiben. So sehen Sie schnell, ob der Aufbau insgesamt stimmig ist.

   Wenn Sie nach der zweiten Sprintphase noch keine Rohfassung haben, dann legen Sie noch eine dritte ein – aber machen Sie davor wieder Pause, damit Sie frisch herangehen und noch mal 15 Minuten hochkonzentriert schreiben können.

4. **Ordnen und weiterverarbeiten**

Jetzt dürfen Sie aus dem Haufen, den Sie hingeschrieben haben, einen Text entwickeln. Nach dem Braindumping prüfen, ordnen und verarbeiten Sie Ihre Inhalte, als wären Sie auf dem Recyclinghof. Nach Ihren Schreibsprints sollten Sie genügend Stoff zusammengetragen haben. Ihr Haufen mag wüst aussehen, aber ihn zu sortieren ist allemal einfacher als bei null anzufangen. Mit diesem Prozess kommen Sie schnell zu einem ordentlichen Text – Stoff haben Sie jetzt genug (siehe Abbildung 9.3).

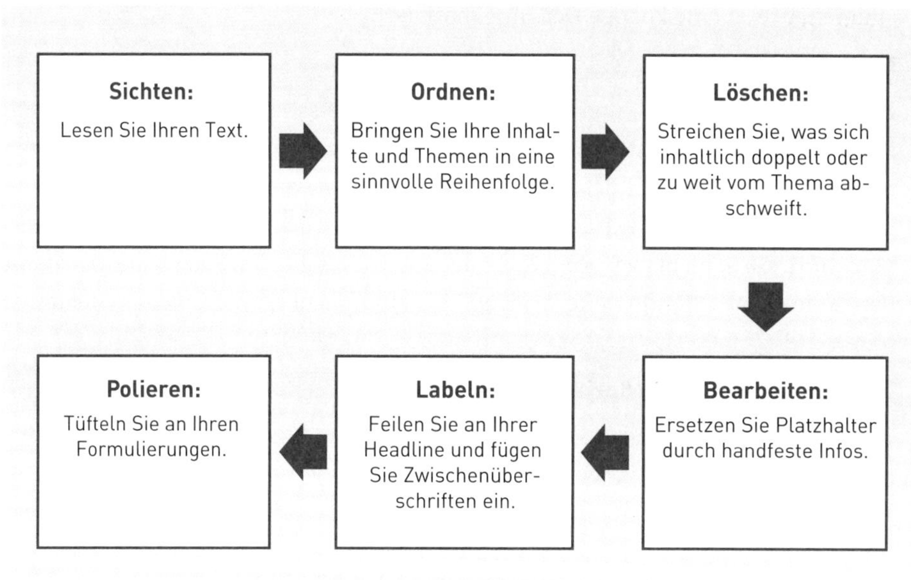

Abbildung 9.3 Mit Braindumping zum ordentlichen Text

Beginnen Sie damit, Ihren Text zu sichten. Danach schieben Sie Ihre Themen und Textpassagen herum, bis Sie eine vernünftige Struktur haben. Hier gelten die gleichen Regeln wie beim Outlining (siehe Abschnitt 9.1, »Outlining – von Anfang an strukturiert schreiben«). Es kann sein, dass Sie Verbindungssätze einfügen müssen. Definitiv werden Sie Inhalte streichen müssen. Bitte versuchen Sie nicht, alles in den finalen Text hinüberzuretten. Wenn Sie Dopplungen und Irrelevantes rausschmeißen, wirkt das Ergebnis fokussierter. Dann zurren Sie die Inhalte gerade: Ersetzen Sie Platzhalter durch echte Infos und Beispiele. Nehmen Sie sich die Zeit, die Sie dafür brauchen – Ihr Text ist ja quasi fertig. Haben Sie jetzt einen langen Fließtext? Oje, für Ihre Leserinnen und Leser ist das ein unverdaulicher Brocken. Zeit, ihn zu zerhacken: Fügen Sie Zwischenüberschriften ein. Anstatt sie planlos einzustreuen, fassen Sie jeweils ein Thema unter einer Überschrift zusammen. Sie sind schon weit gekommen.

Polieren Sie Ihren Text. Jetzt dürfen Sie redigieren und Ihre Formulierungen aufhübschen. Wie Sie dabei vorgehen, erfahren Sie in Kapitel 10, »Das 5-Schritte-Redigiersystem, das aus Texten geschliffene Diamanten macht«.

Braindumping oder Outlining? Oder beides!

Welche Methode gefällt Ihnen besser? Beide helfen Ihnen dabei, mit dem Schreiben anzufangen. Mein Herz schlägt für Outlining, weil ich mir gern einen Plan mache, bevor ich schreibe. Aber bis ins Detail durchkonzipieren will ich meine Texte auch nicht, weil mir beim Schreiben jede Menge Zeug einfällt, das ich nicht hintenüberfallen lassen möchte. Deshalb fahre ich mich einer Hybridmethode am besten: Ich schreibe eine recht grobe Outline, die aus einer Handvoll Inhalten besteht. Dann mache ich zu jedem meiner Inhalte aus der Outline Braindumping. So bekomme ich viel Stoff zusammen und kann vorab schon planen, wie das Ganze in einem Text zusammenspielt. Der Effekt: Ich verzettle mich beim Brainstorming nicht, weil ich eine Richtlinie habe, worüber ich nachdenken will. Ich weiß ungefähr, was ich brauche, um einen zusammenhängenden Artikel zu gestalten. Ich schicke Suchaufträge ans Gehirn, anstatt planlos herumzustochern. Doch das wertvollste Ergebnis dieser Schreibmethode ist für mich: Die Angst vor dem weißen Blatt ist weg. Ich habe ein System, das mich von Nichts zum Text bringt. Darauf kann ich mich verlassen. Und Sie können das auch.

Kapitel 10
Das 5-Schritte-Redigiersystem, das aus Texten geschliffene Diamanten macht

Entdecken Sie das einfache System, mit dem der Feinschliff schnell von der Hand geht – und dabei glänzende Ergebnisse bringt. Feilen Sie Ihre Texte, bis sie funkeln und faszinieren.

Meine Tochter hatte Geburtstag. Sie ist 6 geworden. Deshalb durfte sie ein Blech Schokokuchen mit in den Kindergarten bringen. Als ich mit dem Blech in der einen Hand und der Tochter an der anderen eine Minute vor der Schließzeit zum Eingang haste, renne ich fast eine Mutter um, die unseren Kuchen beäugt. Sie zwinkert mir verschwörerisch zu: »So einen schönen Kuchen hab' ich ja noch nie gesehen. Den hat Ava ganz toll verziert.«

Ich spiele mit dem Gedanken, ihr den Kuchen ins Gesicht fallen zu lassen, aber es ist Avas Kuchen. Also bin ich ehrlich: »Ava kann das viel besser. Das war die Mama ganz allein.« Ich genieße, wie die Hobbydetektiv-Supermama sich windet. Warum ich das erzähle: Ich backe gerne und passabel. Aber zum Schluss habe ich einfach keine Lust mehr. Der Kuchen ist fertig und das Verzieren ein unnötiges Übel. Ich will das hinter mich bringen – und so sieht der Kuchen dann auch aus. Als hätte ihn ein Kindergartenkind verziert. Niemand ahnt, dass unter der fleckigen Glasur ein saftig krümelnder, suchterzeugender Leckerschmaus wartet. Weil ich einfach schnell fertig werden wollte. Ich habe zum Schluss Zeit gespart, und deshalb erkennt man die Qualität des Kuchens erst, wenn man reinbeißt. Aber wer macht das schon, wenn das Teil aussieht wie ein Kuhfladen mit zerlaufener Sahne und Konfetti?

Übertragen Sie das mal auf Ihre Texte. Stellen Sie sich vor, Sie hätten stundenlang recherchiert und wertvolle Inhalte zusammengetragen, dann an einem schlauen Aufbau getüftelt und telepathisch mit Ihren Lesern kommuniziert – sich zumindest gründlich in sie hineinversetzt. Sie hätten schwierige Themen so einfach aufgedröselt, dass sie auch Fünfjährige verstehen. Sie hätten Ihre Persönlichkeit in den Text fließen lassen und Formulierungen jenseits des Mainstreams geschürft. Und dann lassen Sie es einfach so, wie es ist, anstatt noch einmal mit der Feile drüberzugehen. Auf die Gefahr hin, dass Ihre Leser abbrechen, sobald sie im ersten Absatz einen Kommafehler und eine Wortdopplung finden. Mit Achtlosigkeit auf den letzten Metern können Sie sich viel kaputtmachen: Ihrer Leserinnen und Leser werden Ihre Texte viel eher als lesenswert einstufen, wenn Sie zum Schluss ordentlich redigieren.

Ich gehe sogar einen Schritt weiter: Selbst, wenn Sie bis hierhin eine faule Nummer geschoben und Ihren Text schnell runtergeschrieben haben, können Sie ihn um Klassen verbessern. Sie können nicht erwarten, dass Sie Wort für Wort perfekte Texte drechseln. Wenn Sie es darauf anlegen und Ihren inneren Perfektionisten in Schach halten, gelingt es Ihnen vielleicht, Ihre Inhalte wahrscheinlich schnell runterschreiben. Zum Beispiel mithilfe von Outlining und Braindumping. Aber Sie sind nach dem letzten Satz nicht fertig. Sehen Sie das Redigieren als Teil des Schreibens. Ich habe schon oft von Romanautoren gelesen, dass die Arbeit nach dem ersten Entwurf erst losgeht.

Auch, wenn Sie Marketingtexte und Content schreiben, sollten Sie sich Zeit für den Feinschliff nehmen. Ich spreche hier nicht von den letzten 20 %, die Sie 80 % der gesamten Arbeitszeit kosten. Mit vergleichsweise wenig Aufwand können Sie Ihren Text um Klassen verbessern – alles nur, indem Sie mit Feuereifer redigieren. Ich bekomme öfter mal Lob für meine ach so toll formulierten Blogartikel. Die meisten witzigen Wortschöpfungen und Vergleiche baue ich zum Schluss ein, weil sie mir nicht spontan beim Schreiben kommen. Wenn ich endlich im Schreibfluss bin, konzentriere ich mich auf die Argumentation und den logischen Zusammenhang. Ich weiß ja, dass ich an meinen Formulierungen später noch feilen kann.

Im Übrigen muss das Redigieren kein einsames Unterfangen sein. Sobald Sie mit Ihren Korrekturen fertig sind, können Sie auch eine Kollegin oder einen Mitarbeiter bitten, mit Adleraugen über Ihren Text zu schauen. Am besten lassen Sie den Co-Korrektor die Kommentarfunktion in Word nutzen, damit Ihr Text intakt bleibt. Geben Sie die Hoheit über Ihren Text nicht ab. Als Autor bestimmen Sie, ob Sie einer Empfehlung folgen wollen oder nicht. So können Sie entscheiden, welche Änderungsvorschläge Sie annehmen. Wenn Ihnen die Chefin reingrätscht, argumentieren Sie mit Ihrem Wissen darüber, was gute Texte ausmacht. Wertschätzendes Feedback bekommen Sie am ehesten, wenn Sie danach fragen: Was gefällt dir/Ihnen an meinem Text? Und was könnte ich verbessern?

Ob Sie sich beim Redigieren helfen lassen oder nicht: Sie sparen Zeit, wenn Sie mit System vorgehen. Ich gebe Ihnen einen Leitfaden mit Checkliste an die Hand, damit Sie sicher sein können, dass Sie an alles gedacht haben. Haken Sie die Punkte auf der

Liste ab. Jedes Kreuzchen bringt Sie Ihrem fertigen Text näher. Je mehr Kreuzchen, desto besser. So kommen Sie in fünf Schritten zum glänzenden Text.

10.1 Das Big Picture

Erst mal einen Gesamteindruck verschaffen. Schnappen Sie sich Ihren Text. Im ersten Schritt lesen Sie ihn in einem Rutsch durch. Halten Sie sich nicht auf und korrigieren Kommas, sondern schauen Sie aufs große Ganze. Setzen Sie den Fokus dabei auf den Textinhalt. Erfüllt der Text seinen Zweck, löst er also ein Problem oder vermittelt er wertvolle Informationen? Ist er sachlich schlüssig und vernünftig aufgebaut? Setzt er die richtigen Schwerpunkte oder reißt er die Informationen, die in der Headline versprochen werden, nur grob an?

Inhalt:

- Hat der Text ein klar erkennbares Thema?
- Bleibt der Text ohne groß vom Thema abzuschweifen bei der Sache?
- Erfüllt der Fließtext das Versprechen, das die Headline gibt?
- Können Sie die genannten Fakten belegen – etwa durch Literatur oder Studien?

Klarheit:

- Weiß die Leserschaft im ersten Absatz, worum es geht und was sie von diesem Text erwarten kann?
- Viele verschiedene Begriffe für ein und dieselbe Sache verwirren: Ist Ihre Terminologie einheitlich?
- Fassen Sie längere Erklärungen zum Abschluss prägnant in einem Satz zusammen?
- Transportieren Sie Ihre Inhalte ohne Ausschweifungen und Einschübe?

Roter Faden:

- Bauen Ihre Inhalte logisch aufeinander auf?
- Ist die Reihenfolge Ihrer Inhalte schlüssig?
- Ist jeder Satz die natürliche Konsequenz aus dem letzten?
- Nehmen Sie am Ende des Textes Bezug auf den Anfang?

Redundanz:

- Wiederholen sich Inhalte abseits von gewollten Zusammenfassungen?

Struktur:

- Hat der Text eine Überschrift?
- Hat der Text eine Einleitung?
- Hat der Text einen Hauptteil?
- Hat der Text einen Schluss?
- Gibt es für jeden größeren Textteil eine Zwischenüberschrift?
- Hat der Textteil mit Zwischenüberschrift eine Einleitung, einen Hauptteil, eine Zusammenfassung und eine Überleitung zum nächsten Teil?

10.2 Schreibstil-Check

Sie haben am Grundaufbau kräftig gerüttelt, der ist so weit stabil. Dann stürzen Sie sich auf die Feinheiten. Mit Hirnschmalz-Schmiere schieben Sie Ihren Text ein gutes Stück auf der Qualitätsskala nach oben. Beim nächsten Durchlesen feilen Sie gründlich am Schreibstil. Ein Tipp: Lesen Sie Ihren Text laut. Das ist alles andere als albern. Sie hören so viel leichter, wo es hakt und unnatürlich klingt. Markieren Sie sich dabei die Stellen, die Sie ändern wollen. Oberste Priorität: vereinfachen. Kürzen Sie weg, was geht. Vor allem: Verdichten Sie Ihre Aussagen, damit sie pfeilgenau treffen. Aber behalten Sie Formulierungen bei, die Ihren Text näher an einen Dialog bringen. Die folgenden Punkte zeigen Ihnen, worauf Sie beim Schreibstil-Check schauen:

Natürlichkeit:

- Ersetzen Sie unnötige Fremdwörter durch deutsche Begriffe (Beispiel: umsetzen statt implementieren).
- Ersetzen Sie Wörter, die auf »-ung«, »-heit« oder »-keit« enden – am besten durch ein Verb (Beispiel: aus Fröhlichkeit wird freuen).
- Nutzen Sie dynamische Verben statt Nominalstil.
- Ziehen Sie Wörter wie in der mündlichen Sprache zusammen (aus »Mir geht es gut« wird »Mir geht's gut«).
- Streuen Sie Ausrufe ein, die uns im Dialog unterkommen (Oje, Ach, Ui).
- Wechseln Sie zwischen Leseransprache und Autorensicht.
- Fügen Sie Fragen ein, die den Leser einbeziehen.

Aktive Sprache:

- Ersetzen Sie passive Formulierungen durch aktive: Hat jeder Satz eine handelnde Person oder wird etwas getan, erledigt, ausgeführt?

Positives Denken:

- Ersetzen Sie Verneinungen durch positive Aussagen (aus »Tappen Sie nicht in die Falle« wird »Umgehen Sie die Falle«).

Einfachheit:

- Ersetzen Sie lange Wörter durch kürzere oder zerhacken Sie sie.
- Gestalten Sie zusammengesetzte Wörter mit Bindestrichen lesbarer (Aus »Versicherungsberaterfortbildung« wird »Versicherungsberater-Fortbildung«).
- Ersetzen Sie lange Ausdrücke durch kürzere.
- Entpacken Sie Schachtelsätze.
- Ersetzen Sie Kommaaufzählungen im Fließtext durch wenige treffende Beispiele.
- Kürzen Sie lange Sätze.
- Statt langer Haupt-Nebensatz-Konstrukte: Verbinden Sie Satzteile mit schnellen Textscharnieren (Die Lösung: Doppelpunkte – und Gedankenstriche).
- Streichen Sie überflüssige Adjektive.
- Ersetzen Sie Konjunktiv durch Indikativ (aus »Wir könnten Ihnen helfen« wird »Wir helfen Ihnen«).
- Streichen Sie textverfettende Füllwörter.

Rhythmus:

- Wechseln Sie zwischen längeren und kürzeren Sätzen ab.
- Bauen Sie Stopps ein: Einwortsätze und Halbsätze wecken Leser aus der Trance.

Wortwiederholungen:

- Ersetzen Sie wiederkehrende Formulierungen durch Synonyme oder Pronomen oder streichen Sie sie alternativ.
- Ausnahme: Wenn Sie über ein Thema schreiben, dann darf der (Fach-)Begriff dafür häufiger vorkommen (Beispiel: Suchmaschinenoptimierung).

Zusammenhang:

- Sind die Sätze miteinander verbunden? Fügen Sie verbindende Konjunktionen wie »weil«, »deshalb«, »denn« oder »und« ein.
- Fügen Sie Überleitungen von einem Absatz zum nächsten ein, damit Ihre Leserinnen und Leser mit hinüberspringen.

10.3 Charaktertest

Haben Sie allgemeines Jedermanns-Blabla geschrieben, oder hat Ihr Text Charakter? Beurteilen Sie das ehrlich. Sie wissen ja: Wenn Ihr Text von jedem geschrieben sein könnte, arbeitet er nicht für Ihre Marke. Persönlichkeit ist mehr als eine hingerotzte Glasur – sie ist die Seele, die Texte einzigartig und lesenswert macht. Stellen Sie sich Ihre Leserinnen und Leser vor. Wen sehen die, wenn sie den Text lesen? Formt sich vor ihnen ein Bild einer Person, oder verschwinden Sie als Autor hinter den neutralen Sätzen? Könnte Ihre Leserschaft Adjektive benennen, die den Textcharakter beschreiben – ohne Sie oder die Marke zu kennen, für die Sie schreiben?

Lässt der Text Charakter durchblicken? Falls noch zu wenig, fügen Sie bewusst Formulierungen ein, die zu Ihnen passen. Lieblingswörter, die nicht jeder verwendet. Sprachbilder, die Ihren Text lebendig machen. Falls Ihre Branche das zulässt, dürfen Sie auch einen Schuss Umgangssprache dazugeben. Denn damit zeigen Sie automatisch Persönlichkeit – Sie schreiben, wie Sie im echten Leben reden. Zeigen Sie, dass Ihr Marketingtext ein Gespräch von Mensch zu Mensch ist.

Tendieren Sie dazu, Schlussfolgerungen zu präsentieren, die Ihr analytisches Denken unterstreichen? Sprechen Sie gern in Tatsachen? Bevor Sie schlussfolgern und einen Blick von oben auf die Sache werden, beschreiben Sie immer eine konkrete Situation, ein Beispiel, eine persönliche Geschichte. Danach kommen Ihre Leser gern mit Ihnen auf die Metaebene.

Haben Sie mindestens einmal beim Lesen geschmunzelt? Ihr Text braucht ein Mindestmaß an Charme. Verwenden Sie Popkultur-Referenzen, Alliterationen oder stilvolle Übertreibungen? Vielleicht eine Prise leicht verständliche Ironie oder prägnante Reimwörter? Es muss nicht alles drin sein, aber geben Sie Ihren Lesern die Chance, Sie sympathisch zu finden.

Schreibstimme:

- Fügen Sie Formulierungen ein, die Ihre Markenpersönlichkeit zeigen.
- Kommen Ihre Lieblingswörter im Text vor?
- Ist Ihre Leseransprache konsistent? Entscheiden Sie sich für »Sie« oder »du« und für »ich« oder »wir«.

Sprachbilder:

- Ersetzen Sie hin und wieder abstrakte Begriffe wie »Erfolg« durch Metaphern.
- Motzen Sie langweilige Adjektive wie »agil« oder »einfach« mit Vergleichen auf.
- Wenn Sie mit Dachmetapher schreiben: Verwenden Sie nur Begriffe aus Ihrer Metaphernwelt?

Beispiele:

- Stellen Sie ein konkretes Beispiel voran, wenn Sie eine allgemeine Beobachtung beschreiben oder eine Schlussfolgerung ziehen?
- Steckt im Text eine Geschichte?

Witz:

- Verwenden Sie Popkultur-Referenzen?
- Stilvolle Übertreibungen?
- Ironie?
- Prägnante Reimwörter oder Alliterationen?
- Soundeffekte?

10.4 Richtig? Rechtschreibung, Grammatik, Zeichensetzung

Müssen Flüchtigkeitsfehler sein? Ein oder zwei wird man Ihnen verzeihen. Aber krumme Grammatik und etliche falsch geschriebene Wörter schreien »unseriööös«. Entweder mangelt es dem Autor an Kompetenz, oder er hat sich keine Mühe gegeben. Nehmen Sie so jemandem ab, dass er Sie als Leserin oder Leser wertschätzt? Ein Text ist dann erst richtig gelungen, wenn alles weitgehend korrekt formuliert und richtig geschrieben ist. Mir fällt das immer positiv auf, wenn ich fehlerfreie längere Texte lese – weil ich weiß, dass viel Mühe drinsteckt. Eine Einschränkung: Wenn Sie 4 Wochen länger brauchen, weil 20 Kollegen ihren Senf dazugeben, veröffentlichen Sie lieber mit einem Kommafehler mehr. Sie können ihn korrigieren, sobald er auffällt.

Also: Nehmen Sie sich etwas Zeit, Ihren Text pingelig zu prüfen. Zu viele Flüchtigkeitsfehler disqualifizieren Ihr Werk. Achtung, die automatische Rechtschreibprüfung findet nicht jeden Fehler, weil Sie beim Vertippen oft Wörter schreiben, die es tatsächlich gibt. Lesen Sie Wort für Wort. Dann stehen die Chancen besser, Fehlerteufel zu entlarven. Zwei Strategien helfen Ihnen, sie ans Licht zu zerren: Formatieren Sie Ihren Text in einer ungewohnten Schriftart und vergrößern Sie sie um ein paar Punkt. So schauen Sie noch mal anders drauf. Einigen hilft es auch, wenn sie den Text ausdrucken. Ich persönlich verzichte darauf, weil ich Papier sparen möchte.

Da sich dieses Buch ums Texten und nicht um Grammatik und Rechtschreibung dreht, möchte ich Ihnen die Titel aus dem Duden-Verlag zum Thema empfehlen. Die Checkliste gibt Ihnen grobe Anhaltspunkte, welche Aspekte Sie bei der Rechtschreib- und Grammatikprüfung berücksichtigen können.

Wörter richtig schreiben:

- Checken Sie von der Rechtschreibprüfung unterkringelte Wörter.
- Doppel-S (ss) oder Scharf-S (ß): Scharf-S steht nur nach langem Vokal oder Diphthong: saß, Fuß, draußen. Doppel-S steht nach kurzen Vokalen: küssen, kross, Flosse.
- Sind alle Buchstaben bei zusammengesetzten Wörtern da (Schifffahrt, Zooorganisation)?

Getrennt- oder Zusammenschreiben?

- Verb + Verb darf man auseinanderschreiben: schwimmen lernen.
- Genauso Verbindungen mit »sein«: satt sein.
- Als Substantivierung schreibt man beides groß und zusammen: das Schwimmenlernen, das Sattsein.
- Substantiv + Verb schreibt man getrennt: Fahrrad fahren.
- Ausnahme: verblasste Substantive wie eislaufen
- Adjektiv + Verb schreibt man meist getrennt: günstig kaufen.
- Mehrteilige Zusammensetzungen schreibt man mit Bindestrich, damit die Verbindung mit jedem Einzelwort bestehen bleibt: E-Mail-Marketing-Konzept (ein Konzept fürs E-Mail-Marketing, kein Marketingkonzept, das per E-Mail eintrifft = E-Mail-Marketingkonzept), Ad-hoc-Entscheidung.

Groß- und Kleinschreibung:

- Adjektive in Eigennamen schreibt man groß: der Erste Weltkrieg.
- Substantivierungen und ungebeugte Substantive werden großgeschrieben, vor allem nach Artikeln und Präpositionen: auf Deutsch, als Erstes, in Grün.
- Tageszeiten nach gestern, heute und morgen schreibt man groß: heute Mittag, gestern Abend.
- Sie als Anrede schreiben Sie groß.
- Pronomen, die stellvertretend für Substantive stehen, schreiben Sie klein: die beiden da vorne.

Kommasetzung:

- Zwischen Aufzählungen steht ein Komma: *Die intelligente, schöne Lehrerin hat eine Reibeisenstimme. Ich mag Spaghetti, Kuchen, Fischstäbchen und Sahne.*
- Wenn Satzteile durch Konjunktionen getrennt sind, steht ein Komma: nicht nur, sondern auch; je mehr, desto weniger.

- Ein Komma steht vor Konjunktionen, die einen Gegensatz ausdrücken: jedoch, aber, andererseits.
- Kommas rahmen einen Einschub oder eine Erläuterung ein: *Contentmarketing, eine populäre Spielart der Onlinewerbung, gewinnt zunehmend an Bedeutung.*
- Hauptsätze werden mit Kommas getrennt. Vor »oder« und »und« kann ein Komma stehen, muss aber nicht.
- Zwischen Haupt- und Nebensätzen steht immer ein Komma: *Wir bekamen den Bericht, den Herr Müller fertiggestellt hatte.*
- Vor »um zu«, »ohne zu«, »anstatt zu« kann ein Komma stehen.
- Der erweiterte Infinitiv, der mit »es« eingeleitet wird, braucht immer ein Komma: *Es ist gefährlich, Hunde ohne Leine im Wald laufen zu lassen.*
- Nach der direkten Rede steht hinter dem Anführungszeichen ein Komma, um die Inquit-Formel abzutrennen: *»Puh, war das kalt«, sagte Müller.* Davor steht kein Punkt, ein Fragezeichen oder Ausrufezeichen aber schon: *»Puh, ist das kalt!«, ärgert sich Müller.*

Zeiten:

- Schreiben Sie hauptsächlich im Präsenz, auch wenn Sie die Zukunft beschreiben: *Nach 3 Wochen laufen Ihre Prozesse wie am Schnürchen.*
- Erzählen Sie im literarischen Präsenz oder im Perfekt. Das wirkt natürlicher und verkürzt die Distanz zum Leser. Meiden Sie das Präteritum: *Auf der Konferenz bin ich letzte Woche auf einen inspirierenden Speaker getroffen.*

10.5 Schön formatieren

Alles richtig? Jetzt machen Sie Ihren Text auch rein optisch schick. Online muss er noch übersichtlicher wirken, als wenn Sie etwas Gedrucktes schreiben. Ihr Leser will sich in Millisekunden orientieren und schnell beurteilen, ob sich das Weiterlesen lohnt. Also achten Sie darauf, dass sich Ihre klare Textstruktur in der Formatierung widerspiegelt. Ich meine damit nicht nur Zwischenüberschriften. Hacken Sie erst einen neuen Absatz rein, wenn Sie mit einem Gedanken fertig sind.

Zudem können Sie einzelne Begriffe oder Satzteile hervorheben. Überlegen Sie genau, was dem Leser ins Auge springen soll: Wörter, die Vorteile und Emotionen transportieren. Die Kür haben Sie geschafft, wenn Ihre Leser den Sinn des Textes entschlüsseln können, wenn sie nur die Hervorhebungen lesen. Aber bitte gehen Sie sparsam mit diesen Highlights um. Ich spreche aus Erfahrung: Als ich an der Uni war, habe ich oft mehr als die Hälfte der Wörter in einem Text unterstrichen. Ich fand alles wichtig. Als ich dann eine Hausarbeit schreiben sollte, musste ich doch alles noch mal lesen. Grmpf.

Legen Sie sich auf eine Hervorhebungsmethode fest, und bleiben Sie dabei. Wenn Sie fett, kursiv, versal, Textmarker-Effekte und bunte Schrift mischen, wird's chaotisch.

Überschriften:

- Weisen Sie jeder Überschriftenebene eine Schriftgröße zu. Die Hauptüberschrift (im HTML-Code heißt diese H1) ist am größten. Im Idealfall sollte die H1 nur einmal im Text vorkommen, also ganz zu Beginn.
- Danach weisen Sie allen Zwischenüberschriften das kleinere H2-Format zu. Falls Sie noch eine dritte Ebene haben, was eher unwahrscheinlich ist, erhalten diese Überschriften das H3-Format.
- Unter jeder Überschrift steht Text.
- Achten Sie auf eine saubere Hierarchie: H3 folgt nicht direkt auf eine H1, sondern auf eine H2.

Fließtext:

- Formatieren Sie den Fließtext in einer einheitlichen Schriftart und Größe.

Absätze:

- Sind Ihre Absätze höchstens sechs Zeilen lang? Im Onlinetext sollten Sie die Absatzlänge variieren.
- Heben Sie wichtige Sätze hervor, indem Sie ihnen einen eigenen Absatz gönnen.

Hervorhebungen:

- Optional, aber für längere Webtexte empfehlenswert: Highlighten Sie Aussagen oder einzelne Wörter in fett, kursiv oder bunt. Nicht zu empfehlen: Anführungszeichen und Versalien.

Mit den Schreibtechniken sind Sie durch. Wie wär's, wenn Sie einige davon locker ausprobieren und selbst herausfinden, welche Ihnen das Schreiben erleichtern? Ich sehe das Textenlernen als einen Haufen Experimente und einen zweiten Haufen Wiederholungsübungen. So hart es klingt: Nichts schlägt das Gefühl, wenn ich stolz auf einen Text bin. Wenn ich einen Verkaufstext schreibe, der Umsatz macht. Einen Unternehmenstext, der die Seele der Marke erweckt. Oder einen Blogartikel, der zigfach geteilt wird. Das ist für mich jede Mühe wert.

Im nächsten Teil gebe ich Ihnen eine genaue Schreibanleitung für alle möglichen Texte, die Sie im Onlinemarketing schreiben.

Teil IV

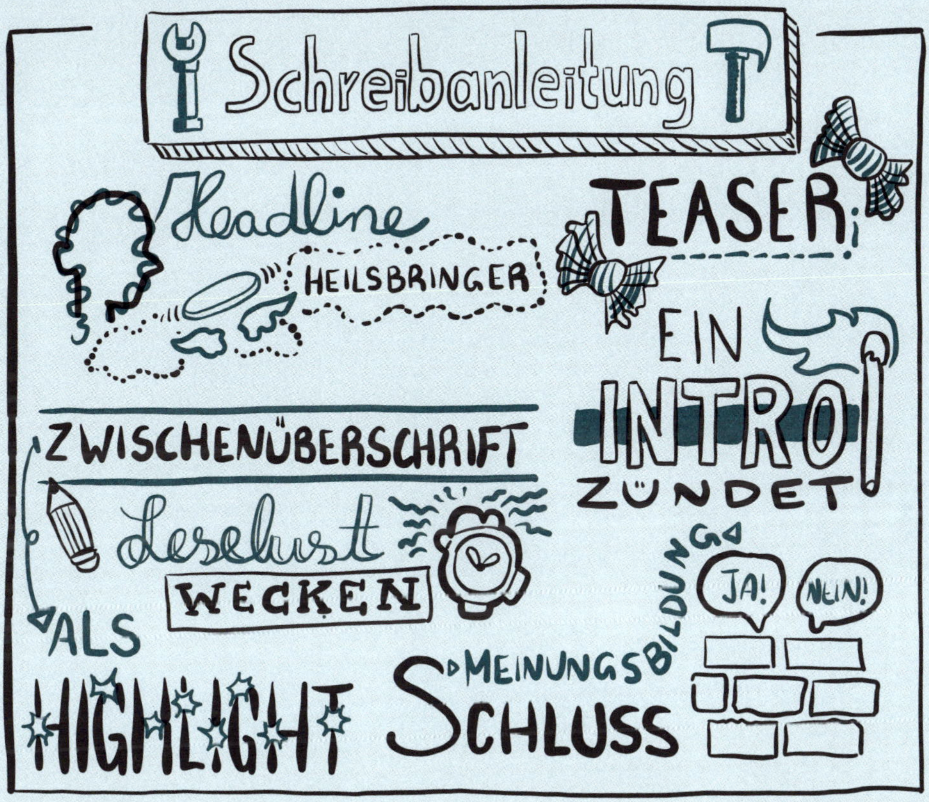

Schreibanleitung
Headline
HEILSBRINGER
TEASER
EIN
INTRO
ZÜNDET
ZWISCHENÜBERSCHRIFT
Leselust
WECKEN
ALS
HIGHLIGHT
MEINUNGSBILDUNG
JA!
NEIN!
SCHLUSS

Kapitel 11
Baukasten: Standardkomponenten wirksamer Texte

Beginnen Sie Marketingtexte mit Steineklopfen? Aber nein. Sie bestehen aus wiederkehrenden Komponenten, die Sie auf neue Weise zusammenbauen. Das sind die Bausteine, die Sie beim Schreiben aufeinanderschichten.

Wenn Sie Jahre als Texterin oder Texter auf dem Buckel haben, geht das Schreiben irgendwann schneller. Vorausgesetzt, Sie stellen keine wahnsinnigen künstlerischen Ansprüche an sich selbst. Vieles läuft automatisch. Man macht es, weil man weiß: Das funktioniert. Irgendwann denken Sie nicht mehr lange darüber nach, wie Sie einen verführerischen Call-to-Action schreiben. Genauso wenig wie Sie sich bei jedem Paar Socken eine neue Technik zum Falten überlegen. Das ist mir aufgefallen, als ich angefangen habe, anderen das Texten beizubringen. Ich wusste quasi instinktiv, wie es geht. Welche Headline wirkt und welche eher nicht.

Aber Techniken zum Nachmachen daraus abzuleiten ist ein anderer Schnack. Auf einmal war es nicht mehr genug, etwas zu können. Also habe ich mir Marketingtexte geschnappt und sie analysiert. Dabei wurde mir schnell klar: All diese Texte bestehen aus Komponenten, die eine bestimmte Funktion erfüllen. Headlines, Teaser, Einleitung, Aufzählungen, Menütexte – ich könnte hier noch eine Weile weitermachen. Je nach Textsorte setzen Sie andere Komponenten zusammen. So entstehen ganz unterschiedliche Ergebnisse. Und wenn Sie diese Komponenten wirksamer Texte beherrschen, können Sie jeden erdenklichen Marketingtext schreiben.

Bevor Sie lernen, wie Sie komplette Texte entwickeln, wie eine Landingpage, eine Facebook-Anzeige oder eine Verkaufs-E-Mail, beschäftigen Sie sich mit den Bausteinen, aus denen sie aufgebaut sind. Dann müssen Sie später nur wissen, welche Bausteine Sie zusammensetzen, um eine Website oder eine E-Mail-Kampagne zu texten.

Logisch, Sie übernehmen wahrscheinlich nicht den exakt gleichen Baustein für alle Texte. Sie bearbeiten ihn, damit er zum jeweiligen Medium passt. Vielleicht klingt Ihr Teaser für Ihren Blogartikel oder Ihr Produkt auf Facebook ein wenig anders als auf Twitter, vielleicht passen Sie die Länge an. Aber die Funktion, die der Baustein erfüllt, bleibt gleich.

In diesem Kapitel lernen Sie die wichtigsten Bausteine für Ihre Marketingtexte kennen: Wozu sie gut sind und wie Sie ihnen das nötige Gewicht verleihen. Das Material entscheidet über die Qualität des Endprodukts, das ist bei jedem Handwerk so, oder? Also, lernen Sie Ihr Material kennen, damit Sie später etwas Geniales damit bauen können.

11.1 Teaser oder wie Sie Appetit machen

Wie holen Sie Leserinnen und Leser auf Ihre Verkaufsseite oder auf Ihre Landingpage? Wie kommt jemand dazu, Ihren Blogartikel zu lesen? Sie können auf Google vertrauen, aber dafür brauchen Sie einen langen Atem. Deshalb streuen Sie Ihre Inhalte auch in sozialen Medien. Aber wenn Sie einen ganzen Blogartikel auf Facebook posten, hat Ihr Leser keinen Grund mehr, Ihr Blog zu besuchen. Auf Twitter haben Sie nur 280 Zeichen – ich wette, Ihr Artikel ist länger. Dazu schicken Sie Ihren E-Mail-Abonnenten eine Mail, in der Sie auf den frisch veröffentlichten Artikel hinweisen.

Oder stellen Sie sich vor, Sie bieten neuen Lesern Ihres Newsletters ein E-Book zum Download an. Dann weisen Sie vielleicht auf der Startseite Ihrer Website auf die entsprechende Landingpage hin, auf der Sie beschreiben, wie das E-Book das Leben der Leser verändert.

In all diesen Fällen brauchen Sie einen kurzen *Teaser*, der Ihre Leser dazu bringt, auf die gewünschte Seite zu klicken. Der Teaser führt sie von einem Kanal zum anderen. Ein Teaser ist ein kurzes Textchen, das den Mund wässrig macht und zum Klicken animiert.

Ursprünglich kommt die Idee des Teasers aus dem Printjournalismus: knackige Sätze auf der Titelseite, die auf den Inhalt des Magazins neugierig machen – und natürlich zum Kaufen anregen. Heute finden Sie Teaser auch online überall. Sie fallen in die Kategorie *Short Copy*, also Kurztexte. Selbst die Meta-Description für Ihre Website ist ein Teaser, der von Google ausgespielt wird, um Besuchern zu zeigen, was sie auf Ihrer Site erwartet.

Es lohnt sich, die Kunst des Teaserns zu meistern: Je besser Ihnen das gelingt, desto mehr Leser finden Sie für Ihre Artikel, desto mehr Besucher bekommen Sie auf

Ihre Landingpage. Andersherum: Überlegen Sie, wie viele Leser Ihnen durch die Lappen gehen, nur weil Ihr Teaser schmackhafter sein könnte.

So gesehen ist der Teaser noch wichtiger als die Headline, denn viele sehen ihn, bevor sie zum Text gelangen. Wenn er seinen Job vermasselt, kann Ihr wundervoll geschriebener und klug erdachter Text das nicht ausbügeln, weil der mögliche Leser keiner wird.

Wenn Sie Textratgeber aus dem US-amerikanischen Raum lesen, werden Sie oft den Ausdruck *hook*, also Haken, finden – ein Satz, der die Aufmerksamkeit fängt. Der Leser soll geködert und an der Leine irgendwohin gezerrt werden. Ich persönlich kann dieses Bild nicht ausstehen. Es spricht Leserinnen und Lesern den Willen ab, selbst zu entscheiden, was ihnen gefällt. Dabei basiert modernes Onlinemarketing auf der Annahme, dass Kunden mündig sind und sich nach eigenem Gusto mit Infos versorgen.

Sie können sie locken, aber nicht zu Ihnen zerren. Deshalb sehe ich einen Teaser als schick angerichteten Appetithappen, der so lecker aussieht, dass man ihn probieren will, der gespannt auf ein Geschmacksfeuerwerk macht: eine tiefrote Erdbeere, in Schokolade getaucht und mit Pistazien verziert. Der Teaser hat drei Aufgaben:

- Aufmerksamkeit erregen
- neugierig machen
- zum Klicken verlocken

Fällt Ihnen was auf? Genau, ein Teaser erfüllt eine ähnliche Funktion wie eine Headline. Nur kann ein Teaser je nach Medium länger sein und aus mehreren Sätzen bestehen. Sie sind beim Schreiben also formal freier als bei einer Headline, die meist aus einem Satz besteht.

In sozialen Medien haben Sie oft nicht die Möglichkeit, Headlines zu formatieren. So wichtig sie in anderen Medien sind: Auf Instagram, Facebook und Twitter geht's um persönliche Erfahrungen und Austausch. Wenn Sie mit Ihrem Nachbarn quatschen, denken Sie auch nicht in Überschriften. Deshalb schreiben Sie hier statt einer Headline einen kurzen Teaser-Text.

Wenn ich abgesehen von der variablen Länge einen Unterschied festmachen müsste zwischen einem Teaser und einer Headline, wäre es dieser: Der Teaser macht in erster Linie neugierig. Eine Headline kann auch anders punkten. Wichtig: Teaser und Headline sollten zusammenpassen. Findet hier ein Bruch statt, verwirrt das. Wenn's ganz schlimm kommt, verliert der Leser das Vertrauen von vornherein. Offensichtlich bekommt er nicht, was der Teaser in Aussicht gestellt hat. Üble Sache.

Damit Sie sich im Teaser-Schreiben üben können, zeige Ihnen ein paar Beispiele. Danach stelle ich Ihnen Strategien vor, mit denen Sie unwiderstehliche Teaser schreiben.

Beispiele für Teaser in sozialen Medien:

Machst du diesen Fehler, den fast alle Führungskräfte machen? Im Artikel erfährst du, welcher es ist und wie du ihn vermeiden kannst.

Zahlst du zu viel für deine Versicherung? Mach den Test.

Aktien sind tot. Das kommt als Nächstes. Wie Sie jetzt klug Geld anlegen, entdecken Sie im Video.

7 Persönlichkeitstypen, die auf ihre Art faszinieren. Welcher bist du?

Beispiele für Teaser auf der Website:

In 7 Lektionen zum besseren Schreibstil. Melde dich hier an.

Endlich was schaffen: 20 Profitipps für mehr Produktivität im Homeoffice.

Chaos in der Bude? Besiege es mit links. Zur 5-Tage-Challenge.

12 Strategien zum Teaser-Texten

Wie schreiben Sie leckere Teaser? Da haben Sie genauso viel Auswahl, wie ein Koch, der ein Horsd'œuvre kreiert. Alle Ideen werden Sie in einem Teaser nicht umsetzen können. Spargel-Soufflé klingt ansprechend, pfeffrige Birnen-Pannacotta auch – aber zusammen? Igitt. Also entscheiden Sie sich, und geben Sie Ihrem Teaser einen Fokus, indem Sie jeweils eine Technik anwenden. Achten Sie darauf, dass Sie Ihren Teaser-Text dem Medium und der Plattform anpassen. Auf Facebook halten Sie es persönlich, und auf LinkedIn fahren Sie das offensichtliche Neugierwecken ein wenig zurück. Allzu werbliche Methoden fallen in einem Businessnetzwerk eher negativ auf. Auf Twitter dürfen Sie provozieren, das machen dort alle. Ich zeige Ihnen 12 Teaser-Strategien zum Nachmachen und Testen:

1. **Action:** Sie wollen Leser zum Handeln bringen? Sagen Sie es ihnen mit einer Aufforderung, und verknüpfen Sie diese mit einem Benefit.

   Trainieren Sie Ihren Schreibstil und überzeugen Sie mit Worten. Übung 1:

2. **Geheimnis:** Das Prinzip funktioniert wie eh und je. Nur ist die Formulierung »Geheimnis enthüllen« ausgelutscht, weil sie von einem Haufen Möchtegern-Marketinggurus bei jeder Gelegenheit rausposaunt wird. Also verpacken Sie die Idee ein bisschen anders.

Was ich gestern über veganes Leben gedacht habe, ist passé. Dieses E-Book hat meine Weltsicht komplett verändert. Ich bin gespannt, was du dazu sagst.

3. **Frage:** Ja, Fragen ziehen Leser hinein. Ich verrate Ihnen auch, welche: Stellen Sie offene Fragen, die Leser nicht mit ja oder nein beantworten können. Das sind alle, die mit »W« anfangen: was, wer, warum, wie. Die beziehen Leser mehr ein. Sie sind kein Stichwortgeber, sie sind gefragt.

   Wie leben Sie mit Hashimoto, ohne Hormone zu nehmen und sich ständig müde zu fühlen?

4. **Dringlichkeit:** Es eilt. Jetzt oder nie. Wenn Sie einen festen Termin anteasern oder nur wenige Plätze frei haben, spielen Sie diese Karte aus. Passen Sie nur auf, dass Sie keine künstliche Dringlichkeit erzeugen – das ist eine üble Verkäufermasche, die brauchen Sie nicht.

   Noch 3 Stunden gibt's Tickets für das Event des Jahres. Reservieren Sie Ihren Platz.

5. **Kein Bullshit:** Diese Form von Teaser ist ein Batzen direkte Ehrlichkeit. Sie sagen, was Sie wollen, und kommen sofort auf den Punkt. Dieser Teaser funktioniert gut, wenn Ihre Leser nun wirklich keine Zeit haben und Ihr Anliegen für sie relevant ist.

   Bewerten Sie unseren Service und erhalten Sie einen 20-Euro-Gutschein für Amazon.

6. **Geschichte:** Wieder eine Art, Storytelling im Marketingtext einzusetzen – beginnen Sie einfach eine Geschichte, und hören Sie an einem Punkt auf, an dem Ihre Leser wissen wollen, wie es weitergeht. So können Sie in einer E-Mail auf einen Blogartikel hinweisen, der mit einer Geschichte einsteigt.

   »Liebe, was ist das?« Meine Antwort war nicht, was sie erwartet hat. Sie hat mich selbst überrascht.

7. **Versprechen:** Was mir nützt, will ich wissen. Also machen Sie ein Versprechen. Wie bei jeder Benefit-Kommunikation werden Sie dabei so spezifisch, wie Sie können. Dieser Teaser eignet sich, um Ihre Leser auf eine Landingpage zu führen, auf der sich Ihr Versprechen erfüllen kann.

   Sparen Sie 7 Stunden Arbeit pro Woche mit automatisiertem Marketing. So geht's:

8. **Exklusivität:** Wenn etwas nicht für jeden ist oder eine Investition erfordert, setzen Sie auf Exklusivität. Alle sind gern etwas Besonderes, und dieses Gefühl wirkt anziehend.

   Einer von 10 begehrten Plätzen im Mastermind-Retreat auf Bali könnte Ihrer sein. Nur für Unternehmerinnen, die verstanden haben, dass Erfolg im Kopf beginnt. Finden Sie heraus, ob Sie dazugehören.

9. **Tipps:** Helfen Sie Ihren Lesern. Tipps sind populär, daran ändert auch die Tatsache nichts, dass haufenweise Blogartikel auf dieses Konzept setzen. Natürlich müssen Sie dann am anderen Ende des Klicks wirklich Tipps geben – aber spezifische, überraschende, hilfreiche, statt Nullachtfünfzehn-Ratschläge, die man überall findet.

   15 ungewöhnliche Tipps für einen besseren Schreibstil, die Sie noch nicht kennen.

10. **Herausforderung:** Wenn Sie einen Handschuh ins Gesicht bekommen, wollen Sie reagieren. Herausforderungen sind dafür gemacht, eine Reaktion auszulösen. Das Prinzip passt 1A zum Konzept des Teasers. Also fordern Sie Ihre Leserinnen und Leser heraus, und sichern Sie sich den Klick.

    Kannst du in 4 Stunden deine Website designen? Komm, wir beweisen es dir.

11. **Personalisierung:** Die einfachste Möglichkeit, Ihren Lesern zu zeigen, dass der Klick für sie ist und nicht für alle. Schneidern Sie Ihren Teaser genau auf die Menschen zu, die er ansprechen soll. Verwenden Sie Orte, Berufe oder die Lebenssituation, um Ihren Teaser persönlich zu machen.

    Theaterfans aus Göttingen, aufgepasst.

12. **Gute Nachrichten:** Dieser alte Direktmarketing-Hut gehört noch nicht in die Kleidersammlung. Bei all den schlechten oder furchterregenden Neuigkeiten, die auf Ihre Leser tagtäglich einstürmen, sind gute Nachrichten wie ein Sonnenstrahl, der es durch eine Gewitterwolkendecke schafft. Aber Achtung: Verzichten Sie auf gelernte Floskeln wie »Endlich ist es so weit« oder »Gute Neuigkeiten«.

    Wir platzen vor Stolz: Das neue Schnittmuster ist da. Unsere Testnäher haben unglaublich tolle Teile daraus gemacht. Schau dir alle Styles an.

Zum Teaser-Schreiben haben Sie jetzt eine Menge Stoff. Probieren Sie's als Nächstes mit Headlines – die sind kein Buch mit sieben Siegeln, versprochen.

11.2 Headlines für Marketingtexte, Blogs und E-Mails

Lesen Sie irgendwas übers Texten – Bücher, Blogs, egal –, und Sie werden feststellen: Der Überschriftenkult lebt. Die Headline ist der Heilsbringer für Texter und Autoren. Wenn die sitzt, dann wird der Text gelesen.

Deshalb schwitze ich jetzt. Glaube ich all der Schreibliteratur von Texter-Ikonen, sollte ich Respekt vor der hohen Kunst des Headline-Schreibens haben. Eugene Schwartz, definitiv eine Ikone, sagt:

> **»Kein Satz kann wirken, wenn er nur aus Fakten besteht. Er muss immer Emotionen, Bilder, Logik und ein Versprechen enthalten.«**[1]

Vielleicht noch Worcestersoße dazu? Oder ein Schirmchen? Hallo, wie soll das in einen Satz passen? Sie haben also ein bis zehn Wörter. Welche Wörter sollen das sein, die all das leisten? Damit ist wohl jeder überfordert.

Ich habe mich gefragt: Warum wird die Headline so glorifiziert, woher kommen diese überzogenen Erwartungen? Man könnte denken, der Rest des Textes wäre Füllmaterial. Die Verehrung der genialen Headline stammt aus Zeiten, in denen die Anzeige das Leitmedium jeder Kampagne war und Print das Nonplusultra in der Werbung. Die einhellige Meinung damals: Den Fließtext liest keiner. Deshalb standen Anzeigen mit starker Headline und wenig Text hoch im Kurs. Sicher, es gab auch großartige Long-Copy-Anzeigen, in denen Texter mit langen Geschichten begeistern durften – aber den Löwenanteil stellten sie nie. Das zweite große Printmedium waren Plakate, und die funktionieren per se nur mit spärlichem Text. Im Vorbeigehen oder -fahren kann man höchstens ein paar Worte aufnehmen. Es ist also was dran: In der Printwerbung gehörte der Fließtext lange in die Kategorie »unter ferner liefen«. Deshalb musste es die Headline rausreißen.

Und jetzt schauen Sie mal auf die heutige Onlinewelt. Viele scheinen zu glauben, dass das, was für Printanzeigen in den 1990er Jahren galt, auch für aktuelle Verkaufsseiten und Blogartikel noch gilt. Das ist Quatsch. Ihre Leser konsumieren ganz anders als damals, und Sie schreiben für ein anderes Medium. Deshalb können Sie nicht generische Lehren zum Headline-Schreiben nehmen und direkt auf alles anwenden, was Sie online schreiben. Gut, Sie können das. Aber es nützt Ihnen nichts.

Schauen Sie sich das Leserverhalten an: Liest irgendjemand einen langen Blogartikel, weil er nur eine schnelle Schlagzeile will? Oder eine komplette 2.000-Wörter-

1 *https://kopywritingkourse.com/copywriting-quotes/*

Verkaufsseite für ein hochpreisiges Coachingprodukt, weil die Headline gefällt? Sehen Sie sich die durchschnittliche Verweildauer an, die Sie mit Google Analytics messen können. Keiner bleibt 5 Minuten auf einer Webseite, um eine Überschrift zu verdauen. Wer so lange verweilt, liest den Text. Und das tun bei erfolgreichen Blogs und Verkaufsseiten viele. Unter anderem ranken Sie dadurch weit oben bei Google und konvertieren Leser zu Kunden.

Deshalb schließe ich mich der gängigen Meinung nicht an, dass die Headline der wichtigste Teil des Textes ist. Ich kenne die Argumente: Sie brauchen eine starke Headline, damit der Text gelesen wird. Na ja, vor allem brauchen Sie einen starken Text, damit der Text gelesen wird.

Die Headline ist nur die Tür. Um zu entscheiden, ob ich den Raum dahinter – also den Text – betreten will, werfe ich einen Blick hinein. Ich lese oft »Es geht um Aufmerksamkeit« oder »Die Headline muss neugierig machen«. Das lässt sich nicht verallgemeinern. Was ist, wenn der Besucher über einen Teaser auf eine Seite gelangt ist und die Neugier längst lodert? Dann sollte die Headline doch lieber einen Nutzen versprechen oder sogar sagen, was die Leserin oder der Leser gleich lernt. Sie sehen: Welche Headline gut ist, kommt darauf an, welche Funktion sie erfüllt.

Im Netz finden Sie viele Versuche, das komplexe Thema einfach herunterzubrechen, nach dem Motto »15 Formeln für verkaufsstarke Headlines«. Sie bekommen einen fertigen Satz und brauchen nur Elemente auszutauschen, damit er für Ihre Zwecke passt. Hier drei Beispiele aus dem Chimpify-Blog[2]:

[Zahl] Gewohnheiten, die dich zu einem besseren [Beruf/Position/Sportart/Hobby] machen

In [Zahl] Schritten zum [Status/Beruf/Position] – Die ultimative Anleitung

[Zahl] Tricks, um [Position/Ergebnis] in Rekordzeit zu schaffen

Und jetzt meine unbequeme Meinung dazu: Wenn Sie diese Formeln kopieren, bekommen Sie Klon-Headlines, die sich wie dreckiges Diebesgut anfühlen. Diese Headlines gehören Ihnen nicht. Sie können sie klauen, um einen schnellen Klick zu bekommen – aber danach wollen Sie sich die Hände waschen. Ihre Leser merken auch, dass Sie nichts Eigenes getextet haben, und wundern sich vermutlich über den Bruch zwischen Headline und dem folgenden Text.

Ich sehe das Headline-Schreiben sportlich und haue 20 und mehr raus, bevor ich mich für eine entscheide. Das habe ich als Texterin in Agenturen gelernt: seitenweise Headlines entwickeln, danach bewerten und die meisten wieder verwerfen. Das ist ein

2 *https://www.chimpify.de/marketing/51-ueberschrift-vorlagen/*

kreativer Prozess. Ihnen fallen geniale Lines ein, wenn Sie genug ausprobieren. Das dauert zwar länger, aber das ist der Preis für eine individuelle Headline, die besser wirkt als die billigen Klone. Zudem macht es Spaß, verrückte Ideen zu Papier zu bringen. Albern Sie beim Brainstorming herum, und schreiben Sie auch die schlechten Wortspiele auf, die Ihnen einfallen. Ich habe festgestellt: Der Weg zur guten Idee beginnt mit einem Wust an schlechten bis semi-guten, der erst mal rauswill. Das ist wie Entgiften. Meine besten Headlines haben Witz: ungewöhnliche Wörter, einen charmanten Dreh, irgendwas Unerwartetes. Manche sind radikal kurz, mutig. Sie kopieren keine Vorlagen, sondern folgen Prinzipien. Deshalb differenziere ich bewusst nicht zwischen Headlines für Blogartikel, Verkaufsseiten und Unternehmensseiten. Die Prinzipien bleiben dieselben, auch wenn Sie die Headline Ihrer Textform anpassen.

Sie können Ihrer Headline verschiedene Formen geben. Ein paar Beispiele gefällig?

Bewährte Headline-Formate

Ihre Aussage können Sie ganz unterschiedlich formulieren. Zum Beispiel als ...

- **Story**
  Das Meine-Freundin-will-zu-Ikea-Auto (Autovermietung)
- **Gegenüberstellung**
  Alle reden übers Wetter. Wir nicht. (Deutsche Bahn)
- **Hyperbel (stilvolle Übertreibung)**
  Warum die letzte Folge von Game of Thrones die Regeln für immer geändert hat.
- **Frage**
  Was knallt besser: Glühwein mit Rum oder deine Texte?
  (Eigenkreation E-Mail-Newsletter. Öffnungsrate: 82 %)
- **Aufforderung**
  Machen Sie's wie Napoleon. Krönen Sie sich selbst. (Mercedes)
- **Neuigkeit**
  Neue Studie: 71 % der Deutschen wollen für Klimaschutz nicht auf Fleisch verzichten.
- **Testimonial**
  Seit dem Abi habe ich mich immer mit Steuererklärungen herumgeärgert. Nach 5 Minuten mit dieser Frau hab ich's verstanden.
- **Wortspiel**
  Hodenlose Frechheit: Astra feiert Väterinnentag.

Das Format entscheidet nicht, ob die Headline einschlägt oder versickert. Spielen Sie, probieren Sie herum, und denken Sie sich neue Formen aus.

Damit auch Sie frei im Kopf Überschriften entwickeln, zeige ich Ihnen ein paar Ansätze, die Ihre Kreativität in Gang bringen. Im Anschluss bekommen Sie die besten Tipps und Regeln berühmter und weniger berühmter Texter zum Headline-Schreiben.

Die emotionale Nummer

Wie mache ich die Headline so lecker wie Schokoeis am Strand? Das erste, das den meisten einfällt: Uahaha, ich mache einfach ein Wortspiel und wandle eine bekannte Redewendung ab:

Wo eine Villa ist, ist auch ein Weg.

Oder ich mache brutal neugierig:

Was ich von Hemingway gelernt habe

Beides kann man tun, ich will diese Techniken nicht verteufeln. Die Neugier-Headlines können durchaus zum Klicken animieren, und die Witz-Lines Sympathiepunkte einbringen. Allerdings verschenken diese Headlines Potenzial, wenn sie nur Lacher transportieren oder oberflächlich neugierig machen. Wenn die Headline als Überschrift für einen Text dient, darf sie ruhig mehr leisten: Sie kann Begeisterung für die folgenden Inhalte und die Emotionen wecken, nach denen sich Leser sehnen.

Hui, schwierig. Vielleicht schreiben Sie über Versicherungen oder Lösungen für Industriezulieferer und tun sich schwer, diese Themen mit großen Gefühlen zusammenzubringen. Aber wer sagt, dass Sie schwülstige, gefühlsduselige Werbewörter in die Headline stopfen müssen, damit sie emotional wird? So was wie »himmlischer Hochgenuss« oder »Wir tragen Sie auf Händen« oder »verblüffende Technologie, die alles Dagewesene in den Schatten stellt«?

Emotionen müssen nicht in die Headline. Die Headline soll den Leser emotional erreichen.

Dazwischen liegt der Marianengraben. Wenn ich den Leser bei den Gefühlen packen will, arbeite ich mit – anschwellender Trommelwirbel – emotionalen Benefits (siehe Abschnitt 2.1, »Emotionale Benefits – damit der Text Leserinnen und Leser etwas angeht«).

Die dürften Sie mittlerweile auswendig kennen. Die stärksten Headlines verbinden Inhalte mit den tiefen Wünschen der Kunden. Wir sprechen hier nicht von sachlichen Vorteilen wie »günstig« oder »kann viel«. Es geht darum, was Leser wirklich wollen und wie sie sich selbst gern sehen möchten – etwa bewundert werden, erfolgreich sein oder sich schlau fühlen. Wenn die Headline Leser auf dieser emotionalen Ebene erreicht, macht sie nicht nur das Weiterlesen schmackhaft, sondern was Sie zu bieten haben.

Aber wie vermitteln Sie diesen emotionalen Benefit in der Headline, selbst wenn Sie ihn kennen? Schreiben Sie ihn einfach hin? Das ist eine Variante. So macht das die Fitnessstudio-Kette »clever fit« in ihrer Bewegtbildkampagne.

Headline: Fühl dich stärker

Tausendmal eleganter wird es, wenn Sie den Benefit implizieren. Dabei transportieren Sie den Benefit statt ihn Ihren Lesern unter die Nase zu reiben. Wie das funktioniert, hängt vom Benefit ab. Wenn mein Benefit »sich schlau fühlen« ist, schreibe ich eine clevere Headline, über die mein Leser nachdenken muss. In dieser Mercedes-Kampagne muss man auch die Subline – die kleinere Zeile unter der Headline – lesen, um die Headline zu verstehen (siehe Abbildung 11.1).

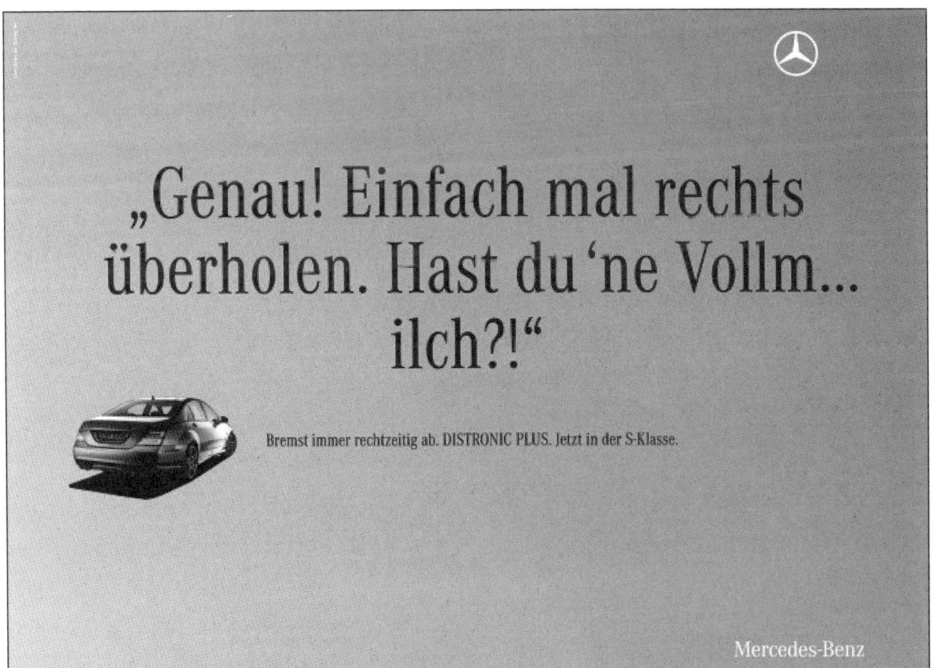

Abbildung 11.1 Anzeigenkampagne von Mercedes-Benz

Headline: Genau! Einfach mal rechts überholen. Hast du 'ne Vollm...ilch?!

Subline: Bremst immer rechtzeitig ab. DISTRONIC PLUS. Jetzt in der S-Klasse.

Wenn mein Benefit »sich besonders fühlen« ist, schreibe ich eine exklusive Headline, die nur eine bestimmte Personengruppe einschließt – wie das die »Süddeutsche Zeitung« gemacht hat (siehe Abbildung 11.2).

Abbildung 11.2 Anzeigenkampagne der Süddeutschen Zeitung

Headline: Gute Nachrichten für die Demokratie:

Subline: Eine gute Wahl fängt bei der Zeitung an.

Und wenn mein Benefit »fähig sein« ist, dann sage ich nicht »Sie können das«. Ich zeige in der Headline an einem Beispiel, was das heißt. Cortal Consors macht das hier vor (siehe Abbildung 11.3).

Headline: Ich will eine Bank, die sich Zeit nimmt. Zeit, mir zu zeigen, wie Geldanlegen geht.

Abbildung 11.3 Anzeigenkampagne von Cortal Consors

Der Blick auf den emotionalen Benefit ist ein Weg, eine wirksame Headline zu schreiben. Denken Sie darüber nach, wie Sie Ihr Angebot mit diesem tiefen Wunsch Ihrer Leserin und Ihres Lesers verbinden. Sie haben gewonnen, wenn Ihre Headline das Gefühl auslöst, mit dem Sie Ihre Leser begeistern wollen. Prüfen Sie jede Headline, die Sie schreiben, auf dieses Kriterium. So können Sie blitzschnell sagen, ob sie was taugt.

Baupläne für Benefit-Headlines

Es muss schnell gehen? Klonformeln bekommen Sie von mir nicht. Aber ich zeige Ihnen ein paar praxiserprobte Baupläne für Benefit-Headlines, aus denen Sie endlos Ideen entwickeln können. Sie zeigen, auf welche Weise Sie Benefits auch direkter in einer Headline rüberbringen können. Diese Baupläne eignen sich für E-Mail-Betreffzeilen, Verkaufsseiten und Landingpages. Hauptsache, Sie haben sich zum Ziel gesetzt, in der Headline Benefits zu vermitteln.

1. **Benefit plus Benefit**

   Ein Benefit ist ja schön, aber zwei sind doppelt so gut. Verbinden Sie einfach zwei Vorteile in einer Headline. Wie das funktioniert, können Sie in einer erklärenden Subline zeigen.

   Headline: Umwelt geschützt, Geldbeutel geschont

   Subline: So sparen Sie mit sauberer Energie von Ihren Stadtwerken

2. **Benefit plus Produkt/Feature**

   Auf Verkaufsseiten wollen Leser wissen, worum es geht. Das vermitteln Sie nicht automatisch, wenn Sie nur den Benefit aufschreiben. Also nennen Sie den Benefit und das Produkt oder Feature, das ihn ermöglicht. Dieser Bauplan funktioniert fantastisch, wenn Sie ohne Subline arbeiten.

   Begrüße den Tag mit Yoga, damit du beim Kinderfrühstück locker bleibst.

3. **Benefit minus Hürde**

   Ein Benefit ist schön und gut. Nur scheitern die meisten aus Gründen daran, sie zu erlangen. Zeigen Sie Ihrer Leserin und Ihrem Leser, was sie erreichen können: ihre Wünsche und Träume. Und dann nehmen Sie die Hürden und Probleme weg, die sie davon abhalten.

   Dein großer Auftritt ohne Lampenfieber

4. **Benefit als offene Frage**

   Fragen ziehen Leserinnen und Leser in den Text, weil sie auf einmal eine aktive Rolle übernehmen. Sie dürfen nicht nur lesen, sondern sind aufgefordert, sich Gedanken zu machen – kein Wunder, dass Headlines im Fragenformat gut ankommen. Also vermitteln Sie den Benefit, indem Sie ihn als Frage verpacken. Dadurch zeigen Sie nicht nur den Wunsch des Lesers, sondern bringen ihn dazu, darauf hinzuarbeiten. Dieses Konzept eignet sich etwa für Blogartikel, in denen Sie diese Frage beantworten.

   Welche Hürden müssen Turnierreiter überwinden, um Schleifen zu holen?

Wie Sie einen Benefit in eine Headline packen, wissen Sie jetzt. Damit Ihre Überschriften herausragen, gebe ich Ihnen wertvolle Schreibtipps mit auf den Weg, mit denen Sie Ihre Überschriften leuchten lassen.

Heiße Textertipps zum Headline-Schreiben

Wollen Sie eine superduper Headline schreiben? Guter Plan. Finden Sie heraus, was eine Headline gut macht, warum sie knallt und wie Sie Ihre noch verbessern. Welche Headline die anderen aussticht, lässt sich testen. Sie können zum Beispiel auf Ihrer Landingpage messen, wie viel Prozent der Besucher der Handlungsaufforderung gefolgt sind. Wenn Sie die Headline ändern, beeinflusst das die Zahl möglicherweise. Aber wäre es nicht klasse, wenn Sie schon vorher sagen könnten, welche Option besser abschneidet? Das ist kein Plädoyer gegen das Testen. Sie bekommen nur schneller gute Resultate (sprich Leser, die zu Kunden werden), wenn Sie wirksame Headlines gegeneinander antreten lassen, statt mit Augenbinde irgendwelche Zeilen zu testen.

Ich habe mich in der Werbetextliteratur umgeschaut – und festgestellt, dass viele einer Meinung sind, wenn's um wirksame Headlines geht. Allerdings lohnt es sich, gängige Tipps vor dem Hintergrund des Online- und Content Marketings zu bewerten. Vor allem: Lernen Sie die Regeln, aber seien Sie bereit, sie zu brechen. Manchmal laufen Headlines am besten, die aus dem gängigen Raster fallen. Beispiel E-Mail-Marketing: Die ideale Betreffzeile hat angeblich fünf Wörter. Gerade deshalb erzielen manchmal sehr lange oder sehr kurze Lines bessere Öffnungsraten. Sie stechen in der Mailbox hervor.

Schluss mit dem Vorgeplänkel, hier kommen die Headline-Tipps:

Konkret schlägt allgemein: Konkret ist das Gegenteil von allgemein – und Menschen lieben konkrete Aussagen. Wolf Schneider erzählt, dass er Seminarteilnehmer fragt, was ein Haustier ist. Als Antwort ertönt aus allen Ecken: »Hund«, »Katze«, »Meerschweinchen.« Ich habe das ausprobiert, und auch meine Kursteilnehmer kamen nicht mit einer Definition eines Haustieres um die Ecke. Was heißt das? Leser wollen sich etwas vorstellen können. Sie wollen ein Bild im Kopf und kein abstraktes Konzept.

Also finden Sie ein Beispiel, oder beschreiben Sie den Begriff bildhaft. Welche Farbe, welche Art, wie groß? Dabei soll der Ausdruck gerade in der Headline kurz bleiben. Beschreiben Sie mit wenigen Worten, anstatt zu schwafeln, aber beschreiben Sie – selbst wenn die Headline dadurch einen Tick länger wird.

Tabelle 11.1 zeigt den Unterschied zwischen allgemeinen und konkreten Begriffen.

Allgemeiner Begriff	Konkrete Beschreibung
Urlaub	Wandern in den Schweizer Alpen
Hund	grau gefleckter Königspudel
eine Freundin	Sabine vom Step-Aerobic
Handwerker	Tischler Adam
sparen	60 % sparen

Tabelle 11.1 Werden Sie spezifisch und finden Sie konkrete Bilder, die sich in den Köpfen Ihrer Leserinnen und Leser festsetzen.

Zahlen haben Autorität: Zahlen verleihen Headlines Glaubwürdigkeit. Machen Sie Angaben, so genau Sie können. So verwandeln Sie ein schwammiges Blabla in ein Versprechen, auf das man Sie festnageln kann. Sie gehen damit eine Verpflichtung ein, und die verleiht Ihrer Aussage Gewicht. Versteht sich von selbst, dass Sie nur Zahlen, Daten und Fakten nennen, die Sie belegen können. Sehr große oder kleine Zahlen schinden am meisten Eindruck. Geben Sie also lieber 111 geniale Tipps zum Zimmeraufräumen als nur 5. Damit die Zahl als solche wirkt, schreiben Sie sie in Headlines als Nummer – egal, was Sie im Deutschunterricht gelernt haben.

Leser brauchen einen Grund: So selbstverständlich sich das anhört ... Die Headline muss einen Grund zum Lesen geben. Verspricht sie einen echten Nutzen, ist sie interessant oder weckt sie Neugier? Finden Sie heraus, was Ihre Leser bewegt und motiviert. Dann finden Sie auch eine Headline, die den Nerv trifft.

Überraschen Sie mit Ideen: Sie dürfen Ihre Leser zu Schmunzeln bringen. Dabei sind Ideen immer besser als platte Wortspielchen. Erinnern Sie sich an die Hornbach-Kampagne, die Heimwerker als Helden zeigt? Die Kreativen hätten sagen können: »Wir wissen, wo der Hammer hängt.« Hoho. Haben sie aber nicht, weil sie eine Idee hatten:

Legenden sterben nicht im Bett.

Auch genial:

Schweiß fließt, wenn Muskeln weinen.

Also, lassen Sie den ersten Witz, der Ihnen einfällt, links liegen. Denken Sie weiter. Wenn Sie auch auf solche Ideen kommen wollen, fragen Sie sich immer: Wie sieht das aus, wenn meine Aussage für den Kunden wahr wird? Wie zeigt sich der emotionale Benefit? Welche Szene beschreibt, was ich sagen will?

Klar schlägt clever: Sie dürfen einen Witz machen, aber der Leser muss ihn direkt verstehen. Verwirrung sollte das Letzte sein, woran er im Zusammenhang mit Ihrer Marke denkt. Denn wer unsicher ist, kauft nicht. Deshalb sollten Sie sich in der Headline auf eine Aussage beschränken und sie kristallklar formulieren.

Schreiben Sie mutig: Gerade in der Headline wollen Sie Ihre Aussage verdichten. Reden Sie nicht drumherum, streichen Sie alles, was Sie nicht unbedingt brauchen. Vor allem: Trauen Sie sich, ein stolzes Statement abzugeben, und schwächen Sie es nicht ab. Sie können Ihre Aussage im Fließtext erklären.

[–] *Vielleicht der beste Burger der Stadt*

[+] *Der beste Burger der Galaxis*

Wörter mit Widerhaken: Ihre Formulierungen sollen im Kopf kleben bleiben. Also drücken Sie sich abseits vom Mainstream aus. Können Sie Ihren Headline-Inhalt kreativ transportieren, ihn in andere Worte fassen? So sticht Ihre Aussage hervor:

- Verwenden Sie ungewöhnliche Wörter: Muss es großartig sein oder geht famos?
- Schreiben Sie in Bildern: Wie wär's mit einer Metapher in der Headline?
- Sinnliche Wörter gehören in die Headline, weil sie uns berühren.
- Alliterationen sind alles. Sehen Sie? Wörter mit gleichen Anfangsbuchstaben prägen sich ein.

Keine blinden Headlines: Die Überschrift muss sich auf den Inhalt beziehen. Könnte sie über zig anderen Texten stehen? Besteht sie nur aus einem Wortspiel, das nicht konkret auf die Textinhalte schließen lässt? Dann ist sie blind. Ihre Leserinnen und Leser wissen nicht, was sie erwartet. Also: Schreiben Sie eine Überschrift, die ihnen eine Idee davon vermittelt, was sie gleich lesen werden. Falls Ihnen nichts Besseres einfällt, dann seien Sie eben direkt. Ist das Thema für Ihre Leser relevant? Dann nennen Sie es beim Namen. Das ist tausendmal besser als eine verschwurbelte Headline, mit der keiner was anfangen kann.

11.3 Zwischenüberschriften, die Struktur schaffen und Leselust wecken

Wenn Sie auf eine Wiese schauen, sehen Sie überall Grün. So schön das ist, werden Sie sich kaum jeden Grashalm einzeln anschauen. Ganz anders in einem angelegten Garten. Ein Kiesweg führt Sie hindurch, vorbei an Blumenbeeten, einer Bank mit Blick auf die Pfingstrosen und einer Wacholderhecke. Sie flanieren von einem Highlight zum nächsten und schauen sich einiges genauer an, weil der Weg Sie daran vorbeiführt.

Ein Text ohne Strukturelemente ist eine wilde Wiese. Sie lassen Ihren Blick darüber schweifen, bleiben aber an nichts hängen. Sie übersehen die besonderen Pflanzen, die auf der Wiese wachsen, weil Ihr Blick nicht gelenkt wird. Nach dem ersten Umschauen verlieren Sie das Interesse.

Ihre Augen brauchen Halt im Text. Naheliegend wäre, nach Bildern zu verlangen, die den Wortwuchs auflockern. Gute Idee – aber ohne Zwischenüberschriften nutzlos. Die können mehr als Ihren Text optisch aufzubrechen: Sie vollenden, was die Headline begonnen hat. Sie zeigen Highlights und führen Leser durch den Text. Sie machen Lust auf die nächste Passage und verlocken dazu, nur noch diesen kurzen Abschnitt zu lesen. Und schwuppdiwupp steckt der Leser im Text, entdeckt immer noch etwas Spannendes, bis er am Ende angelangt ist. Deshalb lassen Sie längere Texte nicht wuchern – Sie verleihen ihnen mit Zwischenüberschriften Form und Struktur.

Schreiben Sie Zwischenüberschriften, die Leser durch den Text führen. Ich zeige Ihnen drei Arten von Zwischenüberschriften, die Ihnen beim Strukturieren helfen, und worauf es beim Texten ankommt.

Zwischenüberschriften als Ausblick

Das liegt nahe: Fassen Sie in der Zwischenüberschrift den Inhalt des darauffolgenden Textteils zusammen. So schenken Sie Ihren Leserinnen und Lesern Orientierung. Auf einen Blick erfassen die, wie Sie das Versprechen aus der Headline im Text erfüllen. Diese Zwischenüberschriften bilden eine zweite Textebene, die Sie einfügen können, wenn Sie den Fließtext fertig geschrieben haben. Oder Sie beginnen mit einer Outline, in der Sie die Zwischenüberschriften zuerst schreiben.

Ausblicküberschriften haben einen Vorteil: Ihre Leser entwickeln schnell Vertrauen, weil sie einen Ausblick darauf bekommen, was sie erfahren. Als Texter unterstützen Sie Ihre Leser dabei, die relevanten Teile zu finden – und eventuell etwas auszulassen, das ihnen unwichtiger erscheint. In reinen Fachtexten sind diese Art von Zwischenüberschriften daher sinnvoll.

In Marketingtexten wollen Sie diesen Effekt lieber vermeiden: Ihnen liegt etwas daran, dass Ihr Text ganz gelesen wird – nicht nur aus Eitelkeit. Sie haben ihn so aufgebaut, dass Sie die Leser mitnehmen und am Ende zu einer Handlung führen. Das funktioniert nur halb so gut, wenn sich Ihre Leser Blümchen herauspflücken, die sie gerade anlachen, und den Rest ignorieren.

Die Gefahr besteht darin, dass Sie in der Zwischenüberschrift zu viel verraten und Ihre Leser denken: Ach, das Wichtigste weiß ich schon. Wozu noch den Text lesen? Die Lösung:

Behandeln Sie jede Zwischenüberschrift wie eine Headline. Sagen Sie, was der Leser gleich lernt – aber nehmen Sie nicht die komplette Weisheit aus dem Fließtext vorweg.

Sagen Sie spezifisch, worum es geht – aber enthüllen Sie nicht den ganzen Textinhalt. Ich vergleiche das gern mit einem Highlander, der ohne Schottenrock längst nicht so attraktiv wäre. Keiner würde sich fragen, was er drunter trägt.

Eine gute Zwischenüberschrift in Marketingtexten ist mehr als eine reine Inhaltsangabe. Sie dürfen sich genauso viel Mühe geben wie mit der Headline oben: Machen Sie Lust auf die Textinhalte, und transportieren Sie Benefits. Beispiele für Ausblick-Zwischenüberschriften:

3 Tipps zum Pferdestriegeln, damit das Fell länger glänzt

Pros und Contras: Lohnt sich eine private Krankenversicherung?

Warum Altbau-Käufer keine Gutachter beauftragen sollten

Diese Stilmittel helfen dir beim Spannungsaufbau.

Zwischenüberschriften als Highlights

Meine Lieblingsform der Zwischenüberschrift sind Highlights, die ich in Blogartikeln, E-Mail-Newslettern und auf Verkaufsseiten immer wieder verwende. Sie können dabei faul sein – Sie schreiben nichts extra. Stattdessen lesen Sie sich Ihren Text durch und markieren besonders prägnante und interessante Aussagen. Diese denkwürdigen Sätze setzen Sie einfach als Zwischenüberschrift. So empfehlen Sie Ihren Text. Stellen Sie sich vor, Ihre Leser überfliegen zuerst nur die Zwischenüberschriften – was einige tun werden. Und alles, was sie lesen, sind starke, unerhörte oder witzige Sätze. Dann lesen Sie garantiert auch den Rest.

Die Highlight-Zwischenüberschrift erfüllt also eine andere Funktion: Sie gibt keinen Ausblick drauf, was kommt, sondern hebt wichtige Aussagen hervor. Damit bietet sie zwar weniger Orientierung, dafür präsentiert sie den Text als wertvolles Lesefutter.

Achten Sie nur darauf, dass Sie Platz zwischen den Highlights lassen. Sonst wirkt die Zwischenüberschrift wie eine x-beliebige Hervorhebung. Machen Sie mindestens zwei oder drei Absätze Pause, bevor Sie wieder eine Zwischenüberschrift verwenden. Beispiele für Highlight-Zwischenüberschriften:

Die Headline ist das Zugpferd deines Textes.

Lange Sätze mit vielen Kommas sind Dynamik-Killer.

Zieh gegen Floskeln, Werbesprache und abstrakte Begriffe ins Feld.

Zwischenüberschriften als Story

Gut, Sie wollen Ihren Lesern wirklich ersparen, den Fließtext zu lesen – zumindest im ersten Durchlauf. In diese Situation könnten Sie kommen, wenn Sie eine komplexe Verkaufsseite schreiben oder eine Unternehmensstory. Sie wollen tiefer gehende Infos für Leser nennen, die genau danach lechzen. Aber Sie möchten auch Leser überzeugen, die es eilig haben. Mit Story-Zwischenüberschriften machen Sie es den Schnellüberfliegern und Gründlichlesern gleichermaßen recht. Anders als bei Zwischenüberschriften, die einen Ausblick geben, erzählen Sie die ganze Story in breiten Pinselstrichen. Aus den Zwischenüberschriften ergibt sich ein eigener zusammenhängender Text, die ganze Geschichte in Kurzform.

Ihr Text hat zwei Ebenen, die man auch getrennt voneinander lesen kann. So ermöglichen Sie es ungeduldigen Lesern, alles Wichtige mitzubekommen und danach zu klicken oder zu kaufen. Oder Sie überzeugen diese davon, Ihrem Text doch eine Chance zu geben. Das kann passieren, ist aber weniger wahrscheinlich als bei den Highlight-Zwischenüberschriften.

Damit Ihre Überschriftenstory zusammenpasst, starten Sie Ihren Text damit. Danach formatieren Sie jeden Satz als Zwischenüberschrift und schreiben dazwischen Ihren Fließtext. Alternativ fassen Sie Ihren Artikel in einer kurzen Story zusammen und schieben die einzelnen Sätze an die passende Stelle im Fließtext. Beispiel einer Story in Zwischenüberschriften:

82 Prozent aller Bauherren bereuen es hinterher.

Die Grundstückssuche: eine Katastrophe

Die Bauunternehmen: unzuverlässig

Desinteressierte Handwerker machen Fehler.

Das nächste Mal wird alles besser: Nur noch mit unabhängiger Bauberatung.

Diese Fehler machen Ihre Zwischenüberschrift kaputt

Wenn Sie diese Schnitzer vermeiden, verwandeln Sie Ihren Text mit Zwischenüberschriften in einen blühenden Garten und helfen Suchmaschinen dabei, Ihren Content zu finden:

1. **Leere Zwischenüberschriften**

   Dieser Fehler ist in Webtexten überaus beliebt: Zwischenüberschriften, die nichts Inhaltliches sagen, sondern nur eine Kategorie benennen, wie ein Aufkleber auf einem Produkt. Sie verschenken die Chance, etwas Wertvolles zu versprechen, und sind für Suchmaschinen gänzlich irrelevant, weil niemand nach »Unsere Leistungen« oder »Fazit« sucht.

   [–] *Unser Angebot*

   [–] *Das erwartet Sie*

   [–] *Fassen wir zusammen*

   Das können Sie einfach lösen: Setzen Sie einen Doppelpunkt, und nennen Sie dahinter Benefits und Inhalte.

   [+] *Unser Angebot: in 6 Wochen ein besseres Körpergefühl mit Yoga*

   [+] *Das erwartet Sie: nie wieder Bammel vor der Steuererklärung*

   [+] *Fassen wir zusammen: Bessere Gehälter für Teilzeit retten unsere Renten.*

2. **Reine Inhaltsangaben**

   Sie fassen brav zusammen, was im Text darunter steht, wecken aber kein Interesse. Das mag inhaltlich richtig sein, aber so ersticken Sie die Lust am Lesen. Also: Sagen Sie, was Leser erwartet – aber fassen Sie bloß nicht die Inhalte zusammen. Lassen Sie eine Lücke, die der Leser füllen möchte. Betrachten Sie die Zwischenüberschrift als Mini-Teaser statt als Inhaltsangabe.

   [–] *Die Trendfrisur für Festival-Gängerinnen ist der französische Zopf.*

   [+] *Die Trendfrisur für Festival-Gängerinnen*

3. **Bandwürmer**

   Headlines und Zwischenüberschriften sprengen leicht den Rahmen. Sie wollen viel Relevantes reinpacken, weil Sie sich denken: Die meisten lesen nur die Überschriften. Heraus kommen lange Sätze, manchmal sogar zwei. Diese Möchtegern-Zwischenüberschriften lesen sich wie ein Teil des Fließtextes, nur eben in fett und groß. Sie bieten dann keine schnelle Orientierung mehr und leiten den Leser nicht.

[–] *Die richtigen Büromöbel zu finden ist schwer. Holen Sie sich Inspirationen zu Ergonomie und Design.*

Das können Sie einfach beheben: Sie müssen ja nicht alles in der Zwischenüberschrift sagen. Im Fließtext haben Sie so viel Platz, wie Sie brauchen. Also beschränken Sie sich auf einen kürzeren Satz oder Halbsatz. Doppelpunkte und Gedankenstriche helfen beim Kürzen.

[+] *Büromöbel-Inspirationen: Ergonomie trifft Design*

Die Zwischenüberschriften sitzen. Weiter geht's mit dem wichtigsten Textteil überhaut. Mit dem, der wirklich darüber entscheidet, ob Ihr Text bis zum Ende gelesen wird.

11.4 Zündende Intros, die Leser in den Text katapultieren

2005 habe ich einen Haufen Bücher verschmäht, als ich bei Thalia den Regalabschnitt *Englisch, Fantasy, Sonstige* nach Lesestoff durchforstete. Ich zog jedes Buch heraus, das einen semi-prickelnden Titel hatte. Ich las die ersten Sätze und verbannte es wieder ins dunkle Regal. Nach 15 Büchern oder so blieb ich an einem hängen und kaufte es, obwohl es von irgendeinem No-Name-Autor war, der sich mit tolkienesken Initialen schmückte. Es hieß »A Game of Thrones«.

Warum ich das erzähle: Die Wahrscheinlichkeit, dass der Leser abspringt, ist bei den ersten zwei Textabsätzen am höchsten. Das sage nicht nur ich, sondern auch Marketingexperte Jeff Bullas (und der kennt eine Studie aus den USA dazu)[3].

Warum ist die Einleitung mindestens so wichtig wie die Headline? Ganz einfach. Die Einleitung bestimmt, ob und wie der Text gelesen wird. Wenn Leser in Ihren Text einsteigen, haben sie drei Möglichkeiten:

1. Sie springen ab. Die Wahrscheinlichkeit, dass sie es tun, ist bei den ersten zwei Textabsätzen am höchsten.

3 *https://www.jeffbullas.com/5-extremely-actionable-tips-improve-content-writing/*

2. Sie missbrauchen Ihren Text als Info-Halde und suchen ihn flüchtig nach Goldkörnchen ab. Mit Lesen hat das nichts zu tun.
3. Sie preschen im Text weiter wie Zehnjährige, die Minecraft-Videos schauen: mit aufgerissenen Augen und schwitzenden Händen, von Anfang bis Ende.

Ich wünsche mir, dass meine Texte nicht nur gelesen werden, weil sie Informationen vermitteln. Nackte Infos gibt's überall im Internet. Wenn Ihr Text als Lesestoff de luxe wahrgenommen werden soll, brauchen Sie eine zündende Einleitung. Darin beweisen Sie, dass sich das Lesen lohnt. Deshalb lohnt es sich, die Einleitung als *Elevator Pitch* zu betrachten.

Die Einleitung als Elevator Pitch

Der Firmenboss steigt zu Ihnen in den Fahrstuhl, und Sie müssen ihn davon überzeugen, Ihnen einen Gesprächstermin zu geben. Sie haben Zeit, bis sich die Tür öffnet und der Boss aussteigt. Die Herausforderung: Der Firmenboss kennt Sie nicht und interessiert sich nicht für Sie. Sie wollen sich vorstellen und sein Interesse wecken. Dafür haben Sie nur wenige Sätze. Sie können ihm nicht alles verraten, weil Sie ihm ein längeres Gespräch schmackhaft machen wollen. Aber Sie müssen ihm genügend Informationen geben, um ihn von Ihnen als Person zu überzeugen.

Wenn Sie diesen Anspruch auf Ihre Einleitung übertragen, soll sie in kürzester Zeit diese Aufgaben erfüllen:

- informieren, worum es geht
- überzeugen, dass sich das Lesen lohnt
- neugierig machen auf alles, was folgt

Diesen Pitch können Sie in drei Phasen aufteilen.

Phase 1: Reinziehen

Die erste Phase ist ganz kurz. Sie möchten Ihren Leser erst einmal an den Text heranführen. Ein elendslanger Satz zu Beginn könnte abschrecken. Viel mehr Lust machen Sie mit einem einfachen Trick: Starten Sie mit einem kurzen Satz, der zum Weiterlesen zwingt.

Frage:

Kennst du das?

Statement:

Mir ist etwas Schlimmes passiert.

Direkte Rede:

»Mama, wir haben dein Bett zerschnitten.«

Wenn der Leser erst mal drin ist, können Sie ihm auch längere Sätze zumuten. Er ist ja nicht doof.

Phase 2: Anschnallen

In dieser Phase stellen Sie eine Verbindung zum Leser her. Ihr Ziel ist, ihn gefühlsmäßig an Ihren Text zu binden. Das kann auf unterschiedliche Arten gelingen:

- Führen Sie einen Dialog, in dem Sie von Ihren Erfahrungen erzählen und zur Abwechslung den Leser ansprechen.
- Erzählen Sie eine kurze Geschichte.
- Versetzen Sie sich in die Lage des Lesers, und beschreiben Sie seine Situation oder sein Problem (genau wie bei der BELA-Formel, siehe Abschnitt 3.1).

Phase 3: Abschießen

Der Leser ist bei Ihnen. Im finalen Teil der Einleitung schüren Sie Erwartungen und schießen den Leser in den Hauptteil. Ich mache das gerne mit einer Bulletpoint-Liste (sprich mit einer Aufzählung), in der ich den Inhalt meines Artikels schmackhaft mache. Oder Sie teasern ein einziges Highlight an, das den Leser im Hauptteil erwartet. Suchen Sie sich am besten eines aus, das weit unten im Text steht und einen hohen Must-read-Faktor hat.

5 erprobte Intro-Mechaniken

Diese Phasen können Sie mit verschiedenen Intro-Mechaniken umsetzen – oder nennen Sie es schlicht Arten von Einleitungen. So wird's Ihrem Publikum nicht langweilig, und Sie können das Intro Ihrem Thema anpassen. Diese fünf sind meine Favoriten:

- **Die Story**

  Erzählen Sie eine witzige, erstaunliche oder meinetwegen peinliche Anekdote, und verbinden Sie diese mit Ihrem Textthema. Dazu zähle ich auch Einstiege in direkter Rede, die einen Dialog wiedergeben.

Damit geben Sie Ihren Lesern die Gelegenheit, sich mit jemandem zu identifizieren. Bei Storys in der Einleitung ist Kürze entscheidend. Können Sie die Story schnell servieren? Wie diese kurzen Geschichten in der Einleitung genau aussehen können, erfahren Sie bei den Ministorys in Kapitel 4, »Storytelling als Würze – Argumente mit Ministorys untermauern«.

- **Der Spiegel**

  Ziehen Sie den Leser mit einer brennenden Frage in den Text. Menschen wollen nach ihrer Meinung gefragt werden. Das liegt in unserer Natur. Wir fühlen uns dann wertgeschätzt und beachtet. Ihrem Leser geht es genauso. Die Frage sollte schon den Kern des Problems umreißen, das Sie lösen wollen. Achtung: Wenn Ihr Text für den Leser kein Problem löst (und Ihnen deshalb keine Frage einfällt), treten Sie ihn in die Tonne.

  Bewerben sich bei Ihnen genug IT-Entwickler?

  Findest du Joggen auch todlangweilig?

  Wie lange brauchen neue Mitarbeiter, um Ihre Workflow-Software zu lernen?

  Dann halten Sie ihm einen Spiegel vor und beschreiben lebendig seine Ziele, Wünsche und Hürden. Sprechen Sie ihn direkt an. Näher am Leser geht's nicht. Dieser Ansatz steht und fällt damit, wie gut Sie sich in Ihre Leser hineinversetzen können.

- **Das Versprechen**

  Bei diesem Einstieg dürfen Sie direkt sein. Geben Sie einen Ausblick darauf, welches Versprechen Ihr Text erfüllt, welches Problem er löst oder welche Frage er beantwortet. Die einzige Regel: Sie dürfen den Weg dorthin nicht verraten. Das funktioniert fast bei jedem Text.

  Achtung: Nicht zu sehr auf die Kacke hauen. Im englischen Sprachraum klingen die Versprechen viel größer als im Deutschen. Sie wollen ja nicht plump verkaufen, sondern Neugier wecken.

- **Der Schocker**

  So beginnt der Science-Fiction-Autor Dan Simmons seine Hyperion-Gesänge:

  »Der Hegemoniekonsul saß auf dem Balkon seines Ebenholzraumschiffs und spielte Rachmaninows Prélude in cis-Moll auf einem uralten, aber gut erhaltenen Steinway, während sich große grüne Saurierwesen unten in den Sümpfen drängten und heulten.«

  Mein liebster Anfangssatz überhaupt, weil er ohne Drama verdammt neugierig macht – einfach, weil die Szene zu nichts Gelerntem passt. Diese Methode ist am schwierigsten einzusetzen und braucht am meisten Mut. Aber sie wirkt Wunder. Nichts schafft so viel Aufmerksamkeit, wie den Boden unter den Füßen wegzureißen. Starten Sie mit etwas, das keiner erwartet, das auf den ersten Blick keinen Sinn ergibt.

Wenn Sie über Maschinenbau schreiben, wollen Sie, dass Ihre Leserin und Ihr Leser sich fragen: »Häh, was hat das mit Maschinenbau zu tun?« Zum Beispiel:

In den 90ern haben wir lieber Moorhuhn als Tetris gespielt.

Jetzt können Sie erklären, dass Sie Ihren Kunden nicht zumuten wollen, große Bauteile auf kleinem Raum unterzubringen, und dass Sie eine extra kompakte Lösung entwickelt haben.

Was gute Einleitungen brauchen

Worauf kommt es an, wenn Sie Ihre Einleitung schreiben? Können Sie die folgenden Fragen mit ja beantworten, dann klappt's mit dem Intro, das Leserinnen und Leser in den Text schießt und sie bis zum Ende dabeihält.

- **Zusammenhalt – sind Headline und Intro aus einem Guss?**

  Das frustriert mich täglich. Ich suche auf Twitter nach guten Artikeln zum Teilen. Dann finde ich endlich eine Headline, die mich reinzieht. Ich platze vor Neugier, weil ich den Artikel dahinter unbedingt lesen will. Ich klicke. Meine Erwartungen reichen von hier bis zum Mars. Und dann werde ich mit allgemeinem Blablub bombardiert:

  [–] *Viele Unternehmen/Rechtsanwälte/Eltern sind immer noch der Ansicht, dass ...*

  [–] *Wir stehen heute vor großen Herausforderungen, wenn es um Asset Management/Hundetraining/Social Media Marketing geht.*

  Ich starre auf die ernüchternden Zeilen. Ich wurde mit einer Headline angefixt – und der Text zieht mich runter statt rein. Das Problem ist nicht die Einleitung an sich: Schlimm ist, dass sie nicht zur Headline passt. Wenn meine Headline mysteriös ist, dann muss meine Einleitung die entfachte Neugier schüren. Wenn meine Headline emotional ist, erwarte ich so viel Drama wie auf einem Prinzessinnengeburtstag. Und wenn meine Headline Zahlen nennt, will ich verdammt noch mal Beweise.

- **Tempo – kommen Sie in der Einleitung auf den Punkt?**

  Egal, für welche Form der Einleitung Sie sich entscheiden, sie muss schnell funktionieren. Am größten ist die Herausforderung bei Einleitungen von Storys. Ich streiche sie meist auf etwa ein Drittel des Originals zusammen.

- **Charakter – schreibt hier wer?**

  Ihr persönlicher Schreibstil ist gefragt. In der Einleitung zeigen Sie, was Ihre Leserinnen und Leser von Ihrer Schreibe erwarten können. Verwenden Sie Ihre Lieblingswörter, denken Sie sich Vergleiche aus, lassen Sie Ihre Persönlichkeit durchblitzen. Seien Sie humorvoll, intelligent, lakonisch, pragmatisch. Alles ist besser als charakterlos.

  Klar sollten Sie im Kopf behalten, dass all das zu Ihrer Marke passt. Aber die Angst, Kunden mit Humor oder zu viel Persönlichkeit zu verschrecken, ist meist unbegründet.

- **Leserbezug – geht das Ihre Leser an?**

  Die Einleitung ist dazu da, den Leser abzuholen und eine Verbindung zwischen ihm und Ihrem Text zu schaffen. Gelingt Ihnen das, wird er gerne mitkommen. Zeigen Sie ihm, warum es sich für sie oder ihn persönlich lohnt, weiterzulesen. Meine Empfehlung: Sprechen Sie Ihre Leser direkt an – passend zu Ihrer Markentonalität mit du oder Sie.

- **Neugier – spannt die Einleitung auf die Folter?**

  Neugier entsteht, wenn der Leser mehr wissen will, als Sie ihm schon gesagt haben. Dafür brauchen Sie nicht reißerisch zu schreiben. Der Trick: Halten Sie einfach eine entscheidende Information zurück. So machen das Stephen King und J. K. Rowling – und ab jetzt auch Sie.

  Hier ein paar fiktive Beispiele, um die Mechanik zu verdeutlichen:

  [+] *Du erfährst, wie du einen Replikator wie bei Star Trek baust.*

  [+] *Es gibt ein Wort, das Betreffzeilen sofort unglaubwürdig macht.*

  [+] *Mein Freund Jamie war letztes Jahr vollkommen pleite. Heute leitet er eine Firma mit 70 Angestellten.*

- **Informationen – ist der Leser sicher, dass sich die Lektüre lohnt?**

  Wir sind uns einig: Sie wollen nicht alle spannenden Infos in der Einleitung verfeuern. Aber einzelne Knaller machen Lust auf mehr. Konkrete Zahlen, Fakten und Daten schaffen sofort Vertrauen. Besonders gut funktionieren sie mit persönlichem Bezug:

  [+] *Gehörst du zu den 92 % der Texter, die am Imposter-Syndrom leiden?*

- **Begeisterung – steckt Herzblut in der Einleitung?**

  Sie wollen Ihre Leser zum Weiterlesen motivieren. Aber wie soll das gehen, wenn Sie über ein faktenlastiges Fachthema schreiben? Mein bester Tipp dazu: Lassen Sie Ihre Begeisterung ungebremst in den Text einfließen. Leser merken, ob Sie eine Pflichtaufgabe erfüllen oder Feuer und Flamme sind.

  Am einfachsten transportieren Sie Ihre Begeisterung, indem Sie persönliche Kommentare abgeben:

> **[+]** *Das hat mich erstaunt.*
>
> **[+]** *Ich hätte nie erwartet, dass wir das in 3 Monaten schaffen.*
>
> **[+]** *Und weil ich das als schreibfauler Techniker kann, können Sie das auch.*

Ihre Einleitungen schreiben Sie jetzt wie einen Raketenstart, der Leser in den Text katapultiert. Tüfteln Sie! Wenn die Einleitung gelingt, liest Ihr Publikum den ganzen Text. Weiter geht's mit der Komponente, die zusammen mit der Einleitung den Text klammert – und Leser zum Handeln bringt.

11.5 Ein starker Schluss

Endlich ist der Text inhaltlich fertig – und hier geht so manchem Autor die Puste aus. Sie freuen sich, dass Sie am Ende angelangt sind, und wollen einen Schlusspunkt setzen. Ich verstehe das. Ich muss mich auch aufraffen, die letzten Streckenmeter durchzuziehen. Dabei steckt viel Potenzial im Schlussteil. Deshalb sollten Sie noch mal alle Kraft zusammennehmen. Im letzten Akt können Sie in jedem Marketingtext – ob E-Mail, Verkaufsseite oder Artikel – eine Menge erreichen:

- wichtige Informationen im Leserkopf verankern
- dem Leser bei der Meinungsbildung helfen, indem Sie Ihre persönliche Perspektive beisteuern
- Lust auf weiteren Lesestoff machen und den Leser auf Ihrer Website halten
- sogar ungestraft werben, selbst wenn Sie einen Blogartikel schreiben, der in erster Linie ein redaktionelles Format ist

In diesen vier Schritten schreiben Sie einen starken Schluss, der knallt wie ein Paukenschlag. Gehen Sie mit mir die einzelnen Schritte durch, damit Ihr Schluss Power hat und Ihre Leser zum Handeln bringt.

Schritt 1: Die Schlussüberschrift

Starten Sie mit einer Zwischenüberschrift. Diese sollte nicht »Fazit« oder so ähnlich heißen, sondern das Fazit sein. Wie Sie wirkungsvolle Zwischenüberschriften schreiben, können Sie in Abschnitt 11.3 nachlesen.

Lässt sich aus Ihrem Text eine wichtige Lehre ziehen, ein Prinzip ableiten oder eine starke Aussage destillieren? Prima. Das ist Ihre Einstiegsüberschrift für den Schlussteil!

Schritt 2: Die Zusammenfassung

Fassen Sie die wichtigsten Inhalte Ihres Textes kurz zusammen. Haben Sie keine Angst, sich zu wiederholen. Gerade online dürfen Sie davon ausgehen, dass Ihre Leserschaft Ihre Marketingtexte und Artikel nicht Wort für Wort liest. Aber es wird einige geben, die sich viel leichter auf ein knackiges Fazit einlassen, als den Text zu verdauen.

Was haben Ihre Leser gelernt? Welche Lösung ist greifbar geworden? Über welche Fähigkeiten verfügen sie jetzt? Wenn Sie das noch einmal ausführen, werben Sie damit für Ihren Text. Ein Leser, der nur schnell das Fazit lesen wollte, schwenkt so vielleicht doch noch um und liest von vorn.

Schritt 3: Die Botschaft

Selbst wenn Sie bis hierhin neutral aufgetreten sind, können Sie am Ende Ihre Meinung sagen. Sie haben bereits bewiesen, dass Sie Ihr Thema verstehen. Ihre Leserinnen und Leser vertrauen Ihnen jetzt, und Sie können damit arbeiten. Fassen Sie jetzt die Botschaft Ihres Textes in klare Worte. Das kann eine Lehre sein, eine Weisheit oder eine Handlungsempfehlung. Ziehen Sie dafür Ihre Schlussfolgerung aus den genannten Fakten und Überlegungen.

Beachten Sie: Niemand lässt sich gerne belehren. Wenn Sie den Zeigefinger stecken lassen, wird Ihre Leserschaft Ihnen lieber folgen. Verwenden Sie also belehrende Ausdrücke wie »Sie sollten«, »Es empfiehlt sich« oder »Es muss« mit Bedacht. Verwenden Sie häufiger die Ich- oder Wir-Form, und zeigen Sie dadurch Ihre persönlichen Erfahrungen und Sichtweisen.

Deshalb finden wir im Unternehmen: Umweltschutz fängt beim Arbeitsweg an.

Schließen Sie Ihre Botschaft mit einem prägnanten Satz ab, der ins Schwarze trifft. Nennen wir ihn die Punchline. Die darf knallen. Fragen Sie sich: Ist der Satz so prägnant, dass mein Netzwerk ihn auf Twitter oder Facebook teilen würde? Wenn es passt, können Sie hier die Schlussüberschrift wiederholen. Die Punchline sollte eine klare Aussage sein, die Sie nicht relativieren. Einschränkende Formulierungen wie »könnte«, »vielleicht« und »gegebenenfalls« gehören nicht in die Punchline.

Wer Content liebt, darf auch SEO lieben.

Wenn wir die Dritte Welt ignorieren, kommt sie zu uns.

Umweltschutz fängt beim Arbeitsweg an.

Schritt 4: Zum Handeln auffordern

Kennen Sie das Gesetz der Reziprozität? Machen Sie sich bewusst, was Menschen empfinden, wenn sie dankbar sind. Sie sind nicht nur erfüllt von einem warmen Gefühl. Sie empfinden auch Schuld, weil sie ohne Gegenleistung etwas genommen haben. Ihre Leserinnen und Leser wollen sich bei Ihnen revanchieren. Ganz am Ende des Textes dürfen Sie zum Handeln auffordern. Im Grunde ist es gleich, ob Sie zum Lesen eines weiteren Artikels auffordern, zum Klicken auf eine andere Seite oder zum Kauf eines Angebots. Genau jetzt ist die Leserschaft bereit, Ihnen etwas für den hilfreichen oder inspirierenden oder unterhaltsamen Text zurückzugeben.

Wenn Ihnen der Artikel gefallen hat, tragen Sie sich hier für unseren Newsletter ein. Dann erfahren Sie es gleich, wenn ein neuer Beitrag erscheint.

Schnelle Checkliste: Hat Ihr Schluss die nötige Wucht?

- Die Schlussüberschrift transportiert eine Lehre oder ein Fazit.
- Die Zusammenfassung enthält alle wichtigen Argumente aus dem Text – nur in aller Kürze auf den Punkt gebracht.
- Der Schluss ist so einleuchtend oder interessant, dass man danach den Rest des Textes lesen möchte.
- Die Botschaft kommt rüber.
- Der Autor bezieht klar Stellung zum Thema.
- Die Punchline ist so prägnant, dass man sie sich leicht merken kann.
- Der Leser wird zu einer klar definierten Handlung aufgefordert (also nicht allgemein: *Lesen Sie weitere Artikel*, sondern konkret: *Lesen Sie hier, wie Honig gemacht wird*).

Weiter geht’s mit einer effektiven Textkomponente, die fürs Verkaufen der Kracher ist – und viel zu wenig Beachtung bekommt.

11.6 Mit Bulletpoints ins Leserherz treffen

Wie habe ich sie gehasst, diese kotzlangweiligen Präsentationen, in denen die Tante vorne ihre Folien in Zeitlupe vorliest – und sich dabei noch verhaspelt. Diese staubtrockenen Rasenmäher-Anzeigen mit formatfüllenden Feature-Listen: 10-Zoll-Exolight GCS Häcksler inklusive – bitte, was?

Diese Einladungen mit euphorisierenden Tagesordnungspunkten von BegrüßUNG bis BekanntmachUNG und VerköstigUNG der VersammlUNG.

Und wem gab ich die Schuld daran? Den Bulletpoints. Jeder einzelne Aufzählungspunkt war für mich Valium und der Beweis für die Einfallslosigkeit der Texterin oder des Texters. Ich habe keine Gelegenheit ausgelassen, sie mit Karacho aus der Präsentation zu schmeißen, und in Anzeigen habe ich sie in elegante Fließtexte umgewandelt.

Heute weiß ich: Bulletpoints konnten nichts dafür, nur ihre Verhunzer. Ich kann sie mir aus meinen Texten nicht mehr wegdenken. Sie sind Leuchtfeuer, die wichtige Aussagen zum Strahlen bringen, die Angebote unwiderstehlich machen und die Leseraugen im großen weiten Internet anziehen wie Kühlschränke Magneten. Jap, ich liebe sie. Und weil Bulletpoints die Lesbarkeit von langen Texten verbessern, liebt Google sie auch.

Ich habe eine Menge bei ihnen gutzumachen. Deshalb zeige ich Ihnen, wie Sie mit gezielten Bulletpoints ins Leserherz treffen. Damit Sie gleich wissen, wovon ich rede, starte ich das Kapitel mit einer Bulletpoint-Liste. Darauf dürfen Sie sich freuen:

- eine einfache Formel, mit der Sie unwiderstehliche Bulletpoints schreiben
- wie Sie schlechte Bulletpoints im Handumdrehen in gute verwandeln
- wie die Bulletpoints international berühmter Werbetexter aussehen und wie Sie das gleiche Prinzip in Ihren Texten anwenden können
- welche Regeln für großartige Aufzählungen gelten und welche Sie gleich wieder vergessen können
- die sechs wichtigsten Arten von Bulletpoints für Texter, um Glaubwürdigkeit zu schaffen, zielsicher zu verkaufen und Emotionen zu wecken

Aufzählungen mit Bulletpoints stechen hervor wie blinkende Weihnachtsbäume im August. Sie sind selbst beim flüchtigsten Scannen kaum zu übersehen. Sie stehlen lässig der Überschrift die Show – allein durch den Weißraum drumherum und die grafische Hervorhebung mit einem kleinen Punkt (oder Sternchen oder Haken oder Asterisk oder Pfeil oder ... gut, ich lasse es). Klein und unschuldig sieht er aus, aber wo er im Text aufschlägt, knallt's gewaltig.

Die Bulletpoint-Liste ist der prominenteste Platz im Text. Also schreiben Sie etwas rein, das die ganze Aufmerksamkeit verdient. In die Bulletpoints gehört alles, was auf keinen Fall im Fließtext untergehen darf. Aber das reicht noch nicht: Die Bulletpoints sind Ihre Präsentationsfläche. Sie wollen inszeniert werden. Wenn ich Gucci-Klamotten verkaufen will, werfe ich sie auch nicht verkrumpelt im Schaufenster auf den Boden. Ich fummle so lange herum, bis sie elegant drapiert und supersexy an der Puppe sitzen.

Die wichtigsten Bulletpoints für Texter

Bulletpoints können viel. Schauen Sie sich die Einsatzmöglichkeiten in Marketingtexten an:

- **Highlight-Bullets:** der Wow-Faktor auf der Landingpage
- **Feature-Bullets:** endgenial, weil Sie damit die besten Produktmerkmale leuchten lassen
- **Credibility-Bullets:** 100 % bioökovegan, 10.000 Leser haben das abonniert, DIN:EN-sonst-was-zertifiziert – diese Aufzählungen steigern den Vertrauensfaktor.
- **Content-Bullets:** Machen auf noch folgende Textinhalte neugierig – wie eine Liste von Teasern.
- **Bonus-Bullets:** Liste unter der Liste mit noch mehr Goodies. Der Effekt: Das alles bekomme ich?

Wie schreiben Sie geniale Bulletpoints? Die einfachste Antwort: Betrachten Sie jeden Bulletpoint als eigene Headline. Taugt die Zeile als Überschrift? Dann – und *nur* dann – ist sie gut genug für Ihre Bulletpoint-Liste. Die beste Antwort ist ein wenig komplexer: In einem genialen Bulletpoint verbinden sich Features, Benefits und Emotionen zu einem unwiderstehlichen Stück Überzeugungskraft. Belassen Sie es nicht bei knochentrockenen Fakten, verführen Sie mit attraktiv präsentiertem Nutzen. Wie das aussehen kann, demonstriere ich gleich anhand von Feature- und Content-Bulletpoints.

Feature-Bulletpoints

Die Idee lässt sich prima anhand von Bulletpoints für Produkt-Features erläutern. Beispiel gewünscht? Hier kommt's:

[–] *13-Zoll-Aluminium-Felgen*

Hier steht das Feature nackig da. Nicht besonders ansprechend, oder?

Schon besser:

[+] *Aluminium-Felgen in Premiumqualität für viele reparaturfreie Jahre*

Hallo, Benefit, da bist du ja. Jetzt weiß der Leser, wozu die Aluminium-Felgen gut sind.

[+] *Rostfreie Aluminium-Felgen in Premiumqualität, damit du viele reparaturfreie Jahre genießen kannst*

Hier erfährt die Leserschaft, was speziell diese Aluminium-Felgen auszeichnet – und erkennt, wie sie ihr Leben verändern. Jetzt haben die Fakten etwas mit den Kunden tun. Das ist der Trick: Nennen Sie das Feature und was es besonders macht, dann verknüpfen Sie es mit den Wünschen des Lesers.

Die Formel für Feature-Bulletpoints: Alleinstellendes Adjektiv + Feature + Verbindung zum Kundenwunsch

So verbinden Sie Features und Benefits mithilfe von Konjunktionen:

- *Feature*, um xyz zu erreichen
- *Feature*, weil es dich besser in Mathe/reich/zum tollsten Papa der Welt macht
- *Feature*, damit du … kannst

So verbinden Sie Features und Benefits mit einem Relativsatz:

- *Feature*, das dich glücklich/frei/sorglos macht
- *Feature*, mit dem du fliegen lernen/entspannen/Bauchmuskeln aufbauen wirst

Content-Bulletpoints

Das Prinzip funktioniert genauso, wenn Sie gar nichts verkaufen wollen, sondern nur Inhalte anteasern – wie in einem Blogartikel. Ihr Plan ist also, Leser bei der Stange zu halten und ihnen einen Ausblick auf Textinhalte zu geben.

Hier wollen Sie keine Features präsentieren, sondern Themen schmackhaft machen. Ihre Aufgabe ist es, diese Themen mit den Wünschen des Lesers zu verknüpfen – genau wie bei den Produktfeatures. Nur können Sie bei dieser Art Bulletpoints auch gezielt Neugier wecken.

Spannen Sie den Leser mit einer kühnen Behauptung auf die Folter. Alles ist erlaubt, was Sie im Text später einlösen können. Angenommen, Sie schreiben über glutenfreies Backen.

[–] *Brötchen backen mit glutenfreiem Mehl*

[+] *Wie du mit glutenfreiem Mehl fluffige Brötchen backst, die genauso schmecken wie Frühstücksbrötchen vom Bäcker*

Tipp: Verwenden Sie die Konjunktionen »und« oder »ohne« um Ihre Bulletpoints noch attraktiver zu machen.

[+] *Wie du glutenfreie Brötchen backst, ohne dass deine Gäste den Unterschied merken*

[+] *Wie du glutenfreie Brötchen backst und deine Frau glücklich machst*

Wenn Sie das Prinzip verinnerlicht haben, machen Sie jeden Bulletpoint zum Geschoss, das Benefits ins Ziel schleudert.

Überzeugen mit Struktur

Ich möchte Ihnen ein Beispiel von einem Meister zeigen, der die Kunst des Bulletpoint-Schreibens perfektioniert hat. Ben Settle, E-Mail-Guru aus den USA, verkauft mit folgender Liste seinen Copyslacker-Kurs. Ich habe sie grob übersetzt.

- *Wie du dich und deine Produkte sofort glaubwürdig machst, auch wenn du noch ganz am Anfang stehst und dich niemand kennt*
- *Wie du die Kundenstimmen deiner Mitbewerber dazu verwendest, DEINE Produkte zu verkaufen*
- *Eine Methode aus dem Gedächtnistraining, die deinen Wunschkunden Tagträume über deine Produkte in den Kopf pflanzen, die sie nicht mehr aus dem Kopf bekommen*
- *Eine zugegebenermaßen ungewöhnliche (aber enorm effektive) Art, sehr hochpreisige Produkte in ein oder zwei Sätzen zu verkaufen*

- *Wie du selbst völlig übertrieben klingende Aussagen 100 % glaubwürdig wirken lässt*
- *Das »Angeben ohne anzugeben«-Werbetext-Geheimnis aus Kung-Fu-Filmen, mit dem du deine Produkte und Dienstleistungen über den grünen Klee loben kannst, ohne wie ein arroganter Idiot zu wirken*

Sie klingen vielleicht etwas überzogen für den zurückhaltenden Mitteleuropäer, aber Lust machen sie schon, oder? Die Bulletpoints folgen einer klaren Struktur, und die katapultiert sie nach vorn: Der erste Bulletpoint holt den Leser bei seinem Problem ab. Danach folgen drei erstrebenswerte Fähigkeiten, die er unbedingt haben will. Die Nachhut bilden eine dreiste Behauptung und ein witzig-irritierender Neugierwecker.

Das soll keine Aufforderung sein, die Struktur sklavisch nachzubeten. Der wichtigste Punkt ist: Ordnen Sie Ihre Bulletpoints. Sie schreiben keine wahllose Liste, sondern bauen eine Argumentation auf. Holen Sie Leser am Anfang der Liste in seiner Situation ab – dann wird er begeistert den Rest verschlingen. In den folgenden Bulletpoints wecken Sie Begehren. Zum Schluss lassen Sie Elemente wie Neugier und Überraschung einfließen.

Wichtig oder nichtig: Bulletpoints-Regeln auf dem Prüfstand

Natürlich gibt es Regeln für gute Bulletpoints, die schlaue Menschen aufgeschrieben und dann voneinander abgeschrieben haben. Ich habe mir die allgemeinen Empfehlungen kritisch angeschaut:

Müssen Bulletpoints kurz sein?

Die Bulletpoints so kurz wie möglich zu halten wird gern empfohlen. Das Problem ist: Knappe Fakten sind immer kürzer als die Verbindung von Fakt und Kundenwunsch. Und die funktioniert, wie oben demonstriert, viel besser. Doch Sie können etwas dafür tun, dass Ihr Aufzählungspunkt trotz mehr Information schlank bleibt. Denn eins ist wahr: Bulletpoints dürfen keinen Ballast enthalten. Entscheiden Sie sich für ein Adjektiv pro Substantiv, anstatt mehrere aneinanderzureihen.

- Bilden Sie keinen Relativsatz mit »welcher«, »welche«, »welches« – nehmen Sie die kürzere Variante mit »der«, »die«, »das«.
- Suchen Sie sich kurze Konjunktionen wie »weil« oder »damit« oder »um … zu« aus. Verzichten Sie auf »demzufolge« oder »nichtsdestotrotz«.
- Keep it simple, nicht hyperkorrekt. Schreiben Sie nicht: »Die Lösung, mit der du den Papst glücklich machen wirst«, sondern lieber: … »mit der du den Papst beglückst«.
- Bulletpoints müssen keine vollständigen Sätze sein.

Müssen Bulletpoints immer die gleiche Struktur haben?
Mal doof gefragt: Warum sollen alle Bulletpoints in einer Liste gleich aufgebaut sein? Weil die Liste dann symmetrisch aussieht? Für optischen Zusammenhalt sorgen schon gleiche Aufzählungszeichen. Bulletpoints sollen die Aufmerksamkeit auf sich ziehen. Tun sie auch. Aber wenn es dann formal monoton wird, schweift das Auge ab. Ein kleiner Bruch in der gelernten Struktur fängt es wieder ein. Halten Sie den Leser auf Trab, indem Sie Ihre Bulletpoints abwechslungsreich gestalten. Die Liste von Ben Settle oben zeigt es. Die abwechslungsreiche Form tut ihrer Qualität keinen Abbruch. Im Gegenteil. Den konzentrationsfördernden Effekt können Sie noch unterstützen, indem Sie die Länge Ihrer Bulletpoints abwechslungsreich halten. Nur eins sollte bei aller Freude am Variieren klar sein: Wenn die Liste eine Überschrift oder einen gemeinsamen Satzanfang hat, muss jeder einzelne Bulletpoint dazu passen.

Brauchen Bulletpoints einheitliche Satzzeichen?
Absolut! Entscheiden Sie sich, ob Sie ein Satzzeichen am Ende verwenden wollen oder nicht. Sonst sieht die Liste unordentlich aus. Ich empfehle zwei Schemata, die besonders sauber wirken. Wenn die Bulletpoints nicht aus vollständigen Sätzen bestehen oder insgesamt relativ kurz sind, lasse ich das Satzzeichen am Ende am liebsten weg. Bei langen Bulletpoints mit vollständigen Sätzen setze ich einen Punkt oder falls nötig ein Fragezeichen. Damit Ihre Liste optischen Zusammenhalt hat, sollten Sie auf einen Mix aus Satzzeichen und kein Satzzeichen verzichten.

Dürfen Bulletpoint-Listen höchstens 5 Punkte umfassen?
Diese Empfehlung ist gang und gäbe. Ich frage mich, warum es fünf sein müssen. Bei meiner Recherche habe ich versucht, herauszufinden, wie viele Objekte Menschen auf einen Blick ohne zu zählen erfassen können. Die Aussagen reichen von vier bis neun bei erwachsenen Menschen. Das ist eine recht große Spanne. Ich empfinde auch eine Liste mit sieben Punkten nicht per se als Schreckgespenst – vorausgesetzt, sie ist mitreißend geschrieben und trägt mich von einem Highlight zum nächsten.

Irgendwann ist natürlich Schluss, dann erschlägt die Liste. Und genau für diesen Fall habe ich eine schicke Lösung: Teilen Sie die Liste einfach auf. Dafür eignet sich eine kurze Textpassage nach einem Stück Liste, in der Sie für den zweiten Teil der Liste trommeln. Wenn es ein Werbetext ist, können Sie die nachfolgenden Bulletpoints nutzen, um besondere Highlight herauszustellen.

11.7 Glaubwürdige Testimonials

Claus Hipp steht für Babynahrung mit seinem Namen, und auf jeder Firmen-Website lesen wir Statements von glücklichen Kunden. Beides sind Zeugnisse im ursprünglichen Sinn: Menschen berichten von ihren Erfahrungen oder verbürgen sich für ihr Angebot. Gibt es ein wertvolleres Gütesiegel als die Empfehlung eines Menschen, dem ich vertraue?

So mächtig diese Zeugnisse in der Theorie sind, so abstoßend wirken sie oft auf Papier oder Display. Im klassischen Werbetext sind Testimonial-Kampagnen ungefähr seit der Triaszeit der Dauerbrenner. Wir sehen einen Promi, der sein persönliches Lob zum Produkt abgibt, oder eine bildgewordene Buyer Persona – also einen idealen Kunden –, die verzückt schwärmt. Und alle denken: Die machen das für Geld. Aus dem gleichen Grund ernten diese Influencer-Posts auf Instagram mit kreativ inszenierter Bifi in der Badewanne Häme statt Applaus. Wie die klapperdürren Models, die im Sport-Coupé Schokolade knuspern und sich so ein finanzielles Polster zulegen.

Diese Zeugnisse sind so unglaubwürdig wie die offenbar gefakten Amazon-Rezensionen, in denen die große Produktpalette für jeden Geschmack gelobt wird. Ich möchte den Kopf auf die Tischplatte schlagen, wenn ich so was lese. Mensch, so redet keiner! Und die vielen Varianten für jeden Geschmack sind sicher nicht das erste, das ich über ein Produkt berichten will, von dem ich angetan bin. Ich möchte meine Erfahrung teilen.

Ich will gar nicht gegen Testimonials wettern – nur gegen schlechte. Glaubwürdige Testimonials stärken das Kundenvertrauen, keine Frage. Sie sind klassische Verkaufstrigger, auf die keiner verzichten sollte, der Onlinemarketing betreibt.

Zunächst eine Warnung: Klatschen Sie niemals erlogene Kundenstimmen auf Ihre Website. Die brauchen Sie nicht, weil Sie ja mindestens einen zufriedenen Kunden oder einen glücklichen Kunden haben, den Sie fragen können. Diese eine Stimme ist mehr wert als 100 erfundene. Wenn Sie als Texterin oder Texter eine Kampagne mit einem prominenten Gesicht oder einem Kunden-Avatar inszenieren, dann dürfen Sie für diese Person natürlich ein Statement schreiben. Weitaus häufiger sind Sie in der Situation, dass Sie Kundschaft nach Feedback fragen, um daraus Testimonials zu generieren. Die erste Hürde ist also, dass Sie die Testimonials meist nicht selbst schreiben. Es sind die Stimmen Ihrer Kundinnen und Kunden.

Wie bekommen Sie also echte, glaubwürdige Testimonials? Die folgenden Tipps helfen Ihnen dabei, starke Testimonials zu schreiben und effektvoll zu inszenieren. Zum Schluss zeige ich Ihnen, was Sie tun können, um geniale Testimonials aus der Feder Ihrer Kundinnen und Kunden zu sammeln.

Ergebnisse statt Lobhudelei

Daran erkennen Sie Fake-Testimonials am ehesten: Lobeshymnen ohne konkrete Erfahrungen oder Ergebnisse. Sie klingen, als würden sie zu jedem x-beliebigen Produkt passen.

[–] *Geniales Angebot. Ich kann immer noch nicht fassen, wie viel mir das gebracht hat. Die Erfahrung war der Wahnsinn. Jederzeit wieder.*

Fein, aber solch ein Testimonial hilft herzlich wenig bei der Entscheidungsfindung. Die Leserin oder der Leser hat keinen Plan, für wen das Angebot ist und welche Ergebnisse es gebracht hat. Das geht besser: Ein relevantes Testimonial beantwortet die Frage: »Was hat sich für mich dank des Angebots verändert?« Beschreiben Sie in Ihrem Testimonial unbedingt dieses Ergebnis. Denn das macht die Aussage bedeutsam: Die Kundin oder der Kunde in spe denkt sich: »Das will ich auch.«

[+] *Programmieren ist nichts für mich. Jetzt sieht meine Website viel professioneller aus als die von der Webdesign-Agentur. Und ich habe sie in 2 Tagen selbst gemacht. Du würdest nie denken, dass ich einen Homepage-Baukasten verwendet habe. Ich konnte alles an meine CI anpassen – Farben, Schriften, Bilder. Und auf dem Handy sieht die Seite so toll aus wie am PC. Danke, dass ihr das möglich gemacht habt!*

Ehrliche Berichterstattung

Sie kennen das: Sie wollen einen Dienstleister weiterempfehlen, weil Sie hochzufrieden waren. Sie möchten sich für die tolle Erfahrung revanchieren und ihm zu mehr Kundschaft verhelfen. Deshalb sprechen Sie begeistert von Ihrer Erfahrung – und kehren alles unter den Teppich, das nur ansatzweise negativ aufgefasst werden könnte. Dabei macht eine differenzierte Beurteilung das Testimonial sofort glaubwürdig. Ihr Lob strahlt heller, wenn Sie auch die Schattenseiten darstellen:

- Erzählen Sie von Bedenken im Vorfeld und wie sich diese nicht erfüllt haben.
- Sagen Sie, was Sie verbessern würden, wenn Sie könnten.
- Erklären Sie, warum das Produkt gerade Ihnen nützt. Aber sagen Sie auch, für wen es sich nicht eignet.

Persönliche Perspektive

Ein Testimonial ist ein persönlicher Erfahrungsbericht, kein Werbetext. Damit dieser Eindruck auf keinen Fall entsteht, verzichten Sie darauf, Leser direkt anzusprechen. Denn damit verraten Sie Ihre Absicht, dass Sie jemandem etwas schmackhaft machen wollen.

[–] *Dieses Produkt ist für Sie, wenn Sie Schnittmuster-Zusammenkleben auch so lästig finden.*

Echter und glaubhafter wirken Testimonials, die in der ersten Person geschrieben sind, also in der Ich-Form oder in der Wir-Form, wenn Sie für mehrere Menschen sprechen. Sie berichten einfach aus Ihrer Sicht, wie Sie das Produkt oder die Marke erlebt haben. Dass Ihre Erfahrung subjektiv ist, versteht das Publikum. Genau diese persönliche Perspektive erwartet es von einem Testimonial.

[+] *Endlich ein Plott-Service, mit dem ich meine Schnittmuster drucken kann. Nie wieder stundenlang Zettel zusammenkleben.*

Ausschnitte wählen

Von den Teilnehmenden meiner Kurse bekomme ich öfter recht lange Testimonials. Sie gehen auf viele verschiedene Punkte ein und beschreiben die Erfahrung genau. Das ist an sich gut. So ein ausführliches Testimonial wirkt glaubwürdig, wenn es die persönliche Erfahrung genau beschreibt. Auf einer Verkaufsseite können Sie aber nicht darauf vertrauen, dass potenzielle Kundinnen und Kunden Bandwurmtexte lesen wollen. Deshalb kann es sich lohnen, nur einen Teil des Testimonials zu veröffentlichen. Picken Sie sich eine besonders aussagekräftige Passage heraus. Wenn das Testimonial eine Kundenstimme ist, sollten Sie den Wortlaut beibehalten. Basteln Sie sich also kein neues Testimonial aus einzelnen Sätzen zusammen, sondern ziehen Sie einen zusammenhängenden Teil heraus.

Klug platzieren

Gute Testimonials steigern Vertrauen und Verkaufschancen. Ist es deshalb sinnvoll, sie weit oben auf der Verkaufsseite zu platzieren, damit man sie gleich sieht? Oder ist in der Nähe des Call-to-Action-Buttons der bessere Ort? Wenn Sie Ihren Haufen an Testimonials zu Beginn bringen, fehlen an dieser Stelle andere wichtige Infos. Der Leser weiß noch nicht mal, ob ihn das Angebot interessiert. Dann also weiter unten? Hm, will man sich später durch einen Berg Testimonials graben, bevor man bei der Kaufmöglichkeit ankommt? Für einige ist das sicherlich interessant – bevor ich etwas kaufe, das mehr als 20 € kostet, lese ich akribisch Rezensionen. Aber das machen nicht alle.

Diese Möglichkeiten lösen das Problem des Testimonial-Berges:

- **Sie können streuen**
  Verteilen Sie Ihre besten Testimonials auf der Verkaufsseite. Setzen Sie höchstens drei kurze Above the Fold – also den Bereich der Seite, den Besucherinnen und Besucher ohne Scrollen sehen. Dann streuen Sie auf der ganzen Seite immer wieder ein Testimonial ein. So erschlagen Sie Ihr Publikum nicht und können dennoch viele Testimonials unterbringen. Dafür brauchen Sie nur eine textintensive Verkaufsseite.
- **Oder Sie entscheiden sich**
  Wählen Sie drei bis fünf aussagekräftige Testimonials aus, und platzieren Sie diese in der Nähe des Call-to-Action-Buttons. Dort ebnen sie die Reise zum Verkaufsklick. Auch wenn Sie mehr als fünf Testimonials haben, brauchen Sie nicht alle zu zeigen. Sollten Sie aber viele richtig gute Testimonials haben, geben Sie die Gelegenheit zum Lesen, zwingen Sie aber keinen dazu. Leiten Sie Ihre Leserschaft per Textlink auf eine getrennte Seite mit Kundenstimmen, wo Sie alle auflisten:

  Mehr Kundenmeinungen finden Sie hier.

Leitfragen für Top-Testimonials

Sie können Ihre Kundinnen und Kunden einfach nach Feedback fragen. Leider haben die meisten von ihnen nicht gelernt, wie man geniale Testimonials schreibt. Deshalb empfehle ich Ihnen, konkrete Fragen zu stellen. Die geben Ihren Kundinnen und Kunden eine Idee, was sie ins Testimonial schreiben können. So bekommen Sie eher einen aussagestarken Text statt nur »superklasse-toll-perfekt«. Die Fragen helfen auch Ihnen, falls Sie das Testimonial in Auftrag verfassen. Achten Sie darauf, die Fragen so offen zu formulieren, dass man sie nicht mit Ja oder Nein beantworten kann. Hier ein paar Beispiele, aus denen Sie sich bedienen können:

- Wie würden Sie Ihre Erfahrung mit der Marke oder dem Produkt beschreiben?
- Was hat sich für Sie dadurch geändert?
- Welche Ergebnisse haben Sie damit erreicht? Beschreiben Sie, inwiefern Sie vom Produkt oder von der Erfahrung profitiert haben.
- Was gefällt Ihnen besonders an der Marke oder dem Produkt?
- Wem würden Sie die Marke oder das Produkt empfehlen?
- Was würden Sie verbessern, wenn Sie den Hut aufhätten?

11.8 Klickbare Button- und Linktexte

Kommt Ihnen das bekannt vor? Sie brauchen neue Laufschuhe und wollen sich im Internet informieren, welche die besten für Sie sind. Im Testbericht kommt Ihnen ein Begriff unter, den Sie nicht kennen. Ein paar Klicks später schauen Sie ein Video, in dem irgendein Spinner mit Kickboxtechniken gegen Plastik-Flamingos kämpft. Ist mir diese Woche passiert. Dabei wollte ich nur wissen, was »Supination« heißt. Nein, im Grunde wollte ich neue Schuhe zum Joggen kaufen.

Dass Internet auch Web heißt, kann kein Zufall sein. Wer einmal im Netz gelandet ist, bleibt erst mal gefangen wie in einem Spinnennetz. Überall locken neue Abzweigungen und führen tiefer hinein ins Wirrwarr aus Infos und Ablenkungen. Das Hauptmenü einer Website spielt dabei eine untergeordnete Rolle. Meist sind es Textlinks und Buttons, die zum Weiterklicken verleiten. Wenn Sie für Onlinemedien texten, arbeiten Sie damit, um Ihre Besucherinnen und Besucher zu führen. Die sollen auf den nächsten Blogartikel klicken, auf den Shop oder die Verkaufsseite.

In anderen Fällen wollen Sie den letzten Schubs zum Kaufen geben. Wenn Sie Marketing betreiben, wollen Sie eine Reaktion beim Kunden auslösen. Meist ist das ein Klick. Ob Sie den bekommen, hängt auch von den Linktexten ab. Diese klickbaren Texte sind also ein Basiswerkzeug für Onlinetexterinnen und -texter, mit dem sie umgehen können sollten. Eins ist dabei klar: Ein Klick ist eine größere Hürde als einfach weiterzulesen. Deshalb lohnt es sich, ein bisschen Mühe in diese weiterführenden Texte zu investieren.

Ein fettes, blinkendes Warnschild: Weniger Links sind mehr!

Sie wollen Ihr Publikum leiten, nicht umherirren lassen. Wer zu viele Möglichkeiten hat, tut sich mit dem Entscheiden schwerer. Leiten Sie Ihre Leserinnen und Leser, indem Sie im Text nur wenige Wahlmöglichkeiten lassen. Die absolute Ausnahme sind Pillar-Artikel, die auf viele verschiedene Artikel auf dem eigenen Blog verlinken (siehe Abschnitt 14.9, »Pillar-Pages oder Themenbäume«).

Am häufigsten brauchen Sie zwei Arten von Linktexten: Textlinks und Call-to-Action-Buttons. Erfahren Sie, wie Sie diese klickbaren Texte schreiben und Leser dazu bringen, Ihnen zu folgen.

Textlinks

Textlinks erkennen Sie daran, dass sie im Fließtext hervorgehoben sind. Der Klassiker ist blaue Schrift mit Unterstreichung. Daneben haben sich verschiedene andere Designs etabliert, darunter die einfache Unterstreichung, eine Akzentschriftfarbe und kursive Fettschrift. Textlinks geben sich oft als Link zu erkennen, wenn der

Mauszeiger sie berührt. Typisch ist, dass die Schriftfarbe dann heller oder dunkler wird.

Logisch: Passen Sie auf, dass Sie die Linkgestaltung einheitlich halten – sonst verliert man beim Lesen den Überblick. Aber hier geht's ums Texten. Damit Sie wissen, was Sie schreiben, sollten Sie die Verwendungsmöglichkeiten kennen.

Was können Sie mit Textlinks anstellen?

- in Blogartikeln auf weitere Blogartikel oder anderen Content verweisen
- in Blogartikeln auf Quellen aus dem Internet verweisen
- im Website-Text auf Verkaufsseiten, Opt-in-Seiten, Produkte oder Content verweisen
- in E-Mails auf Verkaufsseiten, Produkte oder Content verweisen

Wann entscheiden Sie sich für einen Textlink? Ein Textlink ist die dezente Art, auf eine andere Seite zu verweisen. Er fügt sich nahtlos in den Fließtext ein und sieht weniger nach Werbung aus als ein Button, den Kundinnen und Kunden mit einer Handlungsaufforderung assoziieren. Statt den Lesefluss zu unterbrechen, kennzeichnen sie eine mögliche Abzweigung, der man als Leser folgen kann. Textlinks stechen rein optisch weniger hervor. Sie können so dezent auf weiteren Content auf Ihrem Blog oder Ihrer Website hinweisen. Oder Sie lassen den Link auf eine externe Quelle zeigen. In diesem Fall haben Sie nicht unbedingt Interesse daran, dass Ihre Leserschaft Ihren Blog verlässt. Aber Sie wollen Ihre Aussage schon belegen.

Wenn Sie also Ihrem Content einen redaktionellen, informativen Charakter lassen und Ihr Publikum nicht beim Lesen unterbrechen wollen, dann sind Textlinks eine feine Sache. Schauen Sie sich zwei Arten von Textlinks an:

- **Einfache Content-Links**

  Setzen Sie bis zu drei zusammenhängende Wörter im Fließtext als Link. So verweisen Sie innerhalb eines Content-Stücks auf ein anderes. Setzen Sie den Link nicht auf den ganzen Satz, sondern nur auf einen relevanten Ausdruck daraus. Wenn Sie einen ganzen Satz als Link kennzeichnen, unterbrechen Sie den Lesefluss. Inhaltlich sollte der Linktext genau klarmachen, worauf er verweist und als Ausdruck auch allein stehen können. Sie schicken Ihr Publikum nicht ins Blaue hinein, sondern geben ihm eine Idee, was es erwartet. Damit punkten Sie übrigens bei Suchmaschinen.

  [+] *Auch wenn Sie Ihre Geschäftspartner seriös ansprechen, dürfen Sie Ihren* Schreibstil lebendig gestalten.

- **Textlinks mit Aufforderungscharakter**

  Wollen Sie Ihre Leserinnen und Leser zum Handeln auffordern? Sie sollen also klicken? Kein Problem, das schaffen Sie auch mit einem eleganten Textlink. Ich verwende sie gern in Newsletter-E-Mails, weil die eher wie persönliche Briefe wirken sollen als wie Werbetexte. Doch möchte ich meine Leserinnen und Leser auf meine Verkaufsseite oder meinen Blogartikel schicken.

  In diesem Fall sind Suchmaschinen egal: Ich möchte meine Leserschaft nur zum Klicken bekommen. Wichtig ist also nicht der Link selbst, sondern die Aufforderung. Der Link unterbricht den Text nicht, sondern stellt den Höhepunkt dar, auf den er hinarbeitet. Deshalb darf der Link prominent sein. Highlighten Sie im Linktext, was wichtig ist. Das kann auch ein ganzer Satz sein wie die Überschrift des Artikels, zu dem der Link führt:

[+] *Wie ich als Selbstständiger Geld vom Finanzamt bekomme, habe ich in meinem neuen Artikel zusammengefasst:* Wie Freelancer 2019 ernsthaft Steuern sparen.

Weniger wirksam sind Textlinks ohne Inhalt wie dieser hier:

[–] *Lesen Sie* hier*, wie ich als Selbstständiger Geld vom Finanzamt bekomme.*

Solche leeren Linktexte würde ich nur verwenden, wenn Sie zum zweiten Mal innerhalb eines Textes auf die gleiche Zielseite verweisen. Das dürfen Sie in einem E-Mail-Newsletter tun, der darauf abzielt, Leserinnen und Leser für Ihren neuen Blogartikel zu bekommen.

Button-Texte

Stellen Sie einen Schalter in der Fußgängerzone auf und schreiben Sie drauf: »Weltuntergangsknopf – bitte nicht drücken.« In der Theorie sind Leute so neugierig, dass sie es trotz Warnung machen. Ich würd's tun. Denn das ist allemal reizvoller als: »Jetzt drücken«.

Wenn Sie beim Texten Buttons einsetzen, enthalten diese eine Handlungsaufforderung, oder nennen Sie es Call-to-Action. Ihre Aufgabe ist, Leserinnen und Leser zum Klicken zu verleiten. Die Frage ist: Macht ein auffordernder Button-Text, was er soll? Oder löst er bei vielen Widerwillen und Verweigerung aus?

Ich bin davon überzeugt: Der Call-to-Action im Button wird komplett überschätzt. Ich klicke nirgends drauf, wenn da steht: »Jetzt klicken.« Um das zu erreichen, muss ich meine Arbeit vorher gemacht haben. Meine Leserschaft muss schon überzeugt sein. Der Button-Text allein schafft das nicht. Er gibt den letzten kleinen Schubs zum Handeln.

Betrachten Sie den Button-Text immer in Verbindung mit den Sätzen davor. Erklären Sie im Satz vor dem Button den Benefit.

Was haben Max und Heike davon, wenn sie klicken? Ein Beispiel:

[+] *Sie lernen Schritt für Schritt nähen mit der Nähmaschine und stellen dabei erste eigene Stücke her, auch wenn Sie noch nie eine Nadel in der Hand hatten. Fangen Sie heute an, Ihre eigene Kleidung zu nähen.*

Nach so einer Einleitung können Sie den Holzhammer stecken lassen. Das größte Problem bei Call-to-Action-Buttons ist Aggressivität. Sie haben ja nicht viel Platz auf so einem Button und müssen in den zwei oder drei Wörtern zwangsläufig direkt sein. Dennoch fühlt sich Ihr Publikum schnell gegängelt, wenn der Schubs am Ende des Textes zu heftig ausfällt. Das passiert leicht, wenn Sie einen Befehl im Infinitiv geben:

[–] *Jetzt kaufen*

[–] *Abonnieren*

[–] *Hier klicken*

[–] *Sofort zuschlagen*

[–] *Angebot sichern*

In einigen Fällen sind Sie im E-Commerce rechtlich an Formulierungen gebunden wie »Kostenpflichtig bestellen«. Das betrifft aber lediglich den letzten Schritt im Verkaufsprozess. Davor sind Sie frei.

Wie können Sie Ihr Publikum zum Klicken bringen, ohne Weltuntergangsknopf und brutale Verkaufssprache? Ich zeige Ihnen zwei wirkungsvolle Tricks:

- **Button mit Benefit**

  Statt einfach zum Handeln aufzufordern, können Sie den Benefit in den Button packen. Ich klicke lieber auf einen Nutzen als auf einen Befehl. Die Leserschaft soll nicht denken: Jetzt klicke ich, jetzt kaufe ich. Diese Menschen sollen erkennen, was sie gleich bekommen, wenn sie klicken. Wenn Sie das in den Button-Text einbringen, wird der kurze Infinitiv vom harschen Befehl zur sanften Verlockung. Ihr Publikum muss gar nichts, wenn Sie den Button-Text so formulieren. Aber es will.

[+] *Zum Wohlfühltag*

[+] *Textertipps lesen*

[+] *Island erleben*

[+] *Kostenlosen Probemonat starten*

Vorsicht: Auch wenn der Benefit im Button prangt, sollten Sie ihn davor zumindest in einem Satz erklären.

- **Der Ninjatrick mit dem Perspektivwechsel**

  Jetzt kommt der Ninjatrick, den ich nahezu bei jedem Call-to-Action anwende. Klar, Ihre Leserschaft möchte nicht herumkommandiert werden. Das ist nicht mehr unser Marketingzeitgeist. Solange Sie die Aufforderung aussprechen, schubsen Sie Ihren Kunden. Sie können das sanft tun, indem Sie, wie eben beschrieben, mit dem Nutzen winken. Trotzdem: Sie stecken in der Rolle des Schubsers und Ihre Leserschaft in der des Geschubsten.

  Warum drehen Sie es nicht einfach um? Heike und Max können sich selbst einen Ruck geben. Wechseln Sie im Button-Text die Perspektive, und schreiben Sie in der ersten Person. Wer das liest, hat selbst die Idee. Die Menschen überzeugen sich im wahrsten Wortsinn selbst. Wenn Sie direkt davor den Benefit klargemacht haben, reicht eine Bekräftigung.

[+] *Her damit*

[+] *Das will ich*

[+] *Ich bin dabei*

[+] *Informieren Sie mich*

Werden Sie kreativ, immer die gleiche Sülze schmeckt fad. Fallen Sie nur tonalitätsmäßig nicht komplett aus dem Rahmen. Wenn Ihr ganzer Text superseriös daherkommt, geht kein »Geil, das will ich«. In diesem Fall wäre ein »Ich melde mich an« angebrachter.

11.9 Menütexte auf der Website

Holla, die Waldfee. Manche Textkings und -queens verballern ihr ganzes kreatives Pulver in den Menütexten von Websites. Ich verstehe das. Sie finden »Start«, »Über uns« und »Leistungen« lahm. Diese Standardbegriffe passen vielleicht nicht zur progressiven Tonalität. Deshalb denken sich die Kreativen was Witziges oder Auffälligeres aus. Aus »Speisekarte« wird »Lecker« und aus »Herrenmode« wird »Zwirn«. Noch weiter am Ziel vorbei schießen lange Menüpunkte à la »Unsere Produkte im Überblick«.

Menütexte sind die eine Art Marketingtext, bei der Sie fantasielos sein dürfen, und das ist gar nicht einfach. Warum? Sie haben das Ziel, schnell Orientierung zu bieten. Menschen, die auf der Seite landen, wollen die für sie interessanten Inhalte schnell finden – ohne zu grübeln und rumzuraten. Das gilt für jeden Menütext auf der Website, egal, welche Form er annimmt. Deshalb helfen Sie Ihrem Publikum, wenn Sie sich an Konventionen halten (und das sage ich als Berufsrebellin).

Sie haben es bei Websites mit verschiedenen Menüarten zu tun. Im Kasten finden Sie einige der vielen Möglichkeiten.

Navigationsmenüs auf der Website

- **Header-Navigation:** horizontales Menü im oberen Bereich der Seite – der Klassiker, der immer geht
- **Footer-Navigation:** feststehendes Menü unten auf der Website, das meist das Hauptmenü wiederholt und zusätzliche Menüpunkte beinhaltet wie Impressum und der Datenschutzerklärung
- **Hamburger-Menü:** Statt eines Menüs sehen wir meist in der mobilen Ansicht drei horizontale Striche, die an einen Burger erinnern. Erst auf Klick öffnet sich das Menü. Oft sind auch zusätzliche Menüpunkte, die in der Breite nicht reinpassen, in Hamburger-Menüs verpackt.
- **Dropdown-Menü:** Die zweite Menüebene öffnet sich, wenn der Mauszeiger einen Hauptmenüpunkt berührt.
- **Fixierte Seitenleiste:** Ergänzt das Hauptmenü und erleichtert die Navigation auf einer langen Seite.
- **Interaktive Navigation:** Navigationselemente tauchen beim Scrollen auf und verschwinden wieder, wenn man sie nicht anklickt. Der Website-Besuch wird zur Entdeckungsreise.

Bevor Sie Tipps zum Schreiben bekommen, möchte ich Ihnen das mit auf den Weg geben: Der Menütext muss nicht mit dem Seitentitel oder der Headline identisch sein. Nur weil Ihr Navigationspunkt »Über uns« heißt, darf Ihre Headline doch anders lauten, und auch der Seitentitel darf länger sein.

Je umfangreicher und verschachtelter eine Website, desto voller wird auch das Menü. Was Sie in den Menütext schreiben, ist kein reiner Textjob, das ist Konzeptionsarbeit. Dabei überlegen Sie sich, welche Inhalte die Website haben soll und wie Sie diese auf einzelnen Seiten zusammenfassen, die Sie später auch ins Menü packen. Das Endprodukt Ihrer Konzeptionsphase ist eine Sitemap. Das kann ein einfaches Word-Dokument sein, eine Excel-Tabelle oder eine Grafik mit Kästchen.

Aber wann erfüllen Menütexte ihren Zweck, und woher wissen Sie, ob Ihre gut sind? Schauen Sie sich hier ein Positivbeispiel für einen Webshop an (siehe Abbildung 11.4).

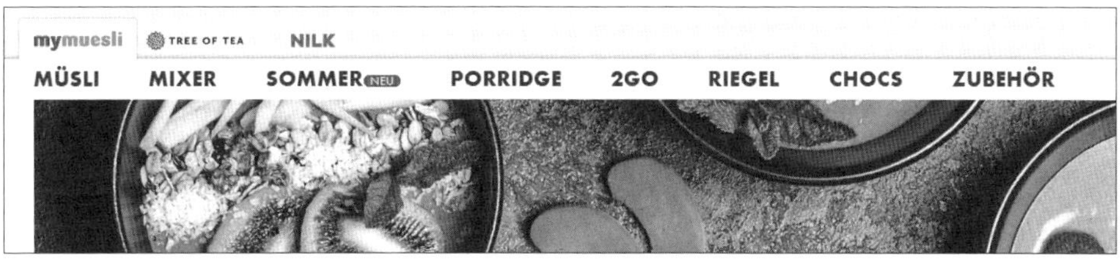

Abbildung 11.4 Menü bei mymuesli

Trotz verschiedener Kategorien wirkt das Menü übersichtlich und beschränkt sich auf acht ganz kurze, kristallklare Navigationspunkte. Dabei sind gerade Webshops für fette Mega-Menüs bekannt.

Um ein wenig Varianz hineinzubringen, zeige ich noch ein klassisches Beispiel einer Agenturseite (siehe Abbildung 11.5).

Abbildung 11.5 Menü bei TEIL.CH, Kommunikationsagentur aus Zürich

Obwohl die beiden Websites in ihrer Funktion verschieden sind wie Veganer und Steakanbeter, ziert beide ein minimalistisches Menü: keine Spielereien, keine Witzchen. Die Verantwortlichen haben verstanden, dass Navigation eine Orientierungshilfe ist und keine kreative Leinwand.

Apropos orientieren, diese Leitlinien helfen Ihnen, ebenso prägnante Menüs zu entwickeln:

- **Wenige Punkte**

  Viele Navigationspunkte machen die Website zum Wimmelbild. Beschränken Sie sich auf etwa sechs Menüpunkte im Hauptmenü. Welche Menüpunkte unbedingt auf Ihre Unternehmens-Website gehören, lesen Sie in Abschnitt 12.2. Denken Sie schon bei der Sitemap mit Navigationspunkten daran: Auch wenn Ihre Website Ihr Unternehmen online repräsentiert, ist sie kein öffentliches Archiv. Sie schreiben nur rein, was Ihrem Publikum hilft und was Ihnen beim Verkaufen nützt – alles andere behalten Sie für sich. Machen Sie es wie Marie Kondo, die im Haushalt alles aussortiert, was weder nützt noch Freude macht.

- **Klar und einfach**

  Bitte sagen Sie einfach, was sich hinter dem Menüpunkt verbirgt. Keiner hat beim Zurechtfinden auf einer Seite Lust zu raten. Wenn Sie Ihr Unternehmen vorstellen wollen, schreiben Sie »Über uns« oder »Unternehmen«. Einfach ist nicht langweilig, sondern nutzerfreundlich.

- **Genau auf den Punkt**

  Sie können es sich einfach machen und allgemein von »Leistungen« oder »Produkten« sprechen. Wenn Sie die Art der Leistung oder der Produkte genauer festmachen können, dann tun Sie das. Sind Ihre Produkte Urlaubsreisen oder Versicherungen? Dann benennen Sie den Menüpunkt entsprechend.

- **Kurz halten**

  Finden Sie einen kurzen Begriff, den man auf einen Blick erfassen kann. Wenn der Ausdruck nicht lang wird, darf der Begriff auch aus zwei Wörtern bestehen. Die Gesamtzahl der Buchstaben zählt, nicht die Wortzahl. Kürzen Sie dabei radikal:

  [–] *Unser Produktsortiment*

  [+] *Produkte*

  [–] *Was wir wollen*

  [+] *Mission*

  [–] *Newsletter abonnieren*

  [+] *Newsletter*

Es ergibt schon Sinn, dass auf der Autobahn an der Ausfahrt »Ausfahrt« steht und auf einem Stopp-Zeichen »Stopp«. Da steht nicht mal zwischendrin »Hier rausfahren« oder »Halt«, weil Menschen Bekanntes schneller einordnen können. Das steigert die Sicherheit im Straßenverkehr. Genauso haben sich alle, die im Internet unterwegs sind, an einheitliche Menütexte für bestimmte Themen gewöhnt. Die Startseite heißt »Start« oder »Home«, die Kontaktseite heißt »Kontakt«. Weil Reisende sich so schneller zurechtfinden. Also: Nehmen Sie bewährte Begriffe ins Menü auf, und lassen Sie Ihre sprachlichen Ideen in den Headlines und im Fließtext tanzen.

11.10 Übungen zum Textbaukasten

Diese Bausteine werden Sie immer wieder brauchen, wenn Sie Marketingtexte schreiben. Testen Sie, wie fit Sie beim Schreiben sind. Am besten versuchen Sie sich zunächst an einzelnen Komponenten. Das ist einfacher, als das ganze Geröllfeld aus Bausteinen in einem Rutsch zu überwinden. Mit diesen Übungen gießen Sie das Fundament für Ihre Verkaufstexte.

Übung 1: Wow-Headlines schreiben

Suchen Sie sich ein Produkt oder eine Dienstleistung, das/die Sie bewerben wollen. Der emotionale Benefit ist klar? Prima. Probieren Sie jetzt die Baupläne für Benefit-Headlines daran aus (siehe Abschnitt 11.2 mit der Überschrift »Baupläne für Benefit-Headlines«). Danach suchen Sie sich Ihre beste Kreation aus und versuchen, sie noch spezifischer und bildhafter zu formulieren. Letzter Part: Kürzen Sie, falls es noch irgendwo möglich ist.

Übung 2: Das Intro, das Leserinnen und Leser mitreißt

Genau, die Einleitung ist der wichtigste Textteil. Also: Bleiben Sie bei Ihrem Produkt und schreiben Sie ein Intro für die Verkaufsseite. Schreiben Sie Ihre Einleitung als Elevator-Pitch in drei Phasen (siehe Abschnitt 11.4, »Zündende Intros, die Leser in den Text katapultieren«). Herausforderung: Beschränken Sie sich auf 70 Wörter.

Übung 3: Bulletpoints mit Benefits

Wählen Sie fünf Produktmerkmale (Features) aus. Gießen Sie diese in durchschlagende Bulletpoints, in denen Sie die Produktinformationen mit dem Kundennutzen verbinden. Dabei helfen die Tipps zu Feature-Bulletpoints (siehe Abschnitt 11.6 mit der Überschrift »Feature-Bulletpoints«).

Kapitel 12
Webtexte

Die Website ist das digitale Zuhause von Marken und Unternehmen. Was früher bloß ein schickes Aushängeschild war, ist heute das Allround-Instrument, um Persönlichkeit zu zeigen, Vertrauen aufzubauen, Dialog zu führen und Kunden zu gewinnen. Den Löwenanteil davon erledigen die Texte.

Als ich noch Auftragstexte geschrieben habe, sahen Kundenanfragen oft so aus: »Liebe Frau Rorig. Nach 9 Jahren planen wir einen Website-Relaunch. Das Design ist fertig – ist sehr schick geworden, mit emotionalen Bildern. Jetzt brauchen wir noch ein paar nette suchmaschinenoptimierte Texte dazu. Da haben wir an Sie gedacht.« Dazu bekam ich ein Startseitenlayout und eine Sitemap mit Menüpunkten wie »Geschichte«, »Mitarbeiter«, »Referenzen«, manchmal sogar Ungetüme mit zehn Hauptnavigationspunkten und drei Untermenüs.

Geschäftsleitung und Projektmanagement haben das Unterfangen monatelang geplant und gestalten lassen. Zum Schluss dürfen dann die Textchentippse oder der Schreiberling ran. Sie spüren schon meine Frustration. Die Textarbeit beginnt viel früher: bei der Konzeption. Sie überlegen sich: Welche Information brauchen Leute, die auf die Website kommen, als Erstes? Was muss überhaupt rein, und was kann ich weglassen – also brauchen Besucherinnen und Besucher wirklich einen Menüpunkt, der »Philosophie« heißt? Wie führe ich Menschen durch die Website, und was sollen sie auf ihrer Reise erleben?

Diese Fragen können Sie nicht erst beim Texten beantworten. Ihre Aufgabe geht weit darüber hinaus, bestehende Seiten mit ein bisschen Fließtext zu füllen. Sie planen gemeinsam mit den Webdesignprofis die Kundenerfahrung. Sie konzipieren als Erstes die Sitemap und die Inhalte. Aus Erfahrung weiß ich, dass sich die Kolleginnen und Kollegen aus der Designecke darüber freuen, wenn sie Inhalte zum Gestalten haben, anstatt sich alles aus den Fingern zu saugen.

Also, erst Content, dann Gestaltung!

Ihr Job beginnt damit, die Website zu planen. Zuerst kläre ich die Frage, ob Sie alles von Grund auf neu machen müssen oder ob Sie bestehende Inhalte wiederverwenden können. Ich zeige Ihnen, welche Einzelseiten Sie unbedingt brauchen, wenn Sie eine Website für Unternehmen, Agenturen oder Selbstständige texten. Dann erfahren Sie, wie Sie die wichtigsten Seiten einer Website schreiben – also vor allem, was rein muss. Zum Schluss tauchen Sie ein in die mysteriöse Welt der Suchmaschinenoptimierung (kurz SEO). Scherz: Sie werden sehen, dass Sie sich beim Texten kein Stück verbiegen müssen, um bei Google zu punkten.

12.1 Wie viel Recycling verträgt ein Website-Relaunch?

Wenn Sie eine Website planen, sind Sie wahrscheinlich in einer dieser zwei Lagen: Sie starten ein jungfräuliches Projekt und haben den Luxus, ohne Altlasten kreativ zu werden. Oder Sie planen einen Relaunch – was weitaus häufiger vorkommt, weil Ihre Website nicht mehr zeitgemäß ist oder nutzerfreundlicher sein könnte. Oder weil sich das Unternehmen, für das Sie arbeiten, inhaltlich neu ausgerichtet hat.

Erste Frage: Muss ein Relaunch überhaupt sein, oder können Sie die bestehende Website verbessern? Ich habe schon häufig erlebt, dass »Relaunch« hieß: neues Design und dann bestehende Texte reinkopieren. Also schauen Sie zuerst aufs Konzept der Website, nicht auf Design oder Texte. Führt die Website Besucherinnen und Besucher einfach hindurch und zur gewünschten Handlung? Oder erschlägt sie mit 150 Menüpunkten, die kein Mensch braucht? Wenn Sie zu dem Schluss kommen, dass Sie hier und da Texte kürzen und Menüpunkte rausschmeißen wollen – und das Ganze optisch ein bisschen aufhübschen – dann brauchen Sie keinen Relaunch. Dann arbeiten Sie einfach kontinuierlich an Ihrer Website. Sie kann wachsen, sich verändern. Manchmal muss man was abschneiden, damit sie sich gut entwickelt. Eine gut gepflegte Website ist immer im Wandel.

Zweite Frage: Können Sie Ihre Inhalte wiederverwerten? Da ist ja schon was. Aber sicher. Nur sollten Sie sich davon nicht Ihren Launch vermasseln lassen. Ich erkläre es. Wenn Sie einen richtigen Website-Relaunch planen, kann Sie Ihre alte Website ganz schön ausbremsen. Schauen Sie auf Bestehendes, tun Sie sich viel schwerer, etwas Neues daraus zu entwickeln. Das ist wie der Unterschied zwischen einer unkrautbewachsenen Rosenkultur und einem leeren Beet. Dort kann theoretisch alles Mögliche wachsen, von Margeriten bis Runkelrüben.

Deshalb empfehle ich ganz klar: Gehen Sie frisch an die Sache ran. Planen Sie erst mal Ihre neue Seite mit Sitemap und Inhaltskonzept. Erst wenn das steht, schauen Sie sich die bestehenden Inhalte an und prüfen, ob Sie schon exakt das Material haben, das Sie brauchen, um Ihre neue Sitemap zu füllen. Was noch passt, übernehmen Sie, ergänzen was fehlt und polieren das Ergebnis. Den Rest lassen Sie ziehen.

12.2 Aufbau einer Business-Website

Ich habe schon Websites gesehen, dagegen ist der Jabberwocky ein Mückchen, mit Menüs wie Höhlensystemen, die tief ins Text-Bild-Gebirge führen. Na ja, meistens tut es eine viel kleinere Lösung. Und selbst, wenn Sie eine Shopseite betreiben, ist Übersichtlichkeit das A und O.

Also: Aus welchen Einzelseiten besteht eine Business-Website? Welche sind unverzichtbar, um Ihrem Publikum hilfreiche Inhalte zu bieten, das Unternehmen vorzustellen und Ihre Leistungen zu verkaufen? Hier ein kleiner Blitzkurs in Website-Konzeption. Diese Seiten braucht jede Business-Website:

- **Startseite:** Hier landet die Kundschaft in spe wahrscheinlich. Also geben Sie einen Überblick darüber, wie und wobei Sie Menschen helfen. Die Startseite muss schnelle Orientierung bieten und Besucherinnen und Besucher weiter in die Website leiten.
- **Leistungen/Produkte:** Auf dieser Seite stellen Sie Ihre Leistungen oder Produkte vor. Erklären Sie, in welchen Bereichen Sie tätig sind. Sie brauchen eine Seite, die der Kundschaft erklärt, was Sie bei Ihnen bekommt.
- **Über uns:** Sie brauchen auf jeden Fall eine Seite, auf der Sie das Unternehmen vorstellen. Wer steht hinter der Marke, was ist Ihre Mission, und woher kommt sie? Sie können diese Seite auch »Unternehmen«, »Die Marke«, »About« oder »Über mich« nennen.
- **Content:** Liefern Sie Ihrem Publikum wertvolle Inhalte, die natürlich etwas mit dem Problem zu tun haben, das Sie lösen. Ohne Content geht's nicht mehr. Ob Sie ein Blog schreiben, ein Vlog betreiben oder einen Podcast produzieren, ist im Grunde egal. Spannende Infos und gute Unterhaltung steigern den Kennen-mögen-vertrauen-Faktor.
- **Kontakt:** Klar, Sie wollen erreichbar sein, auf allen Wegen, die Sie anbieten können. Mich nervt es tierisch, wenn ich nur ein Kontaktformular habe. Andere lieben

diese Art der Kontaktaufnahme. Machen Sie es Ihrem Publikum leicht, den nächsten Schritt zu gehen. Daher empfiehlt sich eine Kontaktseite, selbst wenn Sie in der Seitenleiste oder an anderer prominenter Stelle schon eine E-Mail-Adresse oder Telefonnummer präsentieren.

- **Datenschutz:** Gesetzlich vorgeschrieben ist eine Datenschutzerklärung, in der Sie genau erläutern, welche Daten Sie auf der Webseite erheben und wie Sie diese weiterverarbeiten. Bitte machen Sie sich dazu schlau, denn die neue Datenschutz-Grundverordnung (DSGVO) hat es in sich. Allein, wenn Sie einen Newsletter verschicken wollen, müssen Sie sich durch einen Dschungel an Vorschriften wühlen. Informieren können Sie sich bei juristischen Experten wie Rechtsanwalt Dr. Schwenke[1] oder bei eRecht24[2].
- **Impressum:** Wer ist für den Inhalt verantwortlich? Auch diese Seite ist gesetzlich vorgeschrieben. Damit alles seine Richtigkeit hat, lassen Sie sich von einer Rechtsanwältin oder einem Rechtsanwalt beraten. Am einfachsten ist, einen Impressumsgenerator[3] zu benutzen.

Diese Seiten sind kein Muss, können aber sinnvoll sein:

- **Verkaufsseite:** Wenn Sie direkt auf Ihrer Internetseite Menschen zum Kauf führen wollen, dann brauchen Sie eine Verkaufsseite. Je teurer das angebotene Produkt oder die Leistung, desto ausführlicher darf die Seite sein.
- **Shop:** Bieten Sie viele verschiedene Produkte an, dann betreiben Sie Ihren Webshop möglicherweise auf Ihrer Seite. Dann brauchen Sie eine Shopseite, die einen guten Überblick über das Angebot gibt. Falls der Webshop den Kern Ihres Unternehmens darstellt, können Sie die Shopseite auch zur Startseite machen.
- **Referenzen:** Für Dienstleister unerlässlich. Zeigen Sie Ihrem Publikum, dass Sie zufriedene Kunden haben. Referenzen müssen sich nicht auf Testimonials beschränken: Zeigen Sie gern auch Case Studies von Ihren Projekten, Kundengeschichten und Auszeichnungen.
- **Öffnungszeiten:** Diese müssen bei Unternehmen mit Ladengeschäft oder Niederlassung leicht zu finden sein. Aber selbst, wenn Sie nur online Dienstleistungen anbieten, will die Kundschaft wissen, wann Sie erreichbar sind.
- **Newsletter:** Totgesagte leben länger. Der Newsletter ist bis heute ein effektives Marketinginstrument. Deshalb sammeln Sie auf der Website Abonnenten. Der Menüpunkt muss nicht »Newsletter« heißen. Sie können als Begrüßungsgeschenk für neue Abonnenten ein Freebie wie ein E-Book oder Checklisten zum Download

---

1 *https://drschwenke.de/dsgvo/*

2 *https://www.e-recht24.de/datenschutzgrundverordnung.html*

3 *https://www.e-recht24.de/impressum-generator.html*

anbieten. Das hat zwar vor ein paar Jahren besser funktioniert als heute, aber solange das Geschenk attraktiv ist, wird es immer noch gern genommen.

- **Jobs:** Sie haben offene Stellen? Machen Sie sich für Bewerberinnen und Bewerber attraktiv.

Sie wissen Bescheid, welche Seiten Sie in Ihre Seitenstruktur integrieren können. Fehlen nur noch die Inhalte. Darum kümmern Sie sich jetzt, wenn Sie weiterlesen.

12.3 Startseite

Wenn Ihre Website ein schickes Restaurant wäre, dann wäre die Startseite das Foyer. Die Startseite ist da, um einen tollen Empfang zu bereiten – und die Tür zu Ihren Inhalten zu öffnen. Die Gäste sollen ankommen, sich einen Überblick verschaffen und sich weiter umschauen – oder woanders hingehen, wenn Sie nicht mögen, was Sie kochen. Mal aus Sicht eines Gastes gedacht, nennen wir sie Stefanie: Würde sie lieber in einer geklonten Imbissbude bedient werden, in der es Burger, Pizza, Döner, Indisch und Sushi gibt? Oder in einem Restaurant mit südindischen Spezialitäten, das sie mit Elefantenstatuen, einem Wasserfall und Sari-Trägerinnen empfängt? Wenn Stefanie am liebsten indisch isst, kapiert sie gleich: Hier bekommt sie nicht alles. Aber dafür genau das, was sie sich wünscht – und zwar in gut!

Diesen Effekt soll Ihre Startseite haben, dass Ihre Besucherinnen und Besucher sofort verstehen, worum es geht und was sie erwarten können. Sie sollen einen positiven, stimmigen ersten Eindruck bekommen, sich angesprochen fühlen und in die Website hineingeleitet werden. Wie gelingt Ihnen das textlich? Der größte Fehler, den Sie bei der Startseite machen können, ist sie zu überfrachten. Lange Texte und viele Elemente verscheuchen das Publikum schneller als Sie »Herzlich willkommen« sagen können. Also: Entscheiden Sie sich, und reduzieren Sie.

Ich stelle Ihnen typische Bestandteile von Startseiten vor, und Sie sehen daran, wie Sie es Ihrem Publikum pusteblumenleicht machen können, die Marke und die Website für sich zu entdecken.

Der Aufmacher

Das Schlimmste, was Sie machen können, ist die Startseite übergroß mit den Worten »Herzlich willkommen« zu beginnen. Böse Falle. Nutzen Sie diese erste Sekunde, um Wert zu vermitteln. Der erste Satz, der gelesen wird, ist die Headline. Eine Begrüßung bietet absolut keinen Grund zum Weiterlesen. Hier sind drei gute Alternativen, was Sie stattdessen in die Headline schreiben können:

1. **Das Unternehmen vorstellen**

   Die einfachste Möglichkeit: Bringen Sie die Mission des Unternehmens auf den Punkt. So wissen Leute, die auf die Startseite kommen, womit sich das Unternehmen beschäftigt. Nachteil: Der Kundennutzen erschließt sich nicht sofort. Dennoch absolut praktikabel und bei Weitem besser als eine inhaltsleere Begrüßung. Ein schönes Beispiel sehen Sie in Abbildung 12.1.

Abbildung 12.1 Startseite der Agentur Schumacher visuell

2. **Einen Benefit oder einen Wunsch kommunizieren**

   Wenn es eine perfekte Bühne für eine Headline gibt, die der Leserschaft einen Nutzen in Aussicht stellt, dann ist das oben auf der Startseite. Sie haben ja schon gemerkt, dass ich auf Benefit-Headlines stehe. Als Besucherin einer Website gibt mir mein direkter Nutzen den besten Grund, einzutreten und mich umzuschauen. Beispiel? Kommt schon. Diese Startseite von Jeanette Bouffier stellt klar den Wunsch ihrer möglichen Kundschaft heraus – hier geht's nicht um sie, sondern um ihre Kundinnen und Kunden (siehe Abbildung 12.2).

Abbildung 12.2 Startseite von Coach Jeanette Bouffier

3. **Ein Statement abgeben**

   Mit einem starken Statement können Sie sich ein Nicken von Ihren Besucherinnen und Besuchern abholen. Das Schöne daran: Sie sind frei, Menschen aus dem Unternehmen oder auch Kunden zu zeigen. So schaffen Sie sofort eine menschliche Verbindung. Und wer innerlich einmal ja sagt, ist definitiv bereit, sich weiter umzuschauen. Schauen Sie sich dazu die Statements von Architektinnen und Architekten auf dem Projektblog von KS* Kalksandstein an (siehe Abbildung 12.3).

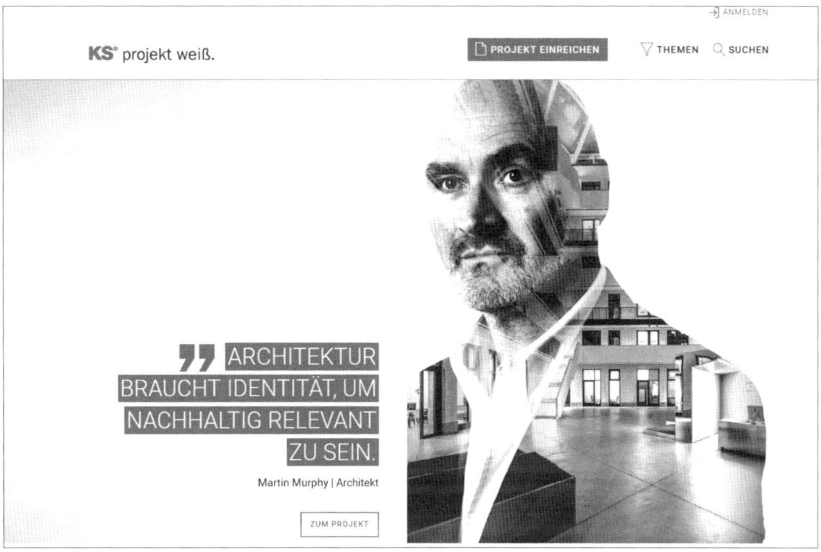

Abbildung 12.3 Startseite des Projektblogs von KS* Kalksandstein

Die Teaser

Auf der Startseite zeigen Sie Wege auf, die Besucherinnen und Besucher wählen können. Deshalb geben Sie nicht nur übers Hauptmenü Gelegenheit zum Klicken. Teasern Sie knackig die wichtigsten Seiten auf der Website an. Welche Sie auswählen, kommt darauf an, was Sie bezwecken. Auf jeden Fall sollten Sie Ihre Leistungen und Ihren Content anteasern. Alles andere kommt auf Ihre Pläne an. Liegt Ihre Priorität darauf, zum Newsletter-Abonnieren anzuregen, dann setzen Sie das Spotlight auch auf diese Seite. Haben Sie ein unwiderstehliches, zumindest aktuelles Angebot? Planen Sie eine Veranstaltung? Diese verdienen einen Ehrenplatz auf der Startseite.

Die Teaser können Textblöcke mit Headline, Fließtext und Call-to-Action-Button sein. Oder Sie bestehen aus einem Bild und einer Handlungsaufforderung. Wie Sie die Teaser genau ausgestalten, ist Ihr Ding. Wichtig ist nur, dass Sie klarmachen, wohin die Besucherinnen und Besucher gelangen. Sie wollen Beispiele? Voilà.

So teasert die Privatpraxis für plastische Chirurgie ihre Leistungen an. Wer mehr erfahren möchte, kann auf die verlinkte Leistungenseite klicken (siehe Abbildung 12.4).

Abbildung 12.4 Praxis Amosaro – Teaser-Text, der auf Leistungen verweist

Einen klassischen Content-Teaser liefert die Agentur für Markenführung von Familienunternehmen »Des Wahnsinns fette Beute«, die auf der Startseite auf ihr Magazin zu New-Work-Themen aufmerksam macht (siehe Abbildung 12.5).

Abbildung 12.5 Content-Teaser der Agentur »Des Wahnsinns fette Beute«

Die Kurzvorstellung

Wenn Sie jemanden das erste Mal treffen, stellen Sie sich kurz vor. Ihr Gegenüber will ja wissen, mit wem es spricht. Genauso unhöflich, wie die Vorstellung wegzulassen, wäre es, eine fremde Person ungefragt mit Ihrer Lebensgeschichte vollzuschwallen. Also: Sagen Sie auf der Startseite kurz, wer Sie sind, was Sie tun, für wen Sie das machen und warum. Das ist Ihr Elevator-Pitch, und der muss ohne Vorgeplänkel überzeugen. Beschränken Sie sich aber auf ein paar wenige Sätze, und verweisen Sie am Ende auf die About-Seite. Diese Kurzvorstellung ist also auch ein Teaser, der Ihr Publikum in die Seite führt. Die About-Seite ist ohnehin die Seite, die nach der Startseite am häufigsten besucht wird.

Ansprechend gelingt das mal wieder der Agentur »Des Wahnsinns fette Beute«, wie Sie in Abbildung 12.6 sehen.

Abbildung 12.6 Kurzvorstellung der Agentur »Des Wahnsinns fette Beute«

Die Beweise

Auf der Startseite direkt Autorität verströmen – das schaffen Sie nicht, wenn Sie nicht mit salbungsvollem Eigenlob à la »Weltmarktführer in der Dildoherstellung« arbeiten. Sie brauchen externe Validierung. Sie wissen ja: Das Lob anderer ist mehr wert als alles, was Sie über sich sagen. Dass Sie sich oder das Unternehmen selbst toll finden, davon gehen alle aus. Zeigen Sie ein starkes Testimonial, Trust Badges wie »10.000 Unternehmer haben das abonniert«, Siegel oder Zertifikate. Bei Personenmarken funktioniert auch sehr gut eine Banderole mit Logos von Magazinen und Medien, in denen sie erschienen sind (»bekannt aus ...«).

Die Kundenbeschreibung

Dieses Element wird oft vergessen, dabei bewirkt es einiges: Sie qualifizieren Ihre Besucherinnen und Besucher sofort. Und zu denen, die sich angesprochen fühlen, knüpfen Sie direkt ein Band. Beschreiben Sie, für wen die Website ist und in welcher Situation diese Menschen stecken. Dann fühlen sie sich abgeholt und sind sich sicher, dass sie auf der Website richtig sind. Sie brauchen hier keine Romane zu schreiben.

Im Beispiel von Netzapplaus findet sich die Kundschaft in einem Ziel und einem Problem wieder (siehe Abbildung 12.7). Schlau gemacht: Daneben wartet gleich die Lösung – also maximale Relevanz.

Abbildung 12.7 Auszug aus der Startseite von Netzapplaus

Schreibtipps für die Startseite

Zur Sicherheit: Tackern Sie sich diese Tipps vors innere Auge, wenn Sie Ihre Startseite schreiben:

- Sagen Sie, worum es geht – der erste Moment zählt. Denken Sie aber bloß nicht nur an Fakten, Sie wollen gleich eine emotionale Resonanz erzeugen.
- Machen Sie Häppchen. Lange Fließtexte funktionieren nicht auf der Startseite. So geben Sie Ihrem Publikum die Möglichkeit, selbst zu entscheiden, was es lesen möchte und was lieber überspringen.
- Haben Sie keine Angst, etwas zu sagen, was Sie auf einer anderen Seite wiederholen. Sie können nicht erwarten, dass sich Ihr Publikum durch die ganze Website wühlt.
- Stellen Sie Ihre Leserschaft in den Mittelpunkt: Also reden Sie nicht nur über sich, sondern vor allem über Ihre Leser. Auf der Startseite muss klar werden: Wer sind die Leser und welches Problem oder welchen Wunsch haben sie.

- Charakter, please! Sie dürfen Persönlichkeit zeigen. Fragen Sie sich: Wie muss ich schreiben, damit sich Besucher mit der Marke anfreunden wollen? Was passt zum Unternehmen und seiner Kundschaft?

Als Nächstes ist die About-Seite dran, um die sich so einige Mythen ranken.

12.4 About-Seite oder Über-mich-Seite

Tätäää. Vorhang auf für den Superstar der Seiten auf der Website. Auf der About-Seite findet die eigentliche Show statt. Die meisten Besucher wollen erst mal schauen, mit dem sie es zu tun haben, bevor sie etwas kaufen. Ich lasse mir auch nichts von fremden Personen aufschwatzen. Gleich muss ich Ihnen allerdings Illusionen rauben: Auf der About-Seite geht's nicht nur um Sie oder Ihr Unternehmen. Es geht genauso um die Menschen, die Sie erreichen wollen. Einzelunternehmer wie Gründer und Freelancer nennen die About-Seite häufig »Über mich«, weil ihre Personenmarke im Vordergrund steht. Beim Schreiben macht das aber wenig Unterschied. Deshalb fasse ich die About-Seite und die Über-mich-Seite zusammen.

Wer über sich oder das eigene Unternehmen schreiben soll, kommt ins Schwitzen. Das ist ganz normal. Schließlich gibt's wirklich viel zu vergeigen. Unternehmen tendieren zu großen Arien voller Allgemeinplätze und schwadronieren über ihre ewige Liebe zu Innovation, ihre offene Unternehmenskultur und bedingungslose Hingabe fürs Kundenglück. Was auch immer das heißen mag. Kein Zwinker-Smiley. Großkotziges Eigenlob wie dieses finde ich auf viel zu vielen About-Seiten, um darüber Witze zu machen.

Nicht ganz so schlimm, aber auch nicht schön, sieht es auf Über-mich-Seiten aus. Beliebt sind chronologisch erzählte Lebensläufe, die mit dem Kindergartenbesuch beginnen und gewissenhaft das Schülerpraktikum in der Kirchengemeinde auflisten. Begleitet wird die Stationenparade von Texten, die aus einem Bewerbungsschreiben aus den 1990er Jahren stammen könnten und schöne Formulierungen enthalten wie: »Ich durfte Erfahrungen im Bereich XY sammeln.«

Die Über-mich-Seite ist kein Platz, um seinen Lebenslauf hinzukopieren oder die Firmenchroniken seit 1953 zu veröffentlichen.

Nein, die About-Seite ist der Ort, an dem Sie Ihre Leserschaft für sich gewinnen. Das gelingt Ihnen nicht, wenn Sie nur an Selbstdarstellung denken. Die About-Seite sollte eigentlich Über-Sie-und-über-uns-Seite heißen. Wäre nur zu lang, trifft es aber inhaltlich viel besser. Sie macht klar, was Ihr Unternehmen mit den Kundinnen und Kunden zu tun hat.

Auf der About-Seite sitzen Sie mit Ihrer Leserschaft am virtuellen Lagerfeuer, und Sie sind mit dem Erzählen dran. Wer hier gelandet ist, möchte etwas über Sie oder das Unternehmen erfahren. Heike und Max haben signalisiert, dass sie die Geschichte hören wollen. Aber ich garantiere Ihnen, dass sie die Geschichte nicht mögen werden, wenn Sie nur über sich oder das tolle Unternehmen sprechen. Also: Erzählen Sie die Story so, dass sie etwas mit Heike und Max zu tun hat.

Damit Sie Ihre nächste About-Seite oder Über-mich-Seite ganz lässig schreiben können, zeige ich Ihnen eine bewährte Struktur, mit der Sie Ihr Unternehmen vorstellen und dabei Kunden begeistern. So geben Sie Ihrer Leserschaft zuerst einen Grund, warum sie sich für Ihre Marke interessieren sollte.

Die Mission

Warum gibt es das Unternehmen, was ist seine Aufgabe? Erzählen Sie als Erstes, wem Sie helfen und wobei genau – als Unternehmen oder Einzelkämpfer. Holen Sie Ihre Kundschaft in ihrer Situation ab. Welche Probleme und Wünsche haben die Menschen, für die Sie tätig sind oder denen Sie Lösungen liefern? Und was tun Sie, damit Ihre Kundinnen und Kunden ihre Ziele erreichen? Wie verändern Sie ihr Leben? Das ist Ihre Mission. Coach Jutta Beyer hat das klasse auf ihrer Über-mich-Seite umgesetzt (siehe Abbildung 12.8).

> Meine Mission ist, vielbeschäftigte (Solo-)Unternehmerinnen mit herausforderndem Alltag dabei zu unterstützen, eine authentische Positionierung zu entwickeln und ein nachhaltig erfolgreiches Business aufzubauen.
> Ein Business, das auf ihren Stärken basiert und zu ihrer Lebenssituation passt. Das ihnen ermöglicht, mit wenig Zeit viel zu erreichen, ohne auszupowern. Ich möchte sie ermutigen, selbstbewusst und stark ihren eigenen Weg zu gehen.

Abbildung 12.8 Mission aus der Über-mich-Seite von Jutta Beyer

Die Story hinter Ihrem Warum

Jetzt wollen Sie Ihrem Publikum beweisen, dass Sie für den Job geeignet sind. Erzählen Sie, was ausgerechnet Sie dafür qualifiziert, das Problem zu lösen. Sie könnten einfach behaupten, Sie sind Experte oder Ausbildungen herunterrattern. Das ist aber viel schwächer, als wenn Sie Ihre Geschichte mit Ihrem Publikum teilen. Es geht nicht darum, Ihren Lebenslauf in Worte zu fassen. Tun Sie das nicht. Erzählen Sie von Ihrem Warum.

Schauen Sie sich wieder einen Auszug aus Jutta Beyers Über-mich-Seite an (siehe Abbildung 12.9). Dort erzählt sie, wie ein persönlicher Schicksalsschlag zum Auslöser wurde, sich klar aufzustellen. Weil sie den Weg bereits gegangen ist, wird sie durch ihre Geschichte zum Vorbild für Ihre Kundinnen.

> Und auch als es mir wieder besser ging, wusste ich, ich muss etwas ändern. Vereinfachen. Mich noch mehr fokussieren auf das, was ich wirklich gerne mache und worin meine Stärken liegen. Und den Rest zu verabschieden bzw. nur noch so auszuüben, wie es mir leicht fällt.
>
> Denn ich wollte - und brauchte - wieder mehr Zeit für mich, um Energie zu tanken.

Abbildung 12.9 Story aus Jutta Beyers Über-mich-Seite

Was war der Schlüsselmoment, der Sie zu dem gebracht hat, was Sie heute tun? Erzählen Sie von Ihrem Weg, von Ihren Ängsten und von den Hindernissen, die Sie überwinden mussten. Erzählen Sie von Erfolgen und Niederlagen. Erzählen Sie, was Sie daraus gelernt haben und wie das Ihrer Kundschaft nützt. Sie können das sehr kurz halten oder eine längere Heldengeschichte daraus machen. Das hat beides seine Vor- und Nachteile. Egal, wie lang oder kurz: Erzählen Sie nur, was wirklich relevant ist, das heißt, was Ihre Kundschaft wissen muss, um Ihnen zu vertrauen. Ich möchte noch einmal betonen: Auch Unternehmen mit vielen Angestellten haben diese Geschichten. Lassen Sie Gründer oder Mitarbeiter erzählen. Passende Storyplots für Ihre Unternehmensgeschichte finden Sie in Abschnitt 13.3, »Brandstory mit angewandtem Storytelling: 5 nützliche Plots«.

Die Werte

Aus Ihrer Geschichte können Sie mit Sicherheit Werte ableiten, die Ihnen aus gutem Grund wichtig sind und die Ihr Unternehmen hochhält. Werte bekommen im Marketing einen zunehmend hohen Stellenwert. Menschen wollen nicht mehr blind kaufen, sondern prüfen, ob die Werte des Unternehmens mit ihren eigenen übereinstimmen. Das Problem ist: Sie können als Unternehmen viel behaupten. Wirken kann es nur, wenn Sie auch Beweise anführen. Sie können nicht von Ihrer Liebe zur Umwelt reden, ohne zu zeigen, was Sie diese Liebe gekostet hat. Zeigen Sie, dass Sie Ihre Werte auch leben. Umweltschutz predigen und die Belegschaft zur Firmenfeier nach Ibiza fliegen lassen, das ist doch armselig.

Also: Leiten Sie Ihre Werte aus Ihrer Story ab, und zeigen Sie, was Sie dafür tun. Denn das macht Ihre Haltung nachvollziehbar.

Wie das aussehen kann? Bei Jutta Beyer gibt es eine Überschrift, die heißt: »Woran ich glaube.«

Die Vision

Wie verändern Sie die Welt? Wo wollen Sie und Ihre Kunden sein? Schlagen Sie einen Bogen zum Anfang, und erzählen Sie, was Sie sich auf lange Sicht für Ihre Kundschaft und die Welt wünschen. Denken Sie groß, es ist eine Vision! Klingt das melodramatisch? Ein bisschen, ja. Aber das darf es auch sein. Unternehmen, die Menschen begeistern, liefern nicht ihre Leistungen aus wie der Sachbearbeiter beim Amt Stempel auf Formulare knallt. Sie sind überzeugt von dem, was sie tun, sie lassen Herzblut in ihre Tätigkeit fließen. Und sie haben natürlich eine Vision! Die dürfen Sie zum Schluss auch erzählen. Wenn Ihre Leidenschaft durchkommt, umso besser. Nur achten Sie darauf, dass Ihre Vision die Kundschaft etwas angeht und nicht nur Ihren eigenen Unternehmenserfolg beschreibt.

Ihr Call-to-Action

Vergessen Sie bloß nicht, Ihre Leserschaft weiterzuleiten. Sie haben Menschen in Ihren Bann gezogen – da sollen sie bleiben. Überlegen Sie sich genau, was Sie jetzt von Heike und Max wollen. Sollen die Ihren Newsletter abonnieren, Blogartikel lesen oder sich Ihre Angebote ansehen? Tipp: Fordern Sie an dieser Stelle am besten zu einer Handlung auf, die nicht viel kostet. Etwas lesen oder seine E-Mail für wertvollen Content hergeben tut längst nicht so weh wie etwas zu kaufen. Lassen Sie maximal zwei Handlungen zur Wahl, sonst überfordert die Entscheidung zu sehr. Tipps zum Schreiben eines Call-to-Action bekommen Sie in Abschnitt 11.8, »Klickbare Button- und Linktexte«.

Schreibtipps für die About-Seite

Kurz zusammengefasst, so schreiben Sie eine ansprechende About- oder Über-mich-Seite:

- Verzichten Sie auf gängige Worthülsen wie »Innovationsfreude«, »Qualitätsanspruch« und »der Kunde steht im Mittelpunkt«.
- Schreiben Sie über Ihre Kunden, erst dann über Ihr Unternehmen.
- Eine About-Seite ist weder ein Lebenslauf noch eine Chronik. Nennen Sie höchstens Highlights, um Ihre Expertise zu untermauern.
- Perfektion ist langweilig. Trauen Sie sich, auch von Niederlagen und Schwierigkeiten zu schreiben. Die machen Sie menschlich.

- Seien Sie stolz auf das, was Sie erreicht haben. Das ist kein Widerspruch. So lange Sie nicht so tun, als sei Ihr Weg ein Strandspaziergang bei sommerlicher Brise gewesen.
- Binden Sie ruhig ein paar Testimonials ein – aber nur, wenn sie wirklich eine wertvolle Aussage über Sie machen oder Ihnen Grund geben, sich für Ihre Kunden zu freuen.
- Fordern Sie am Ende zum Handeln auf.

Die About-Seite haben Sie gemeistert. Wenn Sie die geschrieben haben, können Sie alles schreiben, zum Beispiel eine Verkaufsseite, die was bringt.

12.5 Verkaufsseite

Ich muss zugeben, ich schreie auch. Freitag, nachdem ich 10 Minuten lang mit Nachdruck gesäuselt hatte: »Zieh bitte deine Schuhe an, die Schule geht los.« Als ich die Dezibel erhöhte und das Bitte wegließ, passierte nichts, außer dass mein Sohn die neuen Stiefel durch den Hausflur pfefferte. Wo sein kleiner Bruder spielte, der jetzt eine Beule hat.

Diese Erfahrung zeigt, was ich als Texterin schon lange weiß: Wir schreien, weil wir hilflos sind und uns nichts Besseres einfällt. Auf Verkaufsseiten beobachte ich das gleiche Phänomen. Sobald der Kunde Geld zahlen soll, werden viele aufdringlich laut – und zur Sicherheit pflastern sie alles mit unhöflichen Handlungsaufforderungen zu. Hören Sie kurz in einen Coaching-Call rein, den ich mit einem Kunden geführt habe:

Ich: »Du schreibst Jahrhundertangebot. Was macht es so besonders?«

Kunde (überlegt): »Ich dachte, das sagt man so in Verkaufstexten.«

Und er ist nicht der einzige, der das denkt. Dahinter steckt meist keine böse Absicht. Unternehmen wollen ihr Angebot schmackhaft machen, haben aber keinen Schimmer, wie das geht. Deshalb flüchten sie sich in werbliches Gebrüll. Und das bringt nichts. Die besten Verkaufsseiten wirken kein Stück verkäuferisch. Sie machen den Klick auf den Kaufen-Button zum logischen nächsten Schritt – ohne Brüllen, ohne Übertreibungen, sogar ohne Verkaufsverstärker.

Zu Verkaufsseiten finden Sie mehr Tipps im Netz als zu gesunder Ernährung für Schwangere und stillende Mütter. Einiges davon ist veraltet. Zum Beispiel werden Sie oft lesen, dass Texte nicht nur einfach und nutzenfokussiert sein sollen, sondern auch kurz. Das stimmt nicht – sie müssen nur gut strukturiert sein, damit man überspringen kann, was gerade nicht Prio eins hat. Dazu soll man mit Social Proof arbeiten (einverstanden) und am allerwichtigsten: testen, testen, testen. Das bietet sich an: Die Performance von Verkaufsseiten ist transparent wie dumme Anmachsprüche nach drei Gläsern Glühwein. Versuchsreihen zu Button-Farben, Bildern und Headlines sind im Zeichen der Optimierung beliebt. Ich will gar nicht dagegen wettern. Testen ist sinnvoll. Aber Sie werden schneller bessere Ergebnisse erzielen, wenn Sie testen *und* texten können.

Der Text ist der pinke Elefant im Raum. Dabei entscheidet diese Frage darüber, ob eine Verkaufsseite konvertiert: Können Sie einen Verkaufstext schreiben, ja oder nein? Einen wirksamen Werbetext – den braucht Ihre Verkaufsseite. Alles andere ist Beiwerk.

Texte auf der Verkaufsseite wirken nicht, weil sie kurz und übersichtlich sind. Das ist ein kapitaler Denkfehler. Ich kann das belegen: Haben Sie sich mal Verkaufsseiten von Werbetextern aus dem englischsprachigen Raum angeschaut? Sean D'Souza ist ein Gott der Szene, der am laufenden Band Werbetextliteratur de luxe verfasst. Seine zweifellos hochkonvertierenden Verkaufsseiten sind sehr lang, bildarm und haben sogar – Sakrileg – ein Menü.

So souverän schreiben Sie nur, wenn Sie verstehen, was Ihr Text in Wirklichkeit leisten muss.

Sie verkaufen kein Produkt, Sie verkaufen eine Vision, die nur Sie wahr machen können.

Ihr Angebot ist nur das Mittel zum Zweck. Es interessiert Menschen erst, wenn sie sich danach sehnen, die Vision zu verwirklichen. Ich meine sehnen wie ein liebeskranker Matrose nach Marina und dem Hafenpuff. Welche Vision erschaffen Sie für Ihre Leserschaft?

Die zweite Hauptrolle spielt die Person, von der das Angebot kommt. Sympathie, Verbundenheit und Vertrauen empfinden Ihre Kundinnen und Kunden weniger für Produkte, Marken, Unternehmen. Diese Gefühle sind Menschen vorbehalten. Deshalb darf ein menschlicher Absender nicht fehlen – eine Tutorin, eine Freund, eine Expertin. Frage: Wie gelingt es ausgerechnet Ihnen, die Vision Ihrer Kundschaft zu verwirklichen? So können Sie eine Verkaufsseite auf zwei Hauptziele reduzieren: Sie verkaufen eine Vision. Und Sie verkaufen sich.

Okay, Tastatur im Anschlag, bereit zum Texten? Gerade für die Verkaufsseite können Sie prima mit der BELA-Formel arbeiten, die Sie in Abschnitt 3.1 kennengelernt haben. In der folgenden Anleitung finden Sie darüber hinaus weitere wichtige Elemente für Ihre Bestseller-Verkaufsseite.

Die Headline ist ein Traum

Stiften Sie bloß keine Verwirrung auf der Verkaufsseite. Wenn Sie die Vision kennen, die Ihr Angebot wahr macht, ist die Headline kein Problem. Hier ist das Gegenteil von Clickbaiting gefragt. Was bringt Ihr Produkt oder Ihre Leistung dem Kunden wirklich? Ein Beispiel aus der Praxis, Markus Cerenak[4], titelt seine Verkaufsseite:

Das Entspannt-erfolgreich Businesssystem

Die Headline wirkt auf den ersten Blick unspektakulär – aber sie hat's in sich. Sie zeigt eine große Vision auf, kommt sympathisch rüber und sagt genau, was drin ist – in fünf Worten.

Das Intro dreht sich um die Kundschaft

Sie sind als Problemversteherin und Zuhörer gefragt. Empathie ist ein irre starker Verkaufsmotor. Beschreiben Sie die Situation Ihrer Kundinnen und Kunden. Sie können darüber nicht genug reden! Malen Sie ihre Probleme aus. Zeigen Sie, dass Sie ihre Nöte, Sorgen und Hürden kennen – und sie werden an Ihren Zeilen hängen.

Lösen Sie mehrere Probleme, oder sprechen Sie verschiedene Dialoggruppen an? Hey, wie wär's mit einer Bulletpoint-Liste, die jede davon kurz umreißt? Ein Beispiel:

Das Programm ist für:

- *Mütter, die nach längerer Pause endlich wieder für Geld arbeiten wollen*
- *Studierende, die sich einen sinnvollen Job wünschen*
- *Wechselwillige, die in der Tretmühle gefangen sind*

So bauen Sie Vertrauen auf, bevor Sie Testimonials für sich sprechen lassen. Ihre idealen Kundinnen und Kunden können Sie gleich bestärken, indem Sie klarmachen, für wen Ihr Angebot nichts ist.

Das Programm ist nicht für:

- *Konsumgeile, die alles haben, aber nichts umsetzen wollen*
- *Schnell-Reich-Visionäre*
- *Alle, die lieber in ihrer Komfortzone versauern als den Hintern hochzukriegen.*

4 *https://markuscerenak.com/*

Eine schillernde Vision aus Benefits

Füllen Sie die Vision, die Sie in der Headline angekündigt haben, mit Leben. Beschreiben Sie Ihre Benefits in leuchtenden Farben. Langweilen Sie nicht mit Features oder Details, sondern fokussieren Sie sich auf die Ergebnisse, die Ihre Kundschaft erzielt. Dabei ist nicht kriegsentscheidend, wie viele Benefits Sie nennen. Die Frage ist: Sehnt sich Ihre Wunschkundschaft danach? Faustregel: Nennen Sie lieber weniger Vorteile, die wirklich begehrlich sind, als auf jedem Detail rumzureiten. Kennen Sie die magischen drei Worte zur Eröffnung? Sie heißen: »Stell dir vor …«

Features für die Ratio

Was ist drin? Jetzt untermauern Sie die Emotionen mit Fakten. Präsentieren Sie Ihre Leistungen als vernünftige Maßnahmen (das sind sie ja auch). Finden Sie die Balance zwischen Transparenz und Einfachheit. Gerade, wenn Sie Produktfeatures und Leistungen präsentieren, schadet Haudrauf-Werbung. Erinnern Sie sich daran, was Sie in der Schule über Inhaltsangaben gelernt haben? Benutzen Sie es. Sie dürfen sachlich Inhalte, Daten und Fakten nennen. Auch hier ist eine Bulletpoint-Liste eine gute Idee.

FAQs gegen Zweifel

Diesen Punkt können Sie nicht ernst genug nehmen. Egal, wie sehr die Kundin oder der Kunde die Vision verwirklicht sehen will: Es wird immer Argumente geben, die dagegensprechen. Ein Teufelchen sitzt auf der Schulter, das zetert: »Das ist zu teuer«, »Dafür hast du keine Zeit«, »Kriege ich das wirklich hin?« Aber das ist kein Grund zu verzweifeln: Bringen Sie den Nörgelteufel mit FAQs (*frequently asked questions*) zum Schweigen.

Wenn Sie das schlau anstellen, können Sie alle Bedenken entkräften und Ihr Angebot in bestem Licht zeigen. Das kann Ihnen schon in der Frage gelingen, nicht erst in der Antwort darauf – denn damit zeigen Sie, dass Sie Ihre Kundschaft in spe ernst nehmen. Bevor Sie wahllos 30 FAQ-Fragen zusammentragen, überlegen Sie sich, welches die drei größten Hinderungsgründe für den Kauf sein könnten. Versuchen Sie die in den FAQs anzusprechen. Nutzen Sie die FAQs auch, um Ihre drei wichtigsten Pro-Argumente noch einmal zu platzieren. Beschränken Sie sich auf Fragen, die Sie zum Vorteil Ihrer Kundinnen und Kunden beantworten können.

Ich zeige Ihnen anhand eines Beispiels, wie Sie einen Vorteil benutzen können, um Bedenken zu zerstreuen. Halten Sie einfach die Vision dagegen und rechtfertigen Sie keinesfalls Kosten damit, dass Sie viel Zeit reingesteckt haben oder, dass die Rohstoffe teuer sind.

Das Beispiel ist aus meinem Onlineprogramm »Texter-Gelbgurt«:

> *Lohnt sich die Investition?*
>
> *Ja, aber nur wenn Sie Ihr Unternehmen besser vermarkten, Ihre Marke sichtbar machen und mehr verkaufen wollen. Und wenn du bereit bist, dich zu fordern, um deine Ziele zu erreichen.*

Belassen Sie es nie bei reinen Ja-nein-Antworten. Begründen Sie Ihre Aussage kurz. Transparenz und Offenheit: ja. Zu viel Geschwafel: nein.

Kurzvorstellung

Vielleicht denken Sie jetzt: Oh Mann, wo auf der Website soll ich mich bitte noch vorstellen? Muss das sein? Die Sache ist die: Sie wissen nicht, wie Ihre Leserschaft auf die Verkaufsseite gelangt ist. Möglicherweise ist sie nicht über die Startseite Ihrer Website gekommen, sondern von außerhalb über einen Teaser in den sozialen Medien. Zeigen Sie ein Foto von sich oder dem Markenbotschafter im Unternehmen, der als Kontaktperson für Ihre Kundschaft dient. Und schreiben Sie ein paar Zeilen dazu, oder nutzen Sie einfach die gleiche Kurzvorstellung wie auf der Startseite (siehe Abschnitt 12.3), wenn das passt.

Der Call-to-Action

Der Call-to-Action (CTA) ist auf Verkaufsseiten höchstens ein B-Promi. Meine These: Je besser die Copy, desto unwichtiger der CTA. Wenn Sie Ihre Leserschaft bis hierhin mitgenommen haben, wird sie Ihre Website nach der Kaufmöglichkeit absuchen und Ihnen zur Not eine Brieftaube schicken.

Der CTA gibt nur den letzten kleinen Schubs in Richtung Verkauf. Ich sehe ihn eher als Ermutigung, als bekräftigendes Schulterklopfen. Das Wichtigste ist: Der CTA wirkt niemals losgelöst vom Verkaufstext. Deshalb bin ich kein Freund von zu weit oben platzierten Buttons auf langen Verkaufsseiten.

Auch lasse ich mir nicht gern sagen, was ich zu tun und zu lassen habe. Wie wäre es, wenn Sie begründen, warum sich die Handlung lohnt? Verbinden Sie die Aufforderung mit der Kundenvision. Gerade auf Verkaufsseiten sehr effektiv: Fassen Sie die Vision direkt über dem Button noch mal in einem Satz zusammen. Dann wechseln Sie in die Kundenperspektive und schreiben Sie den Button-Text in der Ich-Form. Der Effekt: Sie machen aus einem »Sie müssen« ein »Ich will«. Ausführlichere Tipps zum Call-to-Action finden Sie in Abschnitt 11.8.

Zwischenstationen: Testimonials und andere Beweise

Sie sind zwar nicht Teil des Verkaufstextes, aber sie verleihen Ihren Aussagen Autorität. Wohldosiert eingestreut, haben sie mehr Effekt, als wenn Sie alle en bloc verballern (vor allem, wenn Sie nur wenige gute Testimonials haben). Ich sage es hier nur ganz kurz, weil ich schon in Abschnitt 11.7 ausführlich über das Thema geschrieben habe: Ein Testimonial bringt's nur, wenn es konkret und echt ist. Schwammige Lobhudelei killt die Glaubwürdigkeit. Das weiß jeder, der sich mal über durchschaubare Fake-Rezensionen bei Amazon geärgert hat.

Schreibtipps für die Verkaufsseite

Am Ende geht es in Verkaufsseitentexten darum: Verstehen Sie die Menschen, die von Ihnen kaufen sollen? Zeigen Sie ihnen einen einfachen Weg, um ihre Träume zu erfüllen und ihre Probleme loszuwerden? Können sie mit Ihnen etwas anfangen, vertrauen sie Ihnen? Wenn Sie diese Fragen mit Ja beantworten können, haben Sie es überhaupt nicht nötig, laut zu werden. Sie verkaufen souverän mit leisen Tönen und sanfter Autorität.

Mit diesen Schreibtipps gelingt Ihnen das:

- Widmen Sie den größten Teil des Textes der Vision der Kundin oder des Kunden. Ihre Lösung braucht längst nicht so viel Platz.
- Denken Sie nicht ans Verkaufen oder ans Erklären. Denken daran, was Ihre Leserschaft sich wünscht.
- Schreiben Sie ruhig viel Text – teilen Sie ihn nur in vernünftige Häppchen und Gestaltungselemente auf. Wenn Heike schon weiß, wer Sie sind, überspringt sie vielleicht Ihre Kurzvorstellung. Diese lässt Sie trotzdem professionell wirken und macht Sie als Anbieterin oder Anbieter glaubwürdig.
- Bitte keine verkäuferische Sprache: Verzichten Sie auf Superlative und Werbesprech. Ihre Kundschaft vertraut Ihnen viel eher, wenn Sie normal reden.
- Sprechen Sie in den FAQs die wichtigsten Bedenken an.
- Liefern Sie Beweise für die Qualität Ihres Angebots.
- Nennen Sie im Call-to-Action noch mal den Benefit: Was hat Ihre Kundin oder Ihr Kunde davon?

Fühlen Sie sich jetzt gewappnet, eine Verkaufsseite zu schreiben, die Besucherinnen und Besucher in Kundschaft verwandelt? Weiter geht's mit den vielbesungenen Landingpages.

12.6 Landingpage

Der Besucher landet auf einer Seite, und dann beißt sie zu. Die klassische kurze Landingpage ist der Pitbull unter den Webseiten: Sie packt den Leser bei seinen Bedürfnissen und reißt ihn mit, bis er die gewünschte Handlung ausführt und damit sein Problem löst. Sie konzentriert ihre ganze gigantische Kraft darauf, den Besucher in ihren Fängen zum Klick auf den Call-to-Action-Button zu motivieren.

So eine Pitbull-Seite ist eine scharfe Waffe, wenn wir ein Angebot als Lösung pitchen wollen. Weil sie sich keinen Millimeter von ihrem Ziel abbringen lässt. Passend zur Idee wird der Erfolg dieser Landingpages auch in Conversions gemessen. Wie viel Prozent der Seitenbesucher folgen der Handlungsaufforderung und klicken den Button oder tragen ihre E-Mail-Adresse ein? Bevor Sie sich jetzt geifernd auf die Pitbull-Landingpage stürzen, schauen Sie, welche Arten von Landingpages es gibt. Dann können Sie entscheiden, welche davon für Ihre Zwecke passt. In der Praxis bekommt ein bunter Blumenstrauß von Seiten das Label »Landingpage« aufgedrückt.

Verschiedene Arten von Landingpages

Kurze Landingpages:

- Click-Through-Landingpages: Das sind kurze Angebotsseiten, die zum Testen eines Produkts, zum Kauf eines niederschwelligen Angebots oder zum Klick auf eine ausführlichere Verkaufsseite auffordern – mit gigantischem Bild und wenig Text. Ich nenne sie hier Pitbull-Landingpages, weil der Name ihr Wesen beschreibt. Mit dieser häufigen Art Landingpage beschäftigt sich dieses Kapitel.
- Opt-in-Seiten, auf denen Leser Kontaktdaten eingeben, um einen Newsletter zu abonnieren, sich für ein Webinar anzumelden oder ein Freebie runterzuladen

Lange Landingpages:

- epische Verkaufsseiten (siehe Abschnitt 12.5), die in vielen Worten eine Dienstleistung oder ein Produkt bis auf den kleinsten Fitzel erklären
- SEO-Seiten, die auf einen Suchbegriff optimiert sind und ausführliche Infos zum Thema bieten

Theoretisch kann jede dieser Seiten eine Landingpage sein, muss aber nicht. Das hängt davon ab, ob die Seite als Landingpage genutzt wird und die Kriterien erfüllt – dazu komme ich gleich. Egal, ob diese Seitenarten unter den Oberbegriff Landingpage passen: Beim Texten sind das verschiedene Paar Schuhe, so wie Flipflops und Wanderstiefel.

Zwar kommen einige typische Bausteine auf den meisten dieser Seiten vor. Und doch schreiben Sie eine kurze Angebotsseite ganz anders als eine epische Verkaufsseite mit FAQs und Pipapo – oder eine SEO-Seite, die in Lexikonmanier Sachinfos vermittelt. Wenn Sie Abonnenten für einen Kanzlei-Newsletter gewinnen, ein Premium-Softwarepaket verkaufen oder über den Suchbegriff »Heilkraut Kamille« gefunden werden wollen, unterscheiden sich die Landingpages nicht nur durch die Themen. Sie arbeiten mit verschiedenen Textelementen, und zwischen 100 Wörtern und 1.000 liegt textlich ein Marianengraben.

Erst mal wollen Sie wissen, was alle Landingpages von anderen Webseiten unterscheidet, oder? Wann ist es eine Landingpage und wann nicht? Ist ein Mensch auf der Website (also *nicht* auf der Landingpage) gelandet, wollen Sie ihn dort halten. Er soll die Marke kennenlernen und um Googles willen bitte von Artikel zu Artikel hüpfen, dann die About-Seite lesen und sich Angebote anschauen. Sie applaudieren, wenn er sich umschaut und von Seite zu Seite springt. Damit signalisiert er, dass die Website relevant ist.

Deshalb setzen Sie viele interne Links und verweisen auf thematisch passende Blogartikel oder Angebote. Die Leserin und der Leser können frei entscheiden, welche Reisestation in diesem Webiversum sie wählen. Hauptsache, sie besuchen keine fremde Galaxie und lesen möglichst lange.

Eine Landingpage ist hingegen auf einen einzigen Klick fokussiert. Und darauf arbeiten Sie schon hin, bevor jemand auf der Seite landet. Sie teasern das Angebot in einer Facebook-Anzeige, einer Google Ad oder in einem Blog-Post an. Das Publikum landet also mit einer Erwartungshaltung. Und die Landingpage muss sie erfüllen. Durch den Klick auf die Seite haben diese Leute Interesse signalisiert. Jetzt müssen Sie nur noch dafür sorgen, dass sich das interessierte Publikum nicht ablenken lässt. Eine normale Webseite ist wie eine Schatzkammer. Sie zeigt funkelnde Edelsteine, Perlenketten und Goldstücke – die Leserschaft kann sich frei bewegen und in den Reichtümern stöbern.

Auf einer Landingpage wollen Sie keine Wahl lassen, sondern zu einer ganz bestimmten Handlung motivieren. Sie sorgen dafür, dass Besucherinnen und Besucher erst die Aktion durchführen, bevor sie sich anderswo umschauen. Um das zu erreichen, verringern wir die Auswahl an Handlungen, die sie vollführen können. Gerade wenn Menschen etwas kaufen sollen – aua, Schmerzen –, fliehen sie lieber vor der Entscheidung: »Ich lese erst mal den Blogartikel, danach kann ich immer noch überlegen, ob ich das brauche.« Ganz schlecht.

Besser verzichten Sie auf weiterführende Links, um keine Fluchtwege offen zu lassen. Aus diesem Grund blenden Sie sogar das Seitenmenü aus. Dazu beschränken Sie sich auf eine Handlungsaufforderung. Die darf sich wiederholen, aber keine Konkurrenz bekommen. Damit der einzig logische Klick der auf den Call-to-Action-Button bleibt. So führen Sie Leserinnen und Leser an den Punkt, an dem sie die Entscheidung nicht länger aufschieben können. In Ermangelung an Alternativen müssen sie sich darüber klar werden: Kaufe ich das oder sage ich Tschüss und verlasse die Seite? Aus diesen Überlegungen lassen sich Kriterien ableiten, die Landingpages erfüllen – egal, welches Format sie haben und wofür sie trommeln.

Zusammengefasst – das macht eine Landingpage aus:

- Die Landingpage motiviert zum Handeln: Alle Fasern der Seite sind darauf ausgerichtet, den Leser zum Handeln zu bewegen, sprich den Call-to-Action-Button zu klicken.
- Die Landingpage dreht sich um ein Angebot oder Produkt: Der Fokus liegt komplett auf einem klar definierten Thema. Allgemeine Infos zum Unternehmen etwa haben auf einer Landingpage nichts verloren.
- Auf einer Landingpage landet man: Der Besucher gelangt normalerweise nicht über das Hauptmenü der Unternehmens-Website dorthin. Er landet über den Klick auf eine Anzeige oder einen Call-to-Action in Content-Stücken wie Blogartikeln oder Social-Media-Posts auf der Seite, daher der Name. Altmodisch eingedeutscht könnte man auch Landeseite sagen.

Wann darf es eine kurze Landingpage sein?

Beim Konzipieren muss ich mich erst einmal fragen: Welche Art Landingpage brauche ich? Soll es eine wortstarke Verkaufsseite mit dramatischer Story werden, oder reichen eine Headline und ein paar Zeilen Text, um das Angebot als Must-have zu präsentieren? Erdrückt ein Berg Wörter sogar die Kauflust?

Denken wir noch mal an das nicht verhandelbare Ziel aller Landingpages: den Leser zum Handeln animieren. Alles andere interessiert sie nicht. Deshalb muss alles weg, was von der Aufgabe ablenkt, und alles rein, was zu ihr hinführt. Auf einer Landingpage ist kein Platz für unnötiges Gerede – wie viel nötig ist, hängt vom Thema und der gewünschten Handlung ab.

Zurück zur Frage: Wie viel Text braucht meine Landingpage? Genau die richtige Menge, um meine Leser geschmeidig zur gewünschten Handlung zu bringen. Je nachdem, wie erklärungsintensiv das Angebot und wie schmerzhaft dieser Schritt ist, eignen sich längere oder kürzere Landingpages besser. Ein Coaching-Angebot für 5.000 € lässt sich kaum über eine textarme Seite verkaufen, aber eine Einladung zum Gratisstrategiegespräch durchaus, kostet ja nur ein bisschen Zeit. Man kann also sagen: Je niedriger die Hürde, desto weniger Text braucht die Landingpage.

Diese Indizien sprechen für eine kurze Landingpage

- Der Handlungsaufforderung zu folgen kostet zunächst kein Geld: Produkte unverbindlich testen, dreiteilige Videoserie anschauen, am Webinar teilnehmen, Termin zum Strategiegespräch vereinbaren, Gratis-E-Book runterladen.
- Der Preis ist verhältnismäßig klein: Einsteigerversion für 20 € im Monat, Produkt-Bundle als zeitlich begrenztes Angebot.
- Das Angebot braucht wenig Erklärung: Komm fünfmal zum Probetraining, hol dir 20 verkaufsstarke E-Mail-Vorlagen.
- Das Angebot ist sofort begehrlich: Verliere 10 Kilo in 3 Wochen oder du bekommst dein Geld zurück.

Gerade weil Sie mit wenigen Worten überzeugen wollen, ist das Texten anspruchsvoll. Hier geht's um Schnelligkeit und Fokus. Sie haben keinen Platz für viel Text. Jedes Wort muss sitzen. Je weniger Fett Sie mitschleifen, desto besser. Dafür richten Sie das Geschriebene mit allen Fasern auf Nutzen, Glaubwürdigkeit und Motivation aus. Damit Ihr Publikum am Ende überzeugt ist, sollten Sie diese Inhalte auf jeder noch so schnellen Landingpage unterbringen:

- Machen Sie den Nutzen schmackhaft oder das Problem schmerzhaft.
- Stellen Sie die Lösung vor, aber immer so, dass der konkrete Nutzen für den Leser klar wird. Wir erinnern uns: Features immer mit Benefits verknüpfen.
- Liefern Sie Beweise dafür, dass es funktioniert.
- Motivieren Sie den Leser zum Klicken oder seine E-Mail-Adresse einzugeben.

Gehen Sie mit mir die Schlüsselelemente durch.

Klare Headline

Landingpage-Headlines sind klar, auf Nutzen gepolt und ansprechend. Sie nehmen die Botschaft des Teasers auf und bereiten den Call-to-Action vor.

Die Headline muss nicht spielerisch Neugier wecken, weil der Leser schon neugierig ist. Er hat auf einen Teaser geklickt und möchte jetzt die Lösung. Damit der Besucher ruckelfrei von außen auf die Landingpage gleitet, muss die Headline zum Teaser passen. Greifen Sie Formulierungen auf, die Sie im Post mit Link zur Landingpage verwendet haben.

Anzeigentext: Konvertiert deine Landingpage nicht?

[–] *Headline: Schreib bessere Texte*

[+] *Headline: Schreib eine hochkonvertierende Landingpage*

Genau wie der Teaser zu Headline hinführt, soll die Headline zum Call-to-Action hinführen. Drei Wege bieten sich an:

1. **Schmerz-Headlines**

   Bringen Sie genau auf den Punkt, welches Problem Sie lösen und für wen. Sie können in diesem Fall den Teaser-Text wiederholen. Damit Sie nicht in abstrakten Formulierungen versacken, überlegen Sie sich, wie sich das Problem im Alltag bemerkbar macht. Fällt Ihnen ein Bild ein?

   [–] *Headline: Alle Diäten durch und Sie nehmen nicht ab?*

   [+] *Headline: Alle Diäten durch und die Jeans kracht?*

   Klar, die Headline wird Menschen ansprechen, die verzweifelt sind, weil es einfach nicht mit dem Abnehmen klappen will. Aber jetzt ist es höchste Eisenbahn, dass wir eine Lösung versprechen. In diesem Fall brauchen Sie eine erklärende Subline, um den Nutzen zu präsentieren. Über die sprechen wir im nächsten Schritt.

2. **Angst-Headlines**

   Was haben Menschen zu befürchten, die sich nicht mit dem Angebot beschäftigen? Damit Ihre Headline vollkommen auf den Kundennutzen ausgerichtet ist, verzichten Sie auf »Wir sind so toll«-Botschaften aus Unternehmenssicht. Packen Sie den Leser bei seinem Problem oder emotionalen Benefit. Erzählen Sie nicht vom Produkt und was es kann. Sprechen Sie Leserinnen und Leser an, damit sie verstehen, dass das Angebot für sie ist – nicht für irgendwen.

   [–] *Headline: Wir schützen Sie vor teuren Versicherungen.*

   [+] *Headline: Bezahlen Sie zu viel für Ihre Versicherungen?*

3. **Wunsch-Headlines**

   Die Headline beschreibt den Wunsch, den sich Menschen mit dem Angebot erfüllen können. Wie können Sie diesen Wunsch lebendig machen? Beschreiben sie das Ergebnis ganz genau. Können Sie vielleicht eine Zahl nennen, die das Versprechen noch greifbarer macht?

   [–] *Headline: Entspannt abnehmen, auch wenn Diäten bei dir nie wirken*

   [+] *Headline: Verliere entspannt 1 Kilo pro Woche, auch wenn Diäten bei dir nie wirken*

Erklärende Subline

Die Subline ist kein Muss, kann aber in zwei Fällen helfen:

1. Wenn die Headline nur über das Problem spricht, aber noch nicht den Nutzen kommuniziert, packen wir diesen einfach in diese zweite, etwas kleinere Headline. Optisch gehört sie zur Überschrift, und dadurch springt sie ins Auge. Die Subline darf neutraler und faktischer sein. Der Leser weiß ja schon, was er davon hat. Schauen Sie noch mal das Beispiel von eben an:

   Headline: Alle Diäten durch und die Jeans kracht?

   Subline: Lass die Pfunde schmelzen ohne dich zu quälen – auch wenn Diäten bei dir nie helfen.

2. Die Subline können Sie auch einsetzen, um die Headline knackiger zu schreiben. Je kürzer die Headline, desto leichter kann das Publikum sie auf einen Blick erfassen. Kürzere Lines ermöglichen einen sanfteren Einstieg: Sie erschlagen nicht, sie führen in den Text.

   Wenn die Headline zu lang ist, können wir einfach zwei Sätze draus machen. Nehmen Sie den emotionalen, aktivierenden Teil in die Headline. Stecken Sie Fakten, welche Art Lösung Sie anbieten oder wie sie heißt in der Subline. Aber vergessen Sie auch hier den Benefit nicht!

Variieren Sie in der Headline und in der Subline die Satzstruktur. Sprechen Sie nicht zwei Befehle nacheinander aus. Wenn Sie in der Headline direkt aufgefordert haben, dürfen Sie die Subline neutraler formulieren. So wirkt die Kombination weniger verkäuferisch.

Headline: Landen Sie auf Seite 1 bei Google

Subline: SEO-Masterkurs: Gefunden werden ist einfach

Angebot

Auf einer kurzen Landingpage muss es schnell gehen. Sie haben formal drei Möglichkeiten, die Highlights des Angebots darzustellen: in Kästen mit Features und Benefits, in einer Bulletpoint-Liste oder in einem kurzen Fließtext. Wenn Sie Fakten nennen, sagen Sie unbedingt dazu, wie sie dem Kunden nützen. Ich zeige das hier anhand einer Bulletpoint-Liste:

- *Erreiche schnell dein Lernziel mit 17 anschaulichen Videolektionen.*
- *Festige das Gelernte in 150 Workbook-Seiten voller praktischer Übungen.*
- *Hol dir Antworten per E-Mail, wir klären deine Fragen innerhalb von 24 Stunden.*

Nach dem gleichen Prinzip können Sie Benefit-Kästen einsetzen, wie in Abbildung 12.10 gezeigt. Packen Sie den Nutzen in die Headline, und nennen Sie das Feature im Textblock.

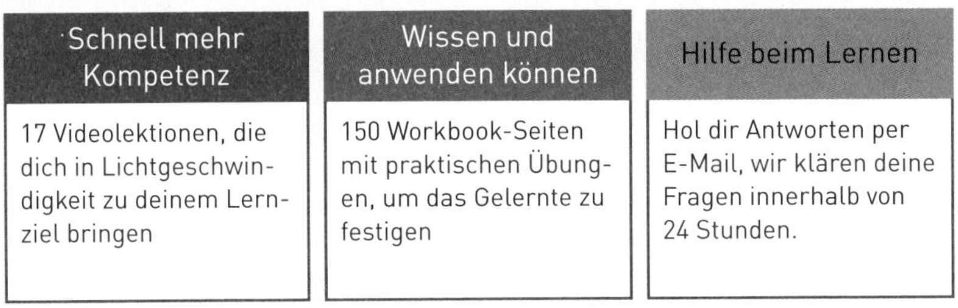

Abbildung 12.10 Benefit-Kästen

Wenn Sie sich für Fließtext entscheiden, bietet sich auch die SQM-Textformel an, nur in einer ganz kurzen Form (siehe Abschnitt 3.3).

Beschreiben Sie den Schmerz. Wo liegt das Problem, was tut Ihren Leserinnen und Lesern weh? Dann verabreichen Sie die Benefits als Medizin. Wie hilft das Angebot?

Beweise

Sie können viel behaupten. Aber warum sollten zufällige Leser Ihnen glauben? Auf einer Landingpage sind Vertrauensbeweise alles andere als Nebensache. Denken Sie daran: Wahrscheinlich kommt der Besucher von außen und hat sich noch nicht durch Ihre Website geklickt oder sich anderweitig von Ihrer Kompetenz überzeugt.

Auf einer Pitbull-Landingpage wollen Sie haushalten und keine ellenlangen Liebesbriefe von der seligen Kundschaft zeigen – auch wenn Sie beim Lesen dahinschmelzen. Aber Sie könnten ein besonders starkes Testimonial verwenden. Stark heißt hier: eins, das den Benefit unterstützt, den Sie in der Headline transportieren, das ihn lebendig macht. Natürlich hilft es auch, wenn der Absender bei der Zielgruppe bekannt und geschätzt ist.

Präsentieren Sie kein allgemeines Loblied auf die Marke, sondern ein echtes Statement, das sich definitiv auf das Angebot bezieht und einen Nutzen unterstreicht. Wie

Sie wirkungsvolle Testimonials hinbekommen, können Sie in Abschnitt 11.7, »Glaubwürdige Testimonials«, nachlesen.

Oder Sie ziehen sich Highlight-Passagen aus längeren Testimonials heraus. Dann können Sie ein paar mehr unterbringen. Wie viele es sein dürfen? Das kommt darauf an, wie sie im Layout wirken. Die Testimonials sollten nicht den Blick auf den CTA-Button versperren. Wagen Sie lieber weniger, aber dafür ultrarelevante Kundenstimmen, als jedes schwammige »Danke für die gute Zusammenarbeit« mit aufzunehmen.

Zusätzlich können Sie mit anderen Trust Signals arbeiten: Zeigen Sie in kleinen Bildmarken, wie viele Kunden das Angebot bereits gekauft haben, dass Sie eine Auszeichnung erhalten haben, eine Industrienorm erfüllen oder auf einer Plattform gut bewertet wurden. Wenn Sie eine Garantie anbieten, sagen Sie es vor dem Call-to-Action.

Call-to-Action

Diese paar Wörtchen können Ihre Landingpage zum Renner machen. Ich spreche – klar – vom Call-to-Action. Wie keine andere Seite zielt die Landingpage auf den Klick ab. Als Texter fragen Sie sich: Wie kann ich ihn so stark wie möglich machen? Sie können den Button noch so feuerwehrrot und in XXL auf die Seite pflanzen. Dass man ihn sieht, geht leider nicht mit einem automatischen Klick einher. Aber Text hilft.

Headline und Call-to-Action liegen auf einer Pitbull-Landingpage so nah beieinander, dass sie sich umarmen können. Arbeiten Sie damit. Verbinden Sie die zwei wichtigsten Elemente Ihrer Landingpage zu einem starken Ganzen. Oben machen Sie den Benefit begehrlich. Unten erfüllen Sie den Wunsch. Denken Sie an zwei Seiten einer Zange, mit der Sie den Kunden fassen. Sie müssen ineinandergreifen.

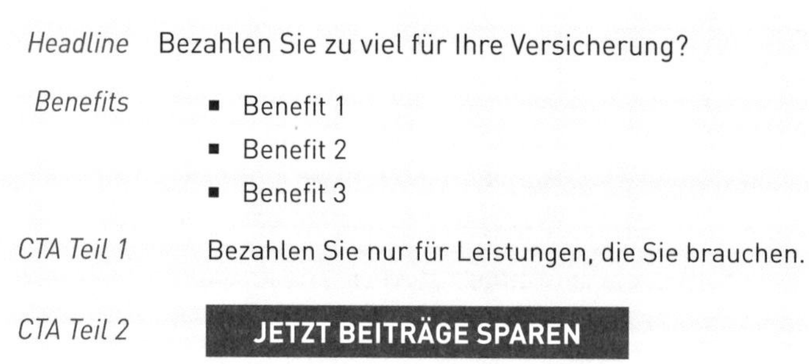

Abbildung 12.11 Der Call-to-Action auf der Landingpage

Was Sie als Erstes tun können, damit der Klick zum logischen nächsten Schritt wird: Klatschen Sie nicht einfach den Button hin, sondern bereiten Sie Leser darauf vor. Sonst wirkt das wie ein Überfall. Wie wär's, wenn Sie den Call-to-Action schon vor dem farbigen Button starten?

Rollen Sie einen roten Teppich aus, der Besucher zur Handlungsaufforderung leitet: Fassen Sie über dem CTA-Button in einem Satz zusammen, was der Klick dem Kunden bringt. So können Sie noch mal den Nutzen unterstreichen und sich im Button-Text trotzdem kurzfassen. Wie das aussehen kann, zeigt Abbildung 12.11.

Noch mal zur Erinnerung: Die Aufforderung wird viel eher abgenickt, wenn sie einen Nutzen oder eine Problemlösung versprechen. Allgemeine Button-Texte wie »Kostenpflichtig bestellen« oder »Jetzt teilnehmen« sind zwar schön knapp, haben aber keinen Bezug zum Thema. Auf dem kleinsten CTA-Button ist Platz für einen Benefit. Die Zielgruppe muss ganz klar vor Augen sehen, dass dieser eine Klick ihr Problem löst.

[–] *Jetzt teilnehmen*

[–] *Hier herunterladen*

[–] *Zur Anmeldung*

[+] *Ja, ich will Steuern sparen*

[+] *Steuertipps holen*

[+] *Zu den günstigen Tarifen*

Jetzt wissen Sie, welche Textbausteine Sie für eine Landingpage brauchen, die entschlossen Besucher konvertiert.

Schreibtipps für die Landingpage

Damit Sie schnell loslegen können, helfen diese Tipps. So bekommen Sie Besucherinnen und Besucher zum Handeln.

- Predigen Sie überall die gleiche Botschaft: Menschen kommen mit Erwartungen auf die Landingpage. Stimmen Sie die Inhalte der Anzeige oder des Teasers genau auf die Botschaft der Landingpage ab (Stichwort *Message Match*).
- Schreiben Sie Headline und Call-to-Action zum Team zusammen: Die beiden wichtigsten Elemente sind die Headline und der Call-to-Action. Greifen Sie in der Handlungsaufforderung die Botschaft der Headline auf. So bekommt Ihre Landingpage Power.

- Kundenverstehen statt Egoschweinerei: Nutzenargumentation schlägt Eigenlob – vor allem auf engem Raum. Stellen Sie immer in den Vordergrund, was der Kunde davon hat, wenn Sie über das Produkt sprechen
- Einfach ist besser als clever: Machen Sie es der Leserschaft leicht, sich für das Angebot zu entscheiden. Streichen Sie alles, was verwirren könnte. Bringen Sie die Vorteile lasergenau auf den Punkt. Und seien Sie vorsichtig mit witzigen Formulierungen, weil sie mehrdeutig wirken können.
- Vermeiden Sie alte Werbefloskeln: Landingpages sind Verkaufsinstrumente. Aber gut vermarkten heißt nicht laut posaunen. Billige Trigger wie »Sichern Sie sich jetzt« und »einmaliges Angebot« machen viele misstrauisch. Überlegen Sie sich lieber, wie das Angebot dem Kunden hilft, und fassen Sie das in eigene Worte.
- Setzen Sie Schlaglichter: Beschränken Sie sich auf Informationen, die den Kunden zum Handeln motivieren. Wenn Sie wenige Vorteile inszenieren, hinterlassen Sie mehr Eindruck, als wenn Sie alles aufzählen, was Ihnen einfällt.
- Verzichten Sie auf Ballast: Landingpages brauchen kein Seitenmenü und keine internen Verlinkungen.
- Beschränken Sie sich auf einen einzigen Call-to-Action!

Auch, wenn es hier um Text geht. Worte sind nicht der einzige Erfolgsfaktor für Landingpages. Das Design spielt die zweite Hautrolle. Für mich zählt vor allem, wie die Gestaltung die Bausteine einer Landingpage zu einem harmonischen Ganzen vereinen und die Aufmerksamkeit von einer Station zur nächsten lenken kann.

Die Voraussetzung dafür ist, dass wir für die beschriebenen Textelemente einen visuellen Rahmen schaffen. Anregungen zum Design finden Sie beispielsweise online im Unbounce-Blog[5] und im Fachbuch »Content Design«[6] von Robert Weller und Ben Harmanus.

12.7 Produkttexte

Sie wollen also etwas im Internet verkaufen: auf Ihrer Website, in Ihrem Onlineshop oder auch auf eBay oder Amazon. Dann stellen Sie das Produkt ein und laden ein Foto davon hoch. Um das zu illustrieren, bieten Sie jetzt Röcke feil – da müssen Sie jetzt durch. Aber ein Foto reicht nicht, Sie brauchen noch einen beschreibenden Text, damit die Leute verstehen, was sie kaufen, was dabei ist und wie die Produktmerk-

5 *https://unbounce.com/de/blog/*

6 Weller, Robert/Harmanus, Ben: Content Design. Durch Gestaltung die Conversion beeinflussen. Hanser 2017.

male aussehen. Aber was sollen Sie über einen einfachen Rock schreiben? Ganz konservativ könnten Sie tippen:

[–] *Legerer Rock mit Taschen und Reißverschluss, gefüttert, 1 Stück. 80 % Baumwolle, 20 % Polyester, pflegeleicht.*

Und jetzt lesen Sie darunter, dass der Rock 79,95 € kosten soll. Hupps, das ist aber viel. Nach der Beschreibung hätten Sie eher was vor 19,99 € erwartet, liege ich richtig?

Bei diesem absolut öden Text brauchen Sie ein verdammt geniales Foto, um diesen Rock für anständiges Geld zu verkaufen. Das Bild muss die ganze Arbeit allein schultern und das Teil begehrlich machen. Kann ein Bild überhaupt allein die Markenwelt lebendig machen und ein Lebensgefühl zeigen, für das die Leserschaft bezahlen will? Darüber müssen Sie gar nicht abschließend nachdenken. Sie schreiben einfach einen wirksamen Produkttext, und das Problem hat sich erledigt. Einen, der nicht nur Features nennt, sondern die Seele der Marke vermittelt.

Ein leuchtendes Vorbild für hinreißende Produkttexte liefert seit vielen Jahren das Modelabel Blutsgeschwister. Jede Kollektion ziert ein stimmungsvoller Text, der eine greifbare Atmosphäre schafft. Beim Lesen tauchen Sie in eine Welt ein, die mit Charme und Charakter fasziniert. So liest sich eine Kollektionsbeschreibung im Onlineshop von Blutsgeschwister:

[+] *Liebesgrüße aus dem Orient-Express*

Auf leisen Gleisen nimmt uns der luxuriöse Orient-Express mit auf eine komfortable Reise in die Vergangenheit.

Die erste Nacht in der fahrenden Nobelherberge wäre überstanden, wir machen ausgedehnt Zwischenstopp im Wien der Jahrhundertwende, denn Adel verpflichtet! Dann passieren wir das wundervolle Budapest, bevor die Landschaft karger wird und wir die unendlichen Wälder des Balkans durchstreifen! Dank dem im Speisewagen reichlich kredenzten Feuerwasser verlieren wir Etikette und Contenance und tanzen, bis alle Flaschen leer sind und uns die bezaubernde Jeannie als Flaschengeist erscheint. Auf zum großen Finale! In Konstantinopel bestaunen wir mosaikgeschmückte Paläste und versinken im Sternenhimmel aus 1001 Nacht. Also meine Herrschaften, bitte einsteigen, und Vorsicht an der Bahnsteigkante!

Jede Artikelbeschreibung nimmt Bezug auf die Welt, die sich in der Kollektionsbeschreibung entfaltet. Schauen Sie mal, wie gekonnt Blutsgeschwister einen Rock verkauft – für den man dann auch 79 € verlangen kann:

[+] *Femininer Taillenrock aus einem weichen Viskose-Web-Stoff, mit bezaubernden Allover-Prints, inspiriert von den illustren Reisen mit dem Orient-Express! Der weit ausgestellte Rock mit Smokbund, knieumspielender Länge und liebevollen Details ist ein immerwährendes Lieblingsstück mit Wohlfühl-Garantie.*

Seitliche Eingriffstaschen, ein gemütliches Rock-Futter und ein beidseitig verdeckter Reißverschluss in der rückwärtigen Mitte versprechen Tragekomfort und unkomplizierte Textil-Liebe.

Schreibtipps für verführerische Produkttexte

Wie machen Sie Produkttexte unwiderstehlich? Sie haben einen Haufen Fakten, wollen die Kundschaft aber über Emotionen erreichen. Die Lösung: Bringen Sie beides zusammen. Produkttexte sind für mich die letzte Bastion des klassischen Werbetextes. Sie dürfen ungeniert verlocken und – ja, auch werben. Dafür werden Sie je nach Zielgruppe eine andere Tonalität wählen. Aber selbst, wenn Sie technische Geräte verkaufen, sollte es nicht bloß um die Features gehen, sondern ums Gefühl. Die Produktmerkmale müssen rein, keine Frage. Aber präsentieren Sie diese sinnlich und emotional.

Menschen kaufen keine Produkte, sie kaufen ein Lebensgefühl. Der Produkttext ist genau der richtige Ort, um dieses Gefühl zu erschaffen. Und mit diesen Schreibtipps gelingt Ihnen das:

- Suchen Sie sich eine Bildwelt für Ihre Produkttexte – eine Dachmetapher (siehe auch Abschnitt 7.5, »Malen mit Worten«). Vielleicht liefert schon der Name des Produkts eine Idee für eine Welt. Verwenden Sie Formulierungen aus Ihrer Metaphernwelt, nur mixen Sie nicht: Wenn Sie mit Begriffen aus dem Zirkus starten, können Sie nicht im Weltraum landen. Spielen Sie über den ganzen kurzen Text hinweg auf die gewählte Metaphernwelt an.
- Balancieren Sie harte Fakten mit fantasiereicher Sprache – ein guter Produkttext erschafft eine eigene Stimmung. Sinnliche Adjektive helfen Ihnen dabei.
- Hüllen Sie die Features in Emotionen: Verwenden Sie dabei emotionale und unspezifische Verben wie »entdecken, genießen, faszinieren, betören, begeistern, verführen«.
- Fordern Sie Ihre Leserschaft auf, Ihnen in die Welt zu folgen. Auch ein Produkttext darf direkt ansprechen.
- Schlagen Sie im letzten Satz einen Bogen zum ersten. Sie fädeln Worte wie Perlen auf eine Kette – und schließen sie am Ende zum Kreis.
- Verzichten Sie auch in Produkttexten auf Superlative und Steigerungen. Verwenden Sie lieber ein ungewöhnliches Wort oder eben ein Sprachbild.

Wissen Sie nicht, wie Sie loslegen sollen? Auch wenn Sie nicht viel Platz haben, können Sie Ihren Produkttext mit ein paar Wörtchen einleiten und dahinter einen Doppelpunkt setzen. Es muss nicht mal ein ganzer Satz sein. Lassen Sie Ihre Leserschaft auf ein paar prägnanten Wörtchen in den Text rutschen. Hier sind ein paar Ideen für den Einstieg:

Eine Zielgruppenansprache: Für Feinschmecker/Kreative/Zuckerschnuten

Ein Ausruf oder ein Geräusch: Oh, là, là/Wow/Hammer!

Ein Dreiklang: Elegant, vielseitig, praktisch

Ein Gegensatz: Klein, aber oho

Eine Warnung: Nichts für schwache Nerven/Vorsicht, heiß

Lassen Sie Ihre Fantasie spielen, und probieren Sie was aus. Ein verführerischer Produkttext ist ein kleines Kunstwerk. Sie dürfen daran feilen.

12.8 Die SEO-Strategie, mit der Ihr Content gefunden wird

Früher klangen meine Textaufträge oft so: »Wir brauchen noch ein paar SEO-Texte für die Website.« Dann bekam ich lange Excel-Listen voller Keywords und den Auftrag, möglichst oft Keywords wie »Kaffeevollautomat günstig kaufen« oder »ERP-Lösung für Unternehmen« unterzubringen.

Sie denken es sich schon: Es ging um *Suchmaschinenoptimierung*, kurz SEO, lang *Search Engine Optimization*. Also was kann ich dafür tun, dass meine Inhalte in Suchergebnissen auftauchen? Google ist immer noch die Traffic-Quelle Nummer eins. Und was bringen die genialsten Inhalte, wenn keiner Sie sieht? Deshalb wollen Unternehmen natürlich leicht über Suchmaschinen gefunden werden – das hat sich in den letzten 15 Jahren nicht geändert, nur der Weg dorthin. Noch vor einigen Jahren war die Maßgabe, bestimmte Suchwörter (auch Keywords genannt) in den Text zu stopfen. Dabei kamen furchtbare Texte mit unerträglichen Wiederholungen heraus, die kein Mensch lesen wollte. Zum Glück ist Google schlauer geworden und hält nichts von solchen Taktiken. Ich finde das gut: Nur für Suchmaschinen zu schreiben ist das Gegenteil von userfreundlich.

Aber was funktioniert dann? Ich habe einen Experten zum Thema befragt, der sich den ganzen Tag damit beschäftigt. Benjamin O'Daniel, Texter und SEO-Spezialist vom Content Performance Podcast erklärt das so:

»Am Anfang von SEO steht immer eine umfassende Keyword-Strategie. Finden Sie heraus, welche Begriffe relevant sind und wie oft die Begriffe gesucht werden. So entwickeln Sie automatisch auch ein tieferes Verständnis für Ihren Markt. Entwickeln Sie anschließend für jedes wichtige Thema hilfreichen, verständlichen und gut strukturierten Content. Fragen Sie sich selbst: Was würde mir bei diesem Thema wirklich weiterhelfen? Google liebt nützliche Inhalte.«

Sie sehen, in welche Richtung das geht: Die Basis für erfolgreiche Suchmaschinenoptimierung ist Ihr Content, also die Inhalte, die Sie Ihrem Publikum bieten. Ich zeige Ihnen, was Sie relativ unkompliziert tun können, damit Google den Wert Ihrer Website erkennt. Schon vorab: Sie müssen sich gar nicht verbiegen. Schreiben Sie nur für Ihre Leserinnen und Leser. Was ihnen gefällt, mag auch Google.

Wie funktioniert Suchmaschinenoptimierung?

Suchmaschinen durchkämmen den ganzen Tag das Internet und suchen Seiten nach Suchbegriffen ab. Im Fachjargon heißt das Indizieren. Wenn ich den Suchbegriff eingebe, spuckt Google zuvor indizierte Seiten aus. Jetzt wird's hässlich: Wenn der Suchbegriff auf mehreren Seiten auftaucht, gibt es Gerangel. Google muss entscheiden, welche Seite weiter oben in den Suchergebnissen angezeigt wird. Wollen Sie zwischendurch einen Witz hören? Ich entscheide mal für Sie, Sie wollen.

Wo verstecken Sie eine Leiche im Internet? In den Google-Suchergebnissen auf Seite 2.

Sie wollen also mit Ihren Suchbegriffen auf Seite 1 landen – je weiter oben, desto besser. Deshalb ist Ihr Ziel, Google davon zu überzeugen, dass Ihre Seite eine wertvolle Ressource ist. Um das zu entscheiden, wendet Google verschiedene Kriterien an, diese heißen Ranking-Faktoren. Es gibt über 100, und die sind ständig im Wandel. Neue kommen hinzu, andere verschwinden. Wie wichtig der einzelne Faktor ist, ändert sich auch wie der Wetterbericht. Ich stelle Ihnen die vier wichtigsten Ranking-Faktoren laut einer aktuellen Studie vom SEO-Tool-Anbieter SEMrush[7] vor:

1. **Nutzersignale**

   Wenn User die Internetadresse direkt in den Browser eingeben, lange auf der Website verweilen und gleich mehrere Menüpunkte auf der Website anklicken, senden Sie damit das Signal: Ich finde die Website toll, das bringt mir was hier.

2. **Backlinks**

   Wenn Seiten von anderen Betreibern auf die Website verlinken, ist das für Google ein gutes Zeichen. Allerdings spielt die Qualität der Seiten, von denen der Link stammt, eine große Rolle. Es funktioniert nicht mehr, sich Links bei dubiosen Anbietern einzukaufen. Links muss man sich verdienen.

3. **Sicherheit und Schnelligkeit**

   Sicherheit und schnelle Ladezeiten sind wichtige Ranking-Faktoren, deshalb kann ich die nicht unterschlagen, auch wenn's hier im Buch ums Texten gehen soll. Bitte sprechen Sie mit Ihren Technikleuten.

4. **Content**

   Der Faktor, der alle anderen in den Schatten stellt: Content, sprich Inhalte. Diese haben direkten Einfluss auf die Nutzersignale. Denn hochwertiger Content sorgt für positive Nutzersignale wie eine lange Verweildauer auf der Seite.

Wie Sie Content in Googles Augen wertvoll machen

Das hat nichts mit Technologie zu tun: Sie können allein beim Texten Content-Qualität beweisen – und zwar so, dass Google sie erkennt. Diese Tipps helfen dabei, Ihren Content auffindbar zu machen und einen Strom aus Besucherinnen und Besuchern auf Ihre Website zu bringen. Diese Schreibtipps helfen Ihnen, Inhalte für Google relevant zu machen:

- Fassen Sie sich lang. Ganz oben ranken immer noch Seiten mit durchschnittlich 1.300 Wörtern Länge. Für einen Blogartikel oder eine Infoseite zu einem Thema ist das kein Problem. Aber Vorsicht: Dehnen Sie Inhalte niemals künstlich aus, denn das werden Ihre Leser bestrafen, indem sie wegklicken.
- Strukturieren Sie Ihren Text mit Zwischenüberschriften und Absätzen.
- Machen Sie auch dem Auge Freude. Ihre Seiten und Blogartikel sollten keine Plattenbausiedlung sein, sondern eher eine Ansammlung an kleinen bunten Häuschen.

7 *https://www.semrush.com/ranking-factors/*

Unterbrechen Sie den Text mit Infografiken, Bildern und Videos. Nicht übertreiben, versteht sich.

- Heben Sie wenige wichtige Wörter im Text hervor, entscheiden Sie sich nur für eine Art der Hervorhebung: fett, unterstrichen, kursiv oder mit Farbakzent.
- Gute Verbindungen sind wichtig: Fügen Sie Links zu weiterführenden Informationen ein. Sie können in einem Blog-Post einfach auf andere relevante Artikel in Ihrem Blog verlinken – oder auch gelegentlich zu einer externen, vertrauenswürdigen Quelle.
- Wer schreiben kann, ist klar im Vorteil: Google liebt gut geschriebene Artikel. Okay, wie kann eine Maschine das beurteilen? Vor allem durch den Blick auf die Nutzersignale. Wenn ein Leser länger auf der Seite bleibt und sich gleich mehrere Artikel durchliest oder Seiten anklickt, geht Google davon aus, dass die Inhalte angenehm zu lesen sind.

Suchbegriffe finden, die zur Suchabsicht passen

Können Mäuse schwimmen? Welche Laufschuhe sind am besten für Frauen? Wie baue ich ein Hochbeet? Wann kommt die nächste Staffel von Star Trek Discovery? Menschen gehen ins Internet, weil sie Antworten suchen. Die Frage ist: In welchen Fällen kann ich als Unternehmen mit meinem Content oder sogar meinen Produkten diese Antworten liefern?

Dr. Katja Flinzner von Content IQ, die über SEO-Themen bloggt und Seminare hält, sagt:

»Im Kern jeder Suche steht eine Frage – und eine Suchabsicht.«[8]

Und sie hat recht. Wenn Sie wollen, dass Ihre Seite von Google ausgespuckt wird, müssen Sie vorher definieren, für welche Suche Sie das wollen. Auf welche Fragen wollen Sie die Antwort liefern, die Ihr Publikum zufrieden macht? Das sollte thematisch natürlich zu dem passen, was Sie anbieten und worüber Sie schreiben.

Wie finden Sie also die richtigen Suchbegriffe? Sie haben mal wieder ein Buffet an Möglichkeiten. Sie könnten einfach Ihre Kunden fragen, wonach Sie suchen. Oder Sie könnten Ihr Thema bei Google eingeben und sich die Autosuggest-Vorschläge anschauen – die tauchen schon während der Eingabe unter dem Suchfeld auf. Oder Sie brainstormen selbst und geben Ihre Ideen bei Tools wie ein wie:

---

8 *http://www.content-iq.com/fragen-der-Leser-beantworten-seo-content/*

- Answerthepublic[9]
- Ubersuggest[10]
- Google Analytics[11]

Ich möchte hier nicht genauer auf diese Onlinetools eingehen, es gibt einen ganzen Sack davon. Ich möchte nur vermitteln, dass Sie im Netz viele Plattformen und Tools finden können, die Sie bei der Keyword-Suche unterstützen. Sie können Ihnen helfen, herauszufinden, wie oft Ihre Suchbegriffe gesucht werden, und Sie auf neue Ideen bringen. Denn sie bieten Vorschläge an für weitere Suchen im gleichen Themenfeld.

Dabei kommt immer wieder die Frage auf: Wie lang sollte ein Suchbegriff sein? Ein Suchbegriff muss nicht aus einem Wort bestehen. Denn es ist viel schwieriger, für einen häufigen Suchbegriff ein gutes Ranking zu erzielen als für einen Begriff, der weniger häufig gesucht wird. Deshalb setzen viele Websites seit Langem auf längere und spezifischere Suchbegriffe.

Und genau hier kommt es zum Dilemma: Wenn ich längere Suchbegriffe definiere, habe ich weniger Konkurrenz – aber auch weniger Suchanfragen. Ich möchte das anhand eines Beispiels illustrieren: Für den Suchbegriff »Texten« gibt es viel mehr Suchanfragen als für den Suchbegriff »Onlinekurs texten lernen« oder »Geburtstagskarten texten«. Was soll ich tun? Versuchen, meine Seite auf den ungenaueren Begriff zu optimieren und viel mehr Leute dorthin locken? Das wäre unfair! Stellen Sie sich vor, wie verärgert ich wäre, wenn ich Sommerschuhe fürs Büro kaufen will und dann auf einem Artikel lande, der sich nur über Flipflops auslässt. Zu allgemein darf der Begriff also nicht sein – die Suchenden sollen genau das finden, was sie sich wünschen. Seien Sie bloß nicht gierig, davon hat niemand was.

Ich möchte Ihnen eine Leitlinie mit auf den Weg geben, damit Sie wirklich die Keywords definieren, die später Ihre Besucher glücklich machen. Beantworten Sie eine Frage: Auf welche Suche liefert Ihr Blogartikel oder Ihre Webseite die gewünschte Antwort? Schreiben Sie allgemein übers Textenlernen (mehr Suchanfragen), oder geben Sie Inspiration zum Geburtstagskartentexten (weniger Suchanfragen)?

Die besten Keywords haben ein großes Suchvolumen bei kleinem Wettbewerb – und sind genau auf die Suchintention des Publikums abgestimmt.

9 *https://answerthepublic.com/*
10 *https://neilpatel.com/de/ubersuggest/*
11 *https://analytics.google.com/*

Ein Gedankenexperiment: Sie schreiben einen Artikel darüber, was man beachten muss, wenn man im Herbst Blumenzwiebeln setzt. Mögliche Keywords:

- »Gärtnern« – schlecht, weil viel zu allgemein! Sie bieten eine bestimmte Information.
- »Blumenzwiebeln setzen« – gut, weil Ihr Artikel relevante Informationen genau zu diesem Thema beinhaltet.
- »Pflanzen Herbst« – schlecht, weil Suchende sehr wahrscheinlich etwas über blühende Pflanzen im Herbst wissen möchten und nicht übers Setzen von Blumenzwiebeln.

Sie wollen Suchbegriffe finden, zu denen Sie im Text wirklich relevante Informationen bieten. Oder andersherum: Sie wollen Texte schreiben, die ideale Antworten zum Suchbegriff liefern. Suchbegriffe sind nur die Fragen, die Menschen stellen, um die Infos zu finden. Welchen Suchbegriff würden Sie bei Google eingeben, um Ihre Inhalte zu finden?

Besonders gut fahren Sie, wenn Sie sich Fragen in ganzen Sätzen überlegen, wie sie Alexa und Siri gestellt werden:

- Wie verbessere ich mein Google-Ranking?
- Wo kann ich in Göttingen Wein kaufen?
- Welche Milchkuhrasse bringt am meisten Ertrag?

Die Sprachsuche ist stark im Kommen und wird so schnell nicht verschwinden. Wenn ich spreche, formuliere ich eher eine Frage, als dass ich zwei Suchbegriffe isoliere.

Schreiben mit Keywords

Sie haben Ihre Suchbegriffe definiert. Was machen Sie mit denen? Sie haben schon gelesen, dass Sie Ihre Texte nicht mit Keywords mästen müssen. Das wäre sogar kontraproduktiv. Google bestraft Sie mit einem schlechteren Ranking, wenn Sie Ihre Keywords zu oft verwenden. Wichtigste Regel:

Benutzen Sie den Suchbegriff nur im Text, wenn Sie ihn auch ohne SEO im Kopf hinschreiben würden. Wenn Sie für Ihr Publikum schreiben und seine Frage beantworten, dann schreiben Sie automatisch auch für das Google-Brain. Deshalb beten Sie nicht immer die gleichen Begriffe herunter: Sie finden auch Synonyme und schreiben einfach über das Thema. Dann verwenden Sie ganz natürlich Begriffe, die Google mit Ihrem Hauptsuchbegriff assoziiert.

Deshalb denke ich beim Schreiben selbst nicht an SEO, sondern an mein Publikum. Ich beantworte einfach so gut ich kann die Suchfrage oder erfülle die Suchintention meines Publikums, soweit ich die erahnen kann.

Und ganz praktisch: Wo können Sie die definierten Suchbegriffe denn verwenden, wenn Sie den Text nicht damit vollstopfen wollen? Na hier:

- **Überschriften:** In der H1-Überschrift (oder zumindest in einer H2) sollte Ihr Hauptsuchbegriff vorkommen.
- **Alt-Texte:** Für den Fall, dass Bilder auf der Website nicht gleich oder gar nicht angezeigt werden, geben Sie einen Text ein, der in diesem Fall angezeigt wird. Wenn's passt: Suchbegriff rein!
- **Bildunterschriften:** Auch in den Bildunterschriften können Sie Suchbegriffe unterbringen, aber nur, wenn sie ganz natürlich reinpassen.
- **Seitentitel:** Achtung, das ist nicht die Headline, sondern der Text, der in den Suchergebnissen angezeigt wird, maximale Länge 70 Zeichen. Jede Seite auf einer Website, also auch jeder Blog-Post, braucht einen eigenen Seitentitel.
- **Meta-Description:** Ganz wichtig, dieser Text wird unterhalb des Seitentitels in den Suchergebnisse angezeigt. Ihre Suchbegriffe müssen unbedingt rein – am besten als ausformulierte Frage oder als zusammenhängende Keywords.
- **URL:** Das ist der Text, der im Browserfeld angezeigt wird, wenn die Seite geöffnet ist. Jede Seite auf einer Website – jeder Menüpunkt – braucht eine eigene URL. Wenn's passt, bringen Sie ein Keyword unter.

Diese Liste ist nicht vollständig, aber für den Anfang reicht Sie allemal. Und bitte denken Sie daran: Suchmaschinenoptimierung ist weder Sprint noch Marathon – das ist ein Dauerlauf im Kreis. Die Ergebnisse können Sie oft erst Monate nach Ihren Bemühungen sehen. Der Trick ist, immer dranzubleiben und ständig zu optimieren. Aber wenn Sie es irgendwann schaffen, für relevante Suchen zu ranken, können Sie sich über ständige Besucherströme auf der Website freuen. Die können Sie zu Kunden machen, wenn Sie sie dort gut empfangen und begleiten.

Aber die wertvollste Erkenntnis, über die ich in Jauchzen ausbreche, weil das früher anders war, ist die: Gutes Texten und Google sind beste Freunde!

Kapitel 13
Unternehmensdarstellung

Wie wirkt Ihr Unternehmen nach außen? Was sollen Menschen, die Sie noch nicht kennen, über Sie denken? Wie kommunizieren Sie Ihre Werte, ohne seitenlanges Blabla?

Viele Werbeagenturen, in denen ich gearbeitet habe, machten einen riesigen Terz um ihre Unternehmensdarstellung. Alle Kreativteams bekamen ein Briefing und schlossen sich eine Woche lang ein. Was das Geld gekostet haben muss! Am Ende kamen viele Ideen auf den Tisch. Die Geschäftsleitung war dann einen Schritt weiter. Sie wusste, was sie nicht wollte. Ha, genau über dieses Verhalten beschwerten sie sich normalerweise bei Kunden. Warum gefielen die Ideen aus dem eigenen Stall nicht? Es gab doch ein Briefing und die Kreativen waren ja gefragte Leute, die erfolgreiche Kampagnen für größere Fische als die kleine Agentur entwickeln. Die mussten doch etwas von ihrem Handwerk verstehen.

Das Problem: Wenn's um den eigenen Laden geht, steht alles auf dem Spiel! Der Außenauftritt ist nun mal ein wichtiger Kontaktpunkt zur Marke und für eine Agentur, die so etwas für andere macht, ein Kompetenzbeweis. Um die internen Reibereien zu minimieren, haben sich am Ende viele entschlossen, das Projekt extern zu beauftragen. Andere Kreative können mit unverstelltem Blick an die Sache herangehen und haben mehr Chancen, in der Präsentation zu überzeugen. Der Vorteil ist zugleich der Nachteil: Leute von außen kennen die Marke nicht von innen. Und diese Innensicht ist meiner Ansicht nach ausschlaggebend für eine authentische Darstellung.

Warum ist eine authentische Unternehmensdarstellung überhaupt so schwierig, nicht nur für Agenturen? Für mich gibt's da zwei Hauptgründe:

1. **Die Marke hat kein Fundament**

   Es gibt keine klare Positionierung, und das Unternehmen macht verschiedene Dinge für alle, die sie haben wollen. Wenn Sie nicht wissen, was das Unternehmen macht, für wen und warum, brauchen Sie gar nicht erst anzufangen zu schreiben. In dieser Situation habe ich mich als Texterin sehr oft wiedergefunden. Der Auftrag heißt: Wir brauchen noch ein paar schicke Texte. Dann stellt sich heraus, ich soll noch eine Positionierung, ein Unternehmensleitbild und einen Claim entwickeln. Das ist Strategie, Markenbildung, praktisch Unternehmensberatung.

2. **Eine aufgerissene Straße klafft zwischen Theorie und Praxis**

Das Unternehmen hat zwar eine Positionierung und ein Leitbild, aber keine Ahnung, wie sich die in den Texten über das Unternehmen niederschlagen könnten.

Positionierung und Unternehmensleitbild – was sie unterscheidet

- **Positionierung:** Was macht das Unternehmen? Wer ist die Zielgruppe? Was zeichnet es aus?
- **Unternehmensleitbild:** Besteht aus einer Mission und einer Vision. Die Mission beschreibt, wie das Unternehmen die Welt verändert und was die Mitarbeiter motiviert. Die Vision beschreibt das große Ziel, auf das das Unternehmen, die Kundschaft und die Welt zusteuern.

Bevor Sie über ein Unternehmen schreiben, wollen Sie eine Basis schaffen. Jedes Unternehmen braucht eine Positionierung und ein Leitbild. Wenn Sie die haben, dann können Sie anfangen zu texten. Aber hier soll es nicht ums Markenfundament gehen, sondern darum, wie Sie es in Texten über das Unternehmen umsetzen. Was machen Sie draus?

So wie Sie Ihre Positionierung für sich aufgeschrieben haben, werden Sie sie nicht nach außen tragen. Das ist eine Leitlinie für Sie. Auch Ihr Unternehmensleitbild steht nicht für alle sichtbar oben. Inhalte daraus werden auf Ihrer About-Seite einfließen (siehe Abschnitt 12.4). Auch ein Untermenüpunkt »Unternehmensleitbild« ist auf der Website denkbar. Aber pflanzen Sie Ihre Mission nicht oben auf die Startseite. Was interessiert es Besucherinnen und Besucher, wie Sie die Welt verändern wollen und was Sie antreibt? Die wollen erst mal wissen, was sie bekommen. Dennoch spielt beides eine Rolle, wenn Sie über Ihr Unternehmen schreiben.

Schauen Sie sich mit mir drei Texte an, in denen Sie Ihr Unternehmen typischerweise vorstellen. Diese Texte können Sie immer gebrauchen, wenn Sie das Unternehmen präsentieren – auch im Gespräch. Sie helfen dabei, die Essenz Ihrer Marke greifbar zu machen.

13.1 Claim

Hier rammen Sie die Flagge in den Boden. Dieses Land beanspruchen Sie für sich. Der Claim ist der Text, in dem Sie Ihre Positionierung unters Volk bringen. Damit Sie wissen, wovon ich spreche, zeige ich Ihnen im Kasten ein paar Markenclaims, denen Sie wahrscheinlich schon begegnet sind.

Einige Claims bekannter Marken

- Nike – Just do it
- Nokia – Connecting People
- McDonald's – Ich liebe es
- Merz – Schönheit von innen
- Landliebe – Alles Gute vom Land
- Kerrygold – Ein köstliches Stück Irland
- Knorr – Essen gut. Alles gut.
- Guhl – Genuss für mein Haar
- Financial Times Deutschland – Wissen, was wichtig wird.

Markenclaims zeigen, wofür die Marke steht, und vermitteln ein Lebensgefühl. Sie sind keine Überschrift für Ihre Texte, sondern sie stehen normalerweise direkt beim Logo oder sind ein fester Bestandteil dessen.

Zwar müssen sie nicht für alle Zeit Bestand haben, aber sie reflektieren, was die Marke im Kern ausmacht. Deshalb haben die meisten Claims eine Lebensdauer von mehreren Jahren. Ein Claim ist ein wichtiges Stück Identität für eine Marke, denn er wirkt nach innen und außen. Die Herausforderung ist, diese Essenz in wenigen Worten zu kommunizieren. Einen Claim schreiben Sie nicht mal eben so: Was sich am Ende fluffig liest, fordert eine Tonne Hirnschmalz beim Entwickeln.

Okay, Sie wollen einen würdigen Claim für Ihre Marke schreiben. Ich zeige Ihnen, wie Sie das anstellen.

So schreiben Sie einen guten Claim

Ein Claim ist keine Beschreibung! Angenommen, Sie sind Steuerberaterin und Ihre Gesellschaft heißt »Steuerberatung Hissung«. Sie schreiben unters Logo »Buchhaltung. Steuererklärung. Geschäftsberichte.«, dann ist das kein Claim. Sie beschreiben nur, was sie tun. Und genau das ist nicht die Funktion eines Claims! Sie können nicht erwarten, dass Sie mit den paar Wörtchen sagen können, was das Unternehmen macht – und dann noch flockig Emotionen rüberbringen. Da erwarten Sie zu viel.

Sehen Sie den Claim nicht als Eier legende Wollmilchsau. Er ist nur ein Element in der Markenkommunikation. Ihre Tätigkeitsbeschreibung können Sie trotzdem ins Logo oder unters Logo packen. Der Claim kann auch danebenstehen oder als Abschlussfloskel in jeder E-Mail, die Sie schreiben. Ich möchte nur sicherstellen, dass Sie Ihre

Tätigkeitsbeschreibung nicht mit dem Claim verwechseln. Daran sehen Sie, dass ein Claim gut ist:

- Emotion und Fantasie: Die Ratio hat nichts damit zu tun – der Claim sagt nicht alles, Sie haben aber gleich einen positiven Eindruck. Sie bekommen ein Gefühl für die Marke, selbst wenn Sie nicht wissen, was unter dem Namen produziert und angeboten wird.
- Bleibt kleben: Hat man ihn einmal gehört, bleibt er im Gedächtnis. Achten Sie auf einen eingängigen Rhythmus, und verwenden Sie keine langen oder zusammengesetzten Wörter.
- Leicht verständlich: Der Grat zwischen Fantasie anregen und verwirren ist schmal. Sie dürfen eine Doppeldeutigkeit einbauen und sogar einen englischen Claim schreiben. Die Voraussetzung ist nur: Ihre Zielgruppe muss das leicht verstehen!
- Positive Ausstrahlung: Verneinungen sind tabu. Egal, was Sie sagen wollen, drücken Sie es bejahend aus.
- Kürze und Würze: Das höchste der Gefühle sind sieben Wörter, in Zahlen 7. Dann ist definitiv Schluss.
- Perspektive: Die besten Claims beschreiben nicht, was das Unternehmen macht, sondern wie sich die Kundschaft fühlt.
- Keine Krücken: Ein typischer Anfängerfehler beim Claimschreiben ist, Doppeldeutigkeiten mit eingeklammerten Buchstaben zu kennzeichnen wie in »Mee(h)r erleben«. Das wirkt unprofessionell, zumal Sie die Klammer nicht mitsprechen können.

Sie wissen jetzt, was einen tollen Claim ausmacht. Jetzt möchte ich Ihnen helfen, einen solchen zu entwickeln. So texten Sie einen passenden Claim in drei Schritten.

Schritt 1: Ihr Fundament

Schauen Sie nach innen ins Unternehmen. Beantworten Sie im ersten Schritt Fragen zur Marke. Das hilft Ihnen, auf Claimideen zu kommen. Lassen Sie diese Fragen auch im Team beantworten.

- Mit welchen drei Adjektiven würden Sie die Marke beschreiben?
- Welche Werte haben Sie?
- Welches Gefühl wollen Sie Ihren Kunden vermitteln?
- Was kann Ihr Unternehmen besser als die Wettbewerber?
- Warum arbeiten die Mitarbeiter gern im Unternehmen?
- Beschreiben Sie Ihre Vision mit drei Wörtern.

Schritt 2: Brainstorming

Feuern Sie los. Denken Sie nicht lange nach, sondern fangen Sie an, Ideen runterzuschreiben. Oder Sie machen das im Team. Alles ist erlaubt! Schreiben Sie hin, was Ihnen einfällt, auch wenn's Banane ist. Nur so werden Sie am Ende zu der Idee vordringen, die wirklich etwas taugt. Diese Ansätze dienen nur als Anregung:

- Formulieren Sie bekannte Redewendungen um – also nie so stehen lassen, wie alle es kennen.
- Motivieren Sie durch eine Aufforderung.
- Tauschen Sie mit Ihrer Kundschaft den Platz, und schreiben Sie in der Ich-Perspektive Ihrer Zielgruppe.
- Suchen Sie nach Alliterationen oder Reimen.
- Suchen Sie nach Gegensätzen.
- Suchen Sie nach eleganten Doppeldeutigkeiten.
- Wie wär's mit einer Wortschöpfung?
- Denken Sie in einfachen englischen Wörtern.

Schritt 3: Testen

Wählen Sie für den Test maximal fünf Claims aus, und feilen Sie vorher ein bisschen daran herum: Klar, unnötige Wörter müssen raus. Klingt ein Wort zu lang oder sperrig? Finden Sie ein einfacheres. Bevor Sie sich entscheiden, zeigen Sie die Claimvorschläge einigen Mitarbeitern, und fragen Sie diese, wie der Claim auf sie wirkt. Woran denken Sie, wenn Sie diesen Satz lesen? Es geht nicht darum, eine Wertung einzuholen – allen gefällt es nie. Vielmehr wollen Sie wissen, ob der Claim das Gefühl transportiert, das Sie vermitteln wollen.

Haben Sie keine Mitarbeiter, die Sie fragen können? Machen Sie eine Umfrage bei Ihren Lieblingskunden. Was glauben Sie, wie gut es ankommt, wenn Ihr Publikum mitentscheiden darf? Bewiesen haben das die Engländer, die in einer Umfrage ins Leben riefen, wie ein neues Forschungsschiff heißen sollte. Ein Fernsehmoderator schlug aus Spaß den ehrwürdigen Namen »Boaty McBoatface« vor, der von der Öffentlichkeit begeistert aufgenommen und zum Sieger der Umfrage wurde. Das Ministerium für Bildung und Forschung entschied sich am Ende aber doch für »RSS Sir David Attenborough«.[1]

Am Ende entscheidet Ihr Bauchgefühl. Passt der Claim zur Marke? Denken Sie daran: Der Claim beschreibt nicht und erklärt nicht. Er transportiert die Essenz der Marke in einem Satz. Ich gebe Ihnen den Rat: Entscheiden Sie sich. Und wenn Sie

1 Nachzulesen in diesem Wikipedia-Eintrag: *https://en.wikipedia.org/wiki/Boaty_McBoatface*

feststellen, dass der Claim doch nicht passt, dann ändern Sie ihn eben. Ihr Claim ist für jetzt und heute.

13.2 Kurzporträt

Ein Porträt ist ein Abbild eines Menschen, in dem äußerliche Merkmale mit einer Charakterdarstellung verschmelzen. Wenn Sie das aufs Unternehmen übertragen, wollen Sie in groben Strichen umreißen, um was für ein Unternehmen es sich handelt. Ich möchte zwei Arten von Kurzporträts unterscheiden: Unternehmensporträt und Personenporträt.

Das Unternehmensporträt

Das Unternehmensporträt können Sie in Ihren Firmenpräsentationen verwenden, in Pressemitteilungen oder wenn Sie sich bei einer Veranstaltung vorstellen. Im Grunde haben Sie die Inhalte schon entwickelt: Sie stehen auf der About-Seite Ihrer Website. Nur sollten Sie das Ganze noch mal drastisch kürzen, damit ein aussagekräftiger konzentrierter Text dabei herauskommt. Hier dürfen Sie aus Unternehmenssicht denken. Beantworten Sie in drei bis vier Sätzen diese W-Fragen:

- Was macht das Unternehmen? Was ist die Mission des Unternehmens?
- Wer sind die Kunden?
- Was ist die Vision des Unternehmens?

Falls relevant:

- Wo hat das Unternehmen seinen Sitz?
- Wie viele Mitarbeiter hat das Unternehmen?
- Wie arbeitet das Unternehmen?
- Wer hat das Unternehmen wann gegründet?

Das Personenporträt

Wenn Sie oder jemand aus dem Team Präsentationen halten, ist auch eine Kurzvorstellung der Person angebracht. Die Kundschaft will ja wissen, wer spricht. Das Gleiche ist der Fall, wenn Sie einen Gastartikel in einer Publikation schreiben oder in einem Podcast interviewt werden.

Sie können ein Personenporträt entweder in der Ich-Form oder in der neutralen dritten Person schreiben. Entscheiden Sie sich nur für eine Variante. Ganz wichtig:

Machen Sie keinen Lebenslauf daraus. Der interessiert nicht. Beantworten Sie diese W-Fragen in maximal drei Sätzen:

- Wie heißt die Person, und was macht sie im Unternehmen? Beschreiben Sie besser die Tätigkeit, als einen Titel zu nennen.
- Welche zwei oder drei beruflich relevanten Dinge hat die Person vorher gemacht?
- Was kann die Person besonders, und wofür schätzen sie Kollegen?

Falls passend:

- Was macht die Person, wenn sie gerade nicht arbeitet?

Ein Beispiel:

Thomas Ehlers kümmert sich um Kundenanfragen auf Facebook. Bevor er sein Talent zum Besänftigen und Problemlösen entdeckt hat, studierte er Ethnologie und war freier Journalist. Am liebsten kocht er argentinisch.

13.3 Brandstory mit angewandtem Storytelling: 5 nützliche Plots

Der Name sagt's ja schon: Eine Brandstory ist eine Geschichte, also keine Ansammlung von Daten, nach dem Motto: 1959 von Gerhard Winzlein und Daniela Biesinger gegründet, 1961 nach einem Feuer Umzug ins neue Firmengebäude, 1982 übernimmt Sascha Winzlein, Sohn des Gründers, das Unternehmen ...

Sind Sie noch da? Ich wollte nur demonstrieren, wie scheußlich diese chronologisch erzählten Firmengeschichten zu lesen sind. Die bringen Ihnen null – zero –, wenn Sie sie im Marketing verwenden wollen. Und ja, das wollen Sie! Einnehmendes Storytelling macht den Unterschied in überfüllten Märkten und in der Info-Explosion auf Social-Media-Kanälen. Ihre Brandstory soll Ihr Publikum auf der About-Seite, im Video oder beim Vortrag in den Bann ziehen. Wenn Sie so eine Brandstory schreiben, müssen Sie nicht sämtliche Eckdaten unterbringen. Bauen Sie die Story so auf, dass man sie gerne liest, also mit Drama und Spannung. Sie erinnern sich an die Ministorys? Jede Story braucht einen Konflikt oder ein Problem, mindestens eine handelnde Person und eine Entwicklung.

Gut. Und wie schaffen Sie das, wenn Sie nur einen Berg chronologischer Daten haben? Finden Sie mehr heraus! Interviewen Sie Leute aus dem Unternehmen. Gibt es eine packende Gründungsstory, vielleicht eine schwierige Zeit, die das Unternehmen gemeistert hat? Stellen Sie Fragen wie eine Journalistin. Suchen Sie nach Konflikten, Niederlagen, Zweifeln und Errungenschaften. Die gibt es in jedem Unternehmen. Versuchen Sie nicht, eine geleckte, perfekte Siegergeschichte zu schreiben. Auch wenn die Geschichte ein Unternehmen präsentiert, darf sie ehrlich sein und die Schattenseiten zeigen. Nur so erzeugen Sie eine emotionale Resonanz beim Publikum. Keiner mag Barbies.

Wenn es Ihre eigene Gründungsgeschichte ist, umso besser. Auch wenn Sie denken: »Ach, das war nichts Großes«, haben Sie eine erzählenswerte Geschichte hinter sich – und vor allem vor sich! Damit die Geschichte für Sie selbst sichtbar wird, helfen Ihnen bewährte Storyplots, auf denen Romanautoren und Hollywood-Regisseure ihre Geschichten aufbauen. Wenn Sie im Gedächtnis graben und herumprobieren, werden Sie feststellen, dass sich vieles entlang dieser Plot-Bahnen erzählen lässt. Damit geben Sie der Handlung Struktur und halten das Interesse Ihrer Leserschaft am Anschlag. Denken Sie sich keine Geschichten aus, das haben Sie gar nicht nötig. Erzählen Sie, was Sie erlebt oder herausgefunden haben.

Ich stelle Ihnen gleich fünf Storyplots vor, die Sie für eine Brandstory verwenden können. Das sind bewährte Handlungsabläufe, die sich immer nach dem gleichen Muster entfalten. Die Plots eignen sich auch für Case Studies, wenn Sie auf der Website oder auf dem Blog eine Erfolgsgeschichte Ihrer Kunden erzählen. Sie geben Ihnen einen Rahmen für die Geschichte. Allerdings ist es Ihr Job, die Struktur auf die Story zu übertragen, die Sie erzählen wollen. Lagerfeuer an.

Die Vorher-Nachher-Story

Dieser simple Plot lebt vom direkten Vergleich: Wie war das Leben vorher? Wie war es nachher? Je größer der Unterschied, desto intensiver der Effekt. Für eine Brandstory können Sie den Plot auf verschiedene Arten anwenden.

Erzählen Sie, wie es Ihrer Kundin vorher ging. Dann erzählen Sie, wie es ihr nachher ging. Und zum Schluss beschreiben Sie, wie es vom Vorher zum Nachher kam – und was das Unternehmen damit zu tun hatte. Hier erzählen Sie Ihre Brandstory mit echtem Kundenfokus. Es geht nicht um Sie oder ums Unternehmen. Es geht um die Menschen, denen Sie helfen. Wenn Sie so eine Geschichte haben, raus damit.

Der Vorher-Nachher-Plot funktioniert auch, wenn Sie die Veränderung auf sich beziehen. Haben Sie eine 180-Grad-Wende hingelegt und Ihre Einstellung komplett geändert? Erzählen Sie vom Vorher und vom Nachher. Zum Schluss präsentieren Sie den Schlüsselmoment, der alles geändert hat. Für ein Unternehmen, das früher nur von Werten geredet hat, sie aber heute engagiert umsetzt, wäre das ein ansprechender Plot. Nur so als Idee. Abbildung 13.1 zeigt, wie die Vorher-Nachher-Story funktioniert.

Abbildung 13.1 Die Vorher-Nachher-Story

Das Monster besiegen

Siegfried zieht aus, um den Drachen töten. Max will seine Aufschieberitis besiegen. Tanja muss den inneren Schweinehund bekämpfen und endlich Sport machen. Dieser klassische Plot eignet sich prima fürs Marken-Storytelling.

Okay, wer ist der Held? Viele Storytelling-Experten werden Ihnen sagen: Die Helden sind immer die Kundinnen und Kunden! Ich würde das ganz kritisch hinterfragen. Auch Entrepreneure und Teammitglieder können Helden sein, wenn sie ihrer Vision gefolgt sind und die Welt verändert haben. Hach, dieses Pathos. Aber es stimmt doch! Wenn ein Unternehmen für seine Kundschaft Ergebnisse erzielt hat, die sie niemals selbst erreicht hätte, dann darf es das feiern. Erfolgsgeschichten von Unternehmen können durchaus einen Sog entwickeln. Sie dürfen nur nicht glatt sein und die Kunden außen vor lassen.

Also: Der Plot handelt entweder vom Kunden oder vom Unternehmen. Die Geschichte beginnt mit einer übermächtigen Bedrohung oder einem Himalaya-hohen Problem. Das ist das furchterregende Monster, und es muss rüberkommen, wie viel auf dem Spiel steht, wie gefährlich die Bedrohung ist. Die Heldin oder der Held fühlt sich überwältigt und weiß nicht weiter. Deshalb müssen sie etwas dazulernen, aus eigener Kraft oder von einem persönlichen Meister Yoda. Bis sie oder er endlich seinen/ihren Mut, seine/ihre Ressourcen und seine/ihre Fähigkeiten zusammennimmt und das Monster besiegt.

Dieser Plot ist der absolute Klassiker, den Sie in jedem zweiten Kinofilm wiederfinden, wenn Sie danach suchen. Wenn Sie Ihre Kundschaft in den Mittelpunkt stellen und das Problem dramatisieren, vor dem sie steht, stellen Sie Ihre Leistung als Mentor positiv heraus. Ich meine, wer ist angesehener: ein Kammerjäger, der Asseln besiegt, oder eine Drachentöterin?

Sollte das Unternehmen im Fokus stehen – wie gesagt, auch das ist vertretbar – dann sollte das Problem kein hausgemachtes sein, sondern die Herausforderung, die seine Kundschaft nachts wachhält. Dann hat die Geschichte was mit ihrem Publikum zu tun. Als Fantasy-Rollenspielerin kann ich Ihnen sagen: Nichts ist spannender, als Teil des Plots in einer Geschichte zu sein. Probieren Sie es mal. Hier sehen Sie den klassischen Aufbau eines Plots, in dem das Monster besiegt wird (siehe Abbildung 13.2).

Abbildung 13.2 Das Monster besiegen

Die Quest

Indiana Jones sucht den Heiligen Gral. Daenerys Targaryen macht sich auf, um den eisernen Thron zu erobern. Monika zieht aus, um Frauen mit Übergewicht zu helfen, sich schön zu finden und in der Gesellschaft akzeptiert zu werden. Hier weht der Hauch des Abenteuers. Der Held hat sich etwas Großes vorgenommen, er zieht aus, um seine Mission zu erfüllen. Genau darum geht's bei einer Quest. Ähnlich wie beim Monsterbesiegen macht er sich ins Ungewisse auf – nur geht's bei der Quest mehr um eine Suche als um einen übermächtigen Gegner. Sie können genau die gleichen Erlebnisse als Basis für Ihre Story nehmen und sie mit anderen Schwerpunkten erzählen.

Die Geschichte wäre ganz schön langweilig, wenn die Königin sich auf den Drachen schwingt, nach Westeros fliegt und sich ohne nennenswerte Widerstände auf den Thron setzt. Ein wichtiges Element einer Quest ist die Phase, in der die Heldin verschiedene Wege ausprobiert und nicht weiterkommt. Sie muss scheitern. Nachdem sie alle Widerstände überwunden und eine letzte Prüfung bestanden hat, endet die Suche.

Wenn Sie Ihre Brandstory als Quest erzählen, können Sie wieder entweder Ihre Kundschaft zum Helden machen oder das Unternehmen nach vorn stellen. Noch mal zur Erinnerung: Ein Held ist kein Ritter in goldener Rüstung oder Wonderwoman! Ein Held ist eine handelnde Person. Diese soll vor allem menschlich sein. Klar, sie darf sich mal was trauen oder einen großen Traum haben. Sie kann dabei unsicher sein, Fehler machen und auf die Nase fallen.

Als Brandstory können Sie den Plot verwenden, indem Sie die Quest nach einer Lösung für Ihre Kunden beschreiben. Viele Coaches können erzählen, wie sie dort hingekommen sind, wo sie heute stehen – oft deckt sich der Traum ihrer Kundschaft mit ihrem eigenen, den sie bereits erreicht haben.

Oder Sie machen eine Kundenstory daraus, indem Sie die Reise zeigen, auf der Sie eine oder sogar mehrere Kundinnen und Kunden begleitet haben. Auch wenn Sie die Geschichte mit Kundenhelden erzählen, kann es Ihre Brandstory sein! Ihre potenziellen Fans da draußen identifizieren sich mit den Menschen, denen Ihr Unternehmen bereits geholfen hat.

Besonders reizvoll an der Quest sind die Momente des Scheiterns, die Fehler und Rückschläge der Heldinnen und Helden, bevor sie ans Ziel gekommen sind. Kaum ein Plot ist so menschlich. Die Struktur auf einen Blick zeigt Abbildung 13.3.

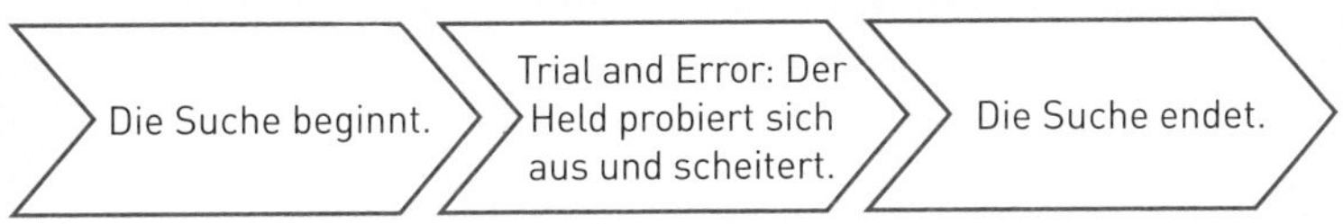

Abbildung 13.3 Die Quest

Vom Tellerwäscher zum Millionär

Das früher verdreckte, arme Aschenputtel fährt in einer magischen Kutsche und im prächtigen Kleid zum Ball im Königsschloss. Lea bedruckt im Schuppen Leggings mit Digiprints, und ein paar Jahre später ist ihr Label in der internationalen Fitnesswelt angesagt. Der Weg vom Tellerwäscher zum Millionär ist die ikonische Geschichte des amerikanischen Traums. Die Botschaft: Alles ist möglich, egal, wie klein man anfängt. Dieser Plot ist natürlich ein fieses Klischee, aber er hat eine magische Anziehungskraft. Er rückt gesponnene Träume, so unerreichbar wie die Sterne, in greifbare Nähe. Er motiviert zum Machen und Handeln. Und er verströmt ein wohliges Gefühl. Ja, es ist eine Erfolgsgeschichte.

Genau darin liegt die große Gefahr, sich beim Erzählen zu vergaloppieren. Ja, Menschen wollen motiviert werden. Aber vergessen Sie bei der Reise zum Erfolg nicht, Drama hineinzubringen. Zur Story gehört für mich eine reizende Naivität und wackeliges Selbstvertrauen. Ein Aschenputtel, das keine Zweifel daran hat, dass es eines Tages in einem Schloss leben wird, wäre nicht besonders liebenswert. Der Plot wird dann packend, wenn er von einem inneren Konflikt begleitet wird. Aschenputtel muss erstaunt sein und damit ringen, Wünsche und Selbstzweifel zu vereinen.

Dieser Plot eignet sich für eine Gründerstory und für eine Kundenstory. Erzählen Sie Ihre Heldengeschichte, in der Sie von ganz unten nach ganz oben gelangt sind. Aber fokussieren Sie sich auf den inneren Konflikt, der Sie daran gehindert hat, den Weg selbstbewusst und ohne Abzweigungen zu gehen. Wenn Sie eine Kundin oder einen Kunden zum Helden machen, können Sie prima Statements von diesen einfließen lassen, die erzählen, wie Sie als Unternehmen dabei geholfen haben. Betrachten Sie den Plot wie eine Vorher-Nachher-Story mit starkem Mittelteil. So könnte sie beginnen:

»Als ich damals mein Business im Schuppen startete, hätte ich nie geahnt, dass irgendwann Millionen Menschen unsere Leggings tragen würden.«

Abbildung 13.4 zeigt den groben Ablauf der Geschichte.

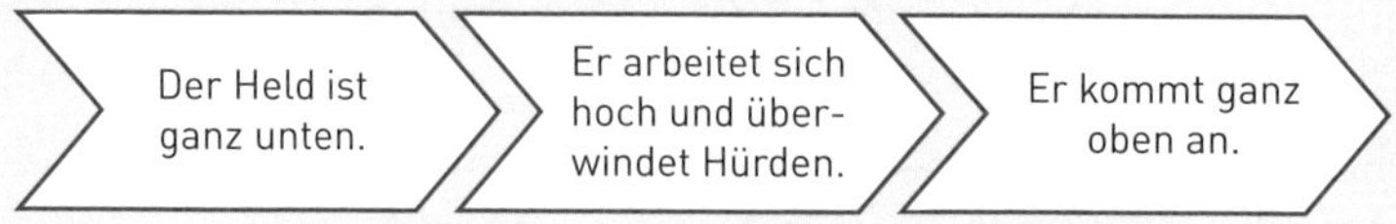

Abbildung 13.4 Vom Tellerwäscher zum Millionär

Die Utopie

Göksan reist mit seiner Familie seit 1,5 Jahren um die Welt und arbeitet nur 2 Stunden am Tag. Martina steht in ihrem selbst renovierten Traumhaus. Alexander steht vor 1.000 Menschen auf der Bühne, die alle applaudieren. Marketing lebt von süßen Utopien. Der Herzenswunsch ist bereits erfüllt, die lang erträumte Vision ist wahr geworden. Steffi hat ihr Wunschgewicht erreicht. Frank spielt Golf, anstatt seine Steuererklärung zu machen. Rons Hund läuft gehorsam neben dem Fahrrad her.

Die Geschichte beschreibt den Idealzustand, den Ihre Kundschaft erreichen möchte. Seien Sie schamlos genau. Malen Sie die Vision aus. Finden Sie greifbare Bilder statt allgemeiner Beschreibungen. Sagen Sie nicht: »Ich habe die Liebe meines Lebens gefunden.« Beschreiben Sie lieber, wie Sie morgens aufwachen und sich noch mal ins Kissen kuscheln, weil es nach Clara duftet.

Wenn Sie hier aufhören würden, wäre es keine Geschichte. Sie erinnern sich: In jeder Story muss etwas passieren, es ist ja kein Stillleben von Dürer. Erst im zweiten Schritt zeigen Sie den Weg dorthin. Zeigen Sie, wo Göksan gestartet ist. Je weiter weg von der Utopie, desto besser. Die Spannung entsteht daraus, dass sich das Publikum fragt: Wie zur Hölle konnte das einem armen Kind aus einem Krisengebiet gelingen, dessen ausnahmslos kaputte Besitztümer in einen kleinen Rucksack passten? Ihr Publikum ist jetzt neugierig darauf, wie Göksan es geschafft hat, die Utopie zu erreichen. Anders als beim Tellerwäscher-Millionär-Plot beginnen Sie die Utopie mit dem Ende der Reise, die Sie nicht nur in einem Halbsatz als Ausblick zeigen. Der Großteil der Geschichte besteht aus der Utopie. Der Weg ist hier der kleinere Teil. Mit diesem Plot können Sie von eigenen Erfolgen berichten oder – noch besser in diesem Fall – eine Success-Story eines Menschen erzählen, dem Ihr Unternehmen geholfen hat. Wie Sie die Utopie aufbauen können, zeigt Abbildung 13.5.

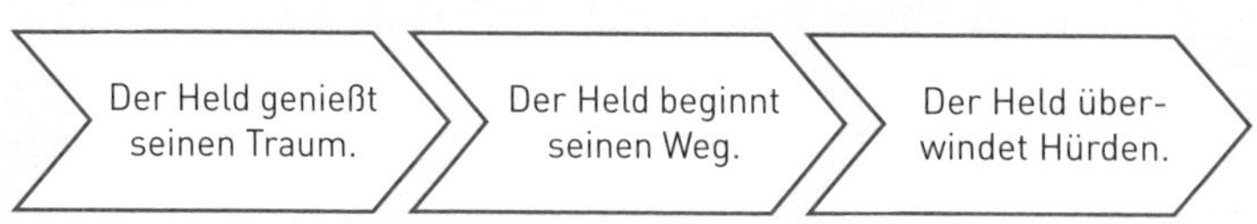

Abbildung 13.5 Die Utopie

13.4 Übungen zur Unternehmensdarstellung

Wenn Ihre Unternehmenstexte leuchten, glänzt auch Ihre Marke. Deshalb fordere ich Sie heraus, das Spotlight auf genau diese Texte zu legen. Sind sie fertig und stimmig, sehen Sie viel klarer, was Sie über das Unternehmen kommunizieren wollen.

Übung 1: Vision und Mission

Schreiben Sie ein Mission Statement und ein Vision Statement in jeweils einem Satz. Mission: Was macht das Unternehmen und zu welchem Zweck? Die Tätigkeit steht im Rampenlicht. Tipp zum Kondensieren: Das Produkt oder die Dienstleistung können Sie rauslassen. Es geht um das Warum: Was bewirkt das Unternehmen für Kunden und die Welt?

Beispiele:

- Prezi: Wir erfinden neu, wie Menschen Wissen teilen, Geschichten erzählen und ihr Publikum zum Handeln bewegen.
- Tesla: Wir beschleunigen den Wandel hin zu erneuerbaren Energien weltweit.

Vision: Was erreicht das Unternehmen? So sieht die Welt aus, wenn die Mission geglückt ist.

Beispiele:

- Alzheimer Gesellschaft – eine Welt ohne Alzheimer
- Microsoft (früher) – ein Computer auf jedem Schreibtisch in jedem Haus[2]

Übung 2: Brandstory

Sie können ein und dieselbe Geschichte auf viele Arten erzählen. Die Ergebnisse sind so verschieden, dass man den gemeinsamen Ursprung kaum erkennt. Welche Brandstory Sie erzählen, prägt das Markenbild, das Sie vermitteln.

Deshalb lohnt es sich, verschiedene Story-Formate zu testen. Also: Wählen Sie mindestens zwei Plots für Ihre Brandstory aus und schreiben Sie Ihre Geschichte zweimal – nur nach unterschiedlichen Erzählschemata (siehe Abschnitt 13.3). Danach können Sie im Team entscheiden, welche besser funktioniert.

2 Alle Beispiele stammen aus einem Blogartikel von Hubspot: *https://blog.hubspot.com/marketing/inspiring-company-mission-statements*.

Kapitel 14
Blog-Content

Alle reden sich den Mund fusselig über Content Marketing – richtig ist das! Die Idee: Unternehmen sollen hilfreiche Infos vermitteln und damit Kundenherzen erobern, bevor es zur Verkaufsanbahnung kommt.

Wir hatten das schon, aber ich möchte sicherstellen, dass alle auf dem gleichen Stand sind. Wie beglücken Sie Ihre Kundschaft in spe mit Ihrer grenzenlosen Expertise? Sie können einfach statische Infos auf Ihre Website stellen. Das ist sicher auch eine gute Idee, weil Suchmaschinen die noch lange finden können. Allerdings brauchen Sie auch aktuellen Content, auf den sich Ihre Fans freuen.

Sie könnten sagen: Och, bloggen ist mir zu aufwendig, ich habe ja Facebook und Instagram. Einen YouTube-Kanal haben wir auch. Das Problem: Jede externe Plattform kann Ihnen von heute auf morgen die Reichweite kappen oder pleitegehen oder von der neuen Trendplattform überholt werden, auf der Sie eindrucksvolle *null* Follower haben. Deshalb lohnt es sich, ein digitales Zuhause für Ihren aktuellen Content zu schaffen. Pst, wie wär's mit einem Blog? Dass das eine gute Idee ist, erkennen immer mehr Unternehmen. Ich meine: Katzenvideos und Sinnsprüche auf wilden Hintergründen zu posten ist vielleicht unterhaltsam, bringt Sie aber höchstens in Millimeterschritten weiter, wenn Sie Ihrem Publikum wirklich helfen wollen. Ein Blog hingegen bietet Unternehmen und Selbstständigen die Möglichkeit, eine Beziehung zur Lieblingskundschaft aufzubauen und sie mit brillanten Inhalten zu versorgen.

Aus dem Nähkästchen, ich meine Textstübchen: 2016 war ich unglücklich mit meinem halben Agenturjob und der Freelancerei. Ich war super gebucht und arbeitete den ganzen Tag. Ja, es war auch lukrativ, aber der Preis war meine Gesundheit. Mir wurde alles zu viel, und der Stress machte mich krank. Meine Kinder konnte ich nur noch zwischen Tür und Angel in den Arm nehmen. Bis ich mich im Auftrag meiner Werbeagentur in das Thema Inbound Marketing reinfuchsen sollte. Ein Feuerwerk von Ideen! Mir wurde klar, dass ich viel mehr Leuten helfen kann, wenn ich mein Wissen weitergebe. So entstand – mit einigen Ups and Downs – mein heutiges Business. Ich bilde Texterinnen und Texter aus, damit sie ihr Handwerk noch besser beherrschen, mehr Wertschätzung und Selbstbewusstsein bekommen und vernünftig bezahlt werden. Das alles ist möglich geworden, weil ich angefangen habe, zu bloggen.

In meinen Blogartikeln habe ich nicht erzählt, wie toll ich texten kann und wie unglaublich genial und transformierend meine Kurse sind. Nein, ich habe mir kleine Themen rund ums Texten ausgesucht und dann darüber Artikel geschrieben, lehrreiche Artikel mit praktischen Tipps, die Sie beim Texten anwenden können. Mein Anspruch war: Ich wollte zeigen, dass man Fachthemen auch amüsant und unterhaltsam rüberbringen kann. Am Anfang war ich komplett verunsichert. Ich fühlte mich wie eine Astronautin, die jede Woche eine Flaschenpost durch die Kompressionsschleuse (ähm, gibt's so was?) ins All schleudert und nicht weiß, ob ihre Nachrichten jemand liest, geschweige denn versteht. Ich teilte meine Artikel brav auf Facebook und Twitter – ohne große Followerschaft. Mein Business lief davor ausschließlich über Empfehlungen von Kundschaft, Kolleginnen und Kollegen.

Nicht von heute auf morgen, aber innerhalb von 2 oder 3 Monaten schrieben mir Leute Kommentare, die meine Artikel gelesen hatten. Leute abonnierten meinen Newsletter, hurra. Das erste Mal, als ich eine Dankes-E-Mail für meine Schreibtipps bekam, habe ich geweint. Ich glaube vor Erleichterung. Durch meinen Blog habe ich viele Kollegen in der Onlinewelt kennengelernt, die ich sonst nie getroffen hätte. Mein Blog hat mich fachlich und menschlich weitergebracht. Und er beschert mir täglich viele Besucher auf meiner Website, weil selbst Google mittlerweile von meinen Artikeln überzeugt ist. Halleluja.

Die Anfangsphase war schwierig, aber glauben Sie mir: Wenn Sie die durchstehen, kann Ihr Unternehmen mit einem Blog nur gewinnen. Vorausgesetzt, Sie bieten Inhalte, die Ihr Publikum will.

14.1 Was einen Blog erfolgreich macht

Wenn Sie als Unternehmen oder Unternehmer bloggen, ist das kein Hobby. Sie tun das, weil Sie Ihre Marke stärken wollen und – wie man viel zu häufig sagt – Kundschaft anziehen. Sie wissen, warum Sie einen Blog wollen. Vorsichtig beginnen Sie darüber nachzudenken, worüber Sie schreiben könnten. Ich schlüpfe mal in Ihren Kopf, wenn Sie gestatten. Sie könnten sich denken: »Ich bin der Spezialist für (hier Thema einfügen). Jetzt kann ich mein Wissen vermitteln.« Oder Sie überlegen: »Ja, ich will meinen Blog als Marketinginstrument nutzen. Da kann ich ja endlich meine zufriedenen Kunden zeigen und wie wir unsere Produkte sorgfältig entwickelt haben.« Oder: »Ein Ort, um die Haltung und die Werte meines Unternehmens nach außen zu tragen und Engagement zu zeigen.«

Das sind gute Gedanken, sie sind nicht falsch, und vieles davon können Sie tatsächlich in Ihrem Blog tun. Aber verlassen Sie kurz die Bühne, und setzen Sie sich einen Moment lang ins Publikum. Und jetzt betrachten Sie Ihre Pläne zur Blogweltherrschaft noch einmal. Will Ihr Publikum wirklich so viel über Ihr Unternehmen oder über Ihr Fachgebiet wissen? Braucht es kistenweise Details über die Anwendung Ihrer Produkte? Schön wär's.

Es gibt tatsächlich einen Punkt, an dem Ihr Publikum all diese Details will. Sie werden Stalker haben! Ich kenne das von beiden Seiten. Wenn ich mich in einen Blog verliebt habe, schaue ich mir an, wer das schreibt, und ich gucke, ob ich die Person oder Personen in sozialen Medien finde. Finden Sie das seltsam? Mir passiert das andersherum auch, und so weit ich das sagen kann, handelt es sich um ein ganz normales Phänomen bei Marken (vor allem Personenmarken) und Blogs.

Bevor Ihnen eine Besucherin oder ein Besucher rettungslos verfällt, müssen Sie erst mal etwas bieten. Ein zufälliger Gast interessiert sich nicht für Sie oder Ihr Unternehmen. Er interessiert sich für sich: für seine Probleme und wie er sie loswird, für seine Wünsche und wie er sie erreicht, für sein Amüsement und wie er beim Lesen auf seine Kosten kommt. Genau das machen viele Corporate Blogs falsch. Die Denkrichtung stimmt nicht.

Sie reden nur von sich und vergessen den Leser. Diese Haltung zeigt sich bei den Themen und bei der Umsetzung: unsere Präsenz auf der Fachmesse für Spiritualität im Alltag, unsere neue Sommerkollektion, unser Ingenieur verrät, wie er die Idee für unser Hero-Produkt hatte. Die Ego-Perspektive ist für zufällige Besucher nervtötend. Die bewirkt das Gegenteil des Gewollten.

Auch unfein: Sie machen stumpf Werbung, es ist ja ein Unternehmensblog. Wenn ich Erodierdrähte herstelle und nur von den Vorzügen meiner Erodierdrähte schreibe, kann ich das Bloggen auch sein lassen.

Damit ein Blog zum Magneten wird, brauchen Sie Content – werbefreien, hilfreichen, einzigartigen Content.

Sprechen wir weiter über Fehler. Auch daran scheitern viele Blogs: Unternehmen wollen in der Geschäftswelt respektiert werden und verwechseln Seriosität mit Langeweile. Selbst wenn Sie Ihr Publikum siezen, dürfen Sie persönlich, bildhaft, unterhaltsam und spannend schreiben. Dann werden Ihre Artikel gelesen, gemocht und geteilt. Um diese Fehler zu vermeiden, sollte Ihnen von vornherein klar sein, was ein Blog kann und was nicht. Das Erodierdraht-Beispiel zeigt es: Ein Blog kann nicht frontal Ihre Produkte und Ihr Unternehmen promoten. Leserinnen und Leser riechen Werbung und rümpfen schnell die Nase. Und zu viel Detailinformationen ohne direkten Nutzen sind langweilig. Ihr Blog kann nicht direkt werben oder verkaufen. Denken Sie jetzt: »Hilfe, da kann ich ja gleich Geldscheine anzünden und aus dem Fenster werfen!«? Keine Sorge. Ein Blog kann Ihr Marketing beflügeln. Das kann ein gut geführter Blog leisten:

- Awareness und Begeisterung für Ihre Themen und Werte schaffen
- Website-Traffic in die Stratosphäre katapultieren
- Ihre Marke zum Star am Branchenhimmel machen – wörtlich
- Ihre Kundenbeziehung schnell von »Mir egal« zu »Will ich heiraten« entwickeln

Wie schaffen Sie also Inhalte, die Leser faszinieren, die sie auch in ihrer Freizeit lesen wollen? Wie macht Ihr Blog Spaßinhalten auf Instagram, YouTube und Facebook Konkurrenz? Halten Sie sich an diese drei Regeln, dann gelingt Ihnen das:

1. Seien Sie hilfreich: Lösen Sie ein Problem. Bieten Sie Inhalte, die das Leben Ihrer Leserschaft verbessern und die weiterhelfen.
2. Seien Sie einzigartig: Zeigen Sie Haltung und Charakter. Machen Sie glasklar, wofür Sie und die Marke stehen, welche Menschen Sie ansprechen und was Sie ihnen bieten. Entwickeln Sie Ihre einzigartige Schreibstimme, die anders klingt als die graue Soße der Branche.
3. Seien Sie interessant: Verpacken Sie Ihre Themen mitreißend, erschlagen Sie nicht mit Textmassen. Schreiben Sie spannend. Unterhalten Sie Ihre Leserschaft, damit sie sich nicht von Spiegel Online oder »schnell mal Facebook checken« ablenken lassen.

Dann kommen die Leser zu Ihnen zurück. Ich nenne das *Geisha-Prinzip*. Ein wirksamer Blog greift nicht vorn an wie ein hufescharrender Bulle, sondern kommt auf leisen Sohlen daher wie eine Geisha. Er führt einen Dialog mit der Leserschaft und geht wertschätzend mit ihr um. Er interessiert sich nicht für den eigenen Erfolg, sondern die Menschen, die ihn lesen. Erfolgreiche Corporate Blogs verführen sanft. Sie machen es dem Leser angenehm. Sie informieren und unterhalten. Und sie helfen.

Ein Beispiel: Die Krones AG liefert Anlagen für die Getränkeindustrie. Zu ihren Kunden zählen Brauereien und andere Getränkehersteller. Naheliegend wäre gewesen, wenn sie einfach Mitarbeiter porträtiert und von ihren Messeauftritten berichtet hätten. Aber das Team von Krones hat sich gefragt: Wie können wir unserer Kundschaft helfen, sie unterhalten und trotzdem Bezug zu unserem Thema schaffen? Das

Ergebnis: Ein Craftbeer-Blog! Dafür dürften sich viele Mitarbeiterinnen und Mitarbeiter in der Getränkeindustrie interessieren. Das Thema ist spannend und nicht zu weit weg von den Anlagen, die das Unternehmen verkauft. Das nenne ich mal eine gute Idee. Und jetzt Sie. Auch wenn Ihr Blog bereits läuft, lohnt es sich, zuerst aufs Konzept zu schauen und eine Mission zu entwickeln.

14.2 Die Blogmission

Blogmission? Äh, wozu das denn? Wir schreiben einfach mal, uns wird schon was einfallen. Wenn Sie irgendwas schreiben, dann können Sie Ihren Blog auch nicht strategisch einsetzen. Sie brauchen einen Plan. Sie wollen definieren, wer Ihre Leserinnen und Leser sind. Schon, damit Sie Ihre Inhalte auf deren Gusto abstimmen können. Sie machen sich genau klar, wobei der Blog der Leserschaft hilft. Die kommt nur zurück, wenn sie weiß, was sie erwarten kann. Heute ein Reisebericht aus Argentinien und morgen eine Anleitung zum Steuernsparen – damit tun Sie niemandem einen Gefallen. Wenn Sie die Mission Ihres Blogs kennen, können Sie sich ganz leicht für oder gegen Themen und Inhalte entscheiden. Sie brauchen nur noch zu fragen: Unterstützt dieser Artikel meine Blogmission, ja oder nein?

Sie bestimmen, was Ihren Blog außergewöhnlich macht und was Ihr Publikum fasziniert. So verhindern Sie Nullachtfünfzehn-Beiträge und fordern sich beim Schreiben heraus, Persönlichkeit zu zeigen. Ihre Blogmission ist der Kompass, der Sie vor Umwegen bewahrt.

Um eine Blogmission zu entwickeln, fangen Sie am besten ganz von vorne an und beantworten ein paar grundlegende Fragen.

Wer sind Ihre Leserinnen und Leser?

Überlegen Sie sich, wie Sie die angepeilte Leserschaft eingrenzen können. Definieren Sie besser keine klassische Zielgruppe anhand von Alter, Wohnort und Netto-Haushaltseinkommen. Für 30- bis 45-jährige Frauen aus Hessen mit 1.800 € Nettoeinkommen pro Monat können Sie schlecht individuell schreiben. Finden Sie zunächst einen gemeinsamen Nenner: einen Beruf, eine Branche, ein Hobby, eine Lebenssituation, eine Sorge. Aber fassen Sie ihn nicht zu weit und allgemein. Gute Beispiele:

- Turnierreiter
- Entscheider in der Gastronomie
- Landwirte mit kleinen Betrieben
- berufstätige Mütter von Teenagern
- Noch-nicht-Veganer

Sprechen Sie mehrere Lesergruppen an? Kein Problem: Definieren Sie einfach verschiedene dieser Interessengruppen. Versuchen Sie nicht, alle in einer Gruppe unterzubringen. Sie brauchen Klarheit.

Was wünschen sich Ihre Leserinnen und Leser wirklich?

Diese Frage beantworten Sie für jede Ihrer Lesergruppen – egal, ob Sie nur eine oder fünf haben. Auf diese Weise grenzen Sie Ihre Lesergruppen noch weiter ein. Das Ziel: Sie wollen den emotionalen Benefit finden, den Sie mit Ihrem Blog bedienen können.

Wie fasziniert Ihr Blog das Publikum?

Überlegen Sie genau, was Ihre Leserschaft an Ihrem Blog fasziniert. Entscheidend sind nicht nur die Inhalte, sondern wie Sie diese transportieren. An dieser Beschreibung können Sie sich orientieren, wenn Sie Artikel schreiben. Stellen Sie sich vor, was Heike oder Max über Ihren Blog sagen. Wie würde ein positives Testimonial klingen? Zum Beispiel:

- Die Autoren sprechen genau meine Sprache. Ich fühle mich verstanden.
- Die bringen's knackig auf den Punkt. Das ist toll, weil ich nicht viel Zeit zum Lesen habe.
- Fachinformationen bekomme ich nirgends so unterhaltsam präsentiert. Das würde ich glatt auch in der Freizeit lesen.

Die Antworten auf diese drei Fragen dienen als Grundlage für die Blogmission. Sie kann ganz kurz sein oder bis zu einer halben Seite lang. Am wichtigsten ist, dass sie klarmacht: Für wen ist der Blog? Wie hilft der Blog? Was fasziniert Leser an dem Blog?

Okay, Sie wollen eine Blogmission lesen, damit Sie sich was darunter vorstellen können? So könnte eine Blogmission für die Lesergruppe »Turnierreiter« klingen:

> *Unser Blog hilft Turnierreitern, ihre Pferde gesund zu halten. Wir geben Tipps zur Stressreduktion, informieren über Krankheitsrisiken und vorbeugende Maßnahmen. Unsere Leser fasziniert, dass wir nah an ihnen dran sind, ihre Ängste verstehen und ihre Sprache sprechen.*

Die Blogmission haben Sie. Jetzt brauchen Sie nur noch passende Blogartikel dazu. Also, wie machen Sie Ihre Artikel genau für Ihr Publikum interessant? Ob ein Artikel ankommt, hängt nicht nur vom Thema ab. Sie können auch was Interessantes über Steuererklärungen oder norwegisches Stricken schreiben. Es kommt auch darauf an, wie Sie Ihre Artikel verpacken. Bevor Sie losschreiben, entscheiden Sie sich für ein

Artikelformat. Damit ist nicht die Länge gemeint, sondern wie Sie das Thema verpacken. Ich stelle Ihnen gleich bewährte Artikelformate vor, mit denen Sie Ihre Themen abwechslungsreich aufbereiten können. Für einen gelungenen Redaktionsplan bietet sich ein Mix verschiedener Formate an.

14.3 How-to-Anleitung

Dieses Format ist sehr gefragt, und zwar aus zwei Gründen: Zum einen gehen Menschen ins Internet, weil sie herausfinden wollen, wie man bestimmte Dinge macht. Bevor sie sich ein Buch bestellen, schauen sie, ob es kostenlose und gut aufbereitete Informationen dazu gibt. Deshalb sind Artikel mit relevanten Anleitungen bei der Netzgemeinde beliebt. Zweitens: Auch Google mag diese Artikel. Schließlich geben viele Menschen ins Suchfeld eine Variation von »Wie mache ich das?« ein. Ich frage Google: Wie baue ich einen Gartenzaun? Dann hat ein Artikel mit dem Titel »Wie Sie einen Gartenzaun bauen in 5 Schritten« und einer detaillierten Erklärung dazu gute Chancen auf die vorderen Plätze.

Sie wollen Ihren Lesern dabei helfen, etwas zu lernen – und zwar so gut, dass sie es selbst nachmachen können? Dann verfassen Sie eine genaue Schritt-für-Schritt-Anleitung. Damit schaffen Sie Topvoraussetzungen für einen immergrünen Dauerbrenner, der Ihnen jahrelang Blogbesucher beschert. Ist das Vorgehen gut beschrieben und einfach umsetzbar? Dann wird die Anleitung zur attraktiven Ressource. Diese Tipps machen Ihre How-to-Anleitungen lesenswert:

- Halten Sie das Thema klein und fokussiert, damit die Leserschaft wirklich zum Ergebnis kommt – schreiben Sie lieber mehrere Artikel, anstatt alles in einen zu packen. Also nicht *Reiten lernen in 5 Schritten*, sondern eher *Galopphilfe für Anfänger – so gelingt der Tempowechsel sanft*.
- Unterteilen Sie Ihre Anleitung in Schritte oder Phasen, die eigene Unterüberschriften im Text bekommen.
- Ergänzen Sie Ihren Text um anschauliche Grafiken, Fotos oder Videos, die Arbeitsschritte verdeutlichen.

Typische Headlines:

Einen Origami-Schwan falten in 10 Minuten – auch ohne Vorkenntnisse

Die einfache Schritt-für-Schritt-Anleitung zum Fliesenlegen

So verkaufen Sie Ihr Haus gewinnbringend in 5 Phasen

14.4 Liste

Die Liste – oder auch der List-Post – ist Dauergast in der Blogosphäre. Das Format erntet zwar regelmäßig Kritik, weil es billig sei, einfach ein paar nummerierte Tipps oder Fehler aufzuzeigen. Lassen Sie die Nöler nölen und die Unken unken. Listen sind nach wie vor populär und werden gern geklickt. Sicher, zu allgemein und oberflächlich dürfen sie nicht sein. Aber wenn Sie spannende Thesen haben und Tipps, die nicht an jeder Ecke zu finden sind, ist eine Liste ein geniales Format: leicht scannbar und unterhaltsam.

Also: Haben Sie viele Tipps zu einem Thema, möchten Sie häufige Fehler darstellen oder Gründe für oder gegen etwas nennen? Dann ist ein List-Post eine gute Wahl. Sie definieren eine bestimmte Anzahl von Tipps, Fehlern, Fallen oder Gründen und packen die Zahl in die Überschrift. Dann widmen Sie jedem Punkt einen Absatz mit Zwischenüberschrift.

Am besten ordnen Sie Ihre Punkte nach redaktionellen Regeln: Der nützlichste, kreativste oder ungewöhnlichste Tipp steht am Anfang. Wenn es Ihnen gelingt, das Publikum früh zu beeindrucken, lesen die Leute weiter – in der Hoffnung, noch mehr Aha-Momente zu erleben. Mit diesen Tipps schreiben Sie eine lesenswerte Liste:

- Geben Sie keine Standardtipps, sondern denken Sie quer. Ihre Leser wollen was Neues erfahren, keine alten Kamellen lutschen.
- Viele Punkte wirken attraktiver – wählen Sie also gern eine größere Zahl.
- Krumme Zahlen erzielen mehr Aufmerksamkeit.
- Schreiben Sie bei vielen Aufzählungspunkten weniger Text zu den einzelnen Punkten, und gehen Sie bei wenigen Aufzählungspunkten in die Tiefe.

Typische Headlines:

Die 153 wichtigsten Begriffe im Content Marketing

17 Flirt-Fehler, die dich ins Aus befördern

26 Websites, die sparsame Landwirte kennen sollten

14.5 Komplettlösung

Möchten Sie Ihren Lesern einen kompletten Überblick über ein breites Thema geben? Dann schreiben Sie einen ausführlichen Ratgeber mit Theorie- und Praxisteil. Eine Komplettlösung ist zwangsläufig ein langes Artikelformat – Minimum: 2.000 Wörter.

Deshalb können Sie nicht jede Woche damit um die Ecke kommen. Ein solcher Artikel braucht einige Zeit zum Recherchieren, Schreiben und Grafiken entwickeln. Steht er aber, haben Sie einen starken Stammartikel (auch *Pillar-Page* genannt, siehe Abschnitt 14.9), von dem aus Sie auf weitere tiefer gehende Artikel zu den angesprochenen Themen verlinken können. Diese ausführlichen, gut verlinkten Artikel ranken bei Suchmaschinen fantastisch!

Tipps für Ihre Komplettlösung:

- Binden Sie auf jeden Fall ein klickbares Inhaltsverzeichnis ein. So erreicht Ihr Publikum die individuell relevanten Inhalte schneller (Google freut sich auch).
- Schreiben Sie den Artikel, als würden Sie einen Ratgeber in Buchform schreiben: Struktur ist alles!
- Arbeiten Sie mit Infokästen und Bulletpoints, um wichtige Lehren hervorzuheben und schnell zugänglich zu machen.
- Umreißen Sie in der Einleitung genau, was Besucherinnen und Besucher erfahren, und unterteilen Sie das Thema in sinnvolle Häppchen: erst Theorie, dann Praxis.
- Fassen Sie am Schluss das Gelernte zusammen.

Typische Headlines:

Der ultimative Ratgeber zum Aktienhandel

Kleidung selber schneidern – alles, was du wissen musst

Katamaran-Segeln für Seebären

14.6 Hintergrundartikel

Dieses Format ist ideal für Corporate Blogs, die Fachthemen, aber auch politische oder gesellschaftliche Themen bespielen. Hier geben Sie keine praktische Anleitung, sondern bauen ein Wissensfundament auf. Mit einem Hintergrundartikel liefern Sie solide theoretische Grundlagen und stellen verschiedene Ansätze und Meinungen vor. Ihr Publikum kann sich tiefgehend über ein Thema informieren und sich eine Entscheidungsgrundlage schaffen. Deshalb stellen Sie verschiedene Ansätze und Lehren vor und beleuchten das Thema aus allen Blickwinkeln.

Gibt es ein Thema, über das sich Ihre Leserschaft informieren möchte? Der Hintergrundartikel liefert handfeste theoretische Grundlagen. Voraussetzung für einen guten Hintergrundartikel ist: Sie machen Ihre Hausaufgaben und recherchieren gründlich. Entweder Sie sind selbst vom Fach, oder Sie sprechen mit Experten. Ihr Anspruch sollte sein, den endgültigen Lexikonartikel zum Thema zu schreiben. Nur mit einer Besonderheit: Er soll gut lesbar und, wenn's geht, natürlich geschrieben sein. Zeigen Sie das Spektrum der gängigen Meinungen fair auf, und bewerten Sie anschließend aus Ihrer Sicht. Wenn die persönliche Wertung fehlt, hat Ihr Blogartikel zu wenig Persönlichkeit.

Schreibtipps für Ihren Hintergrundartikel:

- Schreiben Sie einfach, aber inhaltlich solide: Nennen Sie verschiedene Quellen, verlinken Sie diese im Text.
- Stellen Sie kontroverse Meinungen und verschiedene Ansätze gegenüber.
- Bewahren Sie Objektivität, aber sagen Sie Ihre Meinung. Das ist kein Widerspruch.

Typische Headlines:

Pflanzenschutzmittel und ihre Wirkungsweisen

Ozon und Klimawandel – ein Blick auf aktuelle Forschungsergebnisse

14.7 Reportage

Die Reportage ist das Lieblingsformat vieler Edelfedern und genauso gut im Blog aufgehoben wie im Printmagazin. Verwechseln Sie die Reportage nicht mit einem Bericht aus neutraler Perspektive und von weit weg. Wenn Sie eine Reportage schreiben, sind Sie nah dran oder selbst dabei. Zwar geht es um den großen Zusammenhang, aber Sie schauen auf die konkrete Situation, aufs persönliche Schicksal.

So beginnt eine Reportage meist mit einer konkreten Situation, nicht mit theoretischen oder philosophischen Überlegungen. Schalten Sie den Drehbuchmodus an. Sie beschreiben, was passiert, zoomen nah ran und nehmen so Ihre Leserschaft mit. Sie können von einer Veranstaltung in Form einer Reportage berichten, von Ihren Mitarbeitern und wie Sie Menschen helfen oder Produkte zusammenbasteln. Oder Sie können eine Case Study als Reportage aufbereiten und zeigen, wie Sie ein konkretes Problem für einen Kunden gelöst haben. Wenn Menschen aus dem Unternehmen Teil der Reportage sind, dann heroisieren Sie diese nicht. Beschreiben Sie Überlegungen, die verworfen wurden, Lösungen, die nicht funktioniert haben, und wie das Projekt doch noch zum Erfolg wurde. Dabei schadet es einer Case Study nicht, wenn die Lösung auch Fehler hat und das Unternehmen Lehren fürs nächste Mal daraus ziehen konnte.

Das ist viel sympathischer als eine geleckte Hochglanz-Musterlösung. In einer Reportage geht's um Menschen und persönliche Erfahrungen – je echter, desto besser.

So schreiben Sie eine gelungene Reportage für Ihren Blog:

- Bauen Sie die Handlung wie ein Drehbuchautor auf: Denken Sie in Szenen.
- Sie brauchen mindestens eine Protagonistin oder einen Protagonisten: Entscheiden Sie, wem Sie in der Reportage folgen, wessen Perspektive Sie einnehmen.
- Schreiben Sie im Hier und Jetzt: Im Präsenz erzählte Reportagen holen die Leserschaft nah ran.
- Beschreiben Sie die Szenen greifbar, hörbar, sichtbar, spürbar: Verwenden Sie sinnliche Adjektive und dynamische Verben.
- Formulieren Sie mit Vergleichen und Metaphern.
- Arbeiten Sie mit direkter Rede: Lassen Sie die Menschen in Ihrer Reportage zu Wort kommen.

Typische Headlines:

Wie Familie Drescher 10.000 Küken im Jahr rettet

Erst selbstständig, dann pleite

14.8 Meinungsartikel (Plädoyer/Tirade)

Wenn man irgendwo prima seine Meinung sagen kann, dann ist das auf dem Blog. Ein Blog ist ein Medium, um persönliche Sichtweisen zu präsentieren. Wenn Sie für ein Unternehmen schreiben, kann es abgestimmte Leitlinien geben, an die sich die Autoren halten. Diese Leitlinien können ein Ausdruck der Werte sein, die das Unternehmen nach außen und innen vertritt. Allerdings sollte auch in einem Corporate Blog Platz für persönliche Standpunkte der Autorinnen und Autoren sein.

Genau das macht für mich auch den Reiz des Bloggens aus. Das Publikum möchte mehr als sachliche Informationen. Es möchte die Menschen kennenlernen, die einem Unternehmen seinen Charakter verleihen. Es möchte die persönliche Seite der Marke erleben, die auf einmal mehr ist als ein schickes Logo, eine luftige Mission und nützliche Produkte.

Deshalb haben Meinungsartikel eine starke Anziehungskraft – und sind gerade auch für Corporate Blogs eine fette Chance. Sie haben zwei Möglichkeiten, Ihre Meinung zu einem Thema in einen Artikel zu verpacken: Schreiben Sie ein positives Plädoyer, schwärmen Sie für eine Sache, ein Thema oder eine Methode. Oder machen Sie sich in einer Tirade Luft, die im Netz meist als *Rant* bezeichnet wird. Sie dürfen schimpfen, Missstände anprangern, Schulmeinungen anfechten und sich nach Herzenslust aufregen. Ihr Meinungsartikel sollte natürlich einen Standpunkt einnehmen, den das Unternehmen generell vertritt oder dem es zumindest nicht entgegensteht. Auf einem privaten Blog können Sie das natürlich halten, wie Sie wollen.

So schreiben Sie einen starken Meinungsartikel:

- Zeigen Sie Ihre Begeisterung, oder lassen Sie Ihre Wut raus – Sie dürfen auf objektives Gegenüberstellen verzichten oder können das ungeniert durch Ihre Brille tun. Plädoyers und Tiraden sind das Gegenteil eines weitgehend neutralen Hintergrundartikels.
- Sagen Sie Ihre Meinung, dann begründen Sie diese. Ohne Beweise oder Beispiele wirkt der Text sonst inhaltsleer.
- Festigen Sie Ihre Position, indem Sie Beispiele nennen, andere Autoren zitieren oder auf Studien verweisen.
- Schreiben Sie so feurig und frech, wie es die Blogtonalität erlaubt: Hier geht es um Leidenschaft, nicht um Informationsvermittlung.

Typische Headlines:

Warum Milch Gift ist

Vergiss SEO, wenn du gute Artikel schreiben willst

14.9 Pillar-Pages oder Themenbäume

Was passiert, wenn Sie einen Samen einpflanzen, einmal gießen und dann weitergehen, um irgendwo anders einen neuen Samen zu pflanzen? Vielleicht wächst ein kleines Pflänzchen, das kurz blüht. Danach geht es ein. Genauso ist das, wenn Sie einen Blogartikel zu einem Thema schreiben – und dann das nächste Thema beackern. Sie stellen den Artikel online. Wenn Sie Glück haben, lesen ihn ein paar, weil er frisch publiziert wurde. Dann rutscht er in der Timeline nach hinten – und ein paar Wochen später findet ihn keiner mehr. Sie haben recherchiert, Bilder gesucht und geschrieben, interne Abstimmungsprozesse durchlaufen. Wie schade, wenn das alles umsonst gewesen ist.

Und jetzt stell ich Ihnen ein alternatives Szenario vor: Sie pflanzen einen Samen und gießen ihn jeden Tag. Sie hegen ihn, bis daraus ein kleiner Baum wächst. Der Baum wird größer und stärker, breitet seine Wurzeln aus und lässt sich Äste wachsen. Das passiert, wenn Sie sich auf ein Thema über einen längeren Zeitraum fokussieren – und alle Beiträge dazu in einem Themenbaum zusammenführen. Für Sie bedeutet das: Sie punkten bei Google nicht mit einem einzelnen Pflänzchen, also einem einzelnen Artikel zum Thema, sondern mit einem weitverzweigten mächtigen Baum! Alle Artikel sind jederzeit zugänglich, weil sie sinnvoll miteinander verlinkt sind. Die schematische Darstellung in Abbildung 14.1 zeigt das Konzept eines Themenbaumes.

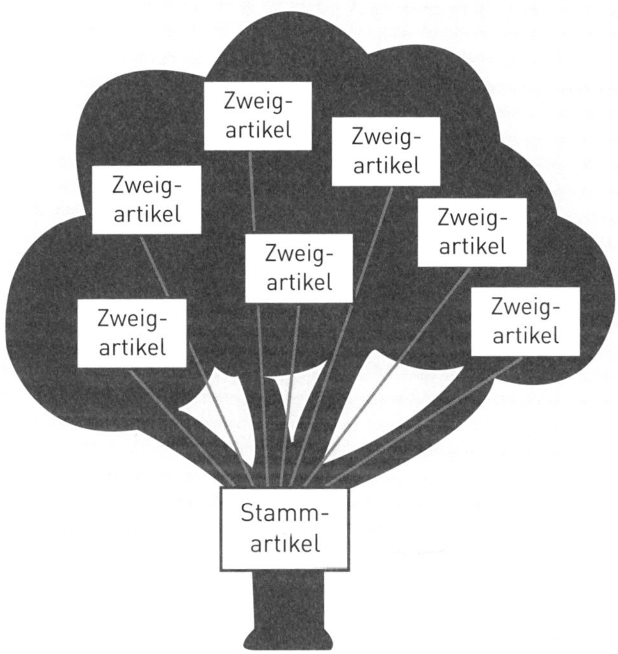

Abbildung 14.1 Themenbaum

Eine starke Säule hält sie zusammen: der Stammartikel. Im Englischen bezeichnet man diesen Stammartikel als *Pillar-Page* (Säulenseite), weil sie ein Thema zusammenhält. Aktuell liebt Google Stammartikel besonders, wenn sie nicht einfach als Blogartikel eingestellt werden, sondern als statische Seite mit eigenem Menüpunkt. Ein schönes Beispiel für einen Stammartikel finden Sie im Chimpify-Blog: Dort gibt es einen Artikel mit dem Titel »Inbound-Marketing-Glossar: die 100 wichtigsten

Begriffe, die du kennen solltest.«[1] In alphabetischer Reihenfolge werden Fachbegriffe zum Thema erläutert. Im Text sind weiterführende Artikel zu einzelnen Themen verlinkt – zu erkennen an der hellen Schriftfarbe. Einen kurzen Ausschnitt sehen Sie in Abbildung 14.2.

- A -

A/B Testing

Auch "Splittesting" genannt. Hier testest du zwei oder mehr Elemente einer Webseite gegeneinander, mit dem Ziel, die Conversion Rate zu verbessern. Du kannst z. B. deine Überschriften, Calls-to-Action, Landing Pages etc. gegeneinander antreten lassen.

Above the fold

Der Teil deiner Webseite, den dein Besucher sieht, *ohne* zu scrollen. Deshalb sollte hier immer das Wichtigste hin - in der Regel ist das ein Call-to-Action.

Alt Tag

Auch "Alt Attribute" genannt. Ist ein Text, der der Suchmaschine das Bildelement *beschreibt*. Suchmaschinen sind zwar intelligent, können aber noch nicht wirklich Bilder erkennen. Jedes deiner Bilder sollte ein Alt Tag haben.

Abbildung 14.2 Pillar-Page aus dem Chimpify-Blog

So pflanzen Sie einen Themenbaum: Suchen Sie sich ein wichtiges Stammthema aus, das ein großes Problem der Zielgruppe löst. Ich zeige das anhand eines Beispiels. Ich nenne meinen Stammartikel: »Wirksame Marketingtexte schreiben – die komplette Anleitung«. Dann definiere ich viele Zweigthemen, die sich einem Teilaspekt des großen Themas widmen.

1 *https://www.chimpify.de/marketing/inbound-marketing-glossar/*

Beispiele für Zweigartikel:

- Verkaufsseiten schreiben ohne werbliches Gebrüll
- Intros schreiben, die Leser in den Text katapultieren
- Der entscheidende letzte Satz: ein starker CTA

Immer, wenn ich einen Artikel zu einem Zweigthema geschrieben habe, verlinke ich im Fließtext meines großen Stammartikels darauf: Ich setze Hyperlinks. Je mehr Zweigartikel hinzukommen, desto stärker wird mein Baumstamm. Diese Artikel können Sie sich wie Äste vorstellen, die sich verzweigen und den Blog oder die statische Pillar-Page wachsen lassen. Wenn Sie strategisch vorgehen, könnten Sie planen, mit Ihrem Blog verschiedene große Themen zu bespielen. Zu weit voneinander weg sollten sie allerdings nicht sein. Sie müssen ins klar definierte Themenfeld Ihres Blogs passen. Heute Mode, morgen Maschinenbau – das läuft nicht, wenn Sie bei Suchmaschinen ranken wollen.

Jeder Stammartikel ist das Zentrum eines Themenbaumes. Das heißt, Sie können in Ihrem Blog mehrere Bäume pflanzen (Stammartikel veröffentlichen), denen Sie dann Zweigthemen zuordnen können. Auf diese Weise kommen Sie auf zig Ideen, was Sie schreiben können. Sie gehen einfach weiter in die Tiefe und picken sich Detailthemen heraus. Auf einen Blick: Was braucht ein starker Stammartikel, um einen Themenbaum zu tragen?

- Das Thema ist für die Zielgruppe auf lange Sicht relevant und bleibt auch Monate oder Jahre später wichtig.
- Der Artikel behandelt das Thema umfassend und geht ins Detail – er beantwortet alle wichtigen Fragen dazu.
- Der Artikel liefert Anfängern wie Fortgeschrittenen hilfreiche Informationen.
- Der Artikel bietet mehr als andere Informationsquellen zum Thema im Netz.
- Der Artikel verbindet Hintergrundinformationen mit einer praktischen Anleitung für Leser.

Klassische Arten von Stammartikeln

Die ultimative Anleitung:

- Segelboote bauen
- Kunden mit E-Mail-Marketing gewinnen
- Geld verdienen mit Aktien
- Pferde artgerecht halten
- Glutenfrei backen

Liste:

- Die 150 wichtigsten Begriffe im Content Marketing
- Die 100 attraktivsten Reiseziele für Rentner
- Die 50 beliebtesten Hunderassen in Deutschland (und was sie besonders macht)
- Die 111 Bodyweight-Übungen für schnelle Transformation

Komplettlösung:

- Entspannt leben mit Yoga
- SAP verstehen
- Die Hausbau-Bibel

Kapitel 15
Social-Media-Content

Soziale Medien sind ein Paradis zum Kundenkennenlernen, um ins Gespräch zu kommen, seinen Content zu verteilen und zu wissen, was in der Branche läuft. Ans Texten stellen soziale Plattformen spezielle Anforderungen.

Bevor Sie ans Schreiben auch nur denken, überlegen Sie sich, was Sie selbst auf Facebook, Twitter und Instagram so machen. Ich erzähle mal, was ich so mache. Wenn ich eine Pause brauche und nicht schon wieder Kaffee trinken will, öffne ich schuldbewusst Facebook (oder Twitter oder Instagram) und scrolle mich durch die Timeline. Ich will wissen, was meine Freunde so machen. Wenn ich gerade einen neuen Spruch meiner Kinder auf Lager habe, wie »Mama, wenn ich endlich nach Hogwarts komme, lern ich Expelliarmus und so, nicht so beknacktes Mathe«, poste ich den und freue mich über Reaktionen und Kommentare. Beim Scrollen ärgere ich mich über die Anzeigen der Marketingclowns, die ich noch nicht geblockt habe – mehr dazu in Kapitel 17 zu Facebook-Ads. Auf Instagram schaue ich mir Bilder von anderen Klamotten-Selbermachern an. Auf Twitter diskutiere ich übers Texten. Was ich auf keinem Social-Media-Kanal mache: mir Werbung anschauen und direkt was kaufen. Ich bin dort, um mich zu unterhalten, mich auszutauschen und Leute mit meinen Interessen kennenzulernen – privat und beruflich. Für mich sind Social Media ein virtuelles Großraumbüro. Ich quatsche mit Kollegen, aber auch mit Leuten, die meine Hobbys teilen, und ja, auch mit potenziellen Kunden. Ich inspiriere mich.

Was machen Sie, wenn Sie in sozialen Medien unterwegs sind? Ich wage mal die Vermutung, dass Sie vielleicht andere Freunde und andere Hobbys haben als ich. Aber Sie gehen nicht auf Facebook, Twitter oder Instagram, um sich Werbung reinzuziehen. Diese Erkenntnis wird Ihnen helfen, auch für Marken und Unternehmen Social-Media-Content zu schreiben, den die Leute wollen. Das heißt nicht, dass Sie komplett darauf verzichten müssen, Werbung zu betreiben. Sie können etwa dazu einladen, Sie auf einer Messe zu treffen, an einem Seminar teilzunehmen oder sogar Ihre neue Website vorstellen. Der Mix macht's. Pi mal Daumen 20 % Selbstdarstellung sind erlaubt, ich fahre sogar mit deutlich weniger gut. Ich bekomme haufenweise Anfragen von Unternehmen, die mich von Twitter her kennen, ob ich für sie einen Text-Workshop geben kann. Das mache ich gerne auf Anfrage, biete das aber nicht mal auf meiner Internetseite an.

Der Witz ist: Wenn Sie Ihrer Zielgruppe geben, was sie will – das heißt Gespräche, Inspiration und Unterhaltung – dann lernen diese Menschen Sie kennen, mögen Sie immer mehr und vertrauen Ihnen. Dann ist der Weg zur Website nicht weit. Diese Menschen kommen zu Ihnen, weil sie von Ihnen kaufen wollen. Nicht, weil sie Werbung gesehen haben.

Also benutzen Sie soziale Medien nicht zum direkten Anpreisen, sondern als Instrument für den Vertrauensaufbau und als Dialogzünder. Sie dürfen noch eine Schippe lockerer schreiben als auf der Website und sogar in E-Mails. Sogar Schreibfehler wird man Ihnen eher verzeihen – kein Grund, zu lax zu werden, aber vielleicht eine kleine Beruhigung. Es muss nicht alles perfekt ausgefeilt sein, was Sie in sozialen Medien schreiben. Ich möchte Sie ermutigen, Dinge auszuprobieren. Ein wenig erfolgreicher Post ist morgen egal. Es ist nicht so, als müssten Sie 5.000 Exemplare Ihrer frisch gedruckten Imagebroschüre gleich wieder einstampfen.

Was Sie genau auf den einzelnen Kanälen anstellen können, zeige ich Ihnen gleich, denn jeder Kanal hat so seine Eigenheiten. Alle relevanten sozialen Medien kann ich hier nicht aufnehmen. Ich habe die ausgewählt, die aktuell im Marketing häufig genutzt werden und für die es sich lohnt, gute Texte zu schreiben. YouTube – obwohl zurecht beliebt bei Marketern – ist nicht dabei, weil ich mich in diesem Buch erst mal auf geschriebenen Content konzentrieren möchte. Vielleicht ändert sich das in der nächsten Auflage.

15.1 Twitter

Erst seit 2 Jahren bin ich auf Twitter, und ich weiß nicht, warum ich so spät zur Party war. Harte Liebe. In Nutzerzahlen gemessen ist Twitter ein Kieselstein neben Planeten wie Instagram und Facebook. Gerade für Unternehmen ist die Plattform aber spannend. In mittlerweile 280 Zeichen findet reichlich fachlicher Austausch statt. Mein Profil auf Twitter ist auch ein rein berufliches – ich bin also nicht nur wegen der Twitter-Perlen da. Für Noobs: Das ist eine Seite, die täglich die witzigsten Tweets (so heißen die Beiträge auf Twitter) sammelt. Doch wie wollen Sie als Unternehmen gegen Lachkrampf-Tweets von Privatleuten anstinken? Gegen so was wie in Abbildung 15.1?

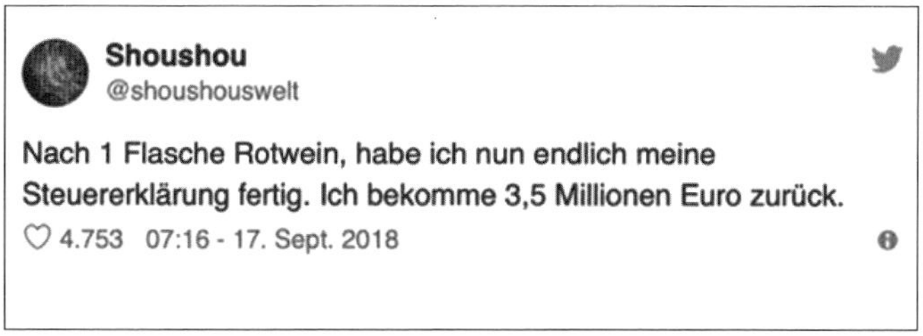

Abbildung 15.1 Tweet von @shoushouswelt

Sie werden sich wundern: Auch Unternehmen können unterhaltsam auf Twitter schreiben. Ich zeige gleich Beispiele. Vorher möchte ich aber sicherstellen, dass Sie keinen falschen Eindruck bekommen: Das Ziel von Interaktion auf Twitter ist für Unternehmen nicht, die meisten Lacher einzufahren. Es geht darum, mit der Community ins Gespräch zu kommen und die menschliche Seite der Marke zu zeigen. Weil Leute nun mal gerne lachen und aus Lust auf Unterhaltung durchs Netz cruisen, befriedigen witzige Tweets wahrscheinlich das Bedürfnis der Zielgruppe. Aber ernsthafte Diskussionen können für genauso viel Engagement sorgen. Daneben informieren Unternehmen die Kundschaft mit Service-Tweets etwa über den aktuellen Stand von Wartungsarbeiten – nur ein Beispiel von vielen.

Für Texterinnen und Texter ist die Plattform eine Trainingshalle. Die Zeichenbeschränkung zwingt zum Fokussieren. Das tut Diskussionen gut und zündet kreatives Denken. Ich find's immer wieder erstaunlich, wie viele konstruktive Gespräche auf engem Zeichenraum zustande kommen. Wer erfolgreich twittert, muss nicht mehr über sich sagen: »Wir sind kundennah.« Näher dran als im Dialog geht nicht. Und genau das ist die Stärke von Twitter. Ich zeige Ihnen gleich Tweets von Unternehmen, die die Twitter-Gemeinde gerockt haben. Dann erfahren Sie, wie Sie selbst auf Twitter etwas reißen können.

Wenn die Kundschaft mit Unternehmen in Kontakt tritt, dann tut sie das nicht immer freundlich. So manches große Unternehmen muss sich auf öffentliche Beleidigungen gefasst machen. Ich rede gar nicht von den viel gefürchteten Shitstorms, sondern von unzufrieden Käuferinnen und Käufern, die sich im Schutz der Anonymität ganz ungepflegt danebenbenehmen. Diese derb-fiesen Attacken nutzen einige, um beim Rest der Welt zu punkten. Schauen Sie mal, wie schlau Dr. Oetker mit einer dummen Anfeindung umgegangen ist – und damit die wohlgesonnene Community köstlich unterhalten hat (siehe Abbildung 15.2).

Twittern für Unternehmen bedeutet, auf Fragen, Vermutungen und Anfeindungen zu reagieren. Natürlich dürfen sie auch selbst posten. Wie immer in sozialen Medien sollte das nicht zu marktschreierisch rüberkommen. Inspirieren und Unterhalten verträgt sich zum Glück ganz ausgezeichnet mit Markenkommunikation. Das macht Netflix in diesem erfolgreichen Tweet vor (siehe Abbildung 15.3).

Abbildung 15.2 Reaktion von Dr. Oetker auf einen unverschämten Tweet

Abbildung 15.3 Netflix-Tweet, der Sommerlaune macht

Und weil's so schön war, zeige ich gleich noch einen. An diesen Tweets des Streaming-Dienstes können Sie sehen, wie Social-Media-Kommunikation für Marken funktionieren kann. Ich habe mich persönlich ertappt gefühlt, als ich den Tweet gelesen habe. Jeder, der Serien suchtet, kennt das. Auf Twitter kommt schnell raus, ob Unternehmen ihre Kundschaft verstehen und kapieren, wie sie wirklich tickt (siehe Abbildung 15.4).

Abbildung 15.4 Netflix twittert über Serienmarathon-Sportler.

So viel zu den großen Marken. Jetzt komme ich zu Ihnen – kann ja sein, dass Sie auch für so ein großes Unternehmen arbeiten oder für ein kleines oder freischaffend. Was können Sie auf Twitter schreiben, das Ihr Marketing voranbringt?

Content von anderen teilen

Content Curation (also Inhalte von anderen auswählen und teilen) kann Ihnen helfen, eine Community aufzubauen, die Ihnen gern folgt. Das Prinzip ist simpel: Sie finden hilfreiche, spannende, lustige Inhalte, die zumindest entfernt etwas mit Ihren Themen zu tun haben, und teilen diese auf Twitter. Damit verbessern Sie Ihr Standing bei Ihrer Community und in Ihrer Branche.

Aber es ist nicht damit getan, Inhalte kommentarlos zu teilen. Ihre Bewertung und Ihre Kommentare zählen! Und damit sind Sie wieder beim Texten. Hier sind ein paar textliche Möglichkeiten, wie Sie geteilten Content mit Ihrem Senf würzen – und dadurch bei Ihrer Leserschaft punkten können:

- Ziehen Sie ein Zitat aus dem Text – am besten eins, das kontrovers oder plakativ ist. Wenn Sie das Zitat auch ohne Artikel drumherum gern teilen oder lesen würden, dann erfüllt es die Anforderungen.
- Fassen Sie die Kernbotschaft des Artikels in ein oder zwei prägnanten Sätzen zusammen – nur in Ihren Worten mit Ihren Sprachbildern.
- Sagen Sie, in welchem Punkt Sie mit dem Autor nicht übereinstimmen.
- Erklären Sie, für wen und warum der Content hilfreich ist.

Konversationen starten

Ihr Ziel ist, Menschen zum Diskutieren aufzufordern. Hey, es geht ums Gespräch in sozialen Medien. Sie wollen ja hören, was Ihre Zielgruppe denkt, damit Sie sie mit besseren Inhalten und Produkten versorgen können. Wenn Sie Konversationen starten, sollten die Themen etwas mit Ihrer Marke zu tun haben. Leute folgen Ihnen, weil Sie auf Ihrem Gebiet etwas zu sagen haben, nicht weil sie Fotos von Ihrem Frühstück sehen wollen. Wenn Ihnen ab und an eine Kaffeetasse dazwischenrutscht, stört das keinen und freut sogar einige. Achten Sie nur darauf, dass sich die meisten Tweets um Ihr Thema drehen. Sie sind in der Reitsportbranche? Diskutieren Sie über Pferdehaltung, Training und Turniermode, aber nicht über den Brexit, nur weil das gerade alle tun. So bekommen Sie Engagement:

- Twittern Sie eine kontroverse These – aber spielen Sie nicht den Advocatus Diaboli. Soll heißen: Entweder sind Sie von der These ehrlich überzeugt, oder Sie beziehen in einem Kommentar dazu Stellung.
- Stellen Sie eine Frage – aber bitte eine, auf die Sie wirklich eine Antwort hören möchten. Geeignet sind Fragen zu Fachthemen und wie die Community das sieht. Bei mir ging's in der letzten Zeit öfter mal um geschlechtergerechte Sprache.
- Stellen Sie eine Verbindung zwischen aktuellen oder saisonalen Themen und Ihrer Marke her. Sie müssen nicht den ganzen August über Hitzewellen und Strandleben twittern. Aber verstehen Sie Saisonthemen als Inspiration.

Wissen teilen

Sie wissen über Ihr Fachthema Bescheid? Logisch. Auf Twitter können Sie Ihre Community mit Ihrem Know-how beglücken. Wenn Ihre Leserinnen und Leser in maximal 280 Zeichen etwas lernen können, werden sie das gern tun. So können Sie als Expertin oder Problemlöser auftreten:

- Teilen Sie Ihren nützlichen Content auf Twitter, ob Blog-Post oder YouTube-Video. Aber denken Sie daran, dass Sie nicht einfach einen Link teilen, sondern dafür trommeln müssen.
- Geben Sie Tipps zu Ihrem Thema im Twitter-Format. Die Zeichenbeschränkung zwingt Sie, schnell auf den Punkt zu kommen. Sie können den Effekt verstärken, indem Sie prägnant formulieren: mit Sprachbildern und Alliterationen, dafür ohne Relativierungen.
- Wenn Sie Muße haben, können Sie für noch mehr Aufmerksamkeit sorgen, wenn Sie Ihren Spruch in ein Bild setzen. Ist kein Muss, zieht nur Blicke an.

Schreibtipps für Twitter

Bevor Sie ins Twitter-Universum eintauchen, nehmen Sie ein paar Tipps mit auf den Weg:

- Nutzen Sie nicht die vollen 280 Zeichen aus. Sie dürfen auch kürzer twittern – früher ging's auch in 140 Zeichen. Die kurzen Botschaften machen Twitter so besonders.
- Vorsicht mit Hashtags. Mehr als zwei pro Tweet wirken spammig. Kein Wunder: Sie haben so wenig Platz, dass Sie besser das passende Hashtag auswählen, als einfach alle reinzukopieren.
- Lieber »du« als »Sie«, weil Sie so den persönlichen Charakter einer sozialen Plattform betonen. Ja, es gibt sie, die zwanghaften Siezer. Allerdings benutzen viele Unternehmen auf Twitter eher das informelle du, auch wenn sie auf ihrer Website siezen.
- Versteht sich von selbst, sagen möchte ich's trotzdem: Egal, wie bodenlos Sie jemand beleidigt, bleiben Sie höflich. Stellen Sie sich einfach vor, Sie wären auf einer Konferenz – wie reagieren Sie im persönlichen Kontakt auf harsche Kritik?

Probieren Sie es aus. Vielleicht ist Twitter auch für Sie die Social-Media-Liebe, die Sie nicht auf dem Schirm hatten.

15.2 Facebook

Facebook ist der Methusalem unter den sozialen Netzwerken und immer noch ein Riese. Klar, die 18-Jährigen sind kaum noch dort. Fürs Business ist Facebook trotzdem relevant, weil sich Leute auf der Plattform tummeln, die in einem Alter sind, in dem sie in Unternehmen was zu sagen haben. Mir ist bewusst, dass ich das grob vereinfacht habe. Ich möchte eine Statusskizze für Sie zeichnen, keine Wissenschaft betreiben. Wenn Sie Facebook schon länger nutzen, dann ist Ihnen das Thema bekannt: Die organische Reichweite von Beiträgen von Unternehmensseiten schrumpft rasant. Der Hintergrund: Unternehmen sollen für Reichweite zahlen und Geld in gesponserte Posts stecken. Mittlerweile können Sie sich glücklich schätzen, wenn 5 bis 10 % der Menschen, die Ihre Seite gelikt haben, Ihre Beiträge zu sehen bekommen. Wohlgemerkt, das sind die Erfolgreichen! Bei den anderen sieht es noch düsterer aus. Je mehr Fans die Seite hat, desto kleiner sieht dieser Prozentsatz aus.

Das ist erst mal frustrierend, und Sie fragen sich vielleicht, warum Sie überhaupt noch was posten sollten. In einen Facebook-Beitrag, der viel Interaktionen bekommt, fließt schließlich einiges an Mühe. Laut offizieller Facebook-Angabe vom März 2019 sind 32 Millionen Facebook-Nutzer mindestens einmal pro Monat aktiv, 23 Millionen davon sind täglich auf Facebook. Können Sie es sich leisten, diese Leute zu ignorieren? Dass Anzeigen auf Facebook ein probates Mittel zur Lead-Gewinnung sind, ist unbestritten – dazu komme ich noch in Kapitel 17. Aber Sie können durchaus noch mit herausragenden Inhalten punkten. Nicht mehr wie in den guten alten Zeiten, aber immer noch so, dass es sich lohnt.

Ich erkläre Ihnen gleich, was Sie auf Facebook tun können, um dort sichtbar zu sein und etwas zu bewirken. Bevor Sie jetzt Bilder von Ihrem Büro oder Ihren Ferienwohnungen posten, sollten Sie sich klarmachen, was Facebook will. Wenn Facebook das von Ihnen bekommt, werden Sie mit Reichweite belohnt.

Also, was will Facebook? Positive Interaktionen! Menschen sollen gern auf Facebook sein und sich mit Freunden austauschen. Dabei sollen Sie Spaß haben und sich gut fühlen. Facebook will also ein »Happy Place« im Internet sein. Ich habe das in eigenen Worten aufgeschrieben. Sinngemäß habe ich das von Facebook-Expertin Katrin Hill, die unternehmerischen Menschen hilft, auf besagter Plattform erfolgreich zu sein. Woher weiß Facebook, ob Ihre Inhalte Freude machen? Das ist einfach: Viele Reaktionen, Kommentare und geteilte Inhalte zeigen Facebook, dass Leute gern mit den Posts interagieren. Am wichtigsten ist, dass Ihre Inhalte geteilt werden. Deshalb geht das Gedankenspiel so: »Was wollen Ihre Fans mit ihren Freunden teilen? Was gefällt den Freunden Ihrer Fans? Was lässt Ihre Fans vor Freunden cool aussehen, wenn sie es teilen?«

Die Antworten darauf dürften recht individuell ausfallen. Auf meinem privaten Profil teile mit meinen Freunden Facebook-Posts, mit denen ich die Welt retten will: plastikübersäte Strände und Petitionen für Seenotrettung. Oder Geek-Sachen über Urban-Fantasy-Literatur und Pen-&-Paper-Rollenspiele. Meine Freunde können damit was anfangen, die interessieren sich für ähnliche Themen. Marketingleuten bringt das nichts. Posts von Unternehmensprofilen teile ich meist auf meinem eigenen Unternehmensprofil – und zwar nur, wenn sie für meine Themen (Texten und Marketing) relevant sind und dann auch noch irgendwie unterhaltsam. Mir persönlich ist das Format gleich – ich teile Videos, reine Texte, Text mit Bild und Text mit Link. Ein Blick auf die Zahlen[1] verrät allerdings: Auf Facebook werden immer noch am meisten Fotos geteilt. Danach folgen Posts mit Link zu externen Seiten und native Facebook-Videos, die also direkt bei Facebook hochgeladen wurden und nicht von YouTube aus geteilt. Wobei die Videos am meisten Interaktionen generieren.

1 *https://www.futurebiz.de/artikel/social-native-facebook-videos-2019/*

Texten für Facebook

Was hat das mit Texten zu tun? Mit guten Texten können Sie durchaus dafür sorgen, dass Ihre Posts öfter geteilt werden – selbst, wenn Sie ein Foto oder ein Video posten. Erst mal: Was können Sie als Unternehmen posten?

- **News aus der Branche:** Teilen Sie wertvolle Artikel mit Neuigkeiten aus der Branche. Das können eigene Blogartikel von Ihnen sein oder auch News aus den Medien.
- **Fordern Sie Ihre Kundschaft auf, Ihnen Content zu liefern:** Wenn es zu Ihrem Tätigkeitsfeld passt, lassen Sie die Leute mitgestalten, zum Beispiel die lustigsten Urlaubsfotos aus einem Ihrer Hotels posten.
- **Umfragen:** Bitten Sie Ihre Community um Unterstützung! Erfahren Sie etwas, das Ihnen hilft, Ihre Kundschaft noch glücklicher zu machen. Umfragen mit vordefinierten Antworten funktionieren auf Facebook sehr gut. Ein Klick tut nicht weh, schreiben ist anstrengender.
- **Tipps und Tutorials:** Helfen Sie Ihrer Community mit schnellen Tipps oder Video-Tutorials weiter. Wie gut das für Ihr Unternehmen funktioniert, kommt sicher auf den Bereich an, in dem Sie tätig sind.
- **Ein Bild mit Sinnspruch oder einem anregendem Gedanken:** Anno dazumal waren diese Bilder noch beliebter als heute. Wenn's aber wirklich denkwürdig oder witzig ist, dann ist eine Kombination aus Bild und Text immer noch ein äußerst teilbares Format.
- **Live Q&As:** Facebook Live eignet sich prima, um Fragen aus Ihrer Community zu beantworten. Bevor es losgeht, können Sie ebenfalls in einem Posting Fragen einsammeln. Achten Sie darauf, dass Sie einen konkreten Anlass wählen. Die Frage-Antwort-Session sollte sich auf eine bestimmte Leistung, ein Event oder ein Programm beziehen, das Sie anbieten.
- **Hinter den Kulissen:** Zeigen Sie in Bildern oder in einem Video, wie Sie arbeiten. Sie werden überrascht sein, wie viele sich über ein Foto Ihrer Büros oder einen Rundgang durchs Gebäude freuen. Sie können auch Teammitglieder vorstellen.
- **Interviews:** Interviewen Sie einfach mal Ihre Kunden, und machen Sie ein Video daraus. Das funktioniert im Allgemeinen besser, als einen geleckten Imagefilm oder eine Ansprache der Geschäftsführung zu bringen.

Sie haben jetzt Optionen, was Sie auf Facebook posten können. Wechseln Sie am besten ab, und testen Sie, was gut läuft. Seien Sie gewarnt: Facebook ist ständig im Wandel. Sie müssen nicht jeden heißen Scheiß (sorry) mitmachen, aber halten Sie ihr Wissen frisch. Für keine Plattform ändern sich die Empfehlungen so schnell wie für diese.

Wenn Facebook ein Teil Ihrer Social-Media-Strategie ist, können Sie zumindest aktuell den Aufwand eingrenzen. Um auf Facebook erfolgreich zu sein, müssen Sie nicht mehrmals am Tag posten, wie noch vor einiger Zeit empfohlen wurde. Wenn Sie öfter als einmal täglich etwas teilen oder veröffentlichen, werde die einzelnen Posts weniger Reichweite bekommen.

Schreibtipps für Facebook

Bereit zum Losschreiben? Auf, kommen Sie mit Ihrer Community ins Gespräch. So texten Sie auf Facebook wirksam und erzielen damit die gewünschten Interaktionen:

- Denken Sie in Geschichten. Auf Facebook funktionieren erzählende Texte mit persönlicher Ansprache. Gern in der Du- oder Ihr-Form. Ich bevorzuge die zweite Person Plural, weil Sie mit einer Gruppe von Menschen sprechen und ganz offensichtlich nicht nur mit einer Einzelperson.
- Sie haben auf Facebook keine Headline – aber tun Sie so als hätten Sie eine. Finden Sie im ersten Satz einen Aufhänger, der zum Weiterlesen motiviert. Ohne auf »mehr« zu klicken, sieht Ihr Publikum nur etwa die ersten zwei Sätze Ihres Posts. Deshalb wollen Sie so schnell wie möglich die Aufmerksamkeit gewinnen.
- Umgangssprache ist erlaubt: Duzen Sie, und schreiben Sie so locker wie im persönlichen Gespräch. Sie dürfen auch was von sich erzählen. Sollten Sie doch beim »Sie« bleiben wollen, reden Sie mit Ihrem Publikum auf Augenhöhe und lassen Sie Businesssprech und Uni-Geschwurbel weg.
- Beziehen Sie Ihre Community ein, indem Sie am Ende Ihres Posts zum Handeln auffordern oder eine Frage stellen. Auch ein Facebook-Post braucht einen Call-to-Action oder eine Triggerfrage.
- Würzen Sie Ihre Texte mit Ausrufen (Genial!) und Soundeffekten (Rumms), wenn's passt. Wie immer: Wohldosiert können Sie ihre Texte so in sozialen Medien aufpeppen. Nur nicht übertreiben – denken Sie dran, wie ein Curry mit zu viel Kardamom schmeckt.
- Verwenden Sie Emojis kreativ, aber nicht zu häufig. Sie haben nicht nur den Zwinker-Smiley zur Verfügung. Wie wär's, wenn Sie mal einen Tipp mit einem Rettungswagen-Emoji kombinieren? Oder eine schnelle Antwort mit einem Jockey auf dem Rennpferd? Oder eine Tasse Tee, wenn Sie vom Warten schreiben? Überlegen Sie sich witzige Kombos, damit heben Sie sich ab.
- Schreiben Sie keine Romane auf Facebook – an einem langen Text bleibt man nicht so leicht kleben wie an einem Video. Anstatt ewig lange Posts zu verfassen, teasern Sie lieber kurz einen Blogartikel an.

- Nutzen Sie die voreingestellten Gefühle und Aktivitäten auf Facebook. Die erscheinen prominent über ihrem Post und können eilig Scrollende schon mal stoppen.

Weiter geht die Social-Media-Tour mit der engen Verwandtschaft. Folgen Sie mir zu Instagram.

15.3 Instagram

Ist Instagram für Unternehmen relevant? Die Plattform verbinden viele mit Influencer-Marketing. Alles voller rosa Tussis in Yogapants oder mit PR-Tipps im Gepäck. Ich will nicht lästern, Instagram kann sich tatsächlich lohnen – vorausgesetzt, Ihre Zielgruppen halten sich dort auf. Allerdings muss Ihnen klar sein: Ohne Bilder läuft nichts. Sie sollten in der Lage sein, regelmäßig hochwertiges Bildmaterial zu kreieren. Einen Instagram-Account können Sie nicht aus Bilddatenbanken speisen. Und verpixelte, schlecht komponierte Fotos tun es nicht. Instagram gilt als Plattform, auf der viel interagiert wird. Sie kommen also dicht an Ihre Fans heran und tauschen sich aus. Zum direkten Verkaufen ist die Plattform ebenso wenig geeignet wie andere soziale Medien. Vorab: Instagram hat es auf einen Abschnitt in diesem Buch gebracht, weil auch die Texte zu den Bildern eine Rolle spielen.

Unternehmenskommunikation auf Instagram

Bevor ich Schreibtipps gebe, schauen Sie sich an, was Marken und Unternehmen so auf Instagram treiben. Wer ist prädestiniert für den Kanal? Ich habe mir eine Firma herausgepickt, die Stoff und Schnittmuster verkauft. »Alles für Selbermacher« hat Stoffe und Zubehör für nähende Mamis auf Lager. Das ist ein Selbstläufer. Die Instagram-Wall zeigt Bilder von süßen Kindern mit selbst genähten Kleidchen und schicke Fotos von bedruckten Stoffen. Daneben prangen freudige, sehr vertrauliche Texte, die auf einem anderen Planeten entstanden sind als jeder Werbetext, den Sie so kennen könnten:

> *Boah sind die toll!!! Breite Jersey Blockstreifen in Sommerfarben. T-Shirt oder Kleid? Was seht Ihr? 🌸 🙆‍♀️ ♀ Oder doch 'ne Leggings? 😂 Nur 14 € der Meter und jetzt online.*
>
> *#mein_allesfuerselbermacher#neuestoffe#allesfuerselbermacher#allesfürselbermacher#nähenmachtglücklich#nähenistmeinyoga#nähenistwiezaubernkönnen#nähenfürmich#nähenmachtglücklich#nähenmachtspass*

Vielleicht denken Sie jetzt: Oh, das ist aber etwas – nun ja – direkt. Man könnte sagen unüberlegt. Der Witz ist: Es funktioniert. Die Fans schreiben ohne Ende Kommentare unter diese Posts und werfen mit Herzchen um sich. Die Zielgruppe will genau das: Das Unternehmen spricht mit den Kundinnen wie die mit ihrer Nähfreundin quatschen würden. Die Texte wirken schnell hingeklatscht, aber schäumen über vor Begeisterung. Diese Achtlosigkeit macht sie stark. Ich muss dazu sagen: Mich persönlich spricht diese Kommunikation nicht an, obwohl ich bei dem Laden kaufe. Aber das Gros der Community liebt diese euphorischen Ausbrüche; die Leute lassen sich nur zu gerne mitreißen, wenn's um ihr Hobby geht. Ach, alles, was Spaß zu kaufen macht, lässt sich bestens auf Instagram präsentieren.

Mir leuchtet ein, warum Instagram eine ideale Plattform für Unternehmen ist, die sich mit Freizeitthemen beschäftigen. Klar, die Fans sind auf der Plattform, um sich zu inspirieren und ihre Begeisterung zu teilen. Fragt sich, ob Instagram auch B2B-Unternehmen etwas bringt. Ich nehme mal Siemens als Beispiel. Der Konzern ist auf der Plattform erfolgreich und überzeugt mit einem Mix aus Hochglanzfotos seiner Produkte mit Wow-Effekt und Storys aus dem Unternehmen. Abbildung 15.5 zeigt eine typische Produktinszenierung.

Abbildung 15.5 Produktfoto von Siemens auf Instagram

Diese begleiten kurze Werbetexte, die auch unter einer Anzeige stehen könnten. Grob übersetzt steht neben diesem Post:

Was ist das Geheimnis hinter herausragender Zuverlässigkeit? Die erstklassigen Materialien in unseren SIMOTICS-Niederspannungsmotoren machen sie zu beanspruchbaren Leistungsträgern, die Sie niemals im Stich lassen.

Auf dem gleichen Instagram-Profil finden Sie eine motivierende Story einer Mitarbeiterin, die in ihrer Freizeit an einer extrem fordernden Polar-Expedition teilnimmt. Als Anlass dient der Internationale Frauentag (siehe Abbildung 15.6).

Abbildung 15.6 Post zum International Women's Day

Sinngemäß porträtiert der Begleittext zum Bild die Mitarbeiterin als charakterstarke Powerfrau, die auch im Job Herausforderungen mit Bravour meistert. Dazu erfahren Leser, welche Funktion sie im Unternehmen erfüllt. Der Instagram-Post wird zum extravaganten Mitarbeiterporträt, das die Protagonistin abseits irgendwelcher Büros oder Produktionsstätten zeigt. Damit ergreift Siemens die Chance, Menschen im Unternehmen außerhalb des Businesskontextes zu zeigen. Weil die Fans erfahren wollen, was das für Leute sind, die in einem Unternehmen arbeiten. Ich habe mir schon vor 15 Jahren auf Unternehmens-Websites als Erstes die Mitarbeiterporträts angeschaut. Bei Werbeagenturen gab's noch einen witzigen Spruch dazu. Wie sympathisch mir diese Leute waren, hat meinen Eindruck vom Unternehmen geprägt. Kennen Sie das? Das Beispiel von Siemens zeigt: Sie dürfen auf Instagram sogar Ihre Produkte zeigen, wenn sie schön inszeniert sind oder im Einsatz gezeigt werden. Das funktioniert am besten, wenn Sie ansonsten den Fokus auf Menschen setzen – auf die Kundschaft und das Team.

Das können Sie auf Instagram im Marketingkontext posten:

- Rufen Sie zu einer Challenge auf, und definieren Sie ein Hashtag dafür, unter dem Ihre Fans die Ergebnisse posten können.
- Stellen Sie Mitarbeiterinnen und Mitarbeiter vor, und zeigen Sie sie auch abseits des Firmenlebens.
- Posten Sie Fotos von Events – gern mit Kundschaft und Gesprächspartnern.
- Zeigen Sie, wie Ihre Kundschaft mit Ihren Produkten und Angeboten interagiert. Ein Beispiel: Wenn Sie Bagger herstellen, zeigen Sie sie auf den Baustellen, auf denen sie im Einsatz sind.

Aber vergessen Sie dabei die Texte nicht! Die Bildbeschreibungen sind genauso wichtig wie die Fotos. Es bringt nichts, immer den gleichen Hashtag-Haufen in die Bildbeschreibung zu kopieren. Ihre Fans brauchen Kontext zum Bild. Sonst ist Ihr Instagram-Profil so lahm wie die Urlaubsfotos Ihres Nachbarn, der mal wieder am Stausee zelten war.

Schreibtipps für Instagram

Gut, zum Thema: Wie schreiben Sie auf Instagram? Anhand der Beispiele können Sie sehen, dass das ein weites Feld an Möglichkeiten ist. Es gibt nicht *den* Instagram-Schreibstil, der alle Fans glücklich macht. Wie vertraulich und locker es werden darf und wie formell es sein muss, hängt wie immer von Ihrer Marke ab. Jede Marke hat ein Spektrum zwischen vertraulich und förmlich, das von Anlass und verwendeten Medien abhängt. Instagram liegt dabei am weitesten weg vom förmlichen Ton. Diese Tipps helfen Ihnen beim Schreiben auf Instagram:

- Betrachten Sie das Bild als Anlass, eine Geschichte zu erzählen. Jedes Bild hat eine Story. Sie haben auf Instagram Platz, etwas zu erzählen. Also: Lassen Sie Ihre Fans an der Geschichte zum Bild teilhaben. Wie ist es zu dem Foto gekommen? Sie können sogar so weit gehen, dass das Bild nur der optische Anker für Ihre Erzählung ist. Ein Instagram-Post kann wie ein kurzer Blog-Post sein.
- Beschreiben Sie Ihre Gefühle: Ein visueller Eindruck löst bei verschiedenen Menschen unterschiedliche Emotionen aus. Klar, alle haben andere Erfahrungen gemacht und sehen das Bild in einem anderen Zusammenhang. Anstatt die ganze Story zu erzählen, können Sie beschreiben, was Sie empfinden, wenn Sie das Bild anschauen. Oder wie Sie sich gefühlt haben, als das Bild entstanden ist. Aber bitte setzen Sie dabei auf »Show, don't tell«. Benennen Sie Gefühle nicht direkt, sondern beschreiben Sie, was die Emotionen mit Ihnen machen. Sagen Sie: »Ich habe ein Taschentuch verzwirbelt, bis es zerfetzt war.« Sagen Sie nicht: »Ich war nervös.«

- Suchen Sie nach Gemeinsamkeiten mit Ihren Fans: Wie auf allen sozialen Medien geht's um Interaktion. Diese können Sie einfordern, indem Sie Ihren Fans Gelegenheit geben, zu Ihrer Crowd zu gehören. Theoretisch? Sagen Sie, was Sie denken oder machen. Dann fragen Sie: »Wer noch?« Oder: »Wer ist auch Team Aufschieberitis?«
- Mixen Sie Hashtags: Sie können nach Hashtags suchen und so alle Posts finden, die genau diesen Begriff mit Raute davor enthalten. Wenn Sie Hashtags verwenden, die viele benutzen, rutscht ihr Post schnell in der Timeline nach unten. Verwenden Sie Hashtags, die keiner sucht, kann Sie auch keiner finden. Da Sie um die 15 Hashtags brauchen, können Sie häufigere mit seltenen und eigenen Hashtags mischen. Aber kopieren Sie nicht in jeden Post die gleichen. Sie dürfen ein paar Standard-Hashtags haben, allerdings lohnt es sich, darüber nachzudenken, welche Hashtags konkret zu diesem Post passen. Schauen Sie sich auch beim Wettbewerb um: Welche Hashtags kursieren in Ihrer Branche? Normalerweise schreiben Sie die Hashtags unter den Text.
- Prägen Sie Hashtags für Ihre Projekte und Kampagnen. Entweder Sie entwickeln eingängige Hashtags, die man sich merken kann – und nicht zu allgemein, also maßgeschneidert für Ihr Projekt. Oder Sie haben einen Bauplan parat, den Ihre Fans kennen. Die französische Schnittmusterfirma Deer & Doe fordert ihre Community auf, ihre Werke mit einem Hashtag zu versehen, der sich aus den Initialen der Firma und dem Namen des Schnittmusters zusammensetzt: *#ddsirocco*.

Sie erkennen: Auch auf Instagram sind Texte wichtig. Es geht nicht nur um Bilder, sondern um Ihre Gedanken dazu. Als letzte Station im Social-Media-Karussell möchte ich ein aufstrebendes Businessnetzwerk vorstellen, das zunehmend »social« wird.

15.4 LinkedIn

LinkedIn kennen Sie sicher neben XING als klassische Businessplattform. Menschen präsentieren sich mit ihrem beruflichen Profil und hübschen dieses auf, wenn's ans Bewerben geht. Ich bin auf LinkedIn seit Ewigkeiten mit Auftraggeberinnen und Kollegen vernetzt. Ab und an bekam ich eine Nachricht, wenn sich alte Geschäftskontakte an mich erinnerten; das war meist dann, wenn sie einen Textauftrag hatten. Aber mittlerweile ist auf LinkedIn richtig was los. Die Plattform hat sich zum sozialen Businessnetzwerk entwickelt, auf dem Sie – ähnlich wie bei Facebook – Updates posten, Content teilen und in Gruppen diskutieren können. Dazu können Sie Artikel schreiben und direkt auf LinkedIn veröffentlichen. Ganz neu sind emotionale Reaktionen, die bislang auf »Daumen hoch« beschränkt waren. Jetzt können Sie auch mit klatschenden Händen (Applaus), Herz (wunderbar), Glühbirne (inspirierend) und fragendem Gesichtsausdruck (nachdenklich) auf Postings reagieren. Das heißt für Sie: Fangen Sie an, LinkedIn als soziales Netzwerk zu betrachten, das weit mehr kann als ein geschäftliches Onlineadressbuch.

LinkedIn ist Facebook fürs Business

Über Business-Content – sorry, mal keine süßen Babykätzchen – können Sie Ihre Expertise demonstrieren. Leute auf LinkedIn suchen Inspirationen, aber beruflicher Natur. Inspirationen, die etwas mit ihrem Thema oder aktuellen Bedarf zu tun haben. Hey, Sie können endlich über das reden, was Sie rund um Beruf und Business am meisten interessiert! Auf Englisch gibt's den tollen Ausdruck *to talk shop*, was so viel heißt wie »über die Arbeit sprechen«. Das können Sie auf LinkedIn tun. Klar, Sie wollen auch dort nicht verknöchert rüberkommen, aber immerhin brauchen Sie sich nicht zu überlegen, wie Sie Ihr Businessthema so verpacken, dass Leute das Ergebnis privat in ihrer Freizeit mit ihren Freunden teilen. Das ist ein erheblicher Vorteil gegenüber Facebook.

Das können Sie textlich tun, um auf LinkedIn durchzustarten:

1. Wer mit Ihnen interagiert oder einen Beitrag von Ihnen liest, kann auf Ihr LinkedIn-Profil klicken – und viele werden genau das tun. Neben Ihrem todschicken Foto steht Ihr Profil-Slogan, mit dem Sie Ihre Chance auf den guten ersten Eindruck nutzen. Sie haben 120 Zeichen, um zu sagen, wer Sie sind und was Sie machen. Das sollte aussagekräftig sein, aber vor Persönlichkeit sprühen. Sie wollen ja herausstechen und im Gedächtnis bleiben. Wie machen Sie das? Wählen Sie bloß kein hehres Zitat einer Berühmtheit. Sagen Sie lieber, was Sie arbeiten, wem Sie helfen und was so besonders daran ist. Bei mir steht dort aktuell: *»Ich bringe Unternehmen das Texten bei, damit ihr Marketing mehr Wumms hat.«* Sie können auch in der dritten Person von sich schreiben: *»Mark Thommersfeld ist führender Businesscoach für introvertierte Speaker in ganz Europa.«* Oder Sie packen Ihre Vision in einen Satz, der auch Ihr Claim sein könnte. Das ist sinnvoll, wenn Sie eine Personenmarke sind: *»Künstliche Intelligenz trifft Menschenverstand.«* Zur Info: Ihre Berufsbezeichnung steht schon beim Namen, deshalb können Sie Ihren Profilslogan etwas freier gestalten.
2. Selbst wenn Sie schon einige Kontakte auf LinkedIn haben, fahren Sie gerade auf dieser Plattform gut damit, wenn Sie sich bei anderen in die Diskussion einbringen. Am besten loben Sie nicht nur, sondern fügen einen weiteren relevanten Punkt hinzu, empfehlen weiterführende Lektüre oder ein Video zum Thema. Sie können

auch etwas hinterfragen, was andere geteilt oder selbst verzapft haben. Wenn Sie fleißig interagieren, werden das andere bei Ihnen im Gegenzug auch tun, sobald Sie selbst etwas Interessantes posten. Nein, antworten Sie nicht wahllos auf alles, was Ihnen so in die Timeline gespült wird – suchen Sie sich Beiträge aus, die zu Ihrem fachlichen Thema passen. Wenn Sie einen Beitrag zu KI im Marketing kommentieren, bringt Sie das als Waschmittelexperte kaum weiter.

3. Teilen Sie Content aus externen Quellen und LinkedIn-Posts in Ihrer Timeline. Ein Post, der häufig geteilt wurde und etwas mit Ihrem Thema zu tun hat, kommt möglicherweise auch bei Ihrem Publikum ab. Aber mit Teilen ist es nicht getan, schreiben Sie doch was dazu! Ihre Sicht auf den geteilten Inhalt verschafft Ihnen Standing. So zeigen Sie Ihrer Community, wie Sie ticken. Dieser Part spielt mindestens genauso eine große Rolle wie die Inhalte, die Sie teilen. Formulieren Sie in Ihren Worten eine Lehre daraus, kommentieren Sie das Gelesene oder fischen Sie ein Zitat aus dem Text. Selbst wenn Sie auf fremden Content verlinken, nützt Ihnen das. Wer auf Ihre Empfehlung klickt und möglicherweise etwas liest, speichert Sie als vertrauensvolle Quelle ab. Zudem gewöhnen Sie Ihre Fans daran, zu klicken, wenn Sie es vorschlagen. Diese Verdrahtung ist ziemlich nützlich, wenn es um Ihre Inhalte und später sogar Ihre Angebote geht.
4. Publizieren Sie interessante Artikel: Mir ist aufgefallen, dass besonders Artikel mit einem persönlichen Blickwinkel auf ein aktuelles Branchenthema ankommen. Sogar, wenn sie eine unpopuläre Meinung vertreten. Damit Ihr Beitrag als Artikel durchgeht, dürfen es schon mehr als 500 Wörter sein. Sorry, Ruhm gibt's auch auf LinkedIn nicht geschenkt. Ich arbeite auch noch dran.

Schreibtipps auf LinkedIn

Auf LinkedIn ist der Ton professioneller als in privaten sozialen Netzwerken. Das heißt nicht, dass Sie sprechen müssen, als würden Sie von Ihrer Krawatte gewürgt. Diese Tipps geben Ihnen eine grobe Richtlinie, wie Sie in diesem Businessnetzwerk positiv auffallen:

- Auf LinkedIn wird noch häufig gesiezt. Auf anderen sozialen Netzwerken ist das Du deutlich üblicher als hier. Einige schreiben bewusst Beiträge ohne direkte Leseransprache, um das Thema zu umschiffen. Das empfehle ich nicht, weil Sie aus Angst vor dem Anecken auf eine menschliche Connection verzichten. Zu viel Distanz ist ein Netzwerkkiller. Meine Empfehlung: Wenn Sie Ihre Kundschaft und vor allem Branchenkolleginnen und -kollegen auch im Alltag siezen, dann bleiben Sie auf LinkedIn dabei. Ich persönliche duze, weil ich das fast in meiner kompletten Kommunikation mache.

- Pflastern Sie Ihren Text nicht mit Emojis voll – das wirkt in diesem Businessnetzwerk nicht gerade seriös. Beschreiben Sie lieber beim Kommentieren Ihre Befindlichkeiten.
- Branchenvokabeln sind ausdrücklich erlaubt. Zwar sollten Sie auch auf LinkedIn keine verschachtelten Satzgebäude errichten, aber Sie dürfen mit Profis sinnhafte Diskussionen führen. Versuchen Sie trotzdem, Ihre Inhalte verständlich rüberzubringen. Das mögen Profis genauso wie Fachfremde.
- Initiieren Sie so oft es geht einen Dialog. Fordern Sie am Ende Ihrer Beiträge andere auf, sich an der Diskussion zu beteiligen. Etwa so: »*Was denken Sie dazu? Ich freue mich auf Ihre Gedanken.*«
- Seien Sie höflich. Professionell auftreten geht auch, wenn Sie sprachlich locker schreiben. Am besten drücken Sie Professionalität aus, indem Sie Ihr Netzwerk gut behandeln – in jedem Text, den Sie online stellen. Bedanken Sie sich für einen Tipp oder ein Feedback, und formulieren Sie Kritik wertschätzend. Wenn Sie eine Bitte haben, erklären Sie kurz den Hintergrund. Beleidigungen und persönliche Angriffe sind 100 % tabu. All das gehört zu höflicher Kommunikation.

Sie haben jetzt eine Grundlage, um mit Ihren Texten in sozialen Medien zu punkten. Viel Spaß beim sozialen Schreiben und beim Dialog mit Kundschaft und Branchenkollegium.

Kapitel 16
E-Mail-Marketing

Orakel aus der Marketingbrache prophezeien seit Ewigkeiten seinen Untergang: E-Mail-Marketing sei ein Hut, der so alt ist, dass er bei der sanftesten Berührung zu Staub zerfällt, und tot wie eine Mumie, noch dazu wirksam wie ein Suppenlöffel mit Loch. Stimmt das?

Ich kann nicht in die Zukunft schauen, aber auf meine Zahlen. Und die zeigen mir, dass E-Mail-Marketing für mich in vielerlei Hinsicht eine Goldgrube ist. Ich baue eine regelmäßige Kommunikation mit meinem Publikum auf: Meine Leserinnen und Leser lesen nicht nur, sie schreiben mir. Und sie freuen sich auf meine E-Mails, was ich an den konstant hohen Öffnungsraten ablesen kann – selbst, wenn ich mehrmals wöchentlich maile. Und wenn ich etwas verkaufen möchte, dann mache ich das per E-Mail. Ich knüpfe eine starke Verbindung zu meiner Leserschaft, die meine Marke immer besser kennenlernt und ihr vertraut.

Ob ich das in 10 oder 15 Jahren immer noch per E-Mail mache, weiß ich nicht. Es kann sein, dass ich ein anderes Medium verwende – wahrscheinlich einen Messenger. Aber egal, ob ich die Nachricht wie früher per Direktmailing mit Begleitbrief, per E-Mail oder Messenger verschicke, ich werde in irgendeiner Form direkt mit meiner Leserschaft kommunizieren. E-Mail-Marketing dreht sich um persönliche Kommunikation. Auf welchem Weg sie stattfindet, ist zweitrangig und ändert sich mit der Zeit. Alles, was ich vor vielen Jahren über Direktmarketing gelernt habe, funktioniert ebenso gut per E-Mail wie per Messenger. Klar passen Sie die Länge Ihrer Inhalte ans Medium an. Der Grundgedanke aber bleibt: Sie sprechen direkt mit Ihrer Leserin oder Ihrem Leser, mit Heike oder Max.

Kritiker sagen: Die Öffnungsraten von E-Mails befinden sich im freien Fall. Die Leute werden so mit Nachrichten geflutet, dass sie nur noch einen Bruchteil davon überhaupt öffnen, geschweige denn aufmerksam konsumieren. Im Messenger – etwa auf Facebook – sieht das viel besser aus. Ein Gedanke dazu: Was machen Sie mit 5.000

Messenger-Kontakten und Fans auf sozialen Medien, wenn die Leute zu einem neuen Kanal wechseln, der die Netzgesellschaft anzieht? Was wenn die Plattform dichtmacht? Ihre E-Mail-Liste gehört Ihnen. Das sind Ihre Leser, die klargemacht haben, dass sie von Ihnen hören wollen. Sie haben ihre E-Mail-Adresse angegeben und sich in Ihre Liste eingetragen. Das ist also Ihr Rudel, Ihr Stamm, Ihr Tribe – Menschen, die an Ihrer Marke interessiert sind und von Ihnen hören wollen. Zugleich sind das die Menschen, die am wahrscheinlichsten von Ihnen kaufen. Die wahren Fans Ihrer Marke.

Bei aller Begeisterung für die E-Mail als Verkaufsinstrument und Vertrauensbilderin möchte ich Ihnen eine unbequeme Wahrheit nicht verschweigen: E-Mail-Marketing mit Wumms wird schwieriger. Vor 10 Jahren haben sich Leute noch über Mails im Postfach gefreut, heute wollen sie den Ausnahmezustand im platzvollen Postfach in den Griff kriegen. Damit Ihre Mails gelesen werden, müssen Sie sich also anstrengen. Klaro. Und das ist eben nicht mit einer E-Mail getan. Ganz egal, wie genial Ihr Text ist – mit einer Mail können Sie keine ewige Liebe aka langfristige Markentreue entfachen.

Wie sichern Sie sich einen festen Platz im Herzen Ihrer Kunden statt im Mülleimer? Die Antwort ist einfach – aber nicht einfach umzusetzen: Kundenliebe ist flüchtig. Sie müssen sich diese Liebe immer wieder neu verdienen. Ihr Job ist es, E-Mail für E-Mail die ersten Schmetterlinge im Bauch in wahre Liebe zu verwandeln. Wenn Sie das geschafft haben, brauchen Sie auch keine Tonnen von A/B-Tests mehr, um herauszufinden, welcher CTA-Button und welche Headline besser performt. Fragen Sie sich, ob Sie Ihre Energie in Optimierungstricks stecken wollen oder in die Beziehung zu Ihrer Leserschaft. Wenn Heike und Max Sie lieben, öffnen sie die E-Mail, weil sie von Ihnen kommt. Und sie klicken auf den hässlichen grauen Button, weil sie wissen, dass sie Ihnen weiterhelfen. Und sie kaufen Ihr Produkt, weil sie Sie nie enttäuschen würden. Mein bester Tipp:

Sehen Sie E-Mail-Marketing nicht als Taktikspielchen, sondern als Beziehungsarbeit.

Erfolgreiches E-Mail-Marketing basiert immer auf der Idee, dass Sie Ihr Publikum mit jedem neuen Pling im Postfach mehr an sich binden. Das ist ein längerer Prozess, und als Texterin oder Texter brauchen Sie Durchhaltevermögen, das an Bockigkeit grenzt. Dafür funktioniert es praktisch immer, wenn Sie es konsequent betreiben.

Mit E-Mails können Sie eine Menge anstellen, ich beschränke mich auf drei Hauptthemen, die Sie sinnvoll miteinander kombinieren können: Begrüßungsserie, regelmäßige Newsletter und Sequenzen von Verkaufs-E-Mails – Sie können dazu auch Funnel-Texte sagen.

16.1 Die Begrüßungsserie oder der E-Mail-Flirt

Das ist mir in Kanada passiert: Ich war neu und habe mich mit einer Kollegin zum ersten Mal im Büro unterhalten. Nach 5 Minuten Smalltalk fragte Ginny mich, ob ich nicht zu ihr zum Abendessen kommen möchte. Ich war total perplex. Die Frau war ja ganz sympathisch. Aber warum lädt sie mich gleich zu sich nach Hause ein? Ich folgte meinem ersten Impuls: Ich erfand eine Ausrede. Das ist schiefgelaufen: Ginny hat sich nicht an das Kennenlern-Prozedere gehalten, das ich aus Deutschland kannte. Es ist den meisten von uns nicht bewusst, aber wenn wir uns mit neuen Leuten befreunden, verläuft das nach einem wiederkehrenden Muster. Und bei den Kanadiern gibt es andere Stationen als bei den Deutschen.

Egal, ob Freundschaft, Liebe, Business: Beim Beziehungsaufbau müssen Sie bekannte Abläufe einhalten, sonst wird der andere skeptisch. Das gilt erst recht, wenn es um eine Kundenbeziehung geht. Deshalb bekommen Newsletter und E-Mail-Kampagnen so oft einen Korb. Wenn Sie auf E-Mail-Marketing setzen, wollen Sie verstehen, wie Sie Ihre Leserschaft durch die Phasen des Kennenlernens führen. Sonst ist sie schnell weg. Schade, sie hätte Ihnen ewige Liebe schwören können. Jede Beziehung durchläuft verschiedene Phasen, bis aus einem ersten Lächeln die große Liebe wird. Die erste Phase ist besonders kritisch, weil das Kennenlernen zunächst unverbindlich ist. Wie Sie Newsletter-Abonnentinnen und -Leser begrüßen, entscheidet darüber, ob sie bleiben oder sich achselzuckend abmelden.

Ihr neuer Abonnent Max ist ein bisschen aufgeregt. Er findet Sie interessant und möchte mit Ihnen ins Gespräch kommen. Er hat sich in Ihre E-Mail-Liste eingetragen – und Ihnen auf diesem Weg ein Lächeln geschenkt. Sie können sich also zurücklehnen und sich in Aufmerksamkeit sonnen. Scherz, nicht wirklich. Sie haben das Leserherz noch längst nicht erobert. Aber Sie haben sich eine Chance verdient: ein erstes Date. Es liegt bei Ihnen, ob der Abend nach einer halben Stunde und einem »Oh, ich hab meine Katze vergessen. Sorry, muss los« endet – oder ob mehr draus wird. In der Flirtphase können Sie einiges falsch machen. Sie haben sich noch nichts erarbeitet. Max hat absolut keinen Grund, Ihnen gegenüber loyal zu sein. Sie haben ihn noch nicht überzeugt und ihm noch nichts geschenkt.

Deshalb empfehle ich Ihnen, Max mit einer Serie von Begrüßungs-E-Mails zu empfangen. Wenn er die gelesen hat, kommt er in den regulären Newsletter-Verteiler. Diese Begrüßungsserie können Sie auch andenken, wenn Sie statt eines Newsletters eine Serie von Verkaufs-E-Mails senden. Typischerweise besteht eine Begrüßungsserie aus drei bis fünf E-Mails, in denen Sie Max Gelegenheit geben, Sie ein wenig kennenzulernen. Ihre Ziele in der Flirtphase:

- eine positive Atmosphäre schaffen
- Neugier entfachen – auf mehr von Ihnen und auf Ihre Leistungen
- das milde Interesse in wilde Faszination verwandeln

Was immer Sie in der Begrüßungsserie schreiben: Prüfen Sie, ob es zu Ihren Zielen passt. Mit diesen Tipps kommen Sie Ihren Abonnenten schnell näher:

1. Begrüßen Sie Max persönlich, freundlich und in eigenen Worten. Lassen Sie gleich Ihren Charme sprühen. Gut, über Charme lässt sich streiten. Aber eine persönliche Begrüßung muss sein. Damit signalisieren Sie aufrichtiges Interesse und lassen gleich etwas von Ihrer Persönlichkeit durchblitzen. Die erste E-Mail nach dem abgeschlossenen Opt-in-Prozess hat genau diesen Zweck. Das klingt vielleicht selbstverständlich: Geben Sie sich Mühe. Keine Allerweltsfloskeln, wählen Sie eigene Worte. Neulich hatte ich diese Begrüßung-E-Mail im Postfach, die mir überaus gut gefallen hat: *»Liebe Daniela. Wie schön, du bist dabei! Ich bin entzückt. Wir werden bestimmt viele Ideen zusammen aushecken. Heute habe ich schon eine für dich (...).«* Für Sie passt wahrscheinlich ein anderes Wording als für eine DIY-Bloggerin. Aber ich wollte das schöne Beispiel nicht unterschlagen. Mit einer freundlichen, persönlichen Begrüßung schaffen Sie eine Atmosphäre, in der sich Max wohlfühlt. In E-Mails ist das wie im echten Leben: Wenn Sie zuvorkommend und interessiert sind, fühlt sich das Gegenüber wertgeschätzt und bleibt gern noch ein wenig.
2. Schnüren Sie kleine Päckchen. Ist Ihnen so was auch schon passiert? Sie fragen Ihr Date: »Und, wie finanzierst du die Abende beim Italiener?« Daraufhin erzählt Ihr Gegenüber erst mal eine halbe Stunde seinen Lebenslauf. Der ist ganz attraktiv. Sogar mit San Francisco und einem Praktikum auf der Vogelwarte. Und alte Woody Allen Filme mag Ihr Date auch. Die Fakten sind sexy. Aber zu viel davon sind der Overkill. Sie fühlen sich überfahren. Mach Sie diesen Fehler nicht in Ihren E-Mails – schon gar nicht bei den ersten, wenn die Verbindung zu Max noch zart und flüchtig ist. Überschütte ihn bloß nicht mit ewig langen E-Mails, die vollgepackt sind mit Informationen und vielen Links. Denken Sie lieber an Safranfäden. In jeder E-Mail nehmen Sie sich einen einzigen Gedankenfaden vor, eine E-Mail, ein

Gedanke. Wenn Sie die Botschaft der E-Mail nicht in einem Satz zusammenfassen können, müssen Sie noch mal ran. Geben Sie einen tollen Tipp. Oder einen zwingenden Grund, um Mitglied in der Facebook-Gruppe zu werden. Oder machen Sie die Antwort auf eine dringende Frage begehrlich (die Sie in einem Blogartikel geben, auf den Max klicken kann).

3. Machen Sie sich locker. Das ist mehr als einmal passiert: Ich habe ewig an einem Text herumgefeilt, 30 Headlines geschrieben und das polierte Meisterwerk erwartungsvoll abgeschickt, in der Hoffnung, dass ich gleich gutes Feedback einfahre. Doch statt Begeisterungsstürmen bekam ich ein neutrales Dankeschön – und Korrekturwünsche, aus denen die Ratlosigkeit des Kunden sprach. Aber das Witzige ist: Jedes Mal, wenn ich unter Zeitdruck einen Text hingerotzt habe, um irgendwie die Deadline zu schaffen, war die Kundin oder der Auftraggeber begeistert. Meine Theorie: Wenn ich unter Deadline-Stress schreibe, habe ich keine Zeit, mich zu verkünsteln. Ich muss gleich auf den Punkt kommen. Ich schreibe, was mir als Erstes einfällt. Das Ergebnis ist keine hohe Texterkunst und würde beim Creative Director in der Werbeagentur sicher durchfallen. Aber der Text wirkt natürlich. Und das ist er auch. Er kommt von Herzen und ist nicht perfekt. Sie schreiben einen persönlichen Brief, keinen Werbetext.
4. Bloß nicht bedürftig wirken. Sie sind interessiert, aber haben es absolut nicht nötig, dass Max sich in Sie verliebt. Machen Sie Ihr Ding, und biedern Sie sich nicht an. Konkret: Verkaufen Sie nicht in der Flirtphase, und spulen Sie keine Vorteilsargumentationen herunter. Damit zerstören Sie das zarte Band mit einem Schlag. Aufkeimende Faszination: Puff, dahin. Die Leichtigkeit ist weg. Sie haben es offenbar nötig. Sie sind kein spannendes Date mehr, sondern nur ein schmieriger Verkäufer, der sich als Flirtkandidat ausgegeben hat. Das wollten Sie nicht.
5. Seien Sie interessant. Der Reiz eines guten Flirts ist das Geheimnis. Vielsagende Blicke, ein spontanes Lächeln, ironische Wortgefechte. Seien Sie unterhaltsam. Max will bald mehr über Sie wissen. Aber Sie wissen es besser, als ihm alles zu geben: In Wahrheit will er unterhalten und auf die Folter gespannt werden. Wie Sie das praktisch umsetzen? Deuten Sie hier und da an, was für Max möglich wäre. Teasern Sie die kommende E-Mail an, in der er mehr erfährt. Aber machen Sie noch kein konkretes Angebot. Sie dürfen in Ihrer Begrüßungsserie gern auch schon zum Klicken auffordern – nur noch nicht zum Kaufen. Hier einen Artikel lesen oder ein Video schauen, das sind weitere Kleinigkeiten, mit denen Sie Max immer mehr faszinieren. Und wenn Max gewöhnt ist, dass er Ihren Klickaufforderungen folgt, wird es das auch tun, wenn Sie ihm später etwas verkaufen.

Anatomie einer Begrüßungsserie

Heißen Sie Ihre neue Leserin oder Ihren neuen Abonnenten mit drei bis fünf E-Mails willkommen:

1. **Hallo sagen:** Starten Sie den Flirt mit einer persönlichen Begrüßung, in der Sie sich vorstellen und einen Ausblick auf die weiteren E-Mails geben. Halten Sie diese E-Mail kurz. Dann fällt der Einstieg leichter, und Sie steigern die Chance, dass Ihr Flirt Sie kennenlernen will.
2. **Herumführen:** Zeigen Sie in ein bis drei einzelnen E-Mails, was Sie Ihrem Date zu bieten haben. Verweisen Sie auf hilfreichen Content wie Blogartikel, Podcast-Episoden oder YouTube-Videos. Oder laden Sie in eine Interessengruppe in sozialen Medien wie Facebook oder LinkedIn ein. Falls Sie (noch) keinen Content haben, können Sie in jeder E-Mail einen konkreten, nützlichen Tipp geben.
3. **Einladen:** Am Ende der Begrüßungsserie muss sich Ihr Date entscheiden. Geht es weiter oder fehlt der Funke? Machen Sie ein Angebot für den nächsten Schritt: ein Kennenlerngespräch, ein Webinar oder ein Besuch auf Ihrer Verkaufsseite. Von hier aus können Sie auch eine Verkaufsserie starten.

Sie haben erfahren, wie Sie den Flirt mit einer charmanten Begrüßung, kleinen Häppchen Mehrwert und einem Schuss Persönlichkeit in Gang bringen. Jetzt sind Sie bereit, den Flirt mit Ihrem aufregenden neuen Date in Ihrem E-Mail-Verteiler zu starten. Weiter geht's mit dem regelmäßigen Newsletter, der wahrscheinlich auf die Begrüßungsserie folgt. Die Frage ist, wie Sie die Schmetterlinge dauerhaft im Bauch halten, ohne dass sie eingehen.

16.2 Der regelmäßige Newsletter

In meinem Postfach herrscht Rosenkrieg. Bei mir buhlen jeden Tag fast 101 Newsletter-Mails um Aufmerksamkeit. Wenn ich die alle lesen würde, könnte ich das mit dem Arbeiten vergessen. Ich bekomme aber ein paar wenige Newsletter, auf die ich gespannt warte – und die ich sofort öffne, auch wenn ich im Deadline-Stress bin. So einen Newsletter wollen Sie schreiben.

Wenn Sie ein Handelsunternehmen sind und – sagen wir – Computerspiele oder Outdoor-Kleidung online verkaufen, haben Sie es mit Ihrem Newsletter leicht. Sehr wahrscheinlich haben ihn Fans abonniert, die sich auf Ihre Aktionsangebote freuen und auf Schnäppchen hoffen. Tja, aber was machen Sie, wenn Sie an B2B-Kunden Dienstleistungen verkaufen? Dann ist ein Prozente-jetzt-billiger-Newsletter kaum die Kracheridee. Zudem binden Sie mit reinen Preisargumenten Ihre Leserschaft nicht an die Marke. Wenn ich kapiere, dass ich meine Computerspiele bei einem anderen Händler günstiger bekomme, hole ich mir eben dessen Newsletter und melde mich vom teureren ab.

Dabei ist keine andere Marketingmaßnahme so mächtig, um Kundenbegeisterung jenseits von geilen Preisen zu entfachen und über Jahre hinweg zu erhalten. Damit Ihnen das gelingt, müssen Sie sich schon etwas Besseres einfallen lassen als Ihre aktuellen Deals aufzulisten. Was ist besser? Schüren Sie die Freude an Ihrem Thema wie etwa Airbnb: In ihrem Newsletter geht's passend zum Geschäftskonzept um unvergessliche Reiseziele. Geben Sie Ihre besten Tipps. Halten Sie Ihr Publikum mit News aus der Branche und Community auf dem Laufenden. Denken Sie nicht als Erstes daran, etwas Konkretes zu verkaufen. Überlegen Sie sich, worüber sich Ihr Publikum freut. Das kann auch mal ein Angebot sein, aber stellen Sie Nutzen, Faszination und Unterhaltung nach vorn.

Der optimale Turnus

Ihr Newsletter soll so viel Spaß machen, dass Ihr Publikum schon darauf hin hibbelt. Damit das klappt, ist ein regelmäßiger Turnus wichtig. Sie werden sich bestimmt fragen, welches der richtige Abstand zwischen Newslettern ist. Wenn Sie recherchieren, was Experten dazu sagen, werden Sie widersprüchliche Aussagen noch und nöcher finden: Die Empfehlungen reichen von einmal im Quartal bis hin zu täglichen E-Mails. Uff, damit können Sie nichts anfangen, oder?

Ich beleuchte erst einmal die Extreme: Wenn Sie sehr selten eine E-Mail schicken, werden sich wenige Menschen aus Ihrer Liste austragen. Sie nerven ja nicht. Andererseits bekommen Sie keine Bindung hin, wenn Ihre Leserschaft gar nicht mehr weiß, wer Sie sind, weil zu viel Zeit zwischen zwei E-Mails verstrichen ist. Sie nehmen sich auch die Chance, öfter wertvolle Inhalte zu liefern, die dann auch Verkaufsbotschaften ausbalancieren. Ein Newsletter kann nur wirken, wenn Sie ihn häufig genug verschicken. Einmal alle 3 Monate ist aus meiner Sicht viel zu wenig.

Gut, und wie sieht es mit dem anderen Extrem aus? Was passiert, wenn Sie tägliche E-Mails schicken? In den USA setzen erstaunlich viele auf tägliche E-Mails. Dieses System wird von verschiedenen E-Mail-Gurus gelehrt, einer der bekannteren ist Ben Settle. Mittlerweile gibt es auch in Deutschland tägliche Newsletter, obwohl sie hier sehr umstritten sind. Sie können damit rechnen, dass sich die Zahl der Abmeldungen drastisch erhöht. Genauso werden wahrscheinlich die Öffnungsraten und die Klickzahlen sinken.

Dafür ziehen Sie sich eine Horde echter Fans heran, die ihre tägliche E-Mail erwartet und sich fragt, was los ist, wenn mal keine kommt. Für diese Leute sind Ihre

E-Mails wertvoll und weil sie so häufig von Ihnen lesen, glauben sie, Sie oder Ihre Marke genau zu kennen. Durch Ihren häufigen E-Mail-Turnus beweisen Sie Verlässlichkeit und schenken der Leserschaft das Gefühl von Sicherheit. Was glauben Sie: Von wem werden diese Leute eher kaufen, von Ihnen oder von Ihrem Konkurrenten, der sich nur einmal im Monat in der Mailbox blicken lässt?

Sie sehen: Häufig mailen hat durchaus Vorteile. Aber nicht für jede Art von Marke eignet sich ein täglicher Newsletter. Wenn es ums reine Freizeitvergnügen geht, haben viele wenig Probleme mit täglichen News. Im B2B-Bereich werden Sie sich damit schwerer tun. Um den optimalen Turnus für sich herauszufinden, lohnt sich das Testen. Bevor Sie es nicht ausprobiert haben, können sie keine verlässliche Aussage dazu machen. Sie wollen so häufig wie möglich mailen, um Ihre Leserschaft schnell, aber langfristig an die Marke zu binden – und natürlich, um mehr zu verkaufen. Zugleich wollen Sie Ihre Leserschaft nicht zumüllen und von Ihrer Liste vertreiben. Dabei lohnt sich ein Blick auf die Gesamtzahl der geöffneten E-Mails und Conversions in einem gesetzten Zeitraum.

Öffnungsraten-Vergleich: Täglicher versus monatlicher Newsletter

Ein Rechenbeispiel: Angenommen, Sie haben eine astronomische Öffnungsrate von 80 % bei Ihrem monatlichen Newsletter (Variante A) – und eine unterirdische von 5 % bei Ihrem täglichen Newsletter (Variante B). Bei einer Listengröße von 1.000 Menschen werden 800 E-Mails pro Monat bei Variante A geöffnet. Bei Variante B sind es 1.500 – und damit fast doppelt so viele!

Dieses Extrembeispiel zeigt: Ein häufiger Turnus kann sich lohnen. Damit Ihnen viele Leser erhalten bleiben und Sie trotzdem einen echten Beziehungsaufbau hinbekommen, können Sie auch 14-tägige oder wöchentliche Newsletter probieren. Oder Sie starten mutig gleich mit zwei bis drei Mails pro Woche. Da sich Ihre Leserschaft erst an den Turnus gewöhnen muss, empfehle ich Ihnen, mindestens 4 Wochen lang dabei zu bleiben, bevor Sie an der Häufigkeit Ihrer E-Mails schrauben.

Ich sehe Sie gerade resigniert ausatmen: Wo in drei Teufels Namen sollen Sie Stoff für so viele E-Mails hernehmen? Das ist leichter als Sie denken. Lesen Sie gleich, aus welchen Inhalten Sie Ihre Newsletter basteln können.

Inhalte für Ihre Newsletter

Ihr Newsletter muss nicht jedes Mal gleich sein. Sie können inhaltliche Bestandteile auch mal variieren. Einmal schreiben Sie vielleicht nur einen persönlichen Brief an Ihr Publikum, und das nächste Mal weisen Sie auch auf einen Blogartikel hin oder präsentieren News aus der Community. Zwei Pflichtbestandteile sollte jede Ausgabe Ihres Newsletters haben:

1. **Ein persönlicher Brief:** Sie wollen mit Ihrer Leserschaft auf einer persönlicheren Ebene kommunizieren als – sagen wir – in einem Social-Media-Post, den die ganze Welt sieht. Ihre Leserschaft gehört zu Ihrem kleinen Kreis, zu Ihrer Truppe, zu Ihrem Tribe. Was Sie diesen Menschen erzählen, ist nicht für alle bestimmt. Also: Beginnen Sie Ihren Newsletter mit einem persönlichen Brief und einer individuellen Anrede. Erzählen Sie etwas von sich und was Sie erlebt haben. Oder ziehen Sie eine Parallele vom Arbeitsleben, Familienleben, einem Kinofilm, Ihrem Lieblingssport zu Ihrer Botschaft, die Sie vermitteln wollen. Formulieren Sie zum Schluss eine Erkenntnis oder Tipps, die Sie aus der Geschichte oder Beobachtung ziehen. Also erst die Geschichte, dann die Moral von der Geschichte. Ziehen Sie Ihr Publikum ins Vertrauen! Sie dürfen auch von Hindernissen, Niederlagen und doofen Situationen erzählen. Mehr Inspiration für Storys, die Sie im Newsletter erzählen können, finden Sie in Kapitel 4, »Storytelling als Würze – Argumente mit Ministorys untermauern«.
2. **Eine Aufforderung:** Ihr Publikum wäre vielleicht zufrieden mit einem regelmäßigen Brief von Ihnen. Andererseits: Sie können diesen Menschen sicher noch mehr bieten. Verweisen Sie unter der Geschichte auf ein Angebot, einen weiterführenden Artikel, oder fordern Sie zur Kontaktaufnahme auf. Wenn Sie Ihre Leserschaft gut unterhalten und informiert haben, wird sie sich über mehr von Ihnen freuen. Passen Sie nur auf, dass Sie nicht in die Werbesprache verfallen:

   [–] *Sichern Sie sich jetzt einen der umkämpften Plätze in unseren Master-Workshops.*

   Machen Sie stattdessen im gleichen Ton weiter, der sich durch den Brief zieht.

   [+] *Wenn Sie mehr über die DSGVO wissen wollen, halten Sie sich einen dieser Workshop-Termine frei.*

Diese Komponenten können Sie zusätzlich einbinden – entweder jedes Mal oder gelegentlich:

- **Redaktioneller Content:** Teasern Sie einen eigenen Blog-Post, Podcast oder ein Schulungsvideo an. Oder zeigen Sie Ihrem Publikum fremde Artikel zum Thema des Newsletters. Ein Beispiel dafür liefert *Helen's Closet*, die einmal wöchentlich Schnittmuster-Neuerscheinungen zusammenträgt und neue selbst genähte Klamotten aus der Community zeigt.

- **Termine:** Sind Sie auf einer Veranstaltung präsent, halten Sie irgendwo einen Workshop, oder sind Sie geschäftlich auf Reisen? Geben Sie Ihrer Leserschaft die Möglichkeit, Sie dort zu treffen.
- **Angebote:** Haben Sie neue Produkte oder aktuelle Angebote? Bitte halten Sie nicht damit hinterm Berg! Ihre Leserschaft hat sie sehnsüchtig erwartet. Wenn Sie etwas launchen, darf sich auch Ihr gesamter Newsletter – also auch die Intro-Geschichte – um Ihre geniale Neuheit drehen. So eine Ausgabe um ein Angebot herum ist ja nur eine Zutat im Inhaltsmix.

Damit Sie noch mehr damit anfangen können, möchte ich Ihnen einen typischen Newsletter von mir zeigen. Ich gebe fast immer Tipps zum Texten und verpacke diese in Storys. Meine Leserschaft weiß, dass ich »Game of Thrones« mag – das war die Untertreibung des Jahrhunderts. Deshalb habe ich zur finalen Staffel der Serie eine ganze Woche lang Schreibtipps im Zeichen meiner Lieblingsserie gegeben:

Betreff: So überfährst du Leser – und wirst niemals König von Westeros

Als ich noch für Autobauer getextet habe, musste ich seitenweise Kfz-Lyrik schreiben. Oder nennen wir es Motor-Minnesang.

Die High-End-Limousine verbindet Luxus und mühelose Kraftentfaltung elegant zu einer Umgebung, in der Fahren zum Inbegriff von Muße wird. Aus vollkommener Präzision und unbändiger Leidenschaft für Innovation ist eines der exquisitesten handgefertigten Automobile aller Zeiten entstanden.

Fühlst du dich auch überfahren? Wenn ich mit schwülstigen Superlativen beschossen werde, will ich aus dem Weg springen und mich ducken.

Glauben Kunden, dass es das exquisiteste Auto aller Zeiten ist, nur weil das jemand hingeschrieben hat?

Aber nein. Die Beweise fehlen. Wenn ich etwas behaupte, muss ich das belegen. Sonst ist es Blablub.

Hat die Superlimousine ein Formel-1-Auto abgehängt?

Wurden die Rinder täglich massiert, bevor ihre samtige Haut im Cockpit gelandet ist?

Welche technische Innovation steckt drin – ein Solar-Antrieb?

Wenn du gestern mitgelesen hast, fragst du dich vielleicht: Was zur Hölle hat das mit Game of Thrones zu tun? Mann, Daniela, komm zum Punkt!

Aye. Erinnerst du dich noch an Viserys – R.I.P.?

Vor seinem brutalen Ende deklamiert der eiteldoofe Bruder der späteren Drachenkönigin fast in jeder Szene, er sei der rechtmäßige Herrscher von Westeros. Jaja, ist klar.

Suboptimal für ihn: Sich König nennen ist nicht König sein.

Er hat etwas behauptet und keine Fakten dazu geschaffen. Lektion gelernt?

Mindestens 5 weitere tödliche Texterfehler erwarten dich zum Ende der Game-of-Thrones-Woche am Freitag.

Schreib gefährlich,

Daniela

PS: Willst du Texte schreiben, die Vertrauen bilden? Hier entlang zum Texter-Gelbgurt.

Im Grunde brauchen Sie nur eine Aussage, die Sie transportieren wollen. Meine lautet in dieser Newsletter-Ausgabe: Wenn Sie etwas behaupten, müssen Sie es belegen. Sonst glaubt Ihnen keiner. Dann finden Sie die Geschichte dazu, die diese Aussage stützt.

Wirksame Betreffzeilen

Es poltert, krakeelt und piesackt im Postfach:

- [–] *Der NEUE Weg, um Kunden zu finden*
- [–] *Das ist nicht verhandelbar, Daniela.*
- [–] *Das ist wahrscheinlich nichts für dich.*
- [–] *Diese E-Mail nicht öffnen.*
- [–] *Der Timer an deinem Einkaufswagen läuft ab.*
- [–] *Ich habe BOTOX bekommen. Und SO sah es aus.*

Mal ganz ehrlich: Was soll das Geschrei? Die Motivation dahinter ist klar: E-Mail-Marketing ist hammereffektiv. Aber nur, wenn die E-Mail geöffnet wird. Deshalb finden Sie im Netz haufenweise Anleitungen, wie Ihre E-Mail auf jeden Fall geöffnet wird – und 150 idiotensichere Betreffzeilen-Vorlagen zum faulen Kopieren und Anpassen. Die verlinke ich hier nicht, weil sie Ihrem E-Mail-Marketing schaden. All diese klickstarken Betreffzeilen machen einen bösen Fehler: Sie nützen den Marketern und nicht den Kundinnen. Der Absender will nur, dass ich klicke. Dabei sollte ihn viel mehr interessieren, was ich will, seine heißbegehrte Kundin. Mich interessiert, ob es sich für mich lohnt, die E-Mail zu lesen. Als hypermündiger Infojunkie möchte ich selbst entscheiden – und damit gehöre ich zu einer verdammt großen Community.

Abwehr – das ist mein Reflex, wenn mir jemand mutwillig die Information vorenthält, die ich als Entscheidungsgrundlage brauche. Ob der Inhalt der E-Mail für mich gerade relevant ist, scheint dem Absender schnurz zu sein. Als Klickfutter für die Statistik bin ich gut. Aber Wertschätzung sieht anders aus. Kundinnen und Kunden wollen beachtet und verstanden werden, nicht durch Funnel geschleust und mit gefakter Vertrautheit personalisiert oder mit sogenannten klickstarken Betreffzeilen zum Öffnen genötigt werden. Okay, heißt das, Sie sollten besser auf die Klicks verzichten, die Sie mit aufmerksamkeitsstarken Betreffzeilen kriegen könnten? Aber nein: Sie bekommen Ihre Klicks nur besser anders.

Leisere Betreffzeilen wirken länger.

Was passiert, wenn Neugier über besseres Wissen siegt und Ihr Publikum die E-Mail nur öffnet, weil die Überschrift den Mund wässrig gemacht hat? Entweder ihm gefällt der Inhalt. Dann ist alles gut, Ihre Leserinnen und Leser schmunzeln nachsichtig über die verkäuferische Betreffzeile, nehmen sie aber nicht krumm. Oder sie bekommen nicht, was sie sich erhofft haben – was weitaus häufiger geschieht. Dann sind sie sauer, weil Sie ihre Zeit verschwendet haben. Das nächste Mal fallen sie ich nicht mehr darauf rein. Sie haben es in Zukunft bei diesen Menschen schwer. Und jetzt stellen Sie sich das entgegengesetzte Szenario vor: Sie liefern regelmäßig großartige Inhalte, die jedes Mal die Erwartungen Ihres Publikums erfüllen, also genau bieten, was Sie in der Betreffzeile ankündigen. Mit der Zeit wird die Betreffzeile unwichtiger. Ihr Publikum öffnet die E-Mail, weil es dem Absender vertraut. Dieses Vertrauen müssen Sie sich jedoch Betreffzeile für Betreffzeile erarbeiten. Das führt auf Dauer zu viel mehr Klicks als verzweifelt reißerische Betreffzeilen, die euphorisierte Leser ernüchtert zurücklassen.

Also: Schneiden Sie die Betreffzeile exakt auf den Inhalt Ihres Newsletters zu. Ernsthaft: Werfen Sie die Vorlagen weg, die Sie irgendwo aus dem Netz gefischt haben. Verdichten Sie den Inhalt Ihres Newsletters auf eine Zeile. Was erfährt der Leser? Welches Angebot bekommt er? Sagen Sie es klar, und machen Sie neugierig auf die genauen Details. Ihre treuen Leserinnen und Leser werden die E-Mail öffnen, wenn sie sich für Ihre Inhalte interessieren.

[+] *Wie du bessere E-Mails schreibst und mehr Kunden begeisterst.*

Wer das lernen möchte, wird die E-Mail öffnen. Die anderen wären zurecht verärgert, wenn ich stattdessen schwammig teasern würde:

[–] *Seit ich das kann, läuft mein Marketing.*

Aufmerksamkeit können Sie so trotzdem erzielen:

- Schreiben Sie ihre Betreffzeile, als würden Sie mit einem Freund sprechen. Dann klingt sie nicht nach Werbung.
- Kombinieren Sie eine Teaser-Überschrift mit einem erklärenden Vorschautext. Hauptsache, Sie lassen Ihr Publikum nicht im Unklaren, was es erwartet.
- Stechen Sie mit sehr kurzen oder sehr langen Betreffzeilen hervor. Die mittlere Länge wird empfohlen. Sind Sie rebellisch genug, um aus dem Raster zu fallen?
- Lassen Sie Emojis für Ihre Sichtbarkeit arbeiten. Packen Sie höchsten ein oder zwei Emojis in eine Betreffzeile. Sie können Ihren Text auch mit zwei gleichen Emojis einrahmen.

Also: Probieren Sie ein paar nicht nervende Betreffzeilen aus. Und vertrauen Sie Ihrem Publikum, dass es Ihre Newsletter wegen der wertvollen Inhalte öffnet, auch wenn Sie auf laute, plumpe Betreffzeilen verzichten, die Klickzuckungen auslösen.

Newsletter-Schreibtipps

Dürfen es zum Schluss noch ein paar Schreibtipps sein, damit Ihre Newsletter Applaus bekommen? Hier kommen sie:

- Personalisieren Sie: Klar wissen Ihre Leserinnen und Leser, dass Sie nicht mit eigenen Händen »Liebe Heike« oder »Lieber Max« tippen. Das macht nichts. Sie fühlen sich trotzdem angesprochen. Sie müssen die persönliche Anrede nicht nur für die Begrüßungsfloskel verwenden. Großen Wumms hat die Personalisierung auch im Fließtext, etwa wenn Sie einen Call-to-Action einleiten: *»Wäre das etwas für dich, Melanie?«* Nur Contenance: Einmal pro E-Mail reicht, sonst klingen Sie wie ein armseliger Verkäufer, der beim Seminar eingetrichtert bekommen hat, dass er seine Kundschaft so oft wie möglich mit Namen ansprechen soll.
- Ein Newsletter ist ein Brief. Also stellen Sie sich Ihr Gegenüber vor, und führen Sie ein Gespräch ihm. Schreiben Sie Ihren Brief in einem Mix aus direkter Ansprache und Ich-/Wir-Perspektive.

- Damit Ihr Text rund wird, formulieren Sie für sich zunächst eine klare Botschaft, die Sie in Ihrem Newsletter vermitteln wollen. Diese sollte Inhalt haben und nicht nur lauten: »Ich habe ein neues Angebot.« Wenn die Botschaft Ihre Leserschaft stutzen lässt, stellen Sie sie an den Anfang, und erklären Sie Ihre Aussage im Verlauf der E-Mail. Wenn Ihre Botschaft bekannt ist oder gleich einleuchtet, führen Sie mit einer Geschichte hin.
- Wenn Ihr Publikum der menschlichen Spezies angehört, besteht es aus Gewohnheitstieren. Und die freuen sich über alles, was sie kennen – von Running Gags bis zum Standard-Pizzabelag. Also denken Sie sich eine Abschlussfloskel aus, die nur Sie verwenden. Meine heißt: *»Schreib gefährlich. Es grüßt und winkt, Daniela«*. Sie können auch Ihren Claim als Schlussfloskel benutzen. Moment, sind Floskeln auf einmal doch gut? Wenn eine Floskel untrennbar mit Ihrer Marke verbunden ist, dann arbeitet sie für Sie. Es muss eben Ihre Floskel sein, keine x-beliebige.
- Ungeduldige springen oft gleich zum PS. Das funktioniert klasse, wenn Sie Ihr Publikum darauf trainiert haben, dass zum Schluss noch was Spannendes kommt. Stellen Sie sich vor, Sie erklären im Newsletter Ihre zweitliebste Methode, Kunden zu gewinnen. Im PS verraten Sie Ihre liebste Methode. Oder Sie zeigen im PS, wie Sie die Informationen aus dem Newsletter am besten in Erfolge verwandeln können – indem Sie ein Angebot machen. Ich halte meine Newsletter-Texte meist werbefrei und gebe Schreibtipps abseits des Mainstreams. Im PS mache ich dann ein Angebot und fordere zum Weiterklicken auf.
- Lassen Sie Ihre Leserschaft Teil eines exklusiven Zirkels sein. Ihr Publikum soll sich privilegiert fühlen, weil es einen direkteren Zugang zu Ihrer Marke hat als andere. Dieses Gefühl erzeugen Sie, indem Sie Ihren Abonnentinnen und Abonnenten mehr schenken als all den anderen, die nicht auf der Liste sind. Verschicken Sie einen aktuellen Report, oder machen Sie gelegentlich ein Schulungsvideo, das nur ihnen vorbehalten ist. Betonen Sie das im Text. So geben Sie ihnen einen Grund, auf Ihrer Liste zu bleiben. Mehr noch: Sie können gar nicht anders als überzeugte Jünger zu werden. Sie bekommen immer wieder Beweise dafür, dass es bei dieser Marke um die Fans geht und nicht nur ums Verkaufen.

Regelmäßig engagierende Newsletter zu schreiben braucht etwas Übung. Aber ich verspreche Ihnen: Je öfter Sie sich damit beschäftigen, desto leichter wird es Ihnen fallen. Denn Ideen vermehren sich von selbst. Wenn Ihnen ein Thema einfällt, ist das nächste nicht weit. Aus jeder Idee entspringen wieder neue. Also finden Sie Spaß am Rumspinnen – dann gelingt Ihnen auch ein regelmäßiger Newsletter, auf den sich Ihr Publikum freut wie Ihre Kinder auf den Weihnachtsmann.

16.3 Die Verkaufsserie oder die Kampagne

Neulich erklärte mir eine Kundin, dass Verkaufen per E-Mail für sie nicht funktioniert. Sie arbeitet in einem Unternehmen mit einer E-Mail-Liste von rund 1.500 Empfängern. Das ist jetzt nicht die Welt, aber bei Weitem groß genug, um darüber erfolgreich zu verkaufen. Auf meine Nachfrage hin, zeigte sie mir ihre Verkaufs-E-Mail, die unterirdische Conversions (heißt in diesem Fall Verkäufe) generiert hat. Sie hatte den Text nach allen Regeln der Verkaufskunst optimiert: mit Kundenbrille auf der Nase getextet, geladen mit Benefits, einer Story und sogar einer sympathischen Handlungsaufforderung. Was will die Kundschaft mehr?

Ich verrate es Ihnen: Obwohl der Verkaufstext mehr als passabel war, bestand die Verkaufsoffensive nur aus einem Text. Die Macherin verstand E-Mail-Marketing als einmalige Aussendung. Weil sie ihre Leserschaft nicht nerven wollte, beließ sie es bei dieser einen E-Mail. Sie schickte das Angebot raus, kaum jemand kaufte, und sie dachte sich: »Na ja, das war wohl nichts.« Dabei entfalten Sie das Potenzial Ihrer E-Mails erst, wenn Sie in Serie gehen. Besonders bei etwas höherschwelligen Produkten können Sie Ihr Publikum mit einer Serie von E-Mails durch den Entscheidungsprozess führen. Wenn Sie es schlau anstellen, freut sich Ihre Leserschaft sogar auf die nächste E-Mail. Im Lauf der Kampagne überzeugen Sie Schritt für Schritt. Da Sie Ihre Verkaufsoffensive auf verschiedene E-Mails aufteilen, haben Sie ganz andere Möglichkeiten als in einem einzigen Text, in den Sie alles reinquetschen müssen, was die Kundschaft zum Kaufen bringt. So bauen Sie Vertrauen auf, entzünden Interesse und helfen Ihrem Publikum dabei, sich für Ihr Angebot zu entscheiden.

Bevor Sie Ihre Leserschaft also mit einer Kampagne bombardieren, wollen Sie herausfinden, welche Leute auf Ihrer Liste Sie dafür begeistern können. Es wäre schade, wenn sich viele austragen würden, die Sie für ein anderes Angebot gewinnen könnten. Deshalb beginnen Sie Ihre Kampagne an eine bereits bestehende Liste immer mit einer Qualifikationsrunde. Oder Sie vermarkten an Leads, die Sie über einen Funnel einsammeln und auf diesem Weg qualifizieren. Das Funnel-Prinzip erkläre ich gleich. Da Sie sich für E-Mail-Verkaufsserien interessieren, gehe ich erstmal davon aus, dass Sie mindestens eine kleine Liste an Empfängern haben.

Pre-Launch-Qualifikation

Wie finden Sie heraus, welche Ihrer Leserinnen und Leser sich für Ihr Angebot interessieren könnten? Testen Sie einfach, wer Interesse hat, und pflanzen Sie schon kleine Samen der Neugier auf Ihr Angebot, ohne direkt darauf hinzuweisen. Das nennt sich auf gut Englisch *Seeding*. Das gelingt Ihnen zum Beispiel mit der SQM-Formel (siehe Abschnitt 3.3). Schreiben Sie ein bis drei E-Mails, in denen Sie das Problem aufzeigen, dramatisieren und schließlich eine Lösung in Aussicht stellen. Um das Interesse Ihrer Leserschaft zu prüfen, teasern Sie den Inhalt der nächsten E-Mail am Ende an und fragen Ihre Leserinnen und Leser, ob sie das lesen möchten. Alle, die auf »Ja, das interessiert mich« klicken, kommen in Ihre Launch-Liste.

Angenommen, Sie verkaufen individuelle Deko für Kindergeburtstage – das nur als plakatives Beispiel. Dann könnte Ihre Qualifikationsserie so aussehen:

- **E-Mail 1:**

  Sie erzählen davon, wie Ihre Tochter sich in den Kopf gesetzt hat, einen Giftroboter-Geburtstag zu feiern – und von Piraten und Prinzessinnen nichts wissen wollte. Sie wussten nicht mal, was sich Ihre Tochter unter Giftrobotern vorstellte und was man Kindertaugliches zu diesem gelinde gesagt exotischen Thema unternehmen könnte. Wenn Sie in der SQM-Formel (Schmerz – Qual – Medizin) denken, dann beschreiben Sie hier den Schmerz oder das Problem.

- **E-Mail 2:**

  Sie beschreiben ihre Verzweiflung. Die Tochter bleibt bei ihrem Wunsch, und Sie machen sich auf, ihn umzusetzen. Sie finden nur Lego-Bausätze für viel ältere Kinder und ein Servietten-Paket mit Ritter Rost, der mit viel gutem Willen wie ein antiquierter Roboter aussieht. Der Geburtstag rückt näher. Der Zweck dieser E-Mail ist, das Problem zu dramatisieren und die fiesen Konsequenzen zu zeigen, wenn es nicht gelöst wird. Sie sind in der Qualphase der SQM-Formel.

- **E-Mail 3:**

  Stellen Sie eine Medizin, also eine Lösung in Aussicht. Wäre es nicht genial, wenn man sich seine eigene Deko designen könnte, die dann auf Tellern und Servietten prangt? Sie haben aus Ihrer Tochter herausbekommen, dass ein Giftroboter grün ist und natürlich einen Totenkopf mit Herzchenaugen auf der Metallbrust trägt. Jetzt müssten Sie das Motiv nur noch auf die Deko bekommen. Zum Schluss fragen Sie, ob Ihr Publikum erfahren möchte, wie Sie das Problem gelöst haben und wie sie selbst ganz einfach aus jedem erdenklichen Thema aus Kinderfantasien Geburtstagsdeko gestalten können – fernab vom üblichen Merchandise rund um die Eiskönigin, die Minions oder Star Wars. Wer auf »Das will ich wissen« klickt, landet auf der Liste, an die Sie Ihre eigentliche Verkaufsserie schicken.

Jetzt wissen Sie, wen Sie begeistern können. Sie dürfen mit weit weniger Austragungen aus Ihrer Liste rechnen, als wenn Sie ungefragt eine Verkaufsserie an alle Empfänger schicken. Genial, oder? Ihre Empfängerliste wird so zwar kleiner, aber Sie haben eine viel größere Verkaufschance bei Ihren qualifizierten Leads. Also lassen Sie sich nicht täuschen: Es kommt nicht so sehr auf die reine Größe Ihrer Liste an, sondern auf die Qualität der Leads. Oder menschlicher gesagt: Ihnen nützen nur Leute, die sich für Ihr Angebot interessieren könnten. Die anderen sind nur genervt, wenn sie mit für sie irrelevanten Infos zugeschüttet werden.

Sie haben jetzt ein Publikum, das auf Ihre Kampagne wartet. Wie sie die planen und mit Inhalt füllen, erfahren Sie jetzt.

Der 10-Tage-Launch

Typischerweise definieren Sie einen Zeitraum für Ihre Verkaufsserie, die sich über 5 bis 10 Tage erstreckt. Um die Idee zu erläutern, schildere ich gleich einen klassischen 10-Tage-Launch. Die 10 Tage sind der Zeitrahmen, in dem das Angebot verfügbar ist, das Sie mit Ihrer E-Mail-Serie bewerben. Das Zeitfenster schafft automatisch Dringlichkeit und zwingt die potenzielle Kundschaft, sich zu entscheiden. Sie könnten jetzt sagen: »Druck erzeugen möchte ich nicht, das ist mir zu salesy.« Fakt ist: Sie brauchen in einer E-Mail-Kampagne einen Hebel, um eine Entscheidung herbeizuführen. Das kann auch ein Bonus sein, der ausläuft. Oder ein wirklich begrenztes Kontingent. Jede E-Mail in der Serie hat einen klar definierten Zweck. Wenn Sie den kennen, fällt es Ihnen auch leichter, die einzelnen E-Mails mit Inhalten zu füllen. So kann eine E-Mail-Serie für Ihren 10-Tage-Launch aussehen:

- Tag 1 – Produktvorstellung: Nach der Qualifikationsserie sind Ihre Empfängerinnen und Empfänger bereit für Ihr Angebot. Stellen Sie Ihr Produkt vor, und weisen Sie auf den Verkaufsstart am nächsten Tag hin. Tipp: Nutzen Sie eine Textformel wie BELA (Benefit – Empathie – Lösung – Aufforderung), um Ihr Produkt an Ihre Leserschaft heranzuführen (siehe Abschnitt 3.1).
- Tag 2 – Verkaufsstart und Bonus: Feiern Sie den Verkaufsstart, teilen Sie Ihre Freude, und enthüllen Sie die Verkaufsseite, auf der Sie nähere Infos geben (siehe Abschnitt 12.5). Vor allem: Präsentieren Sie einen attraktiven Bonus, den die Kundschaft in spe bekommt, wenn sie innerhalb von 48 Stunden kauft. Je besser der Bonus, desto besser funktioniert das.
- Tag 3 – Fokus auf Bonus: Stellen Sie den superduper Bonus noch im Detail vor, statt ihn nur zu erwähnen, und erinnern Sie daran, dass der Bonus am folgenden Tag ausläuft. Geben Sie sich beim Präsentieren genauso viel Mühe, als wäre der Bonus das eigentliche Produkt.
- Tag 4 – Bonus Ende: Erinnern Sie daran, dass der Bonus am heutigen Tag ausläuft. Machen Sie kein großes Tam-Tam, schicken Sie nur einen virtuellen Knoten im Taschentuch.
- Tag 5 – Beweise zeigen: Zurück zum eigentlichen Produkt. Stellen Sie zum Beispiel einen oder mehrere Menschen vor, die das Produkt bereits genutzt haben. Falls das

Produkt neu ist, konnten Sie das Produkt vielleicht von einem kleinen Personenkreis testen lassen. Oder Sie präsentieren Erfolgsauswertungen. Wichtig ist, dass Sie sich dabei auf Ergebnisse konzentrieren. »Das ist ein ganz tolles Produkt« aus Kundenmund ist leider nicht genug.

- Tag 6 – Noch mehr Beweise: Zeigen Sie eine andere Case Study oder eine andere Kundenstimme. Ihre Leserschaft muss das Gefühl bekommen, dass sie auch zum illustren Kreis derer gehören möchte, die bereits von Ihrem Produkt profitieren konnten.
- Tag 7 – Storytime: Setzen Sie den Fokus auf einen einzelnen emotionalen Benefit, den das Angebot mit sich bringt. Fassen Sie diesen in einem Satz klipp und klar zusammen. Etwa: *»Kinder lieben Erlebnisse viel mehr als Geschenke.«* Wichtig ist, dass Ihre Leserschaft den Satz abnickt. Also tüfteln Sie, bis Sie eine Aussage finden, der Ihr Publikum vorbehaltlos zustimmen kann. Schreiben Sie eine Geschichte, die zu dieser Aussage hinführt oder sie stützt.
- Tag 8 – Einwände entkräften: Sprechen Sie Bedenken an, die Ihre Kundschaft in spe haben könnte. Entweder Sie schnappen sich das größte Hindernis und nehmen sich eine E-Mail lang Zeit, es aus dem Weg zu räumen. Oder Sie verpacken Ihre Einwandbehandlung in FAQs (siehe Abschnitt 12.5 mit der Überschrift »FAQs gegen Zweifel«). Formulieren Sie für jedes wichtige »Aber« eine Frage aus Kundensicht. Damit können Sie eine scheinbare Hürde sogar in einen Vorteil verwandeln. Wenn Sie die FAQs in eine E-Mail packen, beschränken Sie sich auf wenige – maximal fünf brennende Fragen, auf die Sie beruhigende Antworten haben. Fordern Sie Ihr Publikum deutlich auf, Sie mit Fragen zu bombardieren. Geben Sie Ihrer Leserschaft das Gefühl, dass Sie bereit sind, zuzuhören und begeistert weiterhelfen.
- Tag 9 – Angst schüren: Ihre Leserschaft läuft Gefahr, etwas Großartiges zu verpassen. Auf Englisch gibt's ein Akronym für diese Angst: *FOMO* (Fear of Missing out). Nicht umsonst gibt's den Begriff: FOMO ist ein starker Hebel für Texterinnen und Texter. Menschen wollen bei der Party dabei sein, zur Gruppe gehören, auch so ein tolles Auto haben wie die Nachbarn. Also zeigen Sie, was passiert, wenn Ihre Leserinnen und Leser das Angebot nicht kaufen. Das Schlimmste könnte tatsächlich sein, dass sich die aktuelle Situation in 1 Jahr noch nicht geändert hat. Ein anderer Weg, FOMO zu schüren ist, wenn Sie Menschen vorstellen, die bereits gekauft haben und dabei sind. »Das will ich auch« – diese Reaktion wollen Sie mit Ihrer FOMO-Mail auslösen.

  Erinnern Sie daran, dass das Angebot am nächsten Tag endet. Optional können Sie in dieser E-Mail einen neuen Wow-Bonus einführen.
- Tag 10 – Torschluss: Schreiben Sie eine kurze Erinnerung, dass das Angebot heute ausläuft. Fassen Sie noch mal die wichtigsten Benefits zusammen, und drücken Sie

Ihre Vorfreude auf die fortgesetzte Kundenbeziehung aus. Achten Sie peinlich darauf, keine Standardfloskeln zu verwenden. Nichts überzeugt mehr als persönliche Worte, die sie selbst finden, anstatt sie von irgendwoher zu kopieren.

Schauen Sie jetzt wie ein erstauntes Emoji, weil Sie glauben, dass Sie Ihr Publikum heillos überfordern? Eine E-Mail-Serie über 10 Tage hinweg ist eine Menge Holz. Aber es lohnt sich! Sie gewöhnen Ihre Leserschaft jeden Tag ein bisschen mehr an den Gedanken, das Angebot zu kaufen. Ja, es werden sich Menschen aus Ihrer Liste austragen – selbst einige, die nach der Qualifizierungsrunde noch dabei waren. Allerdings bilden die definitiv höheren Verkaufszahlen (Conversions) ein tragbares Gegengewicht. Können Sie es verschmerzen, ein paar Leser zu verlieren, wenn Sie dafür mehr als ein paar Käuferinnen gewinnen? Ich kann das. Zudem bereiten Sie viele Leserinnen und Leser mit Ihrer Serie auf einen zukünftigen Kauf vor – selbst, wenn sie sich zum gegenwärtigen Zeitpunkt noch dagegen entscheiden.

Das Funnel-Prinzip

Bevor Sie jedoch Ihre Verkaufsserie starten, brauchen Sie erst einmal echte Interessentinnen und Vielleicht-bald-Kunden, die von Ihrem Angebot erfahren wollen, statt sich genervt aus Ihrer E-Mail-Liste zu verabschieden.

Ihre E-Mail-Kampagne ist sehr wahrscheinlich ein Baustein in einem Funnel. Wenn Ihre Verkaufsoffensive mehr als einmal laufen soll – das soll sie definitiv –, brauchen Sie frische Menschen auf Ihrer E-Mail-Liste. Sie können das gleiche Produkt nicht langfristig an die gleichen Menschen (Leads) vermarkten. Vorab gesagt: Ich kann das Bild eines Funnels nicht ausstehen, weil ich meine Kundschaft nicht durch imaginäre Trichter quetschen will. Aber es zeigt recht plakativ, wie das Qualifizieren funktionieren kann. Ein Funnel ist also ein Trichter, der oben eine große Öffnung hat und nach unten hin schmaler wird. Nicht jede neugierige Person, die oben in die Öffnung fällt, legt den ganzen Weg durch den Trichter zurück. Unten heraus kommen nur die superinteressierten, kaufgierigen Markenfans. Die anderen bleiben stecken und werden so herausgefiltert. Dieses Bild hat nur einen Makel: Es zeigt nicht, dass Sie im Verkaufsprozess nicht nur filtern, sondern auch achselzuckende Leute, die zufällig auf Ihre Marke stoßen, in Fans verwandeln können. Sie sieben also nicht nur aus, Sie wärmen kalte Kontakte auf.

Ein Funnel ist ein fester Prozess, mit dem Sie Kontakte einsammeln, aufwärmen und schließlich konvertieren.

Dieser löst für Sie gleich zwei Probleme: Er versorgt Sie mit einem Strom an Interessenten, und zugleich hilft er Ihnen, Stöbernde in kaufbereite Fans zu verwandeln. Ein Funnel kann sich durch verschiedene Medien ziehen oder bei einem einzigen bleiben. Die Voraussetzung ist immer, dass genug Menschen oben reinfallen. Am Anfang Ihres Funnels steht also eine Traffic-Quelle.

Beispiele für Sales Funnels

- Content-Upgrade – E-Mail-Kampagne: Sie schreiben einen Blog-Post und bieten ein dazu passendes Content-Upgrade an: ein Video, eine Checkliste, einen Leitfaden, um ein paar Beispiele zu nennen. Um das Content-Upgrade zu bekommen, ist eine E-Mail-Adresse notwendig.[1]
- (Facebook-Ad –) Landingpage – E-Mail-Kampagne: Bieten Sie auf einer Landingpage im Austausch gegen die E-Mail-Adresse ein attraktives Freebie an. Denkbar wären ein kostenloses Videotraining, Checklisten, ein Whitepaper oder ein E-Book-Leitfaden. Sie können die Landingpage suchmaschinenfreundlich gestalten, auf Ihrer Website auf sie verlinken und den Traffic darauf mit bezahlten Anzeigen steigern.
- Facebook-Ad – Webinar – E-Mail-Kampagne: Bewerben Sie die Teilnahmen an Ihrem kostenlosen Live-Training oder auch aufgezeichnetem Evergreen-Webinar per Anzeige. Zur Anmeldung tragen sich die Teilnehmenden in Ihre E-Mail-Liste ein, aus der sie sich jederzeit wieder austragen können. Im Anschluss an das Webinar, in dem Sie verkaufen oder auch nicht, versenden Sie Ihre E-Mail-Kampagne.
- Facebook-Ad – Challenge – Webinar – E-Mail-Kampagne: Bewerben Sie die Teilnahme an einer Challenge über eine Anzeige. Am Ende der Challenge veranstalten Sie ein Webinar, in dem Sie das kostenpflichtige Angebot vorstellen. Am Ende verkaufen Sie dieses mit der nachfolgenden E-Mail-Kampagne.
- Facebook-Gruppe – Gratistraining – E-Mail-Kampagne: Am Anfang steht wieder eine Anzeige oder auch eine Facebook-Gruppe, in die Sie Kontakte einladen. In der Gruppe bieten Sie wertvollen Content an oder eine Trainingsserie zum festgelegten Zeitraum. Zum Abschluss verkaufen Sie Ihr Angebot mit einer E-Mail-Kampagne.

Was ist anders an Funnel-Texten? Na, gar nichts! Alles, was Sie übers Texten gelernt haben, wenden Sie in Ihren Funnel-Texten an: Sie schreiben mit Benefit-Fokus, füh-

1 Bitte informieren Sie sich darüber, wie Sie E-Mail-Adressen DSGVO-konform einsammeln können. Das ist möglich, jedoch kann ich als Texterin keine rechtssichere Auskunft geben. Interessant sind in diesem Zusammenhang die Bücher von Medienanwalt Christian Solmecke.

ren mit Ihrer Leserschaft einen Dialog, drücken sich natürlich aus. Eines sollten Sie dabei beachten:

Ein Funnel ist kein zusammengewürfelter Haufen aus einzelnen Werbemaßnahmen. Ein Funnel ist ein Weg mit Start und Ziel, auf dem Sie Ihre Leserinnen und Leser vom Kennenlernen zum Kaufen führen. Also planen Sie die Reise als Gesamterlebnis! Für Ihre Texte bedeutet das:

- Verbinden Sie die Einzelmaßnahmen, indem Sie Bezug auf frühere Reisestationen nehmen. Verweisen Sie etwa in der E-Mail-Serie auf Erkenntnisse aus dem vorangegangenen Webinar.
- Erzählen Sie nicht immer wieder das Gleiche an allen Reisestationen, sonst wird's öde. Fokussieren Sie sich in jedem Abschnitt Ihres Funnels auf eine Aussage und ein Ziel. Am Ende sollten Sie alle Texte hintereinander lesen können wie aufeinanderfolgende Kapitel in einem Buch.
- Setzen Sie einmal begonnene Geschichten fort, und kündigen Sie diese Fortsetzung an, damit sich Ihre Leserschaft auch auf den nächsten Reiseabschnitt freut.
- Schaffen Sie Wiedererkennung, indem Sie in der gleichen Tonalität schreiben und Ihre eigenen Worte verwenden.

Ich möchte Sie ermuntern, Funnels zu planen und durchzutesten. Sie werden beim ersten Anlauf wahrscheinlich nicht den Stein der Weisen finden. Trotzdem lohnt es sich, einen Funnel eine Weile zu beobachten, bevor Sie etwas anderes ausprobieren.

Erfolgreiche Funnels entstehen nicht durch ständigen Methodenwechsel, sondern durch beharrliches Feinjustieren.

Damit Sie wissen, welche Stellschraubendrehung die größte Wirkung hat, lohnt es sich, immer nur eine Sache zu verändern. Beobachten Sie, wie sich die Performance entwickelt. Dann können Sie zur nächsten Veränderung übergehen. So kommen Sie in Babysteps zum funktionierenden Funnel – und lernen dabei jede Menge über Ihre Kundschaft.

Kapitel 17
Anzeigen am Beispiel von Facebook Ads

Wenn Content der große Leuchtturm im Internet ist, der Suchenden die Richtung weist, welche Rolle spielen dann Anzeigen im Onlinemarketing? Gehören die nicht in die rostige Werkzeugkiste der traditionellen Werbung?

Wenn Content der Leuchtturm ist, dann sind Anzeigen die Winde, die Suchende im Onlinemeer in seine Richtung pusten. Die Voraussetzung dafür, dass Content wirkt, ist, dass Menschen ihn finden. Sie können die coolste Videoserie aller Zeiten aufnehmen – wenn keiner sie sieht, wird es nicht funktionieren. Sie brauchen also Traffic, sprich Menschen, die Ihre Website besuchen, wo der ganze Leuchtturm-Content auf sie wartet, sie beglückt und ihnen Richtung gibt.

Das funktioniert durchaus auch ohne bezahlte Werbung – wenn Sie willens sind, auf ein luftiges Google-Ranking zu warten, das Sie mit immer frischen, großartigen Inhalten irgendwann erreichen. Oder darauf, dass Sie eine Community aus applaudierenden Fans aufgebaut haben, die reflexartig alles teilen, was Sie auf sozialen Medien posten. Und selbst dann können Ihnen bezahlte Anzeigen helfen, schneller und vor allem mehr Menschen zu erreichen. Und jetzt kommt's: Wir sprechen nicht von irgendwelchen Menschen, sondern von den Menschen, denen sie am besten helfen können, von Ihren absoluten Traumkunden, Ihren fleischgewordenen Buyer Personas.

Dank fein justierbarerer Targeting-Möglichkeiten können Sie Ihre Anzeigen genau den Leuten zeigen, die sich potenziell am meisten für Ihre Angebote interessieren. Und Sie bezahlen nur, wenn jemand auf Ihre Anzeige klickt – also nachweislich Interesse signalisiert. Danach können Sie diese Menschen sogar wiederfinden und ihnen eine weitere Anzeige zeigen. Das nennt sich dann *Retargeting*. Sie erkennen: Bezahlte Ads machen Spaß und bringen Ihnen jede Menge.

Ich möchte nicht verschweigen, dass die Kosten immer noch explodieren. Dennoch: Wenn Sie es richtig anstellen, also gute Anzeigen texten und gestalten, können Sie sich auf relevanten Traffic und vielversprechende Leads freuen. Wichtig: Astronomische Besucherzahlen helfen Ihnen nicht, wenn es die falschen Besucher sind. Mit Anzeigen können Sie bis zu einem gewissen Grad steuern, wen Sie anziehen wollen und wen nicht. Dabei helfen Ihnen nicht nur die Targeting-Möglichkeiten: Auch wie die Anzeige aussieht, was drinsteht und wie sie geschrieben ist, bestimmt mit, wer sich angesprochen fühlt.

Sie können mittlerweile in nahezu jedem Social-Media-Kanal Anzeigen schalten. Hier beschränke ich mich auf den beliebtesten Anbieter von PPC-Ads, das ist immer noch Facebook. Was Sie lernen, können Sie auch auf andere Kanäle übertragen.

Vorweg: Wofür lohnen sich Facebook-Ads? Ganz klar: Das direkte Verkaufen lohnt sich nur für niederschwellige Produkte. Besser funktionieren Anzeigen, die in einen Sales Funnel führen (siehe Abschnitt 16.3 mit der Überschrift »Das Funnel-Prinzip«), die also darauf abzielen, Content zu promoten und Leads zu generieren. Über Facebook-Ads könnte man ein eigenes Buch schreiben – ich möchte mich hier nicht auf das Anzeigenziel, das Targeting oder die Gestaltung konzentrieren, sondern Ihnen Ideen geben. Die sind dringend nötig, wenn ich mir anschaue, was mir so als Anzeige vorgesetzt wird.

In meiner Facebook-Timeline finde ich täglich furchtbare Anzeigen aus der Onlinemarketing-Branche: Manchmal sieht das Visual wie ein Urlausfoto aus und die Marketingpriesterin zeigt sich vor Sonnenuntergang mit Cocktail in der Hand. Alternativ sehe ich einen geschniegelten Anzugtypen mit teurer Uhr vor Flipchart oder auf der Bühne vor riesigem Publikum. In den Texten tummelt sich eine wilde Horde Emojis, die bei anfälligen Menschen epileptische Anfälle triggern müsste. Tja, und dann sind die Texte immer nach dem gleichen Schema geschrieben. Ich kürze das mal ab, die echten Anzeigen sind noch länger:

[–] *Du bist Coach, Berater oder Schamane? Du hast alles versucht: Webinare, Bloggen, Facebook-Gruppen – aber du ziehst immer noch nicht genügend Kunden an? Dabei könntest du so vielen Menschen helfen, wenn sie nur von dir wüssten?*

Mir ging es wie dir: Ich knabberte an alten Brotkrümeln, während ich verzweifelt versucht habe, Kunden zu gewinnen. Niemals hätte ich gedacht, dass ich schon 4 Wochen später 50.000 € im Monat verdienen würde. Ja, du hast richtig gelesen. Und das nicht nur einmal, sondern Monat für Monat. Willst du wissen, wie ich das geschafft habe – ohne mich kaputt zu rackern und im Einklang mit mir selbst? Ich enthülle meine geheime Strategie erstmals. Im exklusiven Gratistraining des Jahrtausends, das es nie mehr in dieser Form geben wird, erfährst du:

Die 3 easy Schritte, die mich in Nullkommanix auf 50.000 € im Monat gebracht haben:

Mit welcher geheimen Strategie ich mein Mindset programmiert habe, um endlich meine Bestimmung zu finden

Wie ich meine Blockaden ein für alle Mal losgeworden bin und endlich das tue, was ich liebe

Wie du noch im Training deine glasklare Message findest, die deine Kunden deinen Wert erkennen lässt

Die Plätze sind streng limitiert, also sichere dir unbedingt einen Platz.

Ich bekomme besonders viele dieser Anzeigen zu sehen, da ich mich für Marketingthemen interessiere – damit lande ich direkt in der Gruppe der Menschen, an die diese kopierten Anzeigen ausgespielt werden. Aber ist es wirklich so einfach? Funktioniert das, werden Sie sich zurecht fragen?

Wenn Sie sich den Text anschauen, werden Sie Werbetext-Prinzipien wiederfinden: Das Problem der Leserschaft wird beschrieben, eine persönliche Geschichte erzählt, eine Lösung aufgezeigt, Knappheit erzeugt und eine Handlungsaufforderung gegeben. Trotzdem ist die Anzeige unterirdisch. Warum? Weil sie lieblos abgekupfert wurde, null Persönlichkeit transportiert und viel zu offensichtlich mit bekannten Werbetricks spielt. Selbst wenn Anzeigen dieser Art bis vor Kurzem noch funktioniert haben, brauche ich keinen Blick in die Kristallkugel, um vorherzusagen: Das geht nicht mehr lange gut.

Erstens sind die Nutzerinnen und Nutzer übersättigt. Zweitens liebt es Facebook positiv. Der Jammerton passt nicht zur Intention der Plattform, und deshalb wird es schwieriger, eine Freigabe und bezahlbare Klickpreise für Anzeigen dieser Art zu bekommen. Gut, das wäre vom Tisch. Was können Sie dann machen? Welche Art von Facebook-Ads wird auch in Zukunft funktionieren?

Um das zu klären, habe ich auch mit Facebook-Ads-Experte Rei Baumeister gesprochen und ihn gefragt, welche Anzeigen auch in Zukunft funktionieren werden. Bevor ich seine Antwort verrate, möchte ich einen erfolgreichen Anzeigentext aus Reis Feder zeigen, der den üblichen Schema-F-Anzeigen eine volle Breitseite verpasst:

[+] *Mein Newsfeed ist voll davon … Facebook-Anzeigen von »Experten«, die dir das Blaue vom Himmel runter versprechen: »Mit meinem supergeheimen Trick, ohne Vorkenntnisse, mit minimalem Einsatz und Minibudget, in kürzester Zeit Neukunden im Überfluss.«*

Irgendwo habe ich sogar gelesen: »Selbst der Faulste wird mit unserem Konzept erfolgreich sein!«

Ernsthaft?

Das ist so schlecht, dass ich's schon wieder gut finde. 😂

Jetzt mal im Ernst ... Facebook-Anzeigen sind keine Wunderwaffe, die Neukunden vom Himmel regnen lässt.

Auf der anderen Seite fließen jedes Quartal 13 Milliarden Dollar Werbegelder zu Facebook!

Offensichtlich funktioniert auf dieser Werbeplattform also irgendwas richtig gut.

Ich habe meine Fotos mit Privatjet und Luxusjacht leider gerade verworfen, deswegen muss es dieses eher gewöhnliche Foto tun ...

... dafür bringe ich aber 19 Jahre Online-Marketing-Erfahrung mit – das sind ungefähr 135 Hunde-, äh Menschenjahre.

... und ich bin zutiefst davon überzeugt, dass Facebook-Anzeigen heute das mit Abstand effektivste Tool zur Neukundengewinnung sind.

Wenn du erfahren möchtest, wie Facebook-Anzeigen im Jahr 2019 wirklich funktionieren und wenn du ECHTE Ergebnisse von echten Coaching-Kunden von mir sehen möchtest, dann lade ich dich ein zu meinem kostenlosen live Online-Training.

(Ja, das ist wirklich live, weil ich der Meinung bin, wenn du mir deine Zeit schenkst, dann sollte ich auch so höflich sein.)

Du erfährst:

Wie du mit Facebook-Anzeigen dein nächstes Umsatzziel erreichst – ohne dein Geld zu verbrennen.

Melde dich hier an:

👉 *reibaumeister.com/training*

Was hebt diesen Text ab? Rei wirbt hier für die Teilnahme an einem kostenlosen Training. Damit verfolgt er genau das gleiche Ziel wie viele Werbetreibende auf Facebook. Aber er nimmt das bekannte Anzeigenschema aufs Korn – und das mit Witz und Persönlichkeit. Rei steigt mit einem Erfahrungsbericht ein, in dem er erzählt, was sich in seinem Facebook-Feed tummelt. Er macht zu Beginn keine Versprechungen, zeigt keine Benefits und versetzt sich nicht in die Leserschaft rein. Damit bricht er mit typischen Werbetextstrukturen. Rei teilt eine persönliche Erfahrung und wird von den Facebook-Nutzern mit Aufmerksamkeit belohnt. Die Benefits und die Ansprache folgen weiter unten in der Anzeige.

Rei erklärt dazu auf meine Frage hin, worauf es künftig bei Facebook-Anzeigen ankommen wird, Folgendes. Für ihn ist ein Anzeigentext dann erfolgreich, wenn er das Anzeigenziel erreicht – und das langfristig. So kann er die Anzeige laufen lassen, ohne ständig daran herumzuschrauben.

»Damit eine Anzeige lange erfolgreich läuft, braucht sie viel soziale Interaktion: Likes, Shares, Kommentare. Dafür ist entscheidend, dass der Anzeigentext nicht gleich nach Werbung aussieht.«

Rei erläutert, dass Geschichten und persönliche Berichte viel mehr geteilt, kommentiert und gelikt werden als schablonenhafte Texte. Das gilt zwar schon lange, wird aber immer wichtiger, weil der Wettbewerb auf der Plattform wächst. Deshalb warnt der Facebook-Experte vor faul zusammenkopierten Texten:

»Wenn was zu sehr nach Anzeige aussieht, dann stirbt das nach ein paar Tagen ab und ist weg vom Fenster.«

Damit Sie das praktisch umsetzen können, stelle ich Ihnen gleich ein paar Ideen vor, wie Sie Facebook-Ads anders angehen können. Zuerst möchte ich eine immer wieder gestellte Frage aufgreifen und einen Mythos entzaubern: Müssen Facebook-Ads kurz sein?

17.1 Die optimale Länge

Laut aktueller Gestaltungsrichtlinien werden in Facebook-Ads über dem Bild noch weniger Zeilen angezeigt. Das heißt: Der Platz Above the Fold wird kleiner. Daraus könnte man schließen: Die Anzeigentexte müssen kürzer werden, weil die Betrachterinnen und Betrachter auf »Mehr« klicken müssen, wenn sie den ganzen Anzeigentext lesen wollen. Dabei hat der amerikanische Toolanbieter Adespresso eine Umfrage[1] durchgeführt, die erstaunliche Ergebnisse gebracht hat: Längere Anzeigen mit mehr als einem Absatz waren deutlich erfolgreicher als kurze.

1 *https://adespresso.com/blog/facebook-ad-copy-length-experiment/*

In Deutschland bestätigen das die Online Marketing Rockstars (OMR), die auch mit längeren Anzeigentexten experimentiert haben. Heißt das, dass lange Texte automatisch mehr bringen? Natürlich nicht. Wenn Sie sich an Menschen wenden, die Sie schon kennen oder die Sie ein zweites Mal ansprechen, haben Sie auch mit ganz knappen Texten realistische Chancen.

Nicht die Länge ist entscheidend, sondern wie gut Sie Ihre Kundschaft abholen, unterhalten und Ihre Botschaft rüberbringen. Mit mehr Platz für Text können Sie mehr sagen und damit Ihre Chancen erhöhen, dass das gelingt. Wie, das zeige ich gleich. Grundsätzlich dürfen Sie auf Facebook auch längere Anzeigentexte mit mehr als zwei Absätzen verwenden. Denn dadurch schaffen Sie sich Raum, um Geschichten zu erzählen, den Sie brauchen, um aus bekannten Mustern auszubrechen.

17.2 Anzeigenideen

Bevor Sie mit der Kreation beginnen, machen Sie sich eines klar: Facebook belohnt Sie auch bei Anzeigen mit Reichweite, wenn Fans mit ihnen interagieren. Sie wollen also Kommentare und Reaktionen. Okay, hier kommen ein paar Ideen, wie Sie die bekommen. Dabei habe ich mich von Marketingexpertin Sarah Sal inspirieren lassen, die einen absolut lesenswerten Gastbeitrag bei Copyhackers[2] über textintensive Facebook-Ads geschrieben hat.

Sie stellt eine Case Study vor, aus der Sie reichlich schöpfen können: Sprachexperte Olly Richards bringt Leuten Fremdsprachen bei. Mithilfe von Facebook-Ads generiert er über 3.000 E-Mail-Abonnements pro Woche. Noch mal langsam: 3.000 neue Menschen kommen pro Woche in die Liste. Das sind 12.000 im Monat. Wenn ich das höre, läuft mir Sabber aus dem Mund – ich weiß nicht, wie es Ihnen geht. Die Anzeigen sind allesamt Long-Copy-Anzeigen, in denen er Geschichten erzählt. Etwa diese hier.

Kann Alkohol dabei helfen, flüssiger Spanisch zu sprechen?

Nach diesem fulminanten Einstieg erzählt der Autor von einer Studie, in der leicht alkoholisierte Studentinnen und Studenten in der Kneipe mit spanischen Muttersprachlern reden sollten. Eine andere Gruppe bekam nur Wasser und sollte das Gleiche versuchen. Obwohl die Alkoholgruppe besser war, erklärt der Autor zum Schluss, dass man sich nicht betrinken muss, um Spanisch zu lernen. Dann schlägt er einen Bogen zu seiner Lösung: Man muss schlau lernen und nicht alles wissen. Zum Einstieg können sich Interessierte ein Cheat-Sheet mit 33 spanischen Verben runterladen, mit denen sie sofort flüssiger sprechen können. Die Anzeige bekam 2.200 Likes, wurde 545 Mal geteilt und sammelte 443 Kommentare.

2 *https://copyhackers.com/2019/01/long-facebook-ad-copy/*

Sarah Sal leitet aus ihrer Erfahrung mit Anzeigenkampagnen wie dieser einige Tipps für engagierende Facebook-Ads ab, dich ich für Sie hier zusammenfasse:

1. **Verstehen, womit die Zielgruppe genau kämpft**

   Es reicht eben nicht, oberflächlich zu lamentieren, wie im schlechten Beispiel zu Beginn des Kapitels gezeigt. Damit es funktioniert, brauchen Sie keinen allgemeinen Zustand der Misere, sondern eine konkrete Situation.

   Habla Ingles? Der Arzt zog die Augenbrauen hoch.

   Der Autor erzählt, wie er mit seiner Mutter beim Arzt war und wie dumm sie sich fühlt, weil sie sich nach Jahren in einem spanischsprachigen Land nicht vernünftig verständigen kann. Er formuliert das nicht allgemein, sondern schildert eine Szene, die das viel besser erlebbar macht.

2. **Die Anzeige als News-Story aufbereiten**

   In vielen Themen steckt Neuigkeitswert. Den können Sie vermitteln, wenn Sie die Geschichte so erzählen, dass sie in der Lokalausgabe Ihrer Zeitung erscheinen könnte. Der Sprachexperte steigt in einer anderen Anzeige so ein:

   Offenbar verstehen Papageien etwas vom Spanischlernen.

   Die Geschichte enthüllt, wie ein verschwundener Papagei nach vier Jahren wieder auftaucht – und jetzt Spanisch spricht, obwohl er zuvor englische Wörter nachgeplappert hat. Danach verknüpft der Autor die Story mit der Aussage, dass Menschen natürlich nicht nachplappern müssen wie Papageien, wenn sie eine neue Sprache lernen wollen. Es genügt, wenn sie sich das bereits erwähnte Cheat-Sheet herunterladen.

   Wenn ich anfange, die Anzeige zu lesen, will ich einfach nur wissen, wie die Geschichte weitergeht. Es geht hier gar nicht um Vorteile oder um einen Pitch. Ich werde in allererster Linie unterhalten.

3. **Aus Kommentaren eine Anzeige stricken**

   Manchmal kommen die besten Anzeigenideen von den Facebook-Fans. Wenn Sie schon länger Anzeigen schalten oder einfach so Austausch mit der Community pflegen, kann Sie das auf nützliche Gedanken bringen. Die Case Study mit dem Sprachexperten zeigt es. Ein Kommentar unter einer Anzeige besagte, dass der beste Weg zum Spanischlernen sei, mit einer spanischen Frau ins Bett zu gehen. Diese Idee diente direkt als Aufhänger.

   Einige sagen, der schnellste Weg eine Sprache zu lernen ist einen Muttersprachler zu daten.

Der Autor schlägt einen witzigen Bogen, was passiert, wenn man datet und sich dann nicht versteht, weil man die Sprache des anderen nicht sicher genug spricht. Zum Schluss kommt der obligatorische Hinweis, wie sich das vermeiden lässt.

4. **Starke Vergleiche ziehen**

Vergleiche helfen dabei, Konzepte zu verstehen. Ich nehme etwas, das ich kenne, und beschreibe damit etwas, das ich nicht kenne. So wird etwas Unbekanntes plötzlich greifbar und verständlich.

Der Sprachexperte hat noch ein Beispiel auf Lager, in dem er einen starken Vergleich nutzt, um seine Botschaft in einer Anzeige zu transportieren.

> *Von Sprintern können wir uns viel fürs Spanischlernen abschauen. Menschen können höchstens 350 Meter weit in maximaler Geschwindigkeit rennen.*

Danach erklärt er, dass man einen Brocken wie eine Fremdsprache lernen nicht in einem Sprint schafft. Dafür braucht es viele Etappen, in denen man dranbleibt und trainiert.

Damit Vergleiche in Ads funktionieren, dürfen sie gern ein bisschen absurd sein. Das Publikum sollte so neugierig sein, wie es zu dem Vergleich kommt, dass es unbedingt die Auflösung erfahren möchte.

5. **Ein Fehler als Aufhänger**

Über Fehler und Missgeschicke von anderen lesen alle gern, sie unterhalten ausgezeichnet, solange Sie nicht mich persönlich betreffen. Diesen Gedanken können Sie in Facebook-Ads nutzen. Olly Richards hat das hier getan.

> *Ein mexikanischer Freund hat mir ein Restaurant empfohlen, in dem es die besten Chilaquiles in Mexico City gibt.*

Nach diesem unauffälligen Einstieg erfahren wir von einer Spanisch-Panne beim Bestellen, in deren Verlauf nicht ganz das Gewünschte auf den Tisch kam.

Sie fragen sich vielleicht: Warum lesen Leute diesen Text? Er verspricht gar nichts, er macht nicht mal ein Problem deutlich. Die Antwort ist einfach: Leute wollen auf Facebook keine Werbung lesen – also auch nicht mit Benefits überschüttet werden. Sie suchen Unterhaltung und Konversation. Nach dem Satz erwarte ich eine amüsante Geschichte, die bestimmt nicht so weitergeht, dass die Chilaquiles einfach traumhaft waren und alle nach einem Tequila-Bier wieder nach Hause gehen.

Sie haben jetzt ein paar Ideen gesammelt, wie Sie auf Facebook teilbare Anzeigen schreiben, die das klassische Schema verlassen und auf Storytelling fokussieren. Denn Ihre Leserschaft will Spaß statt Werbung.

Nachwort

Liebe Leserin, lieber Leser,

haben Sie sich inspiriert und ein paar schlaue Techniken mitgenommen, die Ihre Texte wirksam machen? Auch wenn Sie nicht jedes Wort gelesen haben: Sie können jetzt texten. Zumindest können Sie mit dem Kopf voller Ideen damit anfangen.

Sie haben offensichtlich den Biss, sich mit dem Texten zu beschäftigen. Ihnen ist der astronomische Wert klar, den Ihr Geschriebenes für Ihr Marketing haben könnte. Also, experimentieren Sie, finden Sie Ihren Stil, und trauen Sie sich, Worte zu machen. Sie werden feststellen: Je mehr Sie abseits von ausgelutschten Floskeln texten, desto mehr Menschen begeistern Sie.

Mit Ihren Texten modellieren Sie den Charakter Ihrer Marke und schenken Ihrem Publikum das wohlige Gefühl der Identifikation. Sie schaffen eine Verbindung, die auf gegenseitigem Erkennen basiert – und mit jedem Text zementieren Sie das Vertrauen in Ihre Marke.

Wollen Sie Ihre Schreibmuskeln richtig trainieren? Lernen Sie professionell zu texten in einem meiner Onlineprogramme oder Inhouse-Workshops. Zum Warmwerden schenke ich Ihnen meine neuesten Schreibtipps im Texterpower-Newsletter. Den können Sie sich hier ins Postfach holen: *www.textmatters.org*

Ich freu mir einen Ast, wenn Sie mit mir in Kontakt bleiben!

Schreiben Sie gut
Ihre Daniela Rorig

Glossar

Above the Fold

Above the Fold heißt »über dem Knick«. Der Ausdruck bezeichnet den Teil des Zeitungstitels, der zu sehen ist, wenn die Zeitung noch gefaltet im Verkaufsständer liegt. Im Onlinemarketing ist damit der Teil einer Webseite gemeint, die man ohne Scrollen sieht bzw. der Teil einer Facebook-Anzeige, die man ohne Klick auf »mehr« lesen kann.

Benefit

Ein Benefit ist ein Vorteil, der sich aus einem Feature ergibt. Der Benefit ist der wahre Nutzen, den die Konsumentin oder der Konsument genießt. Diese Frage führt zum Benefit: Was bringt das Produkt der Kundschaft, wie verändert es ihr Leben?

Blog

Blog steht für Weblog, das sich aus den Begriffen (*Web* = Internet und *Log* = Logbuch) zusammensetzt. Ursprünglich waren Blogs Internettagebücher, in denen auch Nichtjournalisten ihre Gedanken veröffentlichten. Mittlerweile gibt es neben privaten Blogs auch viele Corporate Blogs, in denen verschiedene Autoren über einen klar definierten Themenbereich schreiben. Typisch für Blogs ist, dass wie in einem Newsmagazin regelmäßig neue Inhalte veröffentlicht werden und dass Leser die Beiträge kommentieren können. Für Unternehmen bieten Blogs die Möglichkeit, in Dialog mit der Kundschaft zu treten und Expertise zu demonstrieren.

Briefing

Zu jedem Textauftrag sollte es ein klares Briefing geben, das die Aufgabe und die gefragten Ergebnisse genau festlegt. Zum Briefing gehört darüber hinaus eine Beschreibung des Produkts mit Features, Benefits und dem USP (Unique Selling Proposition), der Zielgruppe und des Mediums, in dem der Text verwendet werden soll. Je gründlicher das Briefing, desto besser können die Kreativen arbeiten.

Buyer Persona

Eine Buyer Persona ist eine fiktive Person, die stellvertretend für die Zielgruppe steht. Sie definiert sich nicht wie eine klassische Zielgruppe durch soziodemografische Daten. Vielmehr repräsentiert eine Buyer Persona eine Gruppe von Menschen, die vielleicht bestimmte Werte oder Grundhaltungen teilen und die ein bestimmtes Bedürfnis haben, das ein Unternehmen erfüllen möchte. Die Arbeit mit Buyer Personas erleichtert Unternehmen die Zielgruppenkommunikation.

Call-to-Action (CTA)

Der Call-to-Action ist eine Handlungsaufforderung, die klassischerweise am Ende eines Werbetextes steht. Er setzt sich im Onlinemarketing häufig aus einem einleitenden Satz oder Paragraphen und einem Button-Text zusammen. Während früher noch harte CTAs wie »Jetzt kaufen« und »Sichern Sie sich xyz« gebräuchlich waren, geht der Trend zu weicheren CTAs, die einen Benefit nach vorn stellen.

Claim

Markenclaims zeigen, wofür die Marke steht, und vermitteln ein Lebensgefühl. Sie sind keine Überschrift für Ihre Texte, sondern sie stehen normalerweise direkt beim Logo oder sind ein fester Bestandteil des Logos.

Content

Bezeichnet informative, nützliche und unterhaltsame Inhalte auf der Website, in Blogs und Social-Media-Kanälen.

Content Marketing

Im Gegensatz zu Werbung zielt Content nicht direkt aufs Verkaufen ab, sondern darauf, potenzieller Kundschaft Nutzwert und Unterhaltung zu bieten. Content sollte weitgehend frei von Werbebotschaften und Produktpräsentationen sein. Vielmehr sollte er Menschen auf ihrer Suche nach relevanten Inhalten im Netz unterstützen.

Conversion

Conversion heißt im Onlinemarketing die Verwandlung von Besucherinnen und Besuchern in Kundinnen oder registrierte Nutzer. Ob eine Conversion erreicht wurde, hängt von der Zielsetzung ab. Auch ein Klick von einer Anzeige auf einen Blogartikel kann eine Conversion darstellen.

Copy (f) / Copytext (m)

Sämtliche Texte, die Sie im Werbetext schreiben, fallen hierunter – ausgenommen sind Headlines und Claims. Copy bezeichnet typischerweise den Fließtext.

Copywriting

Auch Werbetexten/Texten. Copywriting ist gezieltes Schreiben, um zu überzeugen. Heraus kommen Texte und Ideen, die Menschen für Marken und Produkte begeistern. Unter Copywriting fallen sämtliche Texte und Konzepte, die Sie zu Marketingzwecken schreiben – für Print, Video/Audio und Onlinemedien, für B2C und B2B.

Corporate Blog

Blog, der von einem Unternehmen betrieben wird. Normalerweise schreiben verschiedene Autorinnen und Markenbotschafter aus und über das Unternehmen, aber genauso über festgelegte Themen, die für die Zielgruppen relevant sind. Ein Corporate Blog ist ein populäres Marketinginstrument, um Sichtbarkeit und Zielgruppendialog zu fördern.

Corporate Language

Meint die klar definierte Unternehmenssprache. Zur Corporate Language gehört eine genaue Beschreibung der Tonalität, also des Sprachstils und seiner Wirkung. Darüber hinaus werden feste Begriffe definiert, die in Unternehmenstexten verwendet werden oder auch verboten sind. Ziel der Coporate Language ist, eine einheitliche, wiedererkennbare Sprache zu schaffen, die das Markenbild in allen Kommunikationsmaßnahmen transportiert.

Customer Journey

Die Kundenreise, die Menschen vom Erstkontakt mit der Marke über verschiedene Stationen zum Kauf führt. Teil der Kundenreise kann der Konsum von Gratis-Content sein, der Vertrauen zum Unternehmen aufbaut.

E-Commerce

Handel übers Internet. Dabei kann es sich um den Verkauf von physischen Produkten handeln, die digital bestellt und bezahlt werden, oder um digitale Produkte wie E-Books oder Onlinekurse, die online ausgeliefert werden.

E-Mail-Newsletter

Regelmäßige E-Mails an Abonnentinnen und Abonnenten, meist gefüllt mit einer Mischung aus redaktionellem Content und Angeboten. Ein E-Mail-Newsletter ist als Instrument zur langfristigen Kundenbindung beliebt, weil Marken auf diesem Weg einen regelmäßigen Dialog mit ihrer Kundschaft führen.

Feature/Produktfeature

Produktmerkmal. Darunter fallen technische Daten und sämtliche Eigenschaften eines Produkts. Ein Feature unterscheidet sich vom Benefit, weil ein Feature nur sagt, was es kann, hat oder tut, nicht, warum es begehrlich ist. Aus jedem Feature lässt sich ein Ergebnis (was macht es) und ein Benefit (was nützt es) ableiten.

Funnel

Der Begriff *Funnel* kommt aus dem Englischen und bedeutet so viel wie Trichter. Ein Funnel ist ein Verkaufsprozess, der vom Erstkontakt bis zum Abschluss führt. Durch die breite Trichteröffnung lassen sich viele Leads (Kontakte) einsammeln. Im Verlauf des Funnels werden Leads qualifiziert und über verschiedene Stationen hinweg zum Kauf geleitet. Unten durch die schmale Öffnung kommen kaufbereite Kundinnen und Kunden. Einige gliedern das Funnel-Modell in drei Phasen: TOFU (Top of the Funnel), MOFU (Middle of the Funnel) und BOFU (Bottom of the Funnel). Die einzelnen Maßnahmen werden auf die Abschnitte des Funnels abgestimmt.

Hashtag

Mit Raute gekennzeichnetes Schlagwort bzw. Suchbegriff, mit dem Menschen Inhalte in sozialen Medien finden können. Hashtags spielen vor allem auf Instagram und Twitter eine wichtige Rolle. Gebräuchlich sind sie auch auf LinkedIn, Pinterest und Facebook.

Headline

Der Begriff stammt aus dem Zeitungsbereich. Im Werbetext ist die Headline eine Überschrift. Normalerweise hat ein Text nur eine einzige Headline. Eine Subline (Unterüberschrift) kann sie ergänzen.

Homepage

Die Startseite einer Website. Die Homepage kann auch ein One-Pager sein, also eine Website, die aus einer einzigen Seite ohne Unterseiten besteht. Homepage ist also kein Synonym für Website. Sobald die Website aus mehr als einer Seite besteht, passt der Begriff Homepage nicht mehr, weil er sich nur auf die Startseite bezieht.

Inbound Marketing

In Inbound Marketing steckt der englische Begriff für »ankommend«. Die Idee ist, die

Zielgruppe mit nutzwertigen Inhalten anzuziehen. Potenzielle Kunden, die im Internet nach Lösungen für ihre Probleme suchen, sollen so von allein zunächst einen nicht werblichen Kontakt mit der Marke aufbauen. Damit setzt Inbound Marketing im Gegensatz zu klassischen Marketingstrategien, die auf Push (schieben, schubsen) setzten, auf Pull (ziehen, heranholen). Inbound-Marketing-Maßnahmen können Whitepaper und E-Books, Fachartikel in eigenen oder fremden Blogs, Erklärvideos, Studien und Infografiken oder Gratistools umfassen.

Konzeption

Unter Konzeption fällt alles, was vor dem Texten passiert, etwa die Entwicklung einer Leitidee (Big Idea) für die Kampagne und wie sie in Text und Bild und über verschiedene Kanäle hinweg umgesetzt wird. In der Konzeptionsphase kristallisieren sich Botschaften und Geschichten heraus, die in der Kommunikation transportiert werden. Das macht den Löwenanteil der Arbeit an einem Textprojekt aus.

Landingpage

Auf einer Landingpage (eingedeutscht »Landeseite«) landet man: Der Besucher gelangt normalerweise nicht über das Hauptmenü der Unternehmens-Website dorthin. Er landet über den Klick auf eine Anzeige oder einen Call-to-Action in Content-Stücken wie Blogartikeln oder Social-Media-Posts auf der Seite. Die Landingpage ist eine Webseite, die zu einer klar definierten Handlung motiviert, etwa zum Kaufen, Testen oder Newsletter abonnieren. In Sales Funnels spielen Landingpages eine wichtige Rolle, weil sie zum Einsammeln von E-Mail-Adressen und zum Verkaufen unverzichtbar sind.

Menütext

So nennt man die Texte im Navigationsmenü einer Website.

Mission Statement

Einprägsame Beschreibung, warum ein Unternehmen existiert. Ein Mission Statement erklärt, was das Unternehmen macht, wem es hilft und warum das wichtig ist. Der Fokus liegt auf der Tätigkeit und auf dem »Warum«. Konkrete Produkte oder Leistungen gehören nicht ins Mission Statement.

Opt-in-Seite

Eine Opt-in-Seite ist eine Sonderform der Landingpage. Die gewünschte Handlung, die Besucherinnen und Besucher durchführen sollen, ist die Angabe der E-Mail-Adresse. Auf diese Weise gelangen Menschen in den E-Mail-Verteiler von Unternehmen. Deshalb kommt der Opt-in-Seite eine zentrale Bedeutung zu, wenn es um den Aufbau von hochkonvertierenden E-Mail-Listen geht.

Pain Points

Bezeichnet die Schmerzpunkte, die eine Zielgruppe quälen. Werbetexte setzen oft bei diesen Pain Points an, indem sie die Probleme und Sorgen der Kundschaft beschreiben und erlebbar machen, bevor sie schließlich einen Lösungsweg aufzeigen. Auch in der SQM-Formel (Schmerz – Qual – Medizin) spielen Pain Points die Hauptrolle.

Positionierung

Die Positionierung definiert, was die Marke oder das Produkt leistet und für wen. Diese ganz knappe Definition stammt von David Ogilvy. Für ein umfassenderes Bild könnten Sie diese um zwei weitere Fragen erweitern: Was hebt die Marke ab, und was treibt sie an?

PPC

PPC (Pay per Click) ist eine Abrechnungsmethode für Anzeigenkosten im Onlinemarketing. Sie bezahlen den Anbieter, zum Beispiel Google oder Facebook, für jeden Klick auf eine Anzeige, die zu Ihrer Onlinepräsenz führt. Im Prinzip kaufen Sie also Besuche auf Ihrer Website.

Seitentitel (Title)

Meint den Seitennamen einer Webseite, wie er in Suchmaschinenergebnissen erscheint. Der Seitentitel hat eine hohe Relevanz für Google. Nicht zu verwechseln ist er mit der URL, die in der Browserzeile angezeigt wird. Der Seitentitel ist individuell und einzigartig – jede Seite bekommt einen eigenen Titel, der maximal 55 Zeichen lang sein sollte, leicht verständlich und direkt vermitteln sollte, worum es auf der Zielseite geht.

Short Copy

Kurze Werbetexte, die Aussagen zum Produkt oder Angebot auf den Punkt bringen. Klassische Anwendungsbereiche sind Anzeigen und Werbebanner oder Pop-ups.

Slogan

Ein Slogan ist eine prägnante, leicht zu merkende Werbeaussage. Im Unterschied zum Claim muss der Slogan nicht für die gesamte Marke stehen, sondern kann innerhalb einer Kampagne für ein Produkt werben. Die Bezeichnung leitet sich aus dem schottisch-gälischen Wort *sluagh-gairn* ab, das man als Heeres- oder Volksruf übersetzen könnte. Ein Slogan ist also ein Schlachtruf.

Sponsored Posts

Sponsored Posts sind Anzeigen in sozialen Medien wie Facebook, Instagram oder Twitter, die sich als normale Inhalte tarnen. Sponsored Posts können auch in Blogs neben den regulären Artikeln auftauchen. Dass es sich um bezahlte Werbung handelt, erkennt man nur an einer meist unauffälligen Kennzeichnung seitens der Plattform.

Storytelling

Storytelling (Geschichten erzählen) ist eine Kommunikationsmethode, um Informationen, Wissen, Werte und Meinungen zu vermitteln. Aussagen werden in zielgruppenrelevante Geschichten verpackt, die Emotionen und Interesse wecken. Ein Grund, warum sich Storytelling im Onlinemarketing anbietet, ist, dass sich Menschen nachweislich Geschichten besser merken können als Fakten.

Subline

Sie Subline steht als erklärende Zeile unter der Headline. Normalerweise liefert sie genauere Fakten und Erklärungen zur emotionalen oder Neugier weckenden Überschrift.

Teaser

Ein textlicher Appetithappen, der Lust auf den Hauptgang macht. Der Teaser ist eine Idee aus dem Printjournalismus: Kurze Anreißertexte, die auf Titelseiten von Magazinen zum Reinlesen bewegen. Im Onlinemarketing sind Teaser in sozialen Medien und in Newslettern gebräuchlich, die zum Klicken auf längere Content-Stücke anregen.

Texten

Im Unterschied zu Copywriting bzw. Werbetexten lässt sich der Begriff Texten weiter fassen. Neben rein werblichem Schreiben umfasst er auch eher redaktionell geprägte Texte wie etwa Blogartikel und anderen Content, bei dem Wissensvermittlung oder Unterhaltung im Vordergrund stehen.

Tonalität

Die Tonalität definiert den Spirit, den eine Art zu schreiben verströmt. Für die Markenkommunikation ist Tonalität wichtig, weil die Art zu schreiben zum Alleinstellungsmerkmal werden kann und der Marke Persönlichkeit verleiht. Zur Tonalität gehört auch die Entscheidung, ob ein Unternehmen seine Kundschaft mit du oder Sie anspricht. Ein durchaus häufiger Fall ist auch, auf der Website und in Werbematerialien zu siezen und auf sozialen Medien zu duzen.

Touchpoints

Touchpoints bezeichnet die vielerlei Berührungspunkte zwischen Unternehmen und Kundschaft. Dazu gehören Begegnungen mit Marken im öffentlichen Raum wie Plakate und Außenwerbung, genauso der Besuch von Geschäften oder Onlineshops. Auch wenn Menschen mit Content wie Social-Media-Posts und Blogartikeln in Berührung kommen, sprechen Marketer von Touchpoints. Im Onlinemarketing zielen Unternehmen darauf ab, Touchpoints zu schaffen und Interessentinnen und Interessenten dort abzuholen.

Traffic

Die Besucherzahlen auf der Website bilden den Traffic. Er ist eine wichtige Größe im Content Marketing, weil Unternehmen erst mal Besucherinnen und Besucher auf der Website brauchen, bevor sie zu Kundschaft werden können. Menschen, die die Seite besuchen, sind die Voraussetzung für Conversions.

URL

Die URL (Uniform Resource Locator) ist die Adresse einer einzelnen Webseite. Sie kann direkt in die Adressleiste im Browser eingegeben werden. Eine URL ist so aufgebaut:
www.hauptdomain.de/menüpunkt
Beliebte Domainendungen für Unternehmen und Selbstständige sind neben den länderspezifischen Endungen auch *.com*, *.info*, *.org* und *.biz*.

USP

USP heißt Unique Selling Proposition oder Point. Damit ist das Alleinstellungsmerkmal gemeint, das ein Produkt, ein Angebot oder eine Marke von der Konkurrenz abhebt. Die Frage, die zum USP führt, heißt: Was ist das Besondere daran?

Verkaufsseite

Eine Verkaufsseite ist eine Webseite, die komplett auf Conversion ausgelegt ist. Ihr Zweck ist es, ein Angebot oder Produkt so attraktiv darzustellen, dass Besucher am Ende kaufen. Typische Bestandteile sind Bulletpoint-Listen mit Features und Benefits und ein Call-to-Action am Ende. Die Länge einer Verkaufsseite ist sehr variabel, jedoch sind Verkaufsseiten meist länger, wenn es um hochpreisige oder erklärungsintensive Produkte geht. Eine Verkaufsseite kann, aber muss keine Landingpage sein.

Verkaufssequenz

Eine Serie von E-Mails, die zum Verkauf eines Angebots oder Produkts führt, nennt man Verkaufssequenz. Meist umfasst die Sequenz drei bis etwa zwölf E-Mails.

Vision Statement

Die Vision eines Unternehmens, die zeigt, wie die Welt aussieht, wenn seine Mission erfolgreich war.

Weblog

Siehe *Blog*

Webseite

Eine Webseite ist eine einzelne Internetseite innerhalb einer Website, die sich meist als Menüpunkt wiederfindet. Die Startseite, die About-Seite und das Impressum sind also Webseiten. Alle zusammen bilden die Website.

Werbetexten

Siehe *Copywriting*

Website

Alle Seiten, die sich unter einer Haupt-URL befinden (*www.website.de*), bilden zusammen die Website. Sie besteht also mindestens aus einer Startseite, optional aus weiteren Seiten, die sich im Menü der Website oder in Links an anderer Stelle wiederfinden. Nicht zu verwechseln ist sie mit Webseite und Homepage.

Zwischenüberschrift

Wie der Name sagt, befinden sich Zwischenüberschriften mitten im Fließtext. Ein Fließtext kann mit mehreren Zwischenüberschriften auf derselben Ebene gegliedert sein.

Index

N

O

P

R

S

T

U

W

Z

Für alle, die eine erfolgreiche Content-Strategie entwickeln wollen

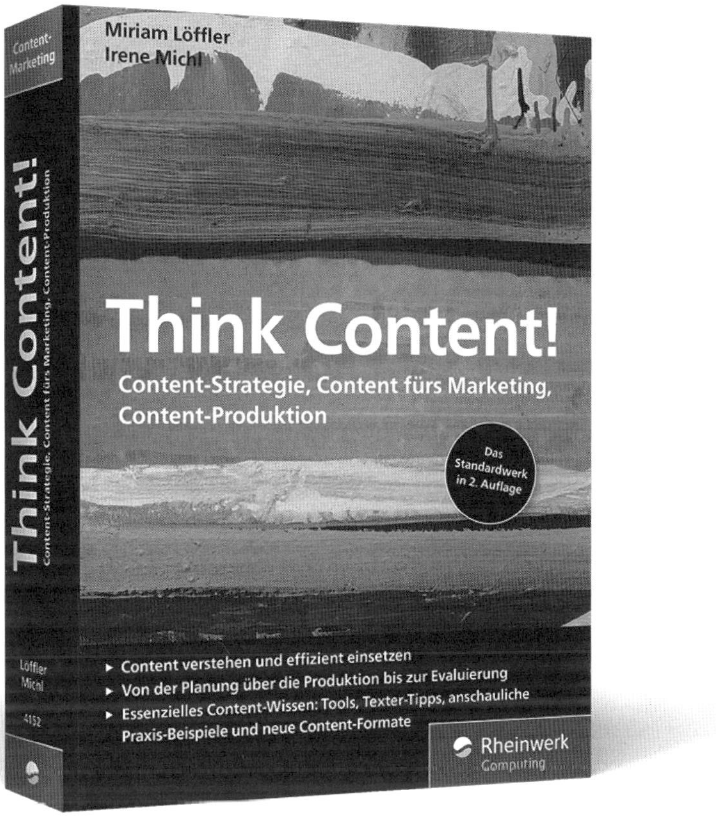

»Think Content!« ist schon jetzt ein moderner Klassiker unter den Online-Marketing-Büchern. Miriam Löffler und Irene Michl bieten Ihnen zahlreiche neue Ideen und Anregungen für effizientes Marketing mit Content und deren erfolgreiche Umsetzung – mit Lösungen für B2B und B2C. Das Buch ist erneut randvoll mit Wissen für Content-Produzenten zu u. a. diesen Themen: Storytelling, SEO, Texte, Virtual und Augmented Reality, User Generated Content sowie Live-Content. Ein Muss für jeden Online-Marketer!

681 Seiten, broschiert, 39,90 Euro, ISBN 978-3-8362-4152-6

www.rheinwerk-verlag.de/4127

Nutzen Sie die Kraft guter Geschichten für Ihre Texte!

»Tell me!« ist ein Lesebuch. Und ein Geschichtenbuch. Geschichten rund ums Storytelling. Lehrreich, unterhaltsam, inspirierend. Werfen Sie einen Blick hinter die Kulissen der erfolgreichen Filmemacher und Geschichtenerzähler und erfahren Sie, was eine gute Story ausmacht. Thomas Pyczak erklärt Ihnen, was eine gute Geschichte braucht, um zu überzeugen – beim Schwank an der Kaffeetheke, beim Sales Pitch oder beim Geschäftsbericht vor den Kollegen. Mit vielen Beispielen für Ihre berufliche Situation.

303 Seiten, broschiert, in Farbe, 24,90 Euro, ISBN 978-3-8362-6774-8

www.rheinwerk-verlag.de/4816

Die Geheimnisse guter Slogans, Werbetexte und Kampagnen

Philip Barth hat 13 Jahre lang bei Jung von Matt für Aufmerksamkeit gesorgt. Jetzt eröffnet er Ihnen in diesem Buch das Geheimnis guter Werbekampagnen. Erfahren Sie, wie Sie treffsichere Claims und Headlines entwickeln, die sofort Interesse beim Leser wecken. Sammeln Sie Ideen für Ihre Kampagnen und lassen Sie sich inspirieren. Ein Ratgeber für Werbeneulinge, Kreative und Marketer. Praxisnah, verständlich und mit vielen anschaulichen Beispielen.

267 Seiten, gebunden, in Farbe, 29,90 Euro, ISBN 978-3-8362-5672-8
www.rheinwerk-verlag.de/4451